D1917098

FRIEDRICH VOGEL

Probleme und Verfahren der numerischen Klassifikation

Unter besonderer Berücksichtigung von Alternativmerkmalen

Mit 53 Abbildungen

VANDENHOECK & RUPRECHT IN GÖTTINGEN

ISBN 3-525-13145-3

© Vandenhoeck & Ruprecht in Göttingen 1975 – Printed in Germany.
Ohne ausdrückliche Genehmigung des Verlages ist es nicht gestattet, das Buch oder Teile daraus auf foto- oder akustomechanischem Wege zu vervielfältigen. Herstellung: Hubert & Co., Göttingen

Vorwort

Die Klassifikation von Objekten, die durch viele Merkmale charakterisiert sind, ist eines der fundamentalen Probleme der mehrdimensionalen Statistik. Das Problem besteht darin, eine in der Regel große Menge von Objekten aufgrund ihrer wechselseitigen Ähnlichkeit in eine a priori meist unbekannte Anzahl kleinerer, möglichst homogener Teilmengen, die Klassen heißen, zu zerlegen. Die Klassen selbst sollen sich untereinander möglichst stark unterscheiden. Probleme dieser Art gibt es wohl in allen wissenschaftlichen Disziplinen, denn der Bildung von Konzepten, Hypothesen und Theorien muß ein Ordnen, Systematisieren und Klassifizieren von realen und imaginären Objekten vorausgehen.

Mit der Klassifikation können verschiedene Ziele verfolgt werden. Eines der wesentlichen Ziele ist, die Ähnlichkeitsstruktur von ungeordneten, komplexen, die geistige Aufnahmefähigkeit des Menschen übersteigende Datenmengen erkennbar zu machen und vereinfacht darzustellen. Klassifikationsverfahren sind mithin Instrumente der mehrdimensionalen Datenreduktion und Informationskonzentration.

In der vorliegenden Monographie werden Grundlagen und Verfahren der numerischen Klassifikation erörtert. Das Schwergewicht der Ausführungen liegt auf der Analyse der Eigenschaften von Ähnlichkeits- und Unähnlichkeitsmaßen für Objekte und Klassen von Objekten sowie der Untersuchung der Anwendbarkeit, Leistungsfähigkeit und Wirtschaftlichkeit iterativer und vor allem hierarchischer Verfahren zur Bildung disjunkter Klassen. Probleme der Klassifikation von Objekten, die durch binäre Merkmale gekennzeichnet sind, werden vorrangig behandelt.

Wegen der großen praktischen Bedeutung numerischer Klassifikationsverfahren werden anwendungsorientierte Fragen, die vornehmlich für den Praktiker von Interesse sind, besonders ausführlich erörtert. Zahlreiche Literaturhinweise im Text auf theoretische und anwendungsbezogene Arbeiten sowie eine umfangreiche Bibliographie ergänzen die Ausführungen.

Für den Anwender sind die hierarchisch-agglomerativen Klassifikationsverfahren von besonderer Bedeutung, weil sie - im Gegensatz zu vielen anderen numerischen Verfahren - nicht voraussetzen, daß die Anzahl der zu bildenden Klassen a priori bekannt ist und weil keine die Klassenbildung steuernden Parameter vorzugeben sind. Die Anwendbarkeit und Robustheit verschiedener hierarchisch-agglomerativer Verfahren zur Datenstruktur-Analyse, ihre Wirkungsweise und Leistungsfähigkeit werden daher anhand eines konkreten Beispiels aus der Unfallursachen-Statistik gründlich untersucht. Einen Überblick über die Untersuchungsergebnisse vermittelt eine kurze Zusammenfassung in Thesenform.

Diese Monographie wurde Ende 1973, die Bibliographie in der Mitte des Jahres 1974 abgeschlossen.

Herrn Professor Dr. K.-A. Schäffer danke ich herzlich für seine großzügige Unterstützung und viele wertvolle Ratschläge. Mein Dank gilt auch Herrn Dr. G. Buttler und Herrn Dr. H.T. Forst für zahlreiche Diskussionen und Hinweise.

Köln, im September 1974 Friedrich Vogel

Inhalt

Seite

— nichthier. CA

Seite

1 Einführung

11 VORBEMERKUNG

In vielen wissenschaftlichen Disziplinen gibt es folgendes Problem: Gegeben ist eine Menge von Objekten. Jedes dieser Objekte ist gekennzeichnet durch die Ausprägungen einer bestimmten Anzahl von Merkmalen. Ist es möglich, diese Objekte so zu klassifizieren, daß die einer Klasse zugehörenden Objekte einander in einem bestimmten, noch näher zu definierenden Sinne möglichst "ähnlich" sind, während gleichzeitig die verschiedenen Klassen zugehörenden Objekte einander möglichst "unähnlich" sind?

Wesentlich ist bei dieser Problemstellung, daß zu Beginn einer Klassifikation, womit die Bildung von Klassen gemeint ist, im allgemeinen unbekannt ist, ob im gegebenen Datensatz Klassen der genannten Art existieren. Eine Klassifikation beruht stets auf der sehr wesentlichen - häufig jedoch nicht überprüfbaren - Voraussetzung, daß im gegebenen Datensatz eine Ordnung, eine Struktur, ein System von "Ähnlichkeiten" existiert, welches durch geeignete Verfahren zur Bildung von Klassen aufgespürt werden kann. Es ist ferner unbekannt, wie viele Klassen existieren (wenn überhaupt welche vorhanden sind), durch welche charakteristischen Eigenschaften sich diese Klassen auszeichnen und wie viele und vor allem welche Objekte die einzelnen Klassen bilden.

Die Klassifikation, für die eine Vielzahl anderer Begriffe gebräuchlich ist, wie zum Beispiel cluster analysis, numerical taxonomy, empirical und numerical classification und viele andere mehr, gehört methodologisch zum Bereich der multivariaten Statistik. Es ist bemerkenswert, an Hand der Publikationen feststellen zu können, daß trotz der immensen praktischen Bedeutung, die Klassifikationsverfahren erlangt haben, von wenigen Ausnahmen abgesehen erst in jüngerer Zeit "Statistiker" Interesse für theoretische und praktische Probleme der Klassifikation zeigen. Das Desinteresse der Statistiker wird häufig darauf zurückgeführt, daß das zu lösende Problem "ill-defined" ist (GOWER, 1971b; DAGNELIE, 1966) und nur "imperfect solutions" zuläßt (GOWER, 1971b).

Das Desinteresse der Statistiker, die zunehmenden Einsatzmöglichkeiten elektronischer Datenverarbeitungsanlagen und der rapide anwachsende Bedarf an brauchbaren Klassifikationsverfahren haben eine Entwicklung eingeleitet, die sich zu Beginn überwiegend im Bereich einiger weniger wissenschaftlicher Disziplinen vollzog und die dazu führte, daß die entwickelten Klassifikationsverfahren in entscheidendem Maße realwissenschaftlich geprägt sind.

12 ABGRENZUNGEN, TERMINOLOGISCHES, MERKMALSTYPEN

Die Begriffe "Klassifikation" und "klassifizieren" werden mit unterschiedlichem Sinngehalt benutzt. Mit "Klassifikation" kann sowohl die Bildung von Klassen - was auch mit Klassifizierung bezeichnet wird - gemeint sein, als auch das Ergebnis eines klassenbildenden Prozesses.[1)] Klassifikation kann aber auch bedeuten "Elemente Klassen zuordnen", was impliziert, daß bereits "Klassen" existieren. Auch die Benennung einer Klasse von Elementen wird oft als "Klassifikation" bezeichnet, weil die Vergabe von Klassen-Namen alle Elemente in solche, die einen bestimmten Namen tragen und solche, die ihn nicht tragen, klassifiziert.

Angesichts des - insbesondere in der "nicht-statistischen" Literatur manchmal babylonisch anmutenden - Begriffswirrwarrs ist es zunächst notwendig, den Inhalt des Begriffs "Klassifikation", so wie er hier verwendet wird, gegen einige auch in der statistischen Literatur gebräuchliche, aber wesentlich umfassendere Begriffsinhalte abzugrenzen. Ferner müssen einige im englisch-amerikanischen Sprachgebiet gebräuchliche Begriffe und Begriffsinhalte sowie terminologische Besonderheiten kurz diskutiert werden.

---

1) Auch im Englischen wird der Begriff "classification" in diesem Sinne nicht einheitlich verwendet. Vgl. z.B. PARKS (1970, S. 1): "...classification is the act or result 'of putting similar objects into an unknown number of distinct categories',..."; das Gleiche gilt für "classify", vgl. FLOODGATE (1962, S. 84).

In der Literatur umschließt der Begriff "Klassifikation" (je nach dem wissenschaftlichen "Standort" des Autors) eine, mehrere oder auch alle der folgenden Aufgabenstellungen:[1)]

1. die Schichtung (Dissektion, stratification)
2. die Diskrimination oder Zuordnung (discrimination, allocation, assignment problem, identification, categorization)
3. die Klassifikation im engeren Sinne oder Aufgliederung (classification, clustering, partitioning, clumping, sorting, grouping)
4. die Typisierung

Zu 1. Schichtung

Das Problem der Schichtung besteht darin, eine Stichprobe oder eine Gesamtheit, deren Elemente durch die Ausprägungen von m Merkmalen gekennzeichnet sind, in einander nicht überlappende (disjunkte) Teilgesamtheiten mit vorbestimmten Eigenschaften zu zerlegen. Die Teilgesamtheiten werden Schichten genannt. Die Anzahl der zu bildenden Schichten wird a priori festgelegt.

Zu 2. Diskrimination

Gegeben sind zwei oder mehrere unterschiedliche Teilgesamtheiten sowie Stichproben aus jeder dieser Teilgesamtheiten. Aufgrund der an den einzelnen Elementen beobachteten Ausprägungen von m Merkmalen sind Informationen über die Eigenschaften der Teilgesamtheiten gegeben. Das Diskriminanz- oder Zuordnungsproblem besteht darin, die Elemente einer weiteren Stichprobe aus der Gesamtheit der Teilgesamtheiten aufgrund der registrierten Merkmalswerte jeweils der Teilgesamtheit zuzuweisen, aus der die Elemente stammen. Wesentlich ist beim Diskriminanzproblem, daß von vornherein wohldefinierte Teilgesamtheiten existieren.

---

1) Vgl. SCHÄFFER (1972), ANDERSON (1968a), IHM (1965), BALL (1970), DAGNELIE (1966), KENDALL (1966), SOKAL (1967), LAMBERT/DALE (1964) u.a.

Zu 3. Klassifikation

Bei der Klassifikation wird eine ungeordnete Gesamtheit oder Stichprobe von Elementen aufgrund der m Merkmalswerte jedes Elements in eine aus diesen Merkmalswerten abzuleitende, a priori aber u n - b e k a n n t e Anzahl möglichst homogener und einander möglichst ungleichartiger Klassen zerlegt. Die Klassengrenzen ergeben sich aus der Klassifikationsprozedur. Die Bildung von Klassen beruht auf der Voraussetzung, daß im zu klassifizierenden Material eine auffindbare Struktur von Ähnlichkeiten zwischen Elementen existiert. Es wird also angenommen, daß sich die Gesamtheit bzw. Stichprobe aus unterschiedlichen Teilgesamtheiten zusammensetzt. Hypothesen über die Eigenschaften dieser unbekannten Teilgesamtheiten sind häufig ausschlaggebende Kriterien für die Wahl eines bestimmten Klassifikationsverfahrens. Mithin wird oft nicht nur angenommen, daß Klassen existieren, sondern außerdem, daß diese von einer bestimmten Art sind.

Der wesentliche Unterschied zwischen Klassifikation einerseits und Schichtung andererseits liegt in der Voraussetzung, daß in einer Gesamtheit bzw. Stichprobe eine unbekannte Anzahl von Klassen existiert, eine Voraussetzung, die die Schichtung nicht kennt. Dennoch können die Grenzen fließend sein. Wenn nämlich die oben genannte - oft nicht überprüfbare - Voraussetzung für eine Klassifikation nicht zutrifft, wenn die zu klassifizierende Gesamtheit bzw. Stichprobe homogen ist, so ist die Klassifikation dieses Materials keine Klassifikation im eigentlichen Sinne, sondern eher eine Schichtung. Mit anderen Worten: nicht alle Gesamtheiten bzw. Stichproben können klassifiziert, aber alle können geschichtet werden.

Klassifikation und Diskrimination unterscheiden sich vor allem dadurch, daß bei der Diskrimination Anzahl und Eigenschaften der Teilgesamtheiten bekannt sind. Elemente werden Teilgesamtheiten (Klassen) mit bekannten Eigenschaften zugewiesen. Bei der Klassifikation sind Anzahl und Eigenschaften der Klasse a priori unbekannt.

Zu 4. Typisierung

Die Typisierung nimmt im Rahmen der Aufgabenstellungen der Klassifikation im weiteren Sinne eine Randstellung ein. Typisierung ist ganz allgemein die Zuordnung von Elementen zu Typen. Dabei wird "Typ" im Sinne einer eine Klasse von Elementen gemeinsame und sie repräsentierende Grundform (Muster, Urbild) verstanden. Ziel der Typisierung ist, die charakteristischen Eigenschaften einer Klasse in bereinigter Form darzustellen, um durch diese Abstraktion die Vielfalt der Erscheinungen auf das Wesentliche zu reduzieren. Häufig wird bei der Typisierung der realwissenschaftliche Aspekt und die mögliche Subjektivität der Vorgehensweise im Rahmen substanzwissenschaftlicher Probleme hervorgehoben und die Typisierung als nicht zur Klassifikation im weiteren Sinne gehörend angesehen. Doch wird dabei übersehen, daß die Zuordnung von Elementen zu Typen die Existenz dieser Typen, d.h. eine (nicht notwendigerweise numerische) Klassifikation voraussetzt. Auch ist eine Klassifikation kein Selbstzweck. Sie endet gewöhnlich nicht mit dem Klassifikationsergebnis, den Klassen, sondern mit der Analyse und Beschreibung der Klasseneigenschaften und der Vergabe von Klassen-Namen. SCHÄFFER's Klassifikation I landwirtschaftlicher Betriebe (1972) schließt beispielsweise mit der Interpretation der Klassen und der Fixierung des Klasseninhalts durch Bezeichnungen der folgenden Art: Klasse 3: Mittelgroße Gemüsebau-Betriebe; Klasse 8: Kleine Obstanbau-Betriebe etc. (S. 38). Das ist eine Typisierung, denn mit der Benennung werden Betriebe dem Typ "Mittelgroßer Gemüseanbau-Betrieb" usw. zugeordnet. Obwohl der Typisierung keine numerische Klassifikation vorausgehen muß, kann letztere eine wenigstens teilweise von subjektiven Einflüssen bereinigte Basis für die Typisierung sein.

In den folgenden Ausführungen wird unter "Klassifikation" die Bildung von Klassen verstanden, d.h. die Aufteilung einer Menge von Elementen in Teilmengen.[1] Klassifizieren hat demnach die Bedeutung: "in Klassen einteilen" oder "Klassen bilden". Klassen bestehen im allgemeinen aus mehreren Elementen, die in einem bestimmten Sinne "gleichartig" sind; sie können auch aus nur einem Element bestehen. Elemente sind in der Regel (einzelne) Objekte, an denen die Ausprägungen bestimmter Merkmale reigstriert wurden. Die zu klassifizierenden Elemente können aber auch Merkmale sein (duales Problem). Daß die zu klassifizierenden Elemente selbst aus einem (nicht-numerischen) Klassifikationsprozeß oder genauer aus einer Reihe vorgelagerter Klassifikationsprozesse hervorgegangen sind, braucht hier nicht zu interessieren und sei daher nur am Rande erwähnt.

Die im englisch-amerikanischen Sprachraum unter den Begriff "classification" subsumierten Begriffe sind sehr zahlreich, und es lohnt kaum zu versuchen, alle zu erwähnen. Wichtig erscheint der Hinweis, daß auch im Englischen nicht gerade selten "classification" mit dem Begriffsinhalt von "Klassifikation im weiteren Sinne" verwendet wird. Insbesondere ist häufig "classification" Oberbegriff für "discrimination" und "clustering"[2], wobei "clustering", meist synonym mit "cluster analysis" gebraucht, inhaltlich in der Regel dem hier verwendeten Begriff "Klassifikation" entspricht. Andererseits kommt es aber auch vor, daß "clustering" oder "cluster analysis" mit "Klassifikation im weiteren Sinne" gleichgesetzt wird.

Besondere terminologische Schwierigkeiten ergeben sich daraus, daß mit der Klassifikation zusammenhängende Begriffe sehr häufig unter Bezugnahme auf spezielle Typen von Klassifikationsverfahren definiert und/oder verwendet werden. So werden beispielsweise die Begriffe

---

1) Wird dem Sprachgebrauch von WILLIAMS/DALE (1965) gefolgt, so ist die hier zu erörternde Klassifikation "intern" (internal), d.h. sie beruht ausschließlich auf Kriterien, die dem zu klassifizierenden Datensatz inhärent sind. Im Gegensatz dazu ist eine "externe" (external) Klassifikation derart, daß nicht zum Datensatz gehörende Informationen die Klassifikation unterstützen. "Externe" Klassifikationen sind sehr selten (vgl. MACNAUGHTON-SMITH, 1963, 1965). WILLIAMS/LANCE (1965) verwenden in diesem Zusammenhang auch das Gegensatzpaar "intrinsic-extrinsic".

2) Vgl. beispielsweise BALL (1970), S. XIII ff. und GOOD (1965, S. 115 ff.).

"clumping" oder "clump-analysis" überwiegend im Zusammenhang mit der Bildung überlappender Klassen verwendet, während "clustering" und "cluster analysis" im allgemeinen der Bildung nicht überlappender Klassen vorbehalten wird.[1)]

Die Ergebnisse einer Klassifikation werden "clumps" oder "clusters" (vgl. z.B. FLAKE/TURNER, 1968), "groups" (vgl. IHM, 1965), aber auch "classes" genannt, wobei wiederum manche zwischen "cluster" und "class" unterscheiden (JARDINE/SIBSON, 1968b). Andere, wie z.B. BALL (1970) und viele Philosophen (beispielsweise GASKING, 1960), holen weiter aus und versuchen die Begriffe "class", "cluster", "category" (BALL) oder "set", "class", "aggregate", "group" und "cluster" in einen Systemzusammenhang zu bringen. Zur Bezeichnung disjunkter Klassen werden überwiegend die Begriffe "cluster" und "class" verwendet.

Teilweise synonym mit "clustering" werden die Begriffe "partitioning" und "sorting" benutzt. Doch gibt es auch hier wiederum Unterschiede, die im wesentlichen mit der Aufgliederung von Klassifikationsverfahren in zwei Grundtypen, die hierarchischen und die nicht-hierarchischen Klassifikationsverfahren, zusammenhängen. So wird die Bildung von Klassen mittels hierarchischer Verfahren oft "sorting" genannt, wohingegen die Klassifikation mit Hilfe nicht-hierarchischer Verfahren häufig "partitioning", aber auch "clustering" heißt (vgl. z.B. LANCE/WILLIAMS, 1967a, b).

Obwohl für die Zukunft eine auch nur annähernd einheitliche Terminologie wegen der Vielzahl unterschiedlicher Forschungsrichtungen kaum zu erwarten ist, scheint sich durch die Entstehung zweier "Schulen" - der "australischen Schule" mit WILLIAMS, LANCE, LAMBERT, DALE und anderen (die zur Zeit den wohl größten Einfluß besitzen) und der "Cambridge-Schule" (Großbritannien) mit SIBSON, JARDINE und anderen -

---

1) In einem von dieser Regel abweichenden Sinne äußert sich z.B. BALL (1970); bei ihm ist "clustering" Oberbegriff für "clumping" und "partitioning"; siehe auch BALL (1965). Vgl. zum überwiegenden Sprachgebrauch z.B. WILLIAMS/DALE (1965) und die Publikationen von NEEDHAM und Mitarbeitern.

zwar keine Übereinstimmung in den vertretenen Lehrmeinungen,[1] doch wenigstens eine begriffliche und sachliche Klarstellung der verwendeten Begriffe und Kriterien anzubahnen. Die Diskussion zwischen den beiden Schulen ist jedoch noch ziemlich jung.[2]

Die Klassifikation von Objekten[3] wird entscheidend determiniert durch die Art der Merkmale, die an ihnen beobachtet wurden. Im allgemeinen werden klassifikatorische, komparative und metrische Merkmale unterschieden.

Klassifikatorische Merkmale lassen nur die Unterscheidung "gleich" oder "ungleich" zu. Ihre Merkmalsausprägungen werden auf Nominalskalen[4] "gemessen". Es ist üblich, den Ausprägungen klassifikatorischer Merkmale Zahlen zuzuordnen. Um Verwechslungen mit rang- oder abstandsdefinierenden Zahlen zu vermeiden, werden ihnen häufig Symbole zugewiesen, die keine Zahlen sind. Von großer praktischer Bedeutung sind klassifikatorische Merkmale, bei denen die Anzahl der möglichen Ausprägungen auf zwei begrenzt ist. Diese heißen binäre Merkmale oder Alternativmerkmale. Die Ausprägungen von Alternativmerkmalen werden in der Regel mit "0" und "1", aber auch mit "-" und "+" verschlüsselt. Klassifikationsverfahren, die Alternativmerkmale verarbeiten, wurden vor allem von Biologen und Ökologen entwickelt. Für die Klassifikation von Objekten, die durch klassifikatorische Merkmale mit $p=3,4,5,\ldots$ Ausprägungen gekennzeichnet sind, existieren zur Zeit keine befriedigenden Klassifikationsverfahren. Das ist unter anderem dadurch bedingt, daß es schwierig ist, den einzelnen Merkmalen ein im Hinblick auf die

---

1) Die australische Schule legt das Schwergewicht der Forschung auf die praktische Anwendung von Klassifikationsverfahren, die Cambridge-Schule befaßt sich stärker mit den mathematisch-statistischen Grundlagen dieser Verfahren.

2) Sie begann 1971 mit der Veröffentlichung von SIBSON: "Some observations on a paper by LANCE and WILLIAMS" und der Erwiderung von WILLIAMS/LANCE/DALE/CLIFFORD (1971): "Controversy concerning the criteria for taxonometric strategies", in welcher auch die beiden "Schulen" aus der Taufe gehoben wurden.

3) Das duale Problem, die Klassifikation von Merkmalen, soll im Folgenden vernachlässigt werden. Vgl. hierzu beispielsweise KING (1967) und WADYCKI (1973). HARTIGAN (1972) hat ein (hierarchisches) Verfahren zur gleichzeitigen Klassifikation von Objekten und Merkmalen entwickelt.

4) Über Probleme der Messung, der Meßskalen und der Transformation von Meßwerten informiert sehr anschaulich STEVENS (1951).

Klassenbildung gleiches Gewicht zu geben. Der Ausweg, Merkmale mit $p > 2$ Ausprägungen auf Alternativmerkmale zu reduzieren, befriedigt wegen des damit verbundenen Informationsverlustes nicht sehr, ist aber in aller Regel der einzige Ausweg.

Zwischen den Ausprägungen komparativer Merkmale ist nicht nur ein Unterschied, sondern auch ein "größer-kleiner", "besser-schlechter" oder ähnliches Verhältnis definiert, durch welches die Ausprägungen in eine bestimmte Reihenfolge (ordo) gebracht werden können. Die Merkmalsausprägungen komparativer Merkmale werden auf Ordinalskalen "gemessen", d.h., es werden ihnen in der Regel ganze Zahlen (Rangwerte) zugeordnet, die die Rangfolge der zugehörigen Objekte festlegen. KENDALL (1966) hat ein Klassifikationsverfahren vorgeschlagen, welches auf Rangwerten (und Rangkorrelationen) aufbaut.

Für die Ausprägungen der auf einer Intervallskala gemessenen metrischen Merkmale ist außerdem ein Abstand zwischen den diesen Ausprägungen zugeordneten Zahlen definiert. Der Abstand wird durch die der Messung zugrunde gelegte Maßeinheit bestimmt. Von allen Merkmalsarten besitzen metrische Merkmale den höchsten Informationsgehalt. Die zahlenmäßige Größe der Merkmalsausprägungen ist jedoch abhängig von der gewählten Maßeinheit. Bei der Klassifikation von Objekten tritt fast immer die Schwierigkeit auf, daß die Klassifikationsmerkmale mit verschiedenen -mehr oder weniger willkürlich gewählten- Maßeinheiten gemessen wurden.

Statistisch läßt sich dieses Problem ohne Informationsverlust so lösen, daß die ursprünglichen Merkmalswerte in dimensionslose standardisierte Merkmalswerte linear transformiert werden. Damit sind die Merkmalswerte miteinander vergleichbar und besitzen größenordnungsmäßig die gleiche Bedeutung. Eine solche Transformation der Merkmalswerte kann jedoch das Klassifikationsergebnis in einer kaum voraussehbaren Weise beeinflussen (vgl. z.B. BALL, 1965; BALL, 1970; ORNSTEIN, 1965). Durch die Standardisierung der m Merkmale mnd die damit verbundene Streckung bzw. Stauchung der zugehörigen Koordinatenachsen kann sich die Form der als Punktwolken in einem m-dimensionalen Raum vorstellbaren Klassen von Elementen erheblich verändern, es ist auch denkbar, daß vor der Standardisierung wohlseparierte Punktwolken durch die Standardisierung eng zusammenrücken und u.U. keine klare Trennung mehr möglich ist. Doch ist auch der umgekehrte Fall denkbar.

Die Frage, ob eine dem Klassifikationsprozeß vorgelagerte Standardisierung der Merkmale zweckdienlich ist, läßt sich nicht allgemeingültig beantworten.[1] Sie ist außerdem von der Art des gewählten Ähnlichkeits- bzw. Unähnlichkeitsmaßes abhängig. Ob es zweckmäßig ist, durch die Standardisierung eine "Gewichtungsverlagerung" zwischen den einzelnen Merkmalen herbeizuführen, kann vielleicht im Einzelfall entschieden werden. Oft genügt bereits die Verwendung gleicher Maßeinheiten bei der Messung bestimmter Merkmalsausprägungen. Doch kann wiederum durch die Wahl dieser Maßeinheit eine zusätzliche subjektive Gewichtung einzelner Merkmale entstehen. Liegen die Meßwerte der Merkmale in etwa der gleichen Größenordnung, ist eine Standardisierung entbehrlich. Die Veränderung der Form der Punktwolken ist dagegen weniger überschaubar. Im Einzelfall sollte vielleicht durch Vergleich der Klassifikationsergebnisse, die auf standardisierten bzw. nicht-standardisierten Merkmalen beruhen, entschieden werden, ob eine

---

1) ROHLF/SOKAL (1965) und SOKAL/MICHENER (1967) befürworten eine vorhergehende Standardisierung. Das ihren Untersuchungen zugrunde liegende Material und die verwendeten Ähnlichkeits- bzw. Unähnlichkeitsmaße sind jedoch wenig geeignet, die Zweckmäßigkeit der Standardisierung zu bestätigen. Auch SOKAL/SNEATH (1963) und DAGNELIE (1966) sind für eine Standardisierung. BOYCE (1965) kommt nach einer wenig überzeugenden Untersuchung zu demselben Schluß. Nach BALL (1970) ist es zumindest zweifelhaft, ob eine Standardisierung zweckmäßig ist. Ähnlich vorsichtig äußern sich CORMACK (1971) und FLEISS/ZUBIN (1969): "The unthinking use of scaling must be condemned, even more in this context than in standard multivariate analyses. Not only is there the same argument that the difference in scale between two variables (particularly of the same dimension) may be intrinsic, but also, as Fleiss and Zubin (1969) have pointed out, the scaling should be carried out on individual clusters while it is in fact carried out on the complete set of data" (CORMACK, 1971, S. 325). Vgl. hierzu auch MINKOFF (1965), WILLIAMS/DALE (1965), WALLACE (1968), JONES (1968), JOHNSON (1970) und andere. Im allgemeinen werden mit der Standardisierung zusammenhängende Probleme ignoriert. Das Standardisierungsproblem kann hier nicht erschöpfend behandelt werden. Bemerkenswert ist, daß eine Reihe von Experimenten mit unterschiedlichem Datenmaterial, welches mit verschiedenen Klassifikationsverfahren analysiert wurde, nicht selten gezeigt hat, daß die Ergebnisse, die aufgrund der standardisierter Merkmale erzielt wurden, weniger "brauchbar" waren als die Ergebnisse ohne vorangehende Standardisierung.

Standardisierung zweckdienlich ist. Ein solcher Vergleich wird allerdings dadurch erschwert, wenn nicht gar verfälscht, daß auch im Falle standardisierter Merkmale die Klassen d i a g n o s e aufgrund nicht-standardisierter Merkmale erfolgt. Ein "gutes" Klassifikationsergebnis mit vorangehender Standardisierung ist nicht notwendigerweise ebenso "gut", wenn die Beurteilung des Ergebnisses mit nicht-standardisierten Merkmalen erfolgt, die der Klassenbildung ja gar nicht zugrunde gelegen haben. Klassifikationsverfahren, die darauf abzielen, Punktwolken von einer bestimmten Gestalt, z.B. "Hyperkugeln", zu finden, werden von einer Standardisierung der Merkmale stärker betroffen als solche, denen eine derartige Voraussetzung nicht zugrunde liegt. Es gibt eine Reihe von Klassifikationsverfahren, die geeignet sind, metrische Merkmale zu verarbeiten. Eines der besten ist das von MCRAE (1970), das teilweise auf einem Verfahren von MAC-QUEEN (1967) aufbaut.

Besondere Probleme ergeben sich, wenn die zu klassifizierenden Objekte durch unterschiedliche Merkmale, d.h. durch klassifikatorische, komparative und metrische Merkmale (mixed-data), beschrieben werden. Lösungen dieses Problems beschränken sich oft darauf, metrische und komparative Merkmale in klassifikatorische Merkmale mit einer vorgeschriebenen Anzahl von Ausprägungen zu transformieren, was sicherlich einen erheblichen Informationsverlust und eine Gewichtsverlagerung innerhalb der Merkmale bedingt. Hauptgegenstand der Diskussion des "mixed-data Problems" ist die Wahl eines geeigneten Ähnlichkeits- bzw. Unähnlichkeitsmaßes. Dazu gibt es eine Reihe von Vorschlägen, die zum Teil wenig befriedigen. Dem mixed-data Problem haben sich vor allem LANCE/WILLIAMS (1967c, 1968a, 1971), BURR (1968, 1970) und PARKS (1969) angenommen. LANCE/WILLIAMS (1970 a,b) haben auch Computerprogramme für mixed-data Probleme entwickelt und veröffentlicht (MULTBET, MULTCLAS).

Für die Klassifikation von n Objekten, an denen die Ausprägungen von m Merkmalen beobachtet wurden, wird folgende Symbolik eingeführt:

x_{ij} ist der Wert des i-ten Merkmals für das j-te Objekt mit $i=1,2,\ldots,m$ und $j=1,2,\ldots,n$.

Der gesamte Datensatz kann in Form einer Matrix vom Typ (m * n) dargestellt werden.

$$\underline{X} = \begin{bmatrix} x_{11} & x_{12} & \cdots & x_{1j} & \cdots & x_{1n} \\ x_{21} & x_{22} & \cdots & x_{2j} & \cdots & x_{2n} \\ \vdots & \vdots & & \vdots & & \vdots \\ x_{i1} & x_{i2} & \cdots & x_{ij} & \cdots & x_{in} \\ \vdots & \vdots & & \vdots & & \vdots \\ x_{m1} & x_{m2} & \cdots & x_{mj} & \cdots & x_{mn} \end{bmatrix}$$

Die j-te Spalte dieser Matrix, der Vektor

$$\underline{x}_j = \begin{bmatrix} x_{1j} \\ x_{2j} \\ \vdots \\ x_{ij} \\ \vdots \\ x_{mj} \end{bmatrix}$$

enthält die Ausprägungen der m Merkmale für das j-te Objekt.

Das Klassifikationsproblem kann auch geometrisch veranschaulicht werden. Die m Merkmale bilden die Koordinatenachsen eines m-dimensionalen Raumes R_m, der auch Merkmalsraum genannt wird. In der Regel wird davon ausgegangen, daß die Koordinatenachsen dieses Raumes senkrecht aufeinanderstehen, daß R_m ein Euklidischer Raum ist. Jedes Objekt, welches durch einen Spaltenvektor der Matrix $\underline{X}$

($\underline{x}_j$, j=1,2,...,n) repräsentiert wird, bildet einen Punkt im R_m, dessen Koordinaten durch die Komponenten des zugehörigen Vektors (also durch die Ausprägungen der m Merkmale) gegeben sind.[1)]

Die oben beschriebenen Merkmalsarten bewirken, daß die Punkte (Objekte) im R_m nur bestimmte Positionen einnehmen können. Sind die Merkmale klassifikatorisch mit nur zwei Ausprägungen, so sind nur die 2^m Eckpunkte eines m-dimensionalen Würfels besetzbar. Werden den beiden Ausprägungen die Werte "0" und "1" zugewiesen, so hat dieser Würfel die Kantenlänge 1. Diese Kantenlänge ist metrisch im Sinne eines Abstandes interpretierbar. Würden den Alternativen die Werte "0" und "34" zugeordnet, was lediglich gewisse rechnerische Nachteile mit sich brächte, hätte der m-dimensionale Würfel die Kantenlänge 34. Mit der Anzahl der möglichen Ausprägungen der Merkmale steigt nun die Zahl der im R_m besetzbaren Punkte. Haben z.B. alle klassifikatorischen Merkmale 6 Ausprägungen sind bereits 6^m Gitterpunkte besetzbar. Entsprechendes gilt für komparative und metrisch diskrete Merkmale. Sind die m Merkmale metrisch und stetig (kontinuierlich), ist im R_m ein nur durch die Wertebereiche der Merkmale begrenztes Kontinuum von Punkten besetzbar.

Die geometrische Vorstellung, die einer Klassifikation zugrunde liegt, ist nun die, daß - immer in Bezug auf die jeweilige Merkmalsart - - die die Objekte repräsentierenden Punkte nicht gleichmäßig im R_m verteilt sind, sondern sich an einigen Stellen häufen, d.h. Punkthaufen bilden. Bei metrischen Merkmalen sind diese Punkthaufen den Sternsystemen des Weltraumes vergleichbar. Das Klassifikationsproblem besteht darin, die Anzahl der Punkthaufen (Klassen) sowie die der sie bildenden Punkte zu bestimmen und die Punkte, die eine Klasse bilden, zu identifizieren. Ist das geschehen, können die Klassen diagnostiziert und ihre charakteristischen Eigenschaften herausgestellt werden. Ein Klassifikationsverfahren ist in diesem Sinne eine in Algorithmen übertragene Suchprozedur.

---

1) Der Abstand zwischen zwei Punkten (Objekten) P und Q im Euklidischen Raum ist durch den euklidischen Abstand
$d_{PQ} = \left[(\underline{x}_P - \underline{x}_Q)' (\underline{x}_P - \underline{x}_Q)\right]^{1/2}$ gegeben.

Die Bestimmung der Anzahl der Punkthaufen sowie die der sie bildenden Punkte ist relativ einfach, wenn die Punkthäufungen eine bestimmte Gestalt haben, z.B. m-dimensionale Kugeln (Hyperkugeln) sind, wenn sie weit voneinander entfernt sind, und zwar nicht nur im Hinblick auf die Schwerpunkte, sondern auch hinsichtlich der sie begrenzenden Hyperflächen, und wenn der Raum zwischen Punkthäufungen nicht von Punkten besetzt ist. Derart ideale Bedingungen sind in der Praxis nur sehr selten gegeben. In der Regel gibt es ineinanderfließende Punkthäufungen, so daß Punkte des Grenzbereichs nicht eindeutig einem Punkthaufen zugeordnet werden können.

13 ZUR PHILOSOPHIE DER KLASSIFIKATION

In allen Wissenschaften muß der Bildung von Konzepten, Hypothesen und Theorien ein Ordnen, Systematisieren und Klassifizieren von realen und imaginären Dingen vorausgehen. Daher ist das Klassifikationsproblem schon von alters her Gegenstand philosophischer Betrachtungen.[1] Unter den Philosophen scheint Einigkeit darüber zu bestehen, daß die Klassifikation eine fundamentale Tätigkeit des Menschen ist, ohne die kein methodisches Denken möglich ist (vgl. GILMOUR/WALTERS, 1964, S. 2 f.). Die vielfältigen Wechselbeziehungen zwischen dem Menschen und der Welt, in der er lebt, erfordern Klassifikationen und Benennungen, denn nur durch die Existenz von Klassen-Namen oder Typ-Bezeichnungen werden Gedanken kommunikativ. Die Entwicklung von Sprachen ist z.B. ohne vorherige Klassifikation undenkbar. Wird die Klassifikation als Teil der Anstrengungen des Menschen verstanden, seine Welt zu begreifen und zu bewältigen, so folgt daraus, "that the actual classifications that he makes arise from his response to, and interaction with, his environment - from his needs, his desires, and his purposes" (GILMOUR/WALTERS, 1964, S. 3). Das bedeutet, die Klassifikation ist nie Selbstzweck, sondern immer Mittel

1) Vgl. zum Folgenden: GILMOUR/WALTERS (1964), SNEATH (1957a, 1957b), GILMOUR (1962), FLOODGATE (1962), COWAN (1955), SNEATH (1961) und ORNSTEIN (1965). Siehe auch GASKING (1960) und HARVEY (1969, Chapter 18).

zum Zweck.[1] Das aber heißt, daß jedes Klassifikationsergebnis nur im Hinblick auf den Zweck oder das Ziel, das damit erreicht werden soll, beurteilt und verstanden werden kann; was wiederum impliziert, daß Verfahren zur Klassenbildung dem jeweiligen Ziel entsprechend, für das sie konzipiert und eingesetzt werden, variieren müssen. In diesem Sinne ist auch COWAN (1955, S. 314) zu verstehen, wenn er schreibt: "all classifications are subjective,...". Eine der Grundfragen der Klassifikation, nämlich die Frage: "Durch was ist ein Klassifikationsergebnis besser oder schlechter als ein anderes?", kann nur unter Bezug auf bestimmte Bedürfnisse, Zwecke oder Ziele beantwortet werden. "Richtige" oder "falsche" Klassifikationsergebnisse gibt es (in der Regel) nicht, sondern nur mehr oder weniger "brauchbare" (FLOODGATE, 1962, S. 278; WILLIAMS/LANCE, 1965, S. 160) oder solche, die mehr oder weniger "zweckdienlich" sind (SNEATH/COWAN, 1958, S. 564; SNEATH, 1961) oder solche die unbrauchbar sind. Wenn beispielsweise die Bücher einer Bibliothek klassifiziert werden sollen und der Raum für ihre Aufbewahrung klein ist, kann es - im Hinblick auf die Unterbringung - zweckmäßig sein, sie in Klassen unterschiedlicher Größe einzuteilen; ist der Raum nicht klein, kann es - in Bezug auf das Auffinden bestimmter Bücher - zweckdienlich sein, sie alphabetisch oder nach Fachrichtungen oder nach beiden Merkmalen zu klassifizieren; für einen Ästhetiker können auch Art und/oder Farbe des Einbands Klassifikationsmerkmale sein.[2]

In der Literatur werden zwei Grundtypen von Klassen unterschieden: "natürliche" und "künstliche" Klassen. Es sind aber auch die Bezeichnungen "scientific and non-scientific" und "general purpose and special-purpose" Klassen gebräuchlich.[3] Die kennzeichnenden Merkmale

---

1) "Of the infinite numbers of classes that c o u l d be made, only those in fact are made which serve some human need or purpose" (GILMOUR/WALTERS, 1964, S. 3).

2) Ein anderes anschauliches Beispiel stammt von dem Philosophen WHEWELL (1858, zit. nach GILMOUR/WALTERS,1964), der sinngemäß Folgendes schreibt: Wenn ein Wal gefangen werden soll, ist es zweckmäßig, ihn als Element der Klasse "Fische" zu betrachten; soll sein Organismus studiert werden, gehört er zur Klasse der Säugetiere. Vgl. auch TANIMOTO (1958).

3) Vgl. zur Begriffsbildung beispielsweise GILMOUR/WALTERS (1964, S. 4 ff.). ORNSTEIN (1965) spricht in diesem Zusammenhang von einem "special purpose filter".

dieser Grundtypen sind vielfach diskutiert worden,[1] und obwohl die Grenzen fließend sind, sind die Begriffsinhalte im Prinzip einheitlich fixiert: natürliche Klassen dienen vielen Zwecken, künstliche nur einer eng begrenzten Anzahl von Zwecken, oft nur einem bestimmten Zweck (vgl. z.B. GILMOUR, 1962; FLOODGATE, 1962). Werden z.B. Bücher nach der Farbe des Einbands klassifiziert, ergeben sich künstliche Klassen. Da nach dieser Definition der semantische Gehalt dieses Begriffspaares von der Anzahl der Zwecke abhängt, denen Klassen dienen oder dienen sollen, kann keine Klassifikation völlig "natürliche" Klassen (Allzweck-Klassifikation) liefern. Die Bildung völlig "künstlicher" Klassen ist dagegen möglich. Es ist festzuhalten, daß natürliche Klassen, weil sie vielen Zwecken zu dienen bestimmt sind, keinem Zweck vollkommen dienen können (vgl. SNEATH, 1961).

In aller Regel wird die Bildung natürlicher Klassen angestrebt, weil diese die umfassendsten Aussagen über die Struktur der klassifizierten Gesamtheit oder Stichprobe sowie über die Eigenschaften der Elemente, die einer Klasse zugeordnet wurden, zulassen. Umfassende Aussagen über die Struktur des klassifizierten Materials und über die Elemente, die die Klassen bilden, sind jedoch nur dann möglich, wenn alle Elemente einer Klasse einander hinsichtlich aller Klassifikationsmerkmale in einem möglichst hohen Maße "ähnlich" oder "gleichartig" sind und wenn zwischen den Klassen möglichst große Unterschiede bestehen. Alle Elemente einer Klasse müssen wechselseitig enger verknüpft sein als mit Elementen anderer Klassen. Je größer die Ähnlichkeit zwischen den Elementen einer Klasse ist, desto "homogener" ist die Klasse. Klassen von Elementen, die einander in einem bestimmten Sinne "ähnlich" sind, erlauben auch in einem gewissen Maße Verallgemeinerungen auf nicht in die Klassifikation einbezogenes Material,[2]

---

1) Vgl. neben vielen anderen: FLOODGATE (1962), GILMOUR (1962), SNEATH (1961), JARDINE (1969a), GILMOUR/WALTERS (1964), SNEATH/SOKAL (1962), SOKAL (1962), SNEATH (1962a). Es ist kaum verwunderlich, daß in der Diskussion der Grundtypen einige Biologen dazu tendieren, das "natural" einer Klassifikation bzw. von Klassen weniger im Sinne von "general purpose" zu interpretieren, sondern mehr im Sinne von "natur"-gegeben.

2) Nach SNEATH (1957a, S. 196) ist die ideale Klassifikation die "with the greatest predictive value".

z.B. auf übergeordnete Gesamtheiten. Das Problem, wie der Grad der "Ähnlichkeit" (oder Unähnlichkeit) zwischen Elementen und/oder Klassen und der Grad der Homogenität von Klassen gemessen werden können und sollen, ist mithin mit besonderer Sorgfalt zu erörtern (vgl. Kap. 231, Kap. 232 und Kap. 233).

Aus der Feststellung von MERCIER (zit. nach GILMOUR/WALTERS, 1964, S. 5): "...die Klassifikation, die wir machen ... muß einen direkten Bezug haben zu dem Zweck, für den die Klassifikation verlangt wird. Insoweit sie diesem Zweck dient, ist die Klassifikation eine gute Klassifikation, wie "künstlich" sie auch sein mag. Insoweit sie diesem Zweck nicht dient, ist sie eine schlechte Klassifikation, so "natürlich" sie auch sein mag",folgt die Frage, welche Zwecke man mit einer Klassifikation verfolgen bzw. welche Ziele man mit ihr erreichen kann. Viele Autoren haben die Frage: "Warum wird klassifiziert?" unter direkter Bezugnahme auf anstehende realwissenschaftliche Probleme zu beantworten versucht.

Allgemein wird die Klassifikation (oder werden Klassifikationsverfahren) als nützliches Hilfsmittel oder Werkzeug der multivariaten Datenanalyse betrachtet.[1)]

Nach GOOD (1965, S. 122) wird klassifiziert: "(1) For mental clarification and communication. (2) For discovering new fields for research. (3) For planning an organizational structure or machine. (4) As a check list. (5) For f u n " (Hervorhebung des Verf.). Herausragende Ziele der Klassifikation sind für BALL[2)] (1970, S. 13):

---

1) Vgl. zu Problemen der "Data Analysis" auch TUKEY (1962), BALL (1965) und TUKEY/WILK (1966). BALL befaßt sich in seinem Aufsatz ausführlich mit Fragen der Klassifikation; der Aufsatz von TUKEY/ WILK enthält unter anderem eine Reihe bemerkenswerter Aussagen über Ziele und Zwecke der Datenanalyse, die denen der Klassifikation weitgehend entsprechen.

2) BALL definiert "Klassifikation" anders als es hier geschehen ist. Für ihn ist "classification": "The general term used for processes, that sort things into groups. Includes discrimination and clustering" (S. XIV).

"(1) finding a true typology, (2) model fitting, (3) prediction based on groups, (4) hypothesis testing, (5) data exploration, (6) fishing in data to find useful hypotheses, (7) data reduction". BALL/FRIEDMAN (1968, S. 35) äußern sich ausführlicher zu dieser Frage. Eine Klassifikation kann nach ihrer Ansicht folgenden Zwekken dienen:[1)] (a) It can suggest multiple working hypotheses. It appears to us that this grouping is an important aspect of concept formation and of theory development. (b) Clustering provides a way of starting an analysis. (c) It suggests possible ways of decomposing the data into simpler subsets of objects or variables that can be examined graphically, so that the analysis obtains a deeper understanding of the details of his data. (d) Clustering can be used as a data manipulation algorithm. It can be used to reduce the dimensionality... (e) Clustering can be used to reduce the volume of a large data set by substituting for, say, 5.000 data samples, a nonrandom representative set of, say, 150 cluster centers that will tend to relatively adequately characterize the variation of the data.[2)] (f) In its loose role in exploring data, clustering can aid concept formation by providing a tractable description that still retains some of the subtleties of the data that are lost when the data is described by a single mean and covariance matrix or other such simple descriptors.

Die Aussagen dieser Autoren überschneiden sich - abgesehen von Punkt (5) bei GOOD - zu einem guten Teil, beschreiben aber den gesamten Bereich potentieller Ziele und Zwecke so ausführlich, daß eine Ergänzung nicht notwendig ist. Dennoch ist es interessant, an Hand der Äußerungen anderer Autoren verfolgen zu können, wo Schwerpunkte gesetzt und welche der bereits oben genannten Zwecke besonders betont werden: "The prime purpose of a taxonomic system is therefore one of economy of memory" (SOKAL/SNEATH, 1963, S. 170); "As with most methods of data analysis, the aim is to find, to describe, and hopefully, to lead to an explanation of some simple structure in a

1) Die Ausführungen von BALL/FRIEDMAN wurden sinnentsprechend gekürzt.

2) Die in diesem Beispiel genannten Größenordnungen liegen sicher an der Grenze des beim heutigen Stand der Computertechnik mit einem noch vertretbaren Aufwand Erreichbaren.

complex mass of data" (WALLACE, 1968, S. 519); "The general intent of cluster analysis is to reduce detailed information about the many to generalizations about the few, and it is thus similar in this respect to factor analysis although the method is very different" (SNEATH, 1969a, S. 257); "Groups are generally formed for the convenient management of information" (HALL, 1969, S. 318); "In data simplification the aim is to represent the data in a way which will suggest fruitful hypotheses..." (JARDINE, 1970, S. 117); "...classification may be regarded as a means for searching reality for hypotheses or for structuring reality to test hypotheses. It may also be regarded as a beginning point or the culmination of scientific investigation" (HARVEY, 1969, S. 326, siehe auch S. 331 f.).

Die vielfältigen Ziele und Zwecke der Klassifikation, von denen hier die wichtigsten genannt wurden, zeigen, kurz formuliert, daß eine Klassifikation bzw. ein Klassifikationsverfahren ein besonderes Instrument der Datenreduktion und Informationskonzentration multivariater Daten ist. Sie ermöglicht besondere Analysen, Synthesen und Einblicke in komplexe, die geistige Aufnahmefähigkeit des Menschen übersteigende Datenmassen.

14 DIE NEUERE ENTWICKLUNG

Die "neuere" Entwicklung von Klassifikationsverfahren - wobei es sich streng genommen zumindest teilweise um eine Weiterentwicklung bereits bekannter Ideen und Vorstellungen handelt - beginnt in den fünfziger Jahren. Sie verlief in etwa parallel zur zunehmenden Verfügbarkeit schneller elektronischer Großrechner, ohne die die praktische Anwendung und Verbreitung von Klassifikationsverfahren undenkbar wäre.

Pioniere dieser Entwicklung waren vor allem: THORNDIKE (1950, 1953), GOODALL (1953a, b), SNEATH (1957a, b), MCQUITTY (1954, 1957), SOKAL/MICHENER (1958), CAIN/HARRISON (1958), MACCACARO (1958), WILLIAMS/LANCE (1958), TANIMOTO (1958), WILLIAMS/LAMBERT (1959, 1960, 1961a, b), ROGERS/TANIMOTO (1960), RESCIGNO/MACCACARO (1961) und SOKAL (1958, 1960, 1961).[1]

---

1) Vgl. zu älteren Darstellungen z.B. FLEISS/ZUBIN (1969).

Die immense Vielfalt pflanzlichen und tierischen Lebens hat schon von alters her Biologen stimuliert, morphologische, phylogenetische und phänotypische Klassen pflanzlicher und tierischer Lebewesen zu schaffen. Auch neuere Ansätze in dieser Richtung gehen meist auf LINNE (1735, 1737, 1753) und ADANSON (1757, 1763) zurück, die sich vor allem mit der Klassifikation des Pflanzenreiches befaßt haben. ADANSON's"Prinzipien" (vgl. SNEATH, 1957b) sind noch heute eine Grundlage der modernen Taxonomie, worunter im allgemeinen die "theoretical study of classification, including its bases, principles, procedures and rules" (SIMPSON, 1961, S. 11) oder "the science of the theory of classification" (SOKAL, 1962, S. 232) verstanden wird.

Angesichts des offensichtlich starken Bedarfs an praktikablen Verfahren zur Klassifikation von Organismen, ist es wenig verwunderlich, daß die neuere Entwicklung überwiegend von Biologen eingeleitet und gefördert wurde.[1] Ein starker Einfluß ging jedoch auch von Psychologen aus, wie z.B. die Arbeiten von CATTELL, THORNDIKE und MCQUITTY zeigen. Die besondere Leistung der Biologen bestand darin, daß sie versuchten, den Prozeß der Klassenbildung dadurch zu objektivieren, daß sie mathematisch-statistische Methoden in die Klassifikationsprozedur einfügten. Damit sollte gleichzeitig die Wiederholbarkeit der Klassenbildung und die Stabilität der Ergebnisse gewährleistet werden. Mit der Verwendung numerischer Verfahren der Klassifikation wurde von SOKAL (1960) der Begriff "numerical taxonomy" eingeführt, ein Begriff, der - neben anderen, z.B. "taxonometric" (ROGERS/TANIMOTO, 1960), - in der Folgezeit auch in viele Bereiche außerhalb der Biologie übernommen wurde (vgl. z.B. GORONZY, 1969, "A numerical taxonomy on business enterprises").

Die Menge der lebenden und fossilen Organismen wird von Biologen in Reiche, Stämme, Klassen, Ordnungen, Familien, Gattungen und Arten aufgeteilt. Die Analyse derartiger Rangordnungen von Klassen, die wesentlicher Bestandteil der biologischen Forschung ist, hat die Entwicklung von Klassifikationsverfahren insofern maßgeblich beeinflußt, als hierarchische Gesichtspunkte bei der Klassenbildung in

---

1) Die von SOKAL/SNEATH (1963) genannten Gründe für die Notwendigkeit und die Zweckmäßigkeit der Anwendung von Verfahren der numerischen Klassifikation in der biologischen Forschung werden von BLACKWELDER (1967a) heftig kritisiert.

den Vordergrund gerückt wurden. Biologen interessierte in erster Linie die Bildung von Hierarchien von Klassen, die hierarchische Klassifikation.

Ein nicht minder wesentlicher Einfluß ging von der Tatsache aus, daß in vielen Forschungsbereichen nach herkömmlichen, nichtnumerischen Methoden erstellte "Standard"-Klassen existieren, an welchen der Erfolg und die Qualität numerischer Klassifikationsverfahren gemessen werden konnten. War die Anzahl der Fehlklassifikationen, die - werden Standard-Klassen als Maßstab vorgegeben - exakt bestimmt werden kann, gering, so hatte das Verfahren den "Test" bestanden. Mit dieser Möglichkeit, die Praktikabilität und Zuverlässigkeit neu entwickelter Verfahren überprüfen zu können, war (und ist) jedoch auch ein Nachteil verbunden: numerische Klassifikationsverfahren konnten auf Standardklassen "abgestimmt" werden.[1)] Führte ein erster Test eines Verfahrens nicht zu der gewünschten "Erfolgsquote", so wurde das Verfahren häufig in der Weise modifiziert, daß die mehr subjektiven Techniken (mit deren Hilfe die Standardklassen erzeugt wurden) numerisch reproduziert wurden, bis eine ausreichende Erfolgsquote erreicht war. Die Fragen, ob das so "verbesserte" Klassifikationsverfahren ohne weitere Modifikationen auf andere Klassifikationsprobleme übertragen werden kann, ob es nicht etwa nur Klassen bestimmter Struktur zu finden vermag und ob Fehlklassifikationen auf Mängel des numerischen oder des herkömmlichen Klassifikationsverfahrens zurückzuführen sind, wurden nur selten gestellt. Als weiterer beeinflussender Faktor ist zu erwähnen, daß für sehr viele der klassifizierten Datensätze nicht nur a priori bekannt war, daß in ihnen klassifizierbare Datenstrukturen existierten, sondern auch, daß "wohlseparierbare" Klassen (die anscheinend in der Biologie häufig vorzufinden sind) vorhanden waren, wodurch die Entwicklung und der Ausbau von Klassifikationsverfahren wesentlich erleichtert wurde. All dies trug dazu bei, daß zunächst in weiten Bereichen der Biologie die Brauchbarkeit numerischer Klassifikationsverfahren erkannt und die Forschungen auf diesem Gebiet beträchtlich intensiviert wurden.

---

1) Ein bekanntes Beispiel dafür sind die "Iris-Daten" von R.A. FISHER (1936), die immer wieder als Testmaterial verwendet werden.

Die neu entwickelten Klassifikationsverfahren (vgl. z.B. SOKAL/ SNEATH, 1963) wurden mit Erfolg verwendet, um Bakterien, Insekten, Pflanzen und Menschen zu klassifizieren. Sie unterschieden sich durch die Art der Merkmale, die sie verarbeiten konnten (klassifikatorische oder metrische Merkmale), durch die benutzten Ähnlichkeits- bzw. Unähnlichkeitsmaße und durch die Methode der Klassenbildung. Sie bildeten ein breites Fundament für die Entwicklung verfeinerter und verbesserter Verfahren und stimulierten gleichzeitig die Entstehung völlig anderer Klassifikationsverfahren.

Zu erwähnen ist auch, daß in der Biologie überwiegend Objekte klassifiziert wurden, die durch Alternativmerkmale gekennzeichnet waren. Ein Merkmalstyp, der im allgemeinen etwas vernachlässigt wird. Dies hatte nicht nur zur Folge, daß diesen Merkmalen adäquate Klassifikationsverfahren entwickelt und getestet wurden, sondern auch, daß man sich bemühte, spezielle Ähnlichkeits- und Unähnlichkeitsmaße zu entwickeln und deren Einfluß auf das Klassifikationsergebnis praktisch zu erproben (vgl. Kap. 2312, Kap. 2322 und Kap. 2432).

Die von den Biologen ausgehende Entwicklungsrichtung wurde durch Entwicklungen im Bereich der Psychologie ergänzt. Von der Gedankenwelt der Faktorenanalyse herkommend, befaßten sich Psychologen mit den mathematisch-statistischen Grundlagen der Typisierung von Personen ("Placing peoples in types"). Dabei handelt es sich in der Regel um Verfahren zur Klassifikation von Personen, wobei die erzeugten Klassen die Typen definieren.

Klassifikationsverfahren, die von Psychologen zur Typfindung eingesetzt wurden, sind hierarchischer, aber auch nicht-hierarchischer Natur (vgl. z.B. MCQUITTY, 1954, 1957, 1960, 1964; CATTELL, 1944, 1949, 1966; CATTELL/COULTER, 1966; CATTELL/COULTER/TSUJIOKA, 1966). Mit der Einführung (einfacher) nicht-hierarchischer Verfahren, die in der Regel einen Datensatz in eine fest vorzugebende Anzahl von Klassen zerlegen, waren auch Klassifikationsprobleme, bei denen das Konzept von Klassen verschiedener Rangordnung entbehrlich war, einer Lösung näher gebracht.

Auch die Psychologen haben eine Reihe von Maßen zur Messung der Ähnlichkeit bzw. Unähnlichkeit von Objekten und/oder Klassen entwickelt (vgl. z.B. CATTELL, 1949; CATTELL/COULTER, 1966).

Anfang der sechziger Jahre verbreiterten ROGERS/TANIMOTO (1960), RESCIGNO/MACCACARO (1961), RAJSKI (1961) und HYVÄRINEN (1962) diese Basis, indem sie aus der Informationstheorie stammende Konzepte in die Klassifikationstheorie einbrachten. Als Maß der Unähnlichkeit zwischen Objekten und/oder Klassen von Objekten sowie der Homogenität von Klassen wurde ein "Entropiemaß" eingeführt. Das Entropiemaß hat, wie noch gezeigt wird, besondere Vorzüge bei der Verarbeitung von Alternativmerkmalen. In Verbindung mit einem adaequaten Klassifikationsverfahren ist es anderen Maßen vorzuziehen. Auf dem Entropiemaß aufbauende hierarchische Verfahren wurden ab Mitte der sechziger Jahre vor allem von WILLIAMS und Mitarbeitern (WILLIAMS/LANCE, 1965; WILLIAMS/LAMBERT/LANCE, 1966; LANCE/WILLIAMS, 1966b, 1968b) erforscht und zur Lösung von Klassifikationsproblemen aus dem Bereich der Ökologie eingesetzt. WILLIAMS, LANCE, LAMBERT und andere Angehörige der "australischen Schule" haben ab Mitte der sechziger Jahre auch andere hierarchische Verfahren hinsichtlich ihrer Leistungsfähigkeit untersucht (vgl. Kap. 2432).

Die Entwicklung von methodisch anspruchsvolleren nicht-hierarchischen Klassifikationsverfahren (iterative Verfahren) und von globalen Maßen für die Güte eines Klassifikationsergebnisses wurde etwa ab Mitte der sechziger Jahre fast ausschließlich von "Nicht-Biologen", überwiegend von "Statistikern" eingeleitet und gefördert (vgl. z.B. FRIEDMAN/RUBIN, 1967; MACQUEEN, 1967, MCRAE, 1970). Die vorgeschlagenen Verfahren unterscheiden sich hinsichtlich der Konstruktionsprinzipien und Leistungsfähigkeit zum Teil erheblich von den hierarchischen Verfahren (vgl. Kap. 233 und Kap. 242).

15 EINIGE WICHTIGE ANWENDUNGSBEREICHE

Klassifikationsverfahren sind in jüngster Zeit in den verschiedensten wissenschaftlichen Disziplinen zur Lösung unterschiedlichster Probleme eingesetzt worden. Dies zeigt nicht nur, daß ein großer Bedarf an multivariaten statistischen Techniken dieser Art besteht, sondern auch, daß diese Verfahren die erforderliche Anwendungsreife erlangt haben. Die Bedeutung, die Klassifikationsverfahren zuzumessen ist, und die Fragestellungen, die mit ihrer Hilfe angegangen werden können, lassen sich am besten durch einen Überblick über die wichtigsten Anwendungsbereiche aufzeigen. Bei der Überfülle von Anwendungen ist es jedoch nur möglich, einige wenige, für ausgewählte Disziplinen typische Anwendungen kurz zu skizzieren. Einsatzmöglichkeiten für Klassifikationsverfahren in der B i o l o g i e und in der P s y c h o l o g i e sollen im folgenden nicht mehr erwähnt werden.

Im Bereich der W i r t s c h a f t s w i s s e n s c h a f t e n haben GREEN/FRANK/ROBINSON (1967) eine Untersuchung vorgelegt, die sich mit der ökonomischen Auswahl von Testmärkten befaßt. Für die Absatzforschung von Unternehmungen ist es wichtig, abschätzen zu können, wie Konsumenten auf neue Produkte und/oder neue Verpackungen, auf bestimmte Werbemedien, auf Preisvorstellungen und dergleichen mehr reagieren. Als Testmärkte werden geographisch abgegrenzte Gebiete, meist Städte, ausgewählt. Dabei soll aus Gründen der Kosteneinsparung die Anzahl der auszuwählenden Testmärkte möglichst klein gehalten werden. Wesentlich ist bei der Auswahl der Testmärkte, die Auswahl so vorzunehmen, daß die ausgewählten Märkte möglichst genau dem Markt entsprechen, auf dem z.B. das neu einzuführende Produkt verkauft werden soll. Eine solche Testmarkt-Analyse beruht auf der Voraussetzung, daß es möglich ist, die Ergebnisse auf bestimmte andere geographische Gebiete zu übertragen. Da die "Ähnlichkeit" zwischen Testmarkt und dem übergeordneten "Verkaufsmarkt" möglichst groß sein soll, muß die Auswahl möglichst viele einen Markt kennzeichnende Merkmale simultan berücksichtigen. Dabei ist die Festlegung dieser Merkmale vom zu lösenden Problem abhängig. In einer Stu-

die haben GREEN/FRANK/ROBINSON (1967) 88 nordamerikanische Großstädte an Hand von 14 Merkmalen klassifiziert. Als Merkmale wurden unter anderem die Einwohnerzahl, die Anzahl der Haushalte, der Einzelhandelsumsatz, das durchschnittliche Alter, der Anteil der nicht-weißen Bevölkerung, der Anteil der Arbeitslosen, die Anzahl der Einzel- und Großhandlungen und die Auflage von Tages- und Sonntagszeitungen verwendet. Das auf euklidischen Distanzen aus standardisierten Merkmalen beruhende nicht-hierarchische Klassifikationsverfahren lieferte 18 fast gleichgroße und relativ homogene Klassen von Städten. 2 Städte gehörten keiner Klasse an. Für die Testmarktanalyse ist dieses Ergebnis insofern von Nutzen, als - werden die nordamerikanischen Großstädte in ihrer Gesamtheit als übergeordneter Markt angesehen - die Auswahl von jeweils einer oder zwei Städten je Klasse genügt, um alle Testmarkttypen, die sich nach Größe, nach wirtschaftlichen und demografischen Kriterien unterscheiden, zu erfassen. Die Ergebnisse einer Marktanalyse, die sich auf die so ausgewählten Städte beschränkt, können auf die übergeordnete Region übertragen (verallgemeinert) werden. Daß die Ergebnisse dieser Studie nur mit Einschränkungen als haltbar bezeichnet werden können, weil eine Reihe der verwendeten Merkmale hochkorreliert war, ändert nichts an der grundsätzlichen Einsatzmöglichkeit von Klassifikationsverfahren für solche Zwecke.[1)]
Wenn der Fonds, der einem Marktforschungsinstitut zur Verfügung steht, nur ausreicht, um einige wenige Testmärkte zu analysieren, ist es zweckmäßig, der Auswahl der Testmärkte die Ergebnisse einer Klassifikation zugrunde zu legen.

In einem Kolloquium über "Numerische Taxonomie" hat GORONZY (1969) einen Vortrag über "A Numerical Taxonomy of Business Enterprises" gehalten. Ziel seiner Untersuchung war, Unternehmungen zu klassifizieren, um Aufschlüsse über Organisationsstrukturen und Unternehmungstypen, die - im Gegensatz zu denen der volks- und betriebswirtschaftlichen Literatur - durch eine große Zahl ökonomisch relevanter Merk-

---

1) MORRISON (1967) greift das Problem korrelierter Variabler in der Studie von GREEN et al. (1967) erneut auf. Er empfiehlt eine aus der MAHALANOBIS-Distanz abgeleitete Distanz, die eine subjektive Gewichtung einzelner Merkmale erlaubt, an Stelle der euklidischen Distanz zu verwenden.

male gekennzeichnet sind, zu erlangen. GORONZY klassifizierte 50 Unternehmungen anhand von mehr als 30 Merkmalen, die die Größe, den Absatzweg, die Produktivität, das Kundenverhalten, die Technologie, die Beschäftigten und andere Unternehmungsdeterminanten beschrieben. Unter Verwendung des Korrelationskoeffizienten als Ähnlichkeitsmaß zwischen Unternehmen und eines hierarchischen Klassifikationsverfahrens ergaben sich vier relativ homogene, unterschiedlich stark besetzte Klassen. Die Unternehmungstypen, die sich aus diesen Klassen ableiten lassen, unterscheiden sich vor allem durch ihre Größe und Technologie. Werden gewisse Unzulänglichkeiten der Merkmalsauswahl und der Vorgehensweise außer Acht gelassen, so kann das Ergebnis z.B. für die betriebswirtschaftliche Forschung nützlich sein. Betriebswirtschaftliche Theorien, wie z.B. die Produktions- und Kostentheorie und die Organisationstheorie, könnten durch den Bezug auf solche Unternehmenstypen in einer auch dem Bedarf der betriebswirtschaftlichen Praxis entsprechenden Form weiterentwickelt werden. Klassifikationsverfahren sind hier Werkzeuge, mit deren Hilfe Unternehmungstypen entwickelt werden können, auf denen die Hypothesen- und Theorienbildung aufbauen und bestehende Grenzen überschreiten kann.

Mit einem ganz anderen, aber nicht minder interessanten Anwendungsgebiet für Klassifikationsverfahren hat sich W.D. FISHER (1966, 1969) beschäftigt. Er benutzt sie zur Vereinfachung oder Aggregation ökonometrischer Modelle. Die praktische Brauchbarkeit eines von ihm entwickelten und speziell auf die zu lösenden Probleme zugeschnittenen hierarchischen Klassifikationsverfahrens demonstriert W.D. FISHER (1966) an Hand von Beispielen. Unter anderem wird die Vereinfachung des "KLEIN-GOLDBERGER-Modells" durch die Klassifikation einer großen Zahl vorausbestimmter Variabler erörtert. W.D. FISHER (1967) erwähnt, daß GOLDBERGER eine reduzierte Form der linearisierten Version dieses Modells vorlegte und weist darauf hin, daß dieses "five printed pages of rather closely spaced numbers (requires)" (S. 570). Um die Größe und Komplexität dieses Modells weiter zu reduzieren, geht W.D. FISHER von vier endogenen Variablen (Konsum, Abschreibungen, Lohneinkommen, Bruttosozialprodukt) und vierzehn vorausbestimmten Variablen (wie z.B. Staatsausgaben und Exporte, Konsum der Vorperiode, indirekte Steuern der Vorperiode etc.) aus.[1] Da sich GOLDBERGER selbst schon um eine weitere Vereinfachung der reduzierten Modellversion bemühte und eine Version mit nur sechs vorausbestimmten Variablen erarbeitete, klassifiziert FISHER die vorausbestimmten Variablen in sechs Klassen für die vier endogenen Variablen. Die Ergebnisse dieser Klassifikation ermöglichen eine Auswahl von wenigen vorausbestimmten Variablen für einen vereinfachten Modellansatz. Die von FISHER mit seinem Klassifikationsverfahren durch Variablenaggregation erreichte Vereinfachung scheint der von GOLDBERGER überlegen zu sein, weil den einzelnen endogenen Variablen unterschiedliche Kombinationen vorausbestimmter Variabler zugeordnet werden können, wodurch der Voraussagefehler verringert werden kann. In einer Monografie behandelt W.D. FISHER (1969) detailliert Probleme des Einsatzes von Klassifikationsverfahren im ökonomischen und ökonometrischen Bereich.

Die Brauchbarkeit hierarchischer und nicht-hierarchischer Klassifikationsverfahren für die a r c h a e o l o g i s c h e Forschung wird von HODSON/SNEATH/DORAN (1966) und HODSON (1970) demonstriert. HODSON (1970) klassifizierte eine große Zahl von Bronze-Spangen (fibulae), die auf einem Friedhof in der Nähe von Bern gefunden wurden (La Tène). Die Klassifikation sollte eine zeitliche Differenzierung und Einordnung in fünf chronologische Zeitabschnitte ermöglichen und damit die Hypothese bestätigen, daß Unterschiede in der handwerklichen Gestaltung dieser Spangen im wesentlichen auf die unterschiedliche Entstehungszeit zurückzuführen sind. Besondere Schwierigkeiten ergaben sich bei der Quantifizierung der kennzeichnenden Merkmale der Spangen. In einer Untersuchung wurden Alternativmerkmale, in einer anderen metrische Merkmale benutzt, um die Spangen zu beschreiben. Dementsprechend wurden auch unterschiedliche Ähnlichkeitsmaße verwandt. Während in der ersten Untersuchung ein hierarchisches Klassifikationsverfahren archaeologisch signifikante Klassen von Spangentypen lieferte, die den einzelnen Zeitabschnitten zugeordent werden konnten, zeigte sich in der zweiten Untersuchung eine gewisse Überlegenheit eines nicht-hierarchischen Verfahrens. Beide Ansätze scheinen jedoch die speziellen Bedürfnisse der Archaeologen nicht ausreichend zu berücksichtigen.

---

1) Das ist ein Teil von GOLDBERGER's reduziertem Modell.

Ein sehr weites Anwendungsgebiet für Klassifikationsverfahren ist die Medizin. Bereits 1964 begannen HAYHOE/QUAGLINO/DOLL Verfahren der "numerischen Taxonomie" zur Klassifikation von Krankheiten zu verwenden. Grundgedanke ihrer Untersuchungen war, Möglichkeiten für eine computer-gestützte medizinische Diagnose zu erkunden. Auf einer Konferenz des Medical Research Council (England) im Jahre 1964 referierte SNEATH (1965) über "The application of numerical taxonomy to medical problems". SNEATH gab in seinem Vortrag einen allgemeinen Überblick über Probleme der Klassifikation in der medizinischen Diagnose und berichtete über eine große Zahl spezieller medizinischer Anwendungen. Aus dem Jahre 1966 liegt eine Arbeit von BOYLE/GREIG et al.vor, die sich mit der Klassifikation von Patienten aufgrund ausgewählter Symptome in Krankheitsgruppen befaßt. Das gleiche Problem beschäftigte BARON/FRASER (1968), die eine Stichprobe von 50 leberkranken Patienten klassifizierten. Für jeden Patienten wurden die Ausprägungen von 330(!) für Leberkrankheiten relevanter Merkmale registriert und diese in Alternativmerkmale transformiert. Die Ergebnisse einer hierarchischen Klassifikation wurden mit vorgegebenen Standard-Klassen (für sechs typische Leberkrankheiten) verglichen. Vor Beginn der Analyse war sichergestellt, daß alle sechs Leberkrankheiten in ausreichendem Maße repräsentiert waren. Die Klassen waren durchweg mit 8 oder 9 Patienten besetzt. Einfache, von den Biologen übernommene Klassifikationsverfahren führten zu verbesserungsbedürftigen Ergebnissen. Mit der Einführung zusätzlicher subjektiver Kriterien in den Klassifikationsprozeß, die, wie beispielsweise eine recht willkürliche Gewichtung der Variablen, die Diagnose der Kliniker nachbildeten, konnte das Klassifikationsergebnis wesentlich verbessert werden; 45 der 50 Patienten wurden schließlich exakt klassifiziert. Die Verwendung zusätzlicher subjektiver Klassifikationskriterien zeigt jedoch, daß die benutzten Verfahren nicht geeignet waren, eine durch die Daten selbst gegebene Struktur zu finden.

Auch in der Soziologie und in der Soziometrie lassen sich Klassifikationsverfahren mit Vorteil anwenden.[1] BALL/HALL

---

1) Vgl. zu den Anfängen der numerischen Gruppenbildung im soziometrischen Bereich COLEMAN/MCRAE jr. (1960).

(1967) berichten von einem erfolgreichen Einsatz ihres nicht-hierarchischen Klassifikationsverfahrens (ISODATA) zur Klassifikation von über 200 Wissenschaftlern und Ingenieuren der Air Force aufgrund eines soziologischen Fragebogens mit 80 Fragen. Das durchschnittliche "Antwort-Muster" jeder der sieben sich ergebenden Klassen wurde zur Typisierung der Beschäftigten benutzt. Während vor der Klassifizierung die Variationsbreite der Antworten eine Interpretation der Fragebogenaktion sehr erschwerte, wenn nicht gar unmöglich machte, zeigte die Klassenbildung nicht nur die Existenz von Beschäftigtentypen, sondern gab gleichzeitig die Grundlage für eine Typenbeschreibung und für eine Erfassung der Beziehungen zwischen den Typen. Durch die Klassifikation wurden die Antwortvariabilität und die gesamte Datenmenge reduziert und eine dem Untersuchungszweck adäquate und dem menschlichen Vorstellungsvermögen faßbare Form der Darstellung gefunden.

Sehr interessante Untersuchungen haben CHRISTAL/WARD (1967) durchgeführt. In der US Air Force ist es üblich, jeden Mitarbeiter seiner Tätigkeit entsprechend einem Tätigkeitsbereich (specialty) zuzuordnen. Jeder Tätigkeitsbereich umfaßt eine größere Zahl gleichartiger Tätigkeiten. Die Mitarbeiter haben die Möglichkeit, die Tätigkeit zu wechseln, sofern die neuausgeübte Tätigkeit demselben Tätigkeitsbereich angehört. Um die Kosten dieses Wechsels zu minimieren und um zu gewährleisten, daß ein Mitarbeiter nach einem Wechsel zumindest die Fertigkeitsstufe erreicht, die er vor dem Wechsel innehatte, müssen die Tätigkeitsbereiche so homogen wie möglich sein. Andererseits dürfen sie auch nicht zu wenige Tätigkeiten umfassen. Da die Frage nach der erforderlichen Klassenzahl hier nicht exakt beantwortet werden kann, haben CHRISTAL/WARD (1967) ein hierarchisches Klassifikationverfahren gewählt (MAXOF)[1], das erst am Ende der Klassifikationsprozedur eine Entscheidung über die Klassenanzahl verlangt, um Klassen möglichst gleichartiger Tätigkeiten zu bilden. Grundlage einer Klassifikation von Tätigkeiten medizinisch-technischer Assistenten war ein

1) Das Verfahren geht teilweise auf frühere Veröffentlichungen von WARD zurück (vgl. WARD/HOOK, 1963; WARD, 1963).

auf einzelnen Aufgaben basierendes Maß der "job-similarity". Ergebnis der Klassenbildung waren sechzehn homogene Tätigkeitsbereiche, die durch die zugeordneten Aufgaben klar definiert werden konnten (job-types). Aufgrund dieser Beschreibung war es möglich, jede Tätigkeit der medizinisch technischen Assistenten in einen bestimmten Tätigkeitsbereich einzuordnen. Die Gleichartigkeit der Aufgaben und damit auch der Tätigkeit eines Tätigkeitsbereichs erleichterten und verbilligten den Wechsel von Tätigkeiten des gleichen Typs.

Bisher wurde stillschweigend davon ausgegangen, daß die zu bildenden Klassen disjunkt sein sollen, das heißt, ein klassifiziertes Objekt sollte einer und nur einer Klasse angehören. Für die skizzierten Beispiele war diese Annahme meistens wohl auch gerechtfertigt. Es sind jedoch auch Fragestellungen denkbar, die eine Bildung sich überlappender (nicht disjunkter) Klassen erfordern, was bedeutet, daß ein Objekt mehr als nur einer Klasse angehören kann, aber nicht muß. Der nur mäßige Erfolg einiger Klassifikationsverfahren im Bereich der medizinischen Diagnostik kann beispielsweise auch darauf zurückzuführen sein, daß eine Bildung sich überlappender Klassen der Fragestellung angemessener ist. Es ist vorstellbar, daß bei einer ungünstigen oder unvollständigen Auswahl von Symptomen eine Klasse von Patienten mit gleichen Symptomen nicht an derselben Krankheit leidet. Ein Patient kann also mehreren Krankheitstypen (Klassen) zuzuordnen sein. Würden sich überlappende Klassen bilden, kämen mehrere Krankheitstypen für eine Zuordnung der Patienten in Frage.[1] Die Bildung sich überlappender Klassen im Rahmen der medizinischen Diagnostik kann für die Therapie von entscheidender Bedeutung sein. Weisen nämlich die an einem Patienten beobachteten Symptome auf mehrere Krankheitstypen hin (oder auch auf bestimmte "Sub-Typen" einer Krankheit), so kann die darauf abgestellte Behandlung gezielter erfolgen, und es werden unter Umständen Fehlbehandlungen vermieden.

---

1) Vgl. hierzu beispielsweise BONNER (1964). Bei seiner Klassifikation ergab sich, daß 235 von 350 zu klassifizierenden Patienten in keine der drei gebildeten Klassen eingeordnet werden konnten und einer Restklasse zugewiesen werden mußten. Seine Verfahren sind für diese Zwecke offensichtlich unbrauchbar.

Obwohl Fragestellungen, die eine Klassifikation von Objekten in sich überlappende Klassen erfordern, aus dieser Arbeit ausgeklammert werden, soll zur Abrundung dieses Überblicks Einsatzgebiete für diese Art von Klassifikationsverfahren kurz erörtert werden.

Klassifikationsverfahren für die Klassifikation von Objekten in sich überlappende Klassen werden vor allem in der L i n g u i s t i k, der D o k u m e n t a t i o n und der I n f o r m a t i o n s - W i e d e r g e w i n n u n g benötigt; ein Forschungsgebiet mit dem sich Wissenschaftler der CAMBRIDGE LANGUAGE RESEARCH UNIT (C.L.R.U., Cambridge, England) seit vielen Jahren beschäftigen. Insbesondere NEEDHAM und Mitarbeiter arbeiten bereits seit 1960 (PARKER-RHODES/NEEDHAM, 1960; NEEDHAM, 1961) an Klassifikationsproblemen dieser Art. Sie waren es auch, die - zur Abgrenzung von der "cluster"-analysis, oder dem "clustering"- die Begriffe "clump"-analysis, clump-finding und clumping geprägt haben. In zahlreichen Publikationen haben NEEDHAM und Mitarbeiter über ihre Forschungsergebnisse berichtet.[1)]

Der Hauptgrund für die Notwendigkeit der Bildung sich überlappender Klassen ist darin zu sehen (vgl. NEEDHAM, 1967), daß die zu klassifizierenden Objekte, nämlich die "Wörter", in der Regel mehrere Bedeutungen haben, je nachdem in welcher Weise Wörter zu Aussagen verknüpft werden. Werden Wörter nach ihrer Bedeutung klassifiziert, so müssen sie dieser entsprechend verschiedenen Klassen zugeordnet werden.

In einer Studie haben JONES/JACKSON (1967) die Leistungsfähigkeit eines "clump-finding programs" getestet. Das Programmpaket besteht aus drei Teilen. Der erste Teil erstellt, von der gegebenen Datenmatrix ausgehend, eine Ähnlichkeitsmatrix, der zweite Teil bildet

---

1) Vgl. z.B. NEEDHAM (1962, 1964, 1965a, 1965b, 1967), JONES/JACKSON (1967); JONES/NEEDHAM (1968), JONE (1970) und die dort angegebene Literatur. Siehe aber auch DALE/DALE (1965), Linguistics Research Center, Austin, Texas.

"clumps" und der dritte Teil dient der "clump"-Diagnose. Das zu klassifizierende Material bestand zunächst aus 1 400 aeronautischen Dokumenten, die bereits von Experten registriert und für Zwecke der Informationswiedergewinnung klassifiziert waren. Für diese Dokumente existierten auch detaillierte Beschreibungen. Diese bestanden aus einem Satz von Themen, die den Haupt-Gegenstand eines Dokumentes kennzeichneten und die ihrerseits aus einer Serie von Begriffen (concepts) bestanden, welche durch Gruppen zugeordneter Schlüsselwörter repräsentiert wurden. Themen und Begriffe waren den einzelnen Dokumenten, Schlüsselwörter der Gesamtheit der Dokumente zugeordnete Größen. Grundlage der "clump-finding" Prozedur war das gemeinsame Vorkommen von Schlüsselwörtern innerhalb der Themen, so daß also die Dokumente indirekt klassifiziert wurden, und zwar durch Klassen von Schlüsselwörtern. Das zyklisch arbeitende Programm sucht unabhängig vom jeweils vorhergehenden Zyklus "clumps", die sich in einem gewissen Ausmaß überlappen. Die Unabhängigkeit dieser Suche von den Ergebnissen der Vorstufe(n) bedingt, daß derselbe "clump" mehr als einmal gefunden werden kann, je nachdem mit welchem Objekt (Schlüsselwort) die Suche begonnen wird. Dies ist zwar unökonomisch, läßt sich aber (vgl. NEEDHAM, 1967) offensichtlich nicht vermeiden. Für die Informationswiedergewinnung wurde mit Hilfe des Diagnose-Programms aus dem Output des "clump-finding" Programms unter anderem eine Liste von Themen erstellt, welchen die "clumps" für jedes ihrer Schlüsselwörter zugeordnet waren. Damit konnte die Suche nach Dokumenten bestimmten Inhalts erheblich vereinfacht werden. Die Hauptschwierigkeit der Verwendung von Klassifikationsverfahren zum Zweck der Informationswiedergewinnung scheint im Augenblick noch darin zu bestehen, daß immense Datenmengen zu verarbeiten sind. Der erwähnten Studie von JONES/JACKSON (1967) wurde daher nur eine Teilmenge von 200 Dokumenten zugrunde gelegt. denen jedoch 650 Schlüsselwörter und fast 2 500 Themen zugeordnet waren. Die Ergebnisse der Experimente wurden als befriedigend bezeichnet.

Wird berücksichtigt, daß nur wenige Klassifikationsverfahren existieren, die sich überlappende Klassen bilden,[1] und daß die Erfahrungen auf diesem Gebiet noch gering sind, so kommt den Experimenten und Forschungen der C.L.R.U. eine besondere Bedeutung zu. Zumindest teilweise wird dort nämlich auch das "Datenbank-Problem" erforscht, das darin besteht, aus einer Fülle gespeicherter Informationen genau die Informationen zu selektieren, die vorgegebene Kriterien erfüllen. Sind die gespeicherten Informationen beispielsweise wissenschaftliche Publikationen, so muß bei der Ausgabe einer Klasse von Publikationen vermieden werden, daß zu viele im Einzelfall uninteressante Veröffentlichungen mit ausgegeben werden.

NEEDHAM (1967) erwähnt noch ein weiteres Problem, das mit der Klassenbildung im Bereich der Linguistik verbunden ist, nämlich das der Beurteilung der Klassifikationsergebnisse. Er schreibt, "...the situation is much more speculativ than it is in some biological cases; we have so much less idea of what the results ought to look like" (S. 52).

Es würde nicht schwerfallen, eine Vielzahl weiterer Anwendungen von Klassifikationsverfahren und damit zusammenhängende meist realwissenschaftliche, aber auch methodische Probleme zu erörtern, doch würde das den Rahmen dieser Arbeit sprengen. Der interessierte Leser sei auf die Bibliografie verwiesen.

Kürzere Hinweise und Übersichten über Anwendungen von Klassifikationsverfahren sowie Anregungen für künftige Forschungsarbeiten enthalten unter anderem folgende Veröffentlichungen. In den ASLIB-Proceedings (1962) sind Vorträge und Diskussionsbeiträge einer Konferenz zusammengestellt, die unter dem Generalthema "Classification: An Interdisciplinary Problem" im April 1962 stattfand. Klassifikationsprobleme wurden überwiegend nicht-numerisch behandelt. Auf eine ganze Reihe von Anwendungen gehen SOKAL/SNEATH (1963) in ihrem Standardwerk "Principles of Numerical Taxonomy" ein. Ansätze zur Einführung von Klassi-

---

1) In neuerer Zeit haben JARDINE/SIBSON (1968b) sowie darauf aufbauend COLE/WISHART (1970) Klassifikationsverfahren für die Bildung sich überlappender Klassen entwickelt.

fikationsverfahren in der Psychiatrie werden von KASKEY/KRISHNAIAH/AZZARI (1962) und OVERALL/HOLLISTER (1964) beschrieben. In der Publikation von MACNAUGHTON-SMITH (1965) werden überwiegend methodische Probleme der Klassifikation erörtert. Die Arbeit wurde durch Bedürfnisse der Kriminologie initiiert. DAGNELIE (1966) gibt einen Überblick über theoretische und praktische Probleme der Klassifikation und berichtet über Anwendungen in verschiedenen Disziplinen. DEUTSCH (1966) sieht eine Reihe zumindest ungewöhnlicher Einsatzmöglichkeiten. Die Referate einer "Conference on Cluster Analysis of Multivariate Data" von LORR u.a. (1967) enthalten eine Fülle von Anwendungen, Verfahrensbeschreibungen und Hinweisen auf Klassifikationsprobleme. Das Gleiche gilt für die von COLE (1969) unter dem Titel "Numerical Taxonomy" herausgegebenen "Proceedings of the Colloquium in Numerical Taxonomy". Die Referate werden durch einen Anhang über Computer-Programme ergänzt. HARVEY (1969) berichtet über Anwendungen und Einsatzmöglichkeiten von Klassifikationsverfahren im Bereich der Geographie und gibt eine Reihe von Literaturhinweisen (vgl. auch BERRY, 1967).

FISHER (1969) beschreibt nicht nur Anwendungen und Anwendungsmöglichkeiten im ökonomischen Bereich, sondern auch solche in den Sozial- und Naturwissenschaften (Kap. 6). BAUMANN (1971) schließlich widmet ein Kapitel seines Buches den "Möglichkeiten der Anwendung taxometrischer Verfahren in der Psychologie". Die meisten der genannten Arbeiten enthalten umfangreiche Bibliografien.

Auch diese Liste könnte um einiges verlängert werden; doch der skizzenhafte und notwendigerweise unvollständige Überblick mag genügen, um aufzuzeigen, wie groß der Bedarf an einsatzfähigen Klassifikationsverfahren ist und um eine Vorstellung von den realwissenschaftlichen Problemen zu vermitteln, die in die Klassifikationsprobleme einfließen und oft von letzteren nicht zu trennen sind.

2 Theoretische und praktische Probleme der Klassifikation

21 EINLEITENDER ÜBERBLICK

211 Zur optimalen Klassifikation und ihrer Approximation

Wie bereits dargelegt wurde, lassen sich die zu klassifizierenden Objekte als Punkte in einem m-dimensionalen Raum R_m deuten. Ist $m \leq 3$, läßt sich die Verteilung der Punkte im Raum auch grafisch darstellen. Aus einer solchen grafischen Darstellung geht nicht nur hervor, ob überhaupt Punkthäufungen (Klassen) existieren, sondern es ist, zumindest bei nicht ineinanderfließenden Punkthaufen, ohne weiteres möglich, auch die Zugehörigkeit einzelner Punkte zu bestimmten Punkthaufen, also Klassen, zu bestimmen; es ist sogar möglich, einzelne Punkte, weil sie in Zwischen- oder Randgebieten (Ausreißer) liegen, also nicht sinnvoll klassifizierbar zu erkennen und einer Restklasse oder Zwischenklasse zuzuweisen.[1)] In aller Regel ist die Möglichkeit für diese Art von grafischen Darstellungen bei Klassifikationsproblemen nicht gegeben.

Daher liegt es nahe zu versuchen, das den jeweiligen Zielen am besten dienende Klassifikationsergebnis auf folgende Weise zu bestimmen:[2)] Man zerlegt die Menge der n Objekte in alle möglichen S=2,3,...,n Teilmengen (Klassen) und wählt dann die in irgendeinem Sinne beste dieser Zerlegungen (Partitionen) aus. Ganz abgesehen davon, daß es nicht einfach ist, die "beste" Zerlegung, das optimale Klassifikationsergebnis, zu bestimmen, ist diese Vorgehensweise praktisch unmöglich, weil die Anzahl der möglichen Partitionen P von der Anzahl der Objekte n und der Anzahl der Klassen S abhängt und mit zunehmendem n und S über alle Grenzen wächst. EDWARDS/CAVALLI-SFORZA (1965) und FORTIER/SOLOMON (1966) haben unabhängig voneinander die Frage nach der Anzahl der möglichen Zerlegungen untersucht. DAGNELIE (1966)

---

1) Diese Möglichkeiten sind gewichtige Gründe für eine Datenreduktion auf $m \leq 3$ Dimensionen.

2) Vgl. z.B. THORNDIKE (1953), EDWARDS/CAVALLI-SFORZA (1965).

erweitert diese Untersuchungen und kommt zu dem Ergebnis, daß die Anzahl der von n und S abhängigen Partitionen $P_{n,S}$ durch

$$P_{n,S} = \frac{1}{S!} \sum_{i=0}^{S-1} (-1)^i \binom{S}{i} (S - i)^n$$

gegeben ist. Einige wenige Beispiele mögen eine Vorstellung von den Größenordnungen vermitteln. Für nur 25 Objekte und nur 2 Klassen gibt es bereits

$$P_{25,2} = 2^{24} - 1 = 16.777.215 \text{ Zerlegungen.}$$

Bei 3 Klassen steigt diese Zahl auf

$$P_{25,3} = \frac{1}{2} (3^{24} - 2^{25} + 1) \doteq 141.198.000.000$$

und bei 4 Klassen sind es bereits

$$P_{25,4} = \frac{1}{24} (4^{25} - 4 \cdot 3^{25} + 6 \cdot 2^{25} - 4) \doteq 4,677129 \cdot 10^{13}$$

Partitionen.

Sollen 100 Objekte nur in 2, 3 und 4 und 5 Klassen zerlegt werden, gibt es etwa

$$6,3 \cdot 10^{29} + 8,6 \cdot 10^{46} + 6,7 \cdot 10^{58} + 6,6 \cdot 10^{67} \text{ Zerlegungen.}$$ [1)]

Es leuchtet unmittelbar ein, daß die immense Menge potentieller Partitionen (und das gilt natürlich auch für erheblich kleinere Mengen) nicht ohne Quantifizierung dessen, was als optimales Klassifikationsergebnis anzusehen ist, beurteilt werden kann. Auch ist die Menge der potentiellen Klassifikationsergebnisse offensichtlich zu groß, als daß selbst mit den leistungsfähigsten elektronischen Rechenan-

---

1) Für $S \ll n$ läßt sich die Größenordnung von $P_{n,S}$ durch $S^n/S!$ abschätzen (vgl. DAGNELIE, 1966, S. 66).

lagen für jedes dieser Ergebnisse ein Optimalitätsmaß oder Gütekriterium berechnet und daraufhin das beste Klassifikationsergebnis ausgewählt werden könnte.[1)] Es ist also notwendig, die Anzahl der potentiellen Klassifikationsergebnisse ganz erheblich zu reduzieren.

Theoretisch läßt sich das Problem um einige Größenordnungen reduzieren, indem lediglich all jene Zerlegungen weder bestimmt noch auf ihre Optimalität geprüft werden, von denen von vornherein sicher ist, daß sie keinesfalls optimal sein können. Es ist beispielsweise oft sinnlos zu prüfen, ob Punkte, zwischen denen mehrere als Klassen erkannte Punkthaufen liegen, zu einer Klasse gehören können.[2)] Die entwickelten Klassifikationsverfahren unterscheiden sich wesentlich durch die Vorgehensweise bei der Reduktion der Menge der potentiellen Zerlegungen auf die Teilmenge der untersuchenswerten Zerlegungen.

Aber auch letztere sind zu zahlreich, als daß sie alle auf ihre Optimalität geprüft werden könnten. Eine weitere ganz erhebliche Reduktion der zu untersuchenden Partitionen läßt sich erreichen, wenn das Problem der Bestimmung der optimalen Anzahl von Klassen vor Beginn einer Klassifikation gelöst werden kann. Zweifelsohne ist dies nicht der Fall, denn wenn es noch nicht einmal möglich ist, zuvor die Existenz von Klassen nachzuweisen, wie sollte dann ihre Anzahl bestimmt werden? Dennoch gibt es auch hier Möglichkeiten der Vereinfachung. Angenommen, es sollen 100 Objekte klassifiziert werden mit dem Ziel einer Informationskonzentration. Diese Objekte können $S = 2,3,\dots,99$ Klassen zugeordnet werden.

Wird wie üblich unterstellt, daß Klassen existieren, und wird zusätzlich angenommen, daß diese sich dem Umfang nach nicht zu sehr unterscheiden, dann ist im Hinblick auf das angestrebte Ziel z.B. ein $S > 25$ uninteressant. Im Einzelfalle kann häufig der zu unter-

---

1) Vgl. zum Computer-Zeitbedarf für die Klassifikation von 1000 Objekten in 500 Klassen den Brief von BOTTENBERG an CHRISTAL, der im Anschluß an das Referat von CHRISTAL/WARD (1967, S. 11.01 ff.) abgedruckt ist (S. 11.19/11.20).

2) Vgl. aber das Verfahren Single Linkage (Kap. 2432(121)).

suchende Bereich für S aufgrund von Vorkenntnissen über die Struktur des Datenmaterials weiter, beispielsweise auf den Bereich $3 \leq S \leq 10$, eingeschränkt werden. In Verbindung mit der oben erwähnten Reduktion der potentiellen Zerlegungen (für einen solchen Bereich) ergibt sich eine wesentliche Vereinfachung des Problems. Jedoch kann bereits an dieser Stelle (also vor Beginn der Klassifikation) eine so ungünstige Basis geschaffen werden, daß das Optimum, gleichgültig wie es definiert ist, verfehlt wird.

Die vorangegangenen Ausführungen machen deutlich, daß alle Klassifikationsverfahren nur einen sehr kleinen Teil der möglichen Zerlegungen untersuchen können und daß sie nur Klassifikationsergebnisse liefern können, welche als "annähernd optimal" bezeichnet werden können. Anhaltspunkte für die Größe des Unterschieds (oder den Grad der Annäherung) zwischen dem "approximativen Optimum" und dem Optimum gibt es nicht; daher ist es auch möglich, daß zufälligerweise mit einem vermeintlichen Suboptimum das Optimum erreicht wird.

212 Klassifikationsverfahren und Leistungsvergleiche

Es gibt kein Klassifikationsverfahren, welches allgemein akzeptiert ist und die in den vorangegangenen Abschnitten geschilderten Probleme in einer alle Seiten zufriedenstellenden Form zu lösen vermag. Es gibt lediglich eine nahezu unübersehbare Fülle von "Klassifikationsverfahren", die, mehr oder weniger voneinander verschieden, zum Teil eine "gemeinsame Wurzel" haben (vgl. z.B. IHM/TRAUTNER/WOLF, 1971), zum Teil aber auch von völlig unterschiedlichen Ansätzen ausgehen (vgl. CORMACK, 1971); und nahezu alle Autoren behaupten von ihrem Verfahren, daß es "...has passed the test of customer satisfaction" (CHRISTAL/WARD, 1967, S. 11.01). Der Überblick über die existierenden Verfahren wird nicht nur durch die besonders in den letzten Jahren sehr stark anschwellende Klassifikationsliteratur erschwert (CORMACK, 1971, S. 323, schätzt den jährlichen Zuwachs auf mehr als 1.000 Publikationen), sondern auch dadurch, daß die

Terminologie "is used somewhat haphazardly" (CORMACK, S. 322) und oft sehr fach- und sachbezogen ist, daß die Darstellungsform häufig sehr unterschiedlich und wenig exakt ist, daß bereits kleine Verbesserungen und Modifizierungen älterer Verfahren[1] vielfach wie völlig neue Verfahren dargestellt werden, und nicht zuletzt dadurch, daß die mathematisch-statistischen Ansätze zur Entwicklung neuer Verfahren sehr weit gestreut sind: sie beruhen auf der Informationstheorie, der Graphentheorie, der Wahrscheinlichkeitstheorie, es gibt Verfahren, die mit der Faktorenanalyse verwandt sind und solche, die auf der multidimensionalen Skalierung basieren, es gibt analytische und heuristische Verfahren und viele andere mehr.[2]

Für eine Reihe dieser Verfahren sind Computer-Programme veröffentlicht worden, die grundsätzlich einen heuristischen Vergleich der Leistungsfähigkeit bestimmter Verfahren gestatten, doch sind, von wenigen Ausnahmen abgesehen, die Klassifikationsprogramme in einem erheblichen Ausmaße computerabhängig, so daß es in der Regel zu aufwendig ist, sie an die gerade verfügbaren Rechenanlagen zu adaptieren. Eine bemerkenswerte Ausnahme ist das außergewöhnlich umfangreiche und komfortable Programmpaket CLUSTAN IA von WISHART (1970a),[3]

---

1) Es gibt, grob geschätzt, gut 100 verschiedene Ähnlichkeits- bzw. Unähnlichkeitsmaße, die mit unterschiedlichen Gütekriterien und Suchstrategien kombiniert werden und deren Anwendung zu völlig unterschiedlichen Ergebnissen führen können.

2) Vgl. beispielsweise MACNAUGHTON-SMITH (1965), BALL (1965, 1966, 1967, 1970), CORMACK (1971), LANCE/WILLIAMS (1967a, 1967b) und andere. Auch die in diesen Veröffentlichungen enthaltenen Klassen von Klassifikationsverfahren sind keineswegs erschöpfend. Einen ausgezeichneten Überblick enthält die Arbeit von CORMACK (1971).

3) Die erste Version (CLUSTAN I in FORTRAN II) stammt aus dem Jahre 1969. Programmbeschreibung und Programm wurden als COMPUTER-CONTRIBUTIONS 38 des State Geological Survey, The University of Kansas, Lawrence, veröffentlicht. Herausgeber dieser Serie ist D.F. MERRIAM, Die verbesserte und erweiterte Version (CLUSTAN IA in FORTRAN IV) erschien 1970 und konnte mit einem sehr ausführlichen USER MANUAL (auf Band) vom Computing Laboratory, University of St. Andrews, St. Andrews, Fife, Scotland, bezogen werden. Das Programmpaket enthält die wichtigsten hierarchischen und auch nicht-hierarchischen Klassifikationsverfahren, Optionen für 40 verschiedene Ähnlichkeits- und Unähnlichkeitsmaße, verschiedene Möglichkeiten der Datenaufbereitung und Klassen-Diagnose, ein Programm für das automatische Zeichnen von Klassifikationsergebnissen und vieles andere mehr. Verarbeitet werden können bis zu 999 Objekten, 200 metrische Merkmale und 400 binäre Merkmale. Für Teile des Programmpaketes gelten niedrigere Grenzen. Daten, Zwischen- und Endergebnisse werden auf Platten und Bändern (zwischen) gespeichert.

welches wegen der großen Zahl von Variationsmöglichkeiten gerade für Leistungsvergleiche besonders geeignet erscheint.

Die Möglichkeit, Leistungsvergleiche durchführen zu können, indem Klassifikationsverfahren und/oder Ähnlichkeits- bzw. Unähnlichkeitsmaße und/oder Gütekriterien variiert und diese Variationen zur Klassifikation ein und desselben Datensatzes verwendet werden, ist nicht zu unterschätzen. Doch ist zu berücksichtigen, daß die Interpretation der Ergebnisse besondere Schwierigkeiten bereitet. Liegen Klassifikationsergebnisse vor, die als "Standard" dienen können, ist die Gefahr groß, solche Klassifikationsverfahren als besonders leistungsfähig zu bezeichnen, deren Ergebnisse möglichst gut mit dem Standardergebnis übereinstimmen, obwohl diese Klassifikationsverfahren lediglich geeignet sein können, Ähnlichkeitsstrukturen dieser Art (und keine anderen) aufzuspüren. Sind andererseits die im Datensatz verborgenen Klassen "wohlsepariert", so sind, wie auch eine Reihe von Vergleichsuntersuchungen zeigt,[1)] die Ergebnisse im Hinblick auf unterschiedliche Verfahren, Ähnlichkeitsmaße und Gütekriterien ziemlich robust. Hinzu kommt häufig folgendes Problem. Sind die Standardklassen auf herkömmliche Weise, d.h., durch nicht-numerische Klassifikation, entstanden, wie es beispielsweise in der Biologie und in der Psychologie sehr häufig der Fall ist, so ist kaum zu gewährleisten, daß der Bildung von Standardklassen und der numerischen Klassifikation dieselben und nur dieselben Merkmale zugrunde liegen. Bei der nicht-numerischen Klassifikation werden nämlich oft Merkmale, wie beispielsweise die Farbe von Blüten oder die Härte von Blättern oder der Standort von Pflanzen bewußt oder unbewußt mitbenutzt, Merkmale, die für die numerische Klassifikation gar nicht quantifiziert werden. Insoweit als das der Fall ist (und das läßt sich in der Regel kaum objektiv feststellen), können "Fehlklassifikationen" nicht mehr ausschließlich dem Klassifikationsverfahren angelastet werden. Stehen dem Leistungsvergleich keine Standardklassen zur Verfügung, so kann die Leistungsfähigkeit der Verfahren "objektiv" nur an Hand von Gütekriterien beurteilt werden. Dabei geschieht es jedoch nicht selten, daß trotz eines "relativ optimalen" Gütekriteriums die sich ergebenden Klassen zumindest teil-

---

1) Vgl. z.B. GOWER (1969b), WATSON/WILLIAMS/LANCE (1966), SNEATH (1966a), EL-GAZZAR/WATSON/WILLIAMS/LANCE (1968).

weise nicht interpretierbar und somit wertlos sind. Wird dagegen die Güte von Klassifikationsergebnissen an ihrer Interpretierbarkeit und Brauchbarkeit gemessen, so ist dieses Vorgehen nicht nur subjektiv, sondern hat auch noch den Mangel, daß es für einen Datensatz mehrere verschiedene interpretierbare und gleichermaßen "brauchbare" Klassifikationsergebnisse geben kann, ohne daß eines von diesen - im Hinblick auf das angestrebte Ziel - als das Beste bezeichnet werden kann.

213 Klassifikation und statistische Inferenz

"The key defect in almost all clustering procedures seems to be the absence of a statistical model" (FLEISS/ZUBIN, 1969, S. 235). Das bedingt auch, daß bei Klassifikationsproblemen - von wenigen Ausnahmen abgesehen - Fragen der statistischen Inferenz ausgeklammert werden. Klassifikationsergebnisse haben zunächst und in erster Linie "nur beschreibenden bzw. darstellenden Charakter" (IHM/TRAUTNER/WOLF, 1971, S. 168). WILLIAMS/DALE (1965) sehen die Bedeutung von Klassifikationsverfahren vor allem in ihrer "hypothesis-generating" Eigenschaft und diskutieren die Frage, ob es möglich und zweckmäßig ist, solche Hypothesen im statistischen Sinne zu testen (S. 43 ff.). Sie verweisen auf die Schwierigkeiten der Formulierung geeigneter Nullhypothesen und vertreten die Ansicht, daß statistische Tests in diesem Zusammenhang "are usually both impracticable and improfitable" (S. 45). WILLIAMS/DALE (S. 47) stützen ihre Ansicht durch das folgende sehr plausible Beispiel. Angenommen, es wäre möglich, eine geeignete Nullhypothese zu formulieren und diese auf ihre Signifikanz zu testen; und angenommen, es wäre eine Menge von Objekten in zwei Klassen aufgeteilt worden, die jedoch die erforderliche Signifikanz nicht erreichen.

Kann daraus abgeleitet werden, daß das Klassifikationsergebnis wertlos ist? Keineswegs! Denn wenn die Menge der Objekte sehr groß ist, ist eine Aufteilung in zwei Klassen jeweils ähnlicher Objekte besser als gar keine, auch wenn sie nicht signifikant ist. Schließlich unterscheiden sich die beiden Klassen auf irgendeine Weise. Wichtig ist die Nützlichkeit der Klassifikation "the division will therefore in any case be subjected by the user to a second, pragmatic, test which will override the first, probabilistic, test" (S. 48).

In einem anderen Sinne äußert sich GOODALL (1966a) zu Fragen der statistischen Inferenz. Er begründet seine Ansicht, daß die Zuordnung von Wahrscheinlichkeiten "...to the whole results of a classification procedure seems likely to be meaningless" (S. 54), wie folgt: "...a classification is not itself a member of that class of objects to which probability concepts apply. ... . A classification is an arrangement of individuals into classes, and as such has no probability whether or not the individuals form a sample from a larger set" (S. 54). Andererseits ist er jedoch der Meinung, daß Wahrscheinlichkeitsüberlegungen im Rahmen der Klassifikation eine bedeutende Rolle spielen können und sollen (GOODALL, 1966b, S. 329); nur eben nicht im Hinblick auf das Klassifikationsergebnis als Ganzes. Bei Klassifikationsproblemen, so meint er, "the most useful type of null hypotheses is generally the individuals studied form a single class" (S. 329). Ein Test dieser Hypothese ist unabhängig davon, ob die Elemente eine Gesamtheit bilden oder eine Stichprobe aus einer übergeordneten Gesamtheit sind.

1964 entwickelte GOODALL ein auf wahrscheinlichkeitstheoretischen Überlegungen basierendes Ähnlichkeitsmaß zwischen Objekten, den "probabilistic similarity index" (vgl. auch GOODALL, 1966e), durch welchen der Grad der Ähnlichkeit zwischen einem Paar von Objekten mit der Homogenität des gesamten zu klassifizierenden Datensatzes verknüpft wird (vgl. WILLIAMS/LANCE, 1965). GOODALL bestimmt für jedes Merkmal getrennt den "probabilistic similarity index" (p_i) zwischen zwei Objekten. p_i gibt die Wahrscheinlichkeit dafür an, daß ein zufällig ausgewähltes Paar von Objekten "will resemble one another not less closely than the two under test" (GOODALL, 1964, S. 1098, vgl. auch GOODALL, 1966 c). Die Vorgehensweise der Berechnung der p_i ist abhängig vom Merkmalstyp (vgl. auch GOODALL, 1966b). Unter der sehr bedeutsamen Annahme unabhängiger Merkmale werden die einzelnen p_i's durch $-2 \sum_{i=1}^{m} p_i$ zu einem Ähnlichkeitsmaß zwischen Objekten zusammengefaßt, welches mit 2m Freiheitsgraden χ^2-verteilt ist (vgl. GOODALL, 1964, 1966c, 1966e). Um die Ähnlichkeit zwischen einem Objekt und einer Klasse abzuschätzen, erweitert GOODALL (1968) diese Gedankengänge. Er führt als Repräsentant einer Klasse für jedes Merkmal die

Klassen-"norm" ein und ordnet alle möglichen Merkmalswerte in der Ordnung ihrer Ähnlichkeit zur Klassennorm, die den unterschiedlichen Merkmalstypen entsprechend definiert ist (Modus, Median, arithmetisches Mittel). Über einige Zwischenschritte wird schließlich, wie oben angegeben, ein Ähnlichkeitsmaß bestimmt, welches die Wahrscheinlichkeit dafür angibt, daß "an individual whose attribute values were a random sample from those in the undifferentiated group would have as great an affinity for the cluster as the observed individual" (GOODALL, 1968, S. 53).

Wird bei einem Test auf Klassen der zu klassifizierende Datensatz als "Gesamtheit" betrachtet, so ist sicherlich die Idee einer Nullhypothese, "that the set of variable values observed are randomly allocated to entities seems a proper and the only possible approach" (CORMACK, 1971, S. 336). Doch auch CORMACK vertritt mit Recht die Ansicht, daß "with a fixed set of entities any discontinuity is important whether statistically significant or not" (S. 336; vgl. auch WILLIAMS/DALE, 1965, S. 47 f.). Hinzu kommt, daß die Annahme unabhängiger Merkmale für den als heterogen vorausgesetzten Datensatz im allgemeinen nicht zutrifft und daß, wie GOODALL selbst erwähnt, der erforderliche Rechenaufwand ziemlich hoch zu sein scheint (vgl. auch WILLIAMS/LANCE, 1965). Mir ist nur ein Beispiel bekannt, in welchem mittels des "probabilistic similarity index" klassifiziert wurde (GOODALL, 1966d).

Klassifikationsverfahren sind methodisch auch noch nicht so weit entwickelt, daß Stichprobenprobleme, wie beispielsweise der Einfluß von Stichprobenfehlern oder von verfälschten Stichproben auf das Klassifikationsergebnis, Berücksichtigung finden könnten.

In aller Regel sind aber sowohl die zu klassifizierenden Einheiten wie auch insbesondere die an ihnen beobachteten Merkmale Teilmengen übergeordneter Gesamtheiten. Die Schwierigkeit, mit Stichproben zusammenhängende Fragestellungen in Klassifikationsverfahren zu integrieren, ist zum größten Teil auf das fehlende statistische Modell zurückzuführen. Doch auch wenn für bestimmte Fälle und Fragestellungen ein solches Modell zur Verfügung stünde, z.B. das Modell einer sphärischen Normalverteilung, so wären damit zwei Probleme noch immer nicht gelöst: "the formulation of appropriate null hypotheses and the evaluation of the probability distributions of the maxima that will be used as test statistics" (CORMACK, 1971, S. 336). Die Schwierigkeiten sind aber nicht zuletzt auch darauf zurückzuführen, daß bei praktischen Problemen häufig über die übergeordnete Gesamtheit nur wenig bekannt ist (wie z.B. bei archaeologischen Funden oder bei bestimmten medizinischen Problemen) und/oder die zur Verfügung stehenden Teilmengen aus der Gesamtheit keine Zufallsstichproben sind, so daß den Verfahren der schließenden Statistik die notwendige Basis fehlt.

Aber selbst dann, wenn Zufallsstichproben aus bekannten, genau abgegrenzten Gesamtheiten vorlägen, und auch die übrigen Voraussetzungen gegeben wären, können die daraus ableitbaren Vorteile, beispielsweise im Hinblick auf eine Verallgemeinerung von Klassifikationsergebnissen, völlig überlagert werden von dem Gewicht und dem Einfluß, den die bewußt ausgewählten Merkmale auf das Klassifikationsergebnis ausüben.

Nur sehr selten gibt es eine genau abgrenzbare Gesamtheit von Merkmalen, aus der eine Zufallsstichprobe zu beobachtender Merkmale gezogen werden könnte (ob das zufällige Ziehen einer hinreichend großen Stichprobe von Klassifikationsmerkmalen im Hinblick auf das Klassifikationsergebnis überhaupt sinnvoll ist, sei dahingestellt). Bei praktischen Problemen sind entweder eine Reihe bereits beobachteter Merkmale vorgegeben, aus welchen die für die Bildung von Klassen für relevant erachteten nach subjektiver Entscheidung ausgewählt werden, oder die beobachteten Merkmale entstammen einer nicht wiederholbaren statistischen Erhebung, sind aber zahlenmäßig so begrenzt, daß die Auswahl einer Teilmenge nicht möglich oder nicht sinnvoll ist (in diesem Falle ist die Entscheidung über die Auswahl von

Klassifikationsmerkmalen schon mit der Entscheidung über die Erhebungsmerkmale gefallen und diese Entscheidung beruht im allgemeinen auf nicht-klassifikationsbezogenen Kriterien), oder es wird für eine Klassifikation eine spezielle Erhebung durchgeführt. Dann wird die subjektive Entscheidung über die zu erhebenden Klassifikations-/Erhebungsmerkmale von der Zielsetzung der Klassifikation, von der Erfaßbarkeit der Merkmale, von den Kosten der Erhebung und Aufbereitung,von der Auskunftspflicht bzw. Auskunftswilligkeit der zu Befragenden und dergleichen mehr bestimmt. Schließlich kann aber auch, wie z.B. bei archaeologischen Funden, die ihrer Entstehungszeit entsprechend chronologischen Zeitabschnitten zugeordnet werden sollen, nach subjektiver Entscheidung über die Relevanz beobachtbarer Merkmale für das angestrebte Ziel eine Teilmenge zu beobachtender Merkmale festgelegt werden. In allen Fällen ist die Auswahl der Klassifikationsmerkmale mehr oder weniger subjektiv und entscheidend realwissenschaftlich geprägt.

Die Ausklammerung schätz- und testtheoretischer Probleme aus der - mehr empirisch-heuristischen - Klassifikationsprozedur hat zur Folge, daß Klassifikationsergebnisse nur den jeweils klassifizierten Datensatz beschreiben und kennzeichnen und streng genommen nur für diesen eine gewisse Gültigkeit beanspruchen können. Die oft sehr wünschenswerten Verallgemeinerungen von Klassifikationsergebnissen auf etwaige übergeordnete Gesamtheiten sind nicht ohne weiteres zulässig, ihre Wiederhol- und Treffgenauigkeit ist nicht mathematisch-statistisch abschätzbar. Das ist sicherlich ein Mangel dieser Verfahren, insbesondere dann, wenn die Entdeckung von Gesetzmäßigkeiten oder kausal deutbaren Zusammenhängen Ziel einer Klassifikation ist. Doch wird man sich angesichts der Brauchbarkeit und praktischen Bedeutung von Klassifikationsverfahren der Meinung GOWER's (1971b) anschließen müssen, welcher schreibt: "Taxonomists might prefer imperfect solutions to ill-defined problems than perfect solutions to well-defined non-problems; at least they can hope for improvements" (S. 365).[1)]

---

1) Auch ist zu erwarten, daß die fortschreitende technische Entwicklung auf dem Gebiet elektronischer Rechenanlagen eine ganze Reihe von Stichprobenproblemen lösen wird. Sehr illustrativ ist in diesem Zusammenhang ein Hinweis von RAO (1948). RAO erwähnt, daß bei seiner Untersuchung von 4.000 Indern an denen 9 Merkmale beobachtet wurden, insgesamt 231 D^2-Werte (D^2 ist das Quadrat des verallgemeinerten Abstands) berechnet werden mußten. Die Berechnung dauerte etwa 30(!) Stunden!

214 Zum Ablauf einer Klassifikation

Der Ablauf einer Klassifikation läßt sich in die folgenden Stufen gliedern:[1)]

(1) die Festlegung bzw. Auswahl der zu klassifizierenden Objekte (Kap. 221);

(2) die Auswahl von Merkmalen, deren Ausprägungen die Objekte im Hinblick auf das angestrebte Ziel der Klassifikation hinreichend kennzeichnen, sowie gegebenenfalls deren Aufbereitung (Kap. 222);

(3) die Festlegung eines Maßes der Ähnlichkeit bzw. Unähnlichkeit zwischen Objekten und/oder Klassen auf der Grundlage der beobachteten Merkmalsausprägungen (Kap. 231, Kap. 232);

(4) gegebenenfalls die Festlegung eines Maßes für die Güte der Klassifikation (Kap. 233);

(5) die Festlegung von Regeln oder Algorithmen, mittels derer unter Verwendung des gewählten Ähnlichkeits- bzw. Unähnlichkeitsmaßes und gegebenenfalls im Hinblick auf ein bestimmtes Gütekriterium die Klassen gebildet, d.h., die im Datensatz vermuteten Ähnlichkeitsstrukturen aufgespürt werden (Kap. 242, Kap. 243);

(5a) wenn der ursprüngliche klassenbildende Prozeß nicht zum gewünschten Erfolg führt, kann es in bestimmten Fällen zweckmäßig sein, einen zweiten Klassifikationsprozeß einzuleiten, in welchem versucht wird, die Ergebnisse des ersten zu verbessern (Kap. 242);

(6) die Festlegung der Klassenanzahl S (Kap. 242, Kap. 243);

(7) die Beurteilung der Klassifikationsergebnisse und die Klassendiagnose, d.h., die Analyse der Klasseneigenschaften (Kap. 2432(1)).

---

1) Vgl. DALE (1968), PROCTOR (1966), SNEATH (1965), BOYCE (1965) u.a. In Klammern sind die Kapitel dieser Arbeit angegeben, in welchen die jeweiligen Probleme erörtert werden.

In der Literatur ist eine Tendenz zu beobachten, einzelne dieser Stufen losgelöst von der Klassifikationsprozedur als Probleme eigener Art anzusehen und darzustellen. Das gilt insbesondere für Fragestellungen im Bereich der Stufe (2), für die Stufe (3) und Stufe (5).

Im folgenden werden die wichtigsten Probleme, die auf den einzelnen Stufen auftreten, erörtert. Das Schwergewicht der Ausführungen wird gelegt auf: (a) die Analyse von Ähnlichkeits- und Unähnlichkeitsmaßen für Objekte und Klassen von Objekten und (b) die Untersuchung der Leistungsfähigkeit von Klassifikationsverfahren, insbesondere von hierarchischen Verfahren. Letztere werden anhand eines praktischen Beispiels aus der Unfallstatistik erörtert. Probleme der Klassifikation von Objekten, die durch binäre Merkmale gekennzeichnet sind, werden vorrangig behandelt.

22 EINHEITEN UND KLASSIFIKATIONSMERKMALE

221 Die zu klassifizierenden Einheiten

Die zu klassifizierenden Einheiten[1)] werden durch das jeweilige Forschungsziel bestimmt. Ein solches Forschungsziel kann sein:[2)] (a) ein für die amtliche Statistik brauchbares System von Klassen landwirtschaftlicher Betriebe eines Landes zu schaffen (vgl. SCHÄFFER, 1972) oder (b) die Straßenverkehrsunfälle, die in einem Lande innerhalb eines bestimmten Zeitraumes geschahen, so zu klassifizieren, daß aus den gebildeten Unfallklassen (multivariate Unfalltypen) für Maßnahmen der Unfallverhütung nützliche Rückschlüsse gezogen werden können oder (c) die Kreise eines bestimmten Landes nach ihrer Wirtschaftskraft in Klassen einzuteilen.

1) Die zu klassifizierenden Einheiten werden im englisch-amerikanischen Sprachraum häufig "OTU's", von "operational taxonomic unit" genannt (das gilt auch für Bereiche außerhalb der Biologie). Bezeichnungen, wie unit, item, sample, element, profile, entity, pattern, case, vector u.a. sind ebenfalls gebräuchlich.

2) Vgl. auch Kap. 15.

In den beiden ersten Fällen ist die Gesamtheit zu groß, als daß sie mit den im Augenblick zur Verfügung stehenden elektronischen Rechenanlagen als Ganzes klassifiziert werden könnte. Für die Klassifikation muß eine Teilgesamtheit ausgewählt werden. Im letzten Beispiel ist das nicht der Fall. Die zu klassifizierenden Einheiten sind fest vorgegeben.

Klassifikationsergebnisse sind bekanntlich (in der Regel) weder richtig noch falsch, sondern nur "informativ", "nützlich" oder "brauchbar" oder auch unbrauchbar. In dieser Hinsicht ist die Bedeutung, die der Zusammensetzung bzw. Auswahl von zu klassifizierenden Einheiten zukommt, offensichtlich. Im Hinblick auf die Interpretation von Klassifikationsergebnissen scheint es zweckmäßig zu sein, zwei Fälle zu separieren, und zwar den Fall, in welchem die zu klassifizierenden Einheiten eine Gesamtheit bilden und den, in dem sie eine Stichprobe aus einer übergeordneten Gesamtheit sind.

Bei der Klassifikation von Gesamtheiten ist im allgemeinen davon auszugehen, daß die Zusammensetzung der Gesamtheit unabänderlich ist. Die gebildeten Klassen sind bezüglich der Klassifikationsmerkmale konzentrierte Aussagen über diese Gesamtheit, deren Brauchbarkeit oder Nützlichkeit jedoch keineswegs sicher ist. Es kann für einen Datensatz mehrere (wenn nicht sogar viele) Klassifikationsergebnisse geben, die alle einem bestimmten Ziel dienen können (wenn dies überhaupt schon zum Zeitpunkt der Klassifikation hinreichend exakt definiert werden kann). Es ist auch möglich, daß der zu klassifizierende Datensatz Einheiten enthält, die die Klassenbildung stören (wie z.B. "Ausreißer"); Einheiten, die bewirken können, daß Klassifikationsergebnisse unbrauchbar sind.

Sind die zu klassifizierenden Einheiten eine Stichprobe aus einer übergeordneten Gesamtheit, ist es nicht auszuschließen, daß die durch die Stichprobe erfaßten Ähnlichkeitsstrukturen (Klassen) die der Gesamtheit nur verfälscht widerspiegeln, z.B. können in der Stichprobe kleine Klassen der Gesamtheit überrepräsentiert und große Klassen unterrepräsentiert sein. Wie bereits erwähnt, werden bei der Klassifikation Stichproben wie Gesamtheiten behandelt. Die Konsequenz ist, daß die aus einer Stichprobe abgeleiteten Klassifikationsergebnisse nicht nur wie die Ergebnisse der Klassifikation einer Gesamtheit schlimmstenfalls "unbrauchbar" oder "nutzlos" sein können, sondern überdies "irreführend", wenn daraus Rückschlüsse auf die Struktur der Gesamtheit gezogen werden sollen (vgl. WILLIAMS/LANCE, 1965). Die Wahrscheinlichkeit für irreführende Klassifikationsergebnisse, d.h., für Ergebnisse, die zwar brauchbar und nützlich sind, aber die Ähnlichkeitsstrukturen der übergeordneten Gesamtheit nicht oder nicht angemessen wiedergeben, ist umso geringer, desto größer der Stichprobenumfang ist. Sie ist aber nicht quantifizierbar. Aus diesen Überlegungen folgt, daß der Umfang der Stichprobe hinreichend groß gewählt werden muß und daß die Einheiten zufällig ausgewählt werden müssen. Der Hinweis auf eine "hinreichend große Stichprobe" läßt erwarten, daß nun angegeben wird, wie der erforderliche Stichprobenumfang im Einzelfalle zu bestimmen ist. Das ist nicht möglich, denn dies setzt voraus, daß sowohl bekannt ist, daß in der Gesamtheit Klassen existieren, als auch, welchen Umfang diese Klassen haben.[1)] Beide Größen sind aber unbekannt, so daß es dem jeweiligen Forscher überlassen werden muß, subjektiv den Stichprobenumfang und die Vorgehensweise bei der Auswahl der Einheiten zu bestimmen.

---

1) Letzteres setzt wiederum Kenntnisse über die wechselseitigen Beziehungen zwischen den Objekten der Gesamtheit voraus. Wie schwierig es ist, Klassifikationsergebnisse, die aufgrund von Stichproben entstanden sind, angemessen zu interpretieren, wird ersichtlich, wenn man bedenkt, daß es nicht sichergestellt werden kann, daß aus jeder in einer Gesamtheit vorhandenen (unterschiedlich großen) Klassen eine hinreichend große Anzahl von Objekten gezogen wird. Schwach besetzte Klassen der Gesamtheit werden vielleicht in einer Stichprobe gar nicht repräsentiert; andererseits kann ein nicht klassifizierbares Objekt Repräsentant einer stark besetzten Klasse der Grundgesamtheit sein. Ist die Stichprobe hinreichend groß, so ist es "wahrscheinlich", daß die "Hauptstrukturen" der Gesamtheit, die sich in großen Klassen zeigen, angemessen erfaßt werden.

Sollen die Ergebnisse der Klassifikation einer Stichprobe verallgemeinert werden, ist es zweckmäßig, die Stabilität der Ergebnisse in der folgenden Weise zu überprüfen (vgl. SCHÄFFER, 1972). Die Stichprobe wird in eine Experimental-Stichprobe (2/3 der Einheiten) und eine Validisierungs-Stichprobe aufgeteilt. Beide Teile werden getrennt und mit demselben Verfahren[1] klassifiziert und die Ergebnisse hinsichtlich ihrer Nützlichkeit und Übereinstimmung untersucht. Die Anforderungen, die an die Brauchbarkeit der Ergebnisse gestellt werden, sollten strenger sein, als die, die an Gesamtheitsergebnisse zu stellen sind (vgl. WILLIAMS/LANCE, 1965), denn im statistischen Sinne können weder die Gültigkeit der Ergebnisse noch die Signifikanz unterschiedlicher Ergebnisse getestet werden. Stimmen die Ergebnisse im wesentlichen überein, so ist diese Übereinstimmung ein Anhaltspunkt dafür, daß in der übergeordneten Gesamtheit Klassen existieren, die den gebildeten Klassen entsprechen. Bei nicht übereinstimmenden Ergebnissen sollte das gegebene Material nach Möglichkeit auch mit Hilfe anderer Klassifikationsverfahren und/oder anderer Ähnlichkeits- bzw. Unähnlichkeitsmaße klassifiziert werden, um genauere Aufschlüsse über die vorhandenen Ähnlichkeitsstrukturen zu gewinnen.

222 Klassifikationsmerkmale

Einige Fragen der Merkmalsauswahl wurden, soweit sie mit Stichprobenproblemen zusammenhängen, bereits diskutiert. Die Auswahl der Klassifikationsmerkmale[2] setzt eine im wesentlichen subjektive Entscheidung voraus. Da die Merkmalsauswahl das Klassifikationsergebnis ganz entscheidend determiniert, und zwar nicht nur direkt, sondern auch indirekt durch die Folgewirkungen auf die Wahl geeigneter Ähnlichkeits- bzw. Unähnlichkeitsmaße, auf Optimalitätsmaße und nicht zuletzt auf die Wahl der Klassifikationsverfahren selbst, können Anhaltspunkte für die Merkmalsauswahl nur vom Ziel der Klassifikation her gewonnen werden.

---

1) Es kann sehr vorteilhaft sein, wenn ein Datensatz mit Hilfe verschiedener Verfahren klassifiziert wird, weil dadurch der Prozeß der Klassenbildung und der Klassenaufbau überschaubar wird (vgl. Kap. 2432(1)).

2) Im englisch-amerikansichen Sprachraum werden für den Begriff "Merkmal" die folgenden Ausdrücke verwendet: variable, variate, character, characteristic, feature, property, test, attribute, measurement u.a.

Nun gibt es natürliche und künstliche (general-purpose und special-purpose) Klassen (vgl. Kap. 13). Während für die Bildung künstlicher Klassen, die einem bestimmten meist eng begrenzten Ziel zu dienen bestimmt sind, die Merkmale, die für dieses Ziel relevant sind, leicht erkannt und ausgewählt werden können, sind für natürliche Klassifikationen die Wechselwirkungen zwischen dem Ziel oder den Zielen und den dafür relevanten Merkmalen komplex (vgl. FLOODGATE, 1962, S. 280; GOWER, 1969, S. 363). Die Frage, ob eine bestimmte Auswahl von Klassifikationsmerkmalen zum gewünschten Ergebnis führt, kann nicht eindeutig beantwortet werden. "Hence, the selection in this case has an element of trial and error, and the suitability of any selection can only be discovered empirically" (FLOODGATE, 1962, S. 280).

Voraussetzung für brauchbare Klassifikationsergebnisse sind vor allem Klassifikationsmerkmale, die für das angestrebte Ziel sachlich relevant sind und in Bezug auf dieses Ziel eine zumindest annähernd gleiche Bedeutung haben. Im Hinblick auf die Klassifikationverfahren sollten die Merkmale nur von einem Typ, d.h. entweder nur metrisch oder nur binär sein (oder wenigstens dieselbe Anzahl von Ausprägungen aufweisen).[1]

Klassifikationsmerkmale sind sachlich relevant, wenn sie die zu klassifizierenden Objekte hinsichtlich des angestrebten Ziels angemessen und ausreichend beschreiben. SNEATH (1957a) weist mit Recht darauf hin, daß es leichter ist, unwesentliche Merkmale aus der Betrachtung auszuschließen als wesentliche Merkmale ("essential features") in die Klassifikation einzubeziehen.[2]

---

1) Es wurde bereits erwähnt, daß Klassifikationsverfahren für "mixed-data" wenig befriedigen. Das Problem, den einzelnen Merkmalen unterschiedlichen Typs ein im Hinblick auf die Klassenbildung gleiches Gewicht zu geben, scheint noch nicht zufriedenstellend gelöst zu sein. Vgl. die in Kap. 12 angegebene Literatur und WILLIAMS/LANCE (1965); WATSON/WILLIAMS/LANCE (1966); DUCKER/WILLIAMS/LANCE (1965); siehe auch GOODALL (1964 und 1966c).

2) Der Einfluß sachlich irrelevanter Klassifikationsmerkmale auf die Form der "Punkthäufungen" (Klassen) wird anschaulich von WISHART (1969a, S. 292 ff.) erörtert.

Nach SNEATH (1957a, S. 186), "the reason for regarding a feature as 'essential' is simply that it a l w a y s g o e s w i t h s o m e o t h e r f e a t u r e". Wäre das nicht der Fall, das heißt, würden die Klassifikationsmerkmale völlig unabhängig voneinander variieren, wäre es nicht möglich, Klassen ähnlicher Objekte zu unterscheiden. Wechselseitige - nicht notwendigerweise lineare - Abhängigkeiten zwischen Klassifikationsmerkmalen sind für die Existenz von Klassen von entscheidender Bedeutung. Werden nicht-lineare Abhängigkeiten vernachlässigt, was sachlich nicht immer gerechtfertigt ist, kann der Ansicht von WATSON/WILLIAMS/LANCE (1966) zugestimmt werden, daß die für die Klassifikation wesentlichen Merkmale ihre Bedeutung gewinnen von ihren positiven oder negativen Korrelationen mit anderen Merkmalen (vgl. S. 492).[1] Klassifikationsmerkmale sind notwendigerweise mehr oder weniger von einander abhängig. Das ist sachlich bedingt. Daher sind Korrelationen zwischen Klassifikationsmerkmalen unvermeidbar.

Für die Existenz von Klassen sind bestehende Abhängigkeiten zwischen Merkmalen keine hinreichende Voraussetzung. Ähnlichkeitsbeziehungen zwischen Objekten können kontinuierlich variieren. Wenn in einer Menge von Objekten Klassen existieren, d.h., wenn die Ähnlichkeitsbeziehungen zwischen Objekten nicht kontinuierlich variieren, sondern strukturiert sind, zeichnen sich die nach ihrer sachlichen Relevanz ausgewählten metrischen Klassifikationsmerkmale dadurch aus, daß ihre Ausprägungen im jeweiligen Wertebereich schwach oder nicht besetzte Intervalle (Lücken) aufweisen. Bei Alternativmerkmalen gibt es keine in diesem Sinne interpretierbaren Lücken, sondern lediglich Objekte, die eine bestimmte Merkmalsausprägung besitzen und solche, die sie nicht besitzen. Wird nun die Gesamtheit der Klassifikationsmerkmale betrachtet, so überlagern sich die schwach oder nicht besetzten Intervalle bzw. Schnittstellen, und es zeigen sich "points of rarity", wo "individuals with certain combinations of

1) Vgl. auch GOWER (1969b); MAYR (1965).

features are rare" (SNEATH, 1957a, S. 187). Diese "points of rarity", die durch wechselseitige Abhängigkeiten zwischen den Klassifikationsmerkmalen verstärkt werden, ermöglichen eine Klassifikation, weil sie die Klassen voneinander separieren.[1] Gibt es keine, ist eine Klassifikation nicht möglich. Eine Aufteilung des Datensatzes wäre eine Dissektion. Merkmale, die nicht variieren, können zur Separation von Klassen nichts beitragen, sind also von vornherein als irrelevant auszuschließen.

Es läßt sich wohl kaum vermeiden, daß dadurch, daß bestimmte Merkmale a priori als relevant angesehen und in eine Klassifikation einbezogen werden, ein höchst subjektives (und auch intuitives) Element in den Klassifikationsprozeß eingeführt wird.[2] Die Auswahl der Klassifikationsmerkmale ist "... heavily biased by the experience of the particular taxonomist, the groups he has previously worked on (and those he has n o t worked on) ..." (CAIN, 1962, S. 227), sie wird beeinflußt von Einseitigkeiten und Vorurteilen. Dennoch wird häufig mit einer Klassifikation der Anspruch der Objektivität verknüpft.

Damit auch Außenstehende den Wert und die Brauchbarkeit eines Klassifikationsergebnisses beurteilen und die subjektiven Einflüsse, die aus der Merkmalsauswahl resultieren, abschätzen können, ist es notwendig, daß mit einem Klassifikationsergebnis auch die Klassifikationsmerkmale vollständig angegeben werden.

---

1) SNEATH (1961, S. 119-121) vertritt die Ansicht, daß "the only way to divide organisms into sharp groups... is by means of correlated features. --- If we did not have such correlation between features, then of course we could not recognize the groups as distinct ones, since alle the intermediate combinations of features would give rise to a network of intermediate forms of organism which no one would consider were all distinct taxa..." Die vorhandenen Korrelationen "will reveal themselves in aprupt changes in similarity values...(1962a, S. 293). Auch GOWER (1969b) ist der Meinung, daß zwischen den Merkmalskorrelationen und der Existenz von Klassen ein enger Zusammenhang besteht (vgl. auch GOODALL, 1966b).

2) Die Merkmalsauswahl ist eine (subjektive) Form der Gewichtung mit den Gewichten 1 und 0.

Klassifikationsmerkmale müssen nicht nur für das jeweilige Ziel der Klassifikation relevant sein, sondern auch eine für die Klassenbildung zumindest annähernd gleiche Bedeutung haben. Die Forderung nach einer gleichen Bedeutung der Klassifikationsmerkmale folgt daraus, daß der Grad der Ähnlichkeit oder Gleichartigkeit zwischen den zu klassifizierenden Objekten, und zwar der Grad der "totalen" Ähnlichkeit ("overall"-similarity) - wobei natürlich "Ähnlichkeit" immer nur in direktem Bezug zum angestrebten Ziel zu sehen ist - nur aufgrund der Klassifikationsmerkmale quantifiziert werden kann. Haben diese bei der Bestimmung des Ähnlichkeitsgrades eine ungleiche Bedeutung, so wird nicht der Grad der totalen Ähnlichkeit ermittelt, sondern es werden partielle Ähnlichkeiten übergewichtet. Die Probleme, die sich aus der Forderung nach einer gleichen Bedeutung der Klassifikationsmerkmale herleiten, sind sehr komplex. Es sind vor allem die folgenden drei Aspekte, unter denen diese Probleme erörtert werden können: die ungleiche Blockbildung, die damit zusammenhängende Fragen der Behandlung der unvermeidbaren Korrelationen und die Frage der (externen) Gewichtung von Klassifikationsmerkmalen, die wiederum nicht unabhängig von den beiden ersten Fragenkomplexen diskutiert werden kann.

Unter "ungleicher Blockbildung" ist folgender Tatbestand zu verstehen. Angenommen, es sollen die Großstädte eines Landes so klassifiziert werden, daß die gebildeten Klassen Grundlage der Selektion von Testmärkten sein können. Für die Klassifikation relevante Merkmale sind beispielsweise: die Einwohnerzahl, die Anzahl der Haushalte, die Verkaufsauflage von Tages- und Sonntagszeitungen, die Reichweite von Fernsehsendern (gemessen an der Anzahl der erreichten Haushalte), die Anzahl der Einzelhandelsgeschäfte und andere mehr. In der schon erwähnten Untersuchung von GREEN/FRANK/ROBINSON (1967), welcher diese Merkmale entnommen wurden, wurden insgesamt 14 Klassifikationsmerkmale verwendet. Bei näherer Betrachtung zeigt sich, daß die Merkmale voneinander abhängig sind; daß sie zu Blöcken zusammengefaßt werden können, die jeweils den gleichen Faktor messen. Die oben aufgeführten Merkmale und einige andere können z.B. zu einem Block von sieben Merkmalen zusammengefaßt werden, die (untereinander hoch korreliert ($0,91 \leq r \leq 0,99$)) den gleichen Faktor, nämlich die Größe der Städte messen. Einige andere Merkmale beziehen sich auf die demographische Zusammensetzung der Stadtbevölkerung (Alter, Geschlecht, Nicht-Weiße, Schulausbildung). Diese Merkmale sind nur schwach korreliert. Die restlichen Merkmale können keinem einheitlichen Block zugeordnet werden. Bei einer Klassifikation der Städte aufgrund der ursprünglichen 14 Klassifikationsmerkmale werden die Städte nicht nach ihrer totalen Ähnlichkeit klassifiziert. Dadurch, daß der Faktor "Größe der Städte" überrepräsentiert ist, erhält die partielle Ähnlichkeit "Größe" ein zu starkes Gewicht. Wenn Städte im Hinblick auf die sieben "Größen-Merkmale" einander ähnlich sind, können Ungleichartigkeiten in Bezug auf die verbleibenden Merkmale kaum so "gewichtig" sein, daß sie bei der Klassenbildung eine bedeutende ähnlichkeitskorrigierende Funktion ausüben können.

Die ungleiche Blockbildung, d.h., die unterschiedliche Anzahl von untereinander relativ hoch korrelierten Klassifikationsmerkmalen je Merkmalskategorie, hat also Verzerrungen der Ähnlichkeitsstrukturen zur Folge. Ob es in diesem Beispiel sinnvoll ist, dem Größenfaktor eine so starke Bedeutung zuzuweisen, ist zu bezweifeln.[1)] Sollen bei einer Klassifikation die Objekte entsprechend ihrer "totalen Ähnlichkeit" klassifiziert werden, muß darauf geachtet werden, daß die Klassifikationsmerkmale auch den gesamten Bereich der Ähnlichkeit gleichmäßig abdecken und nicht partielle Ähnlichkeiten übergewichten, wie es im obigen Beispiel der Fall war. Der kumulative Effekt, der durch die unterschiedliche Zahl von Klassifikationsmerkmalen einzelner Merkmalskategorien entsteht, kann nur durch eine sorgfältige Merkmalsauswahl

---

1) GREEN/FRANK/ROBINSON (1967) scheinen selbst Zweifel an der Zweckmäßigkeit ihres Vorgehens zu empfinden, vor allem, weil ein Teil der Merkmale hoch korreliert ist. Die Ergebnisse einer zweiten Klassifikation nach einer vorangehenden Merkmalsreduktion auf zwei Faktoren (vgl. S. B - 392 ff.), die zusammen 74% der Gesamtvarianz repräsentieren, unterscheiden sich dann auch beträchtlich vom ursprünglichen Ergebnis. Vgl. zu dieser Untersuchung auch die Ausführungen von MORRISON (1967).

begrenzt werden.[1]

Eine Gruppe abhängiger Merkmale hat eine weitreichende Diskussion ausgelöst, die zu einem großen Teil dem Problemkreis "externe Gewichtung" von Klassifikationsmerkmalen zuzuordnen ist.[2] Diese Gruppe von Merkmalen umfaßt Merkmale mit Abhängigkeiten der folgenden Art: das Vorhandensein einer Ausprägung des Merkmals B ist abhängig vom Vorhandensein einer bestimmten Ausprägung des Merkmals A, ist diese vorhanden, so wird sie durch eine bestimmte Ausprägung des Merkmals B - welches nun unabhängig von A variiert - näher gekennzeichnet. Merkmale dieser Art werden primäre (A) und sekundäre Merkmale (B) genannt.

Ein primäres Merkmal wäre beispielsweise "Ersparnisse vorhanden" (ja = 1, nein = 0); zugehörige sekundäre Merkmale, die die Art der Ersparnisse spezifizieren, könnten die Anlageform betreffen, z.B. "angelegt in Wertpapieren" (ja = 1, nein = 0), "angelegt bei Bausparkassen"(ja = 1, nein = 0) usw. Schwierigkeiten im Hinblick auf die Messung der Ähnlichkeit ergeben sich nun dadurch, daß - wird die Frage "Ersparnisse vorhanden?" verneint - die Frage nach der Anlageform von Ersparnissen sinnlos ist. Den Ausprägungen der sekundären Merkmale kann nicht der Wert 0 zugewiesen werden.[3] Das bedeutet, daß bei der Berechnung des Grades der Ähnlichkeit bzw. Unähnlichkeit zwischen Objekten bei den betreffenden Objekten die Werte bestimmter Merkmalsausprägungen fehlen.

---

1) FLOODGATE (1962, S. 282) sieht gewisse Vorteile in der Verwendung einer geschichteten Zufallsauswahl von Klassifikationsmerkmalen. Für die Klassifikation von Bakterien, wo sich morphologische, serologische, biochemische Merkmale und andere Merkmalskategorien trennen lassen, kann dies von Vorteil sein. Bei Klassifikationen ausserhalb der Biologie ist es oft sehr schwer, sich gegenseitig ausschließende Merkmalskategorien zu finden, deren Merkmale die betreffenden Objekte erschöpfend kennzeichnen.

2) An dieser Diskussion haben sich vor allem PROCTOR/KENDRICK (1963), KENDRICK/PROCTOR (1964), LOCKHART (1964), KENDRICK (1965), PROCTOR (1966) und LONG (1966) beteiligt. Vgl. auch CAIN/HARRISON (1958), ESTABROOK/ROGERS (1966), DALE (1968) und andere.

3) Zur Kennzeichnung solcher Sachverhalte werden im englisch-amerikanischen Sprachraum die Abkürzungen "NA" (für "not applicable") oder "NC" (für "no comparison") verwendet.

Gehen nun - unter Berücksichtigung solcher fehlender Werte - die primären und sekundären Merkmale mit dem gleichen Gewicht in die Berechnung der Ähnlichkeitsmaße ein, können Übereinstimmungen hinsichtlich der primären Merkmale von Nicht-Übereinstimmungen bezüglich sekundärer Merkmale überlagert werden, das heißt, es ist möglich, daß zwei Objekte, die beide eine bestimmte primäre Eigenschaft besitzen, wegen mangelnder Übereinstimmung in zugehörigen sekundären Merkmalen einander weniger ähnlich sind, als zu einem dritten Objekt, welches die betreffende primäre Eigenschaft überhaupt nicht besitzt. Wenn die Zahl der sekundären Merkmale groß ist, kann dieser Effekt zu einer starken Verzerrung der Ähnlichkeitsstrukturen führen.

Um solche Verzerrungen zu vermeiden, schlagen PROCTOR und KENDRICK vor, eine externe Gewichtung der Merkmale einzuführen, und zwar sollen die primären Merkmale ein Gewicht bekommen, welches der Anzahl der zugehörigen sekundären Merkmale entspricht.[1] Ist ein primäres Merkmal nicht vorhanden, werden die zugeordneten sekundären Merkmale mit "NC" kodiert. Gegen eine solche Lösung hat sich vor allem LONG (1966) ausgesprochen, für den, wie für die meisten "Taxonomen", das Prinzip der Gleichgewichtung (ADANSON's Prinzip) unantastbar ist. LONG (1966, S. 50) ist der Ansicht, daß jedes "unequal weighting which is now acceptable m u s t be arbitrary ...". Er glaubt nicht zu Unrecht, daß derartige Probleme nicht entstünden, wenn "Klassifikationsmerkmale" im Sinne von SOKAL/SNEATH (1963) definiert und verwendet würden. Danach ist "a unit character" ein "taxonomic character of two or more states, which within the study at hand cannot be subdivided logically..." (S. 65).

---

1) Rechentechnisch bedeutet dies, daß ein primäres Merkmal so oft mit gleichen Werten in die Klassifikationsprozedur eingeht, wie es sekundäre Merkmale besitzt. Ein primäres Merkmal mit z.B. acht sekundären Merkmalen ginge 8mal in die Berechnung ein.

Komplexe primäre Merkmale sind folglich in "unit characters" aufzuspalten. Für das oben erwähnte Beispiel hieße das, das primäre und die sekundären Merkmale wären zu ersetzen durch die Merkmale "Ersparnisse in Wertpapieren angelegt" (ja/nein), "Ersparnisse angelegt bei Bausparkassen" (ja/nein) etc. Damit entfallen bei der Berechnung der Ähnlichkeitsmaße die fehlenden Werte und der Ähnlichkeitsvergleich erstreckt sich auf die jeweils gleiche Anzahl von Klassifikationsmerkmalen. Auch diese Vorgehensweise ist jedoch nicht frei von Nachteilen, denn es besteht die Gefahr einer "ungleichen Blockbildung", es können sich u.U. sachlich nicht zu rechtfertigende Ähnlichkeiten bzw. Unähnlichkeiten ergeben (es ist z.B. kaum zu rechtfertigen, wenn zwei "Sparer" wegen Differenzen in der Anlageform einander unähnlicher sind, als zu einem dritten "Nicht-Sparer"), und es können in bestimmten Fällen aus der Aufspaltung hochkorrelierte Merkmale hervorgehen. Probleme dieser Art lassen sich oft nur dadurch umgehen, daß jene sekundären Merkmale, die nicht alle Merkmalsträger haben, aus der Untersuchung ausgeschlossen werden.[1)]

CAIN/HARRISON (1958) und SOKAL/SNEATH (1963) gehen auch kurz auf partielle Abhängigkeiten ein. SOKAL/SNEATH (1963) empfehlen folgendes Vorgehen: "When a character B depends in part upon another character A, the decision whether to employ B as well as A will depend on the nature of the factors other than A that affect B. If, to the best of our knowledge, these factors reflect veritable variations, we would include B" (S. 67). Die Entscheidung soll also davon abhängig gemacht werden, ob das gerade interessierende Merkmal wenigstens in einem gewissen Umfang unabhängig von einem anderen (beeinflussenden) Merkmal variiert. Ein Beispiel hierfür wären die Merkmale "verfügbares Einkommen der privaten Haushalte je Monat" und

---

1) LOCKHART (1964) weist auf den damit verbundenen Informationsverlust hin und schlägt vor, anstelle einer Gewichtung der primären Merkmale jedem sekundären Merkmal eine zusätzliche Merkmalsausprägung hinzuzufügen, welche als "vorhanden" kodiert wird, wenn das zugehörige primäre Merkmal nicht vorhanden ist. Da damit das Problem nur verlagert wird (und zwar zum Problem der Behandlung von Merkmalen mit einer unterschiedlichen Anzahl von Ausprägungen), ist dieser Vorschlag nicht vielversprechend.

"Ersparnisse der privaten Haushalte je Monat". Sicherlich ist die Ersparnis abhängig von der Höhe des verfügbaren Einkommens, aber nicht nur davon. Sie ist auch abhängig von der staatlichen Sparförderung, von der Höhe der Haben-Zinssätze, vom Vertrauen in die Stabilität einer Währung (Geldillusion), von der Geld-, Finanz- und Wirtschaftspolitik eines Landes, vom Sicherheitsbedürfnis des Sparers und vielem anderen mehr, so daß eine gewisse unabhängige Variation des Merkmals angenommen werden kann. Die Frage, ob das Ausmaß der "unabhängigen" Variation ausreicht, um die Aufnahme eines Merkmals als Klassifikationsmerkmal zu rechtfertigen, kann nicht ohne Bezug auf Korrelationen zwischen den Klassifikationsmerkmalen aller Merkmalsträger erörtert werden.

Korrelationen zwischen Klassifikationsmerkmalen sind unvermeidbar. Durch sie können einzelne Aspekte der totalen Ähnlichkeit übergewichtet, d.h. Ähnlichkeitsstrukturen verzerrt werden. Würde jedoch ihr Einfluß auf die Klassenbildung völlig eliminiert, würden wertvolle Informationen preisgegeben (vgl. z.B. GOWER, 1969b). Die Behandlung korrelierter Merkmale ist von verschiedenen Faktoren abhängig, vor allem vom numerischen Wert der Korrelationskoeffizienten (r bzw. ω) und vom Merkmalstyp.

Im oben genannten Beispiel von GREEN/FRANK/ROBINSON (1967) sind die Merkmale (1) "Population" und (2) "Number of Households" mit $r = +0{,}99$ korreliert. Das bedeutet, daß die statistischen Informationen, die das zweite Merkmal über die zu klassifizierenden Objekte (Städte) liefert, bereits nahezu vollkommen im ersten Merkmal enthalten sind. Mithin ist eines der beiden Merkmale überflüssig. Werden beide in die Klassifikation aufgenommen, so hat dies die gleiche Wirkung, als würde ein Merkmal mit doppeltem Gewicht verwendet. Es scheint sinnvoll zu sein, einen Teil der hochkorrelierten Merkmale ($0{,}9 \leq |r| \leq 1{,}0$) aus der Klassifikation herauszunehmen (vgl. SARKAR/BIDWELL/MARCUS, 1966); dabei ist natürlich die Festlegung einer Grenze ($|r| \geq 0{,}9$) völlig subjektiv.

Weniger hoch korrelierte Merkmale können nicht ohne weiteres aufgenommen oder ausgeschlossen werden. SOKAL/SNEATH (1963) wollen die Entscheidung davon abhängig machen, ob ein oder mehr als ein Faktor (im faktoranalytischen Sinne) auf zwei korrelierte Merkmale einwirkt. Werden die betreffenden Merkmale durch mehrere Faktoren beeinflußt, sollen beide Merkmale verwendet werden, steht nur ein Faktor hinter ihnen, soll ein Merkmal ausgeschlossen werden. "Our position is that we assume at least some independent sources of variation in any empirical correlation, unless we have reason to believe otherwise. This would err in the direction of redundance, but it would be counterbalanced by the likelihood of obtaining new information" (S. 69; vgl. auch CAIN/HARRISON, 1958; IHM/TRAUTNER/WOLF, 1971, u.a.).

Diese Ansicht, die in der Klassifikationsliteratur weit verbreitet ist, impliziert eine "interne Gewichtung" der Merkmale entsprechend ihrer wechselseitigen Korrelationen (Abhängigkeiten). Merkmalskategorien mit höheren Korrelationen erhalten bei der Bestimmung von Ähnlichkeiten bzw. Unähnlichkeiten ein höheres Gewicht als solche mit niedrigeren Korrelationen. Wird vorausgesetzt, daß die Klassifikationsmerkmale zielentsprechend ausgewählt wurden, so ist gegen eine solche "interne" Gewichtung sachlich nichts einzuwenden (vgl. auch MAYR, 1965). Diese Vorgehensweise betont stärker die "im Hintergrund" stehenden "ähnlichkeitserzeugenden Faktoren", die durch die Klassifikationsmerkmale repräsentiert werden.

Bei der Bestimmung von Ähnlichkeits- bzw. Unähnlichkeitsmaßen (insbesondere von Distanzen) können sich jedoch Verzerrungen ergeben und können partielle Ähnlichkeiten ein unangemessen hohes Gewicht bekommen, wenn einzelne Klassifikationsmerkmale dem Betrag nach überdurchschnittlich hoch korreliert sind.

Die Auswirkungen von Merkmalskorrelationen auf die Klassifikationsergebnisse und Probleme der Merkmalsauswahl sind Gegenstand einer Untersuchung von SARKAR/BIDWELL/MARCUS (1966). In dieser Untersuchung werden 61 Klassifikationsmerkmale sukzessiv entsprechend vorgewählter (absoluter) Grenzwerte des Korrelationskoeffizienten, die von Stufe zu Stufe vermindert werden, bis auf 22 Merkmale reduziert und die

Auswirkungen der Merkmalsreduktion auf die Klassifikationsergebnisse analysiert. Obwohl die Ergebnisse dieser Untersuchung nur wenig repräsentativ sind, zeigen sie, daß der Kern wohlseparierter Klassen von der Merkmalsreduktion fast unberührt bleibt. Änderungen bezüglich der Klassenzugehörigkeit, die sachlich positiv beurteilt werden, zeigten sich nur bei wenigen "instabilen" Klassifikationsobjekten, die im Laufe der Untersuchung verschiedenen Klassen zugeordnet wurden.

Es scheint zweckmäßig zu sein, den oben erwähnten Vorschlag von SOKAL/SNEATH (1963) in der Weise zu modifizieren, daß jene Merkmale, die mit anderen Merkmalen dem Betrag nach relativ hoch korreliert sind, aus der Untersuchung ausgeschlossen werden. Der Grenzwert des Korrelationskoeffizienten ($|r^*|$) ist aufgrund einer Korrelationsmatrix subjektiv festzulegen.[1] In der Untersuchung von SARKAR et al. war ein $|r^*| = 0{,}5$ untere Grenze.

Damit wird die interne Gewichtung weitgehend erhalten und jener Teil, der eine unangemessene einseitige Gewichtung hervorruft, eliminiert. Diese Vorgehensweise hat den Vorteil, daß sie nicht nur bei metrischen, sondern auch bei binären Merkmalen sinnvoll ist.

Während es für binäre Merkmale keine theoretisch und praktisch befriedigende Möglichkeit der Elimination von Merkmalskorrelationen gibt[2] (bei Klassifikationen wird in der Praxis in aller Regel vorausgesetzt, daß die Merkmale unkorreliert sind, oder es wird darauf hingewiesen, daß "streng genommen" das verwendete Ähnlichkeits- bzw. Unähnlichkeitsmaß nur für unkorrelierte Merkmale geeignet ist, oder es wird auch im nachhinein eine etwaige einseitige Gewichtung als wünschenswerte "interne Gewichtung"

1) Vgl. auch COLLESS (1967, S. 15 f.)

2) Ein möglicher Ansatz in dieser Richtung zeichnet sich ab in einer Publikation über Fragen der Merkmalsanalyse von ESTABROOK (1967). In Anlehnung an RAJSKI (1961) und RESCIGNO/MACCACARO (1961) beschreibt er ein auf der Informationstheorie basierendes Maß für die gegenseitige Abhängigkeit klassifikatorischer Merkmale sowie dessen Einsatzmöglichkeiten. Eine Einsatzmöglichkeit entspricht der oben genannten ($|r^*|$) und ist sicherlich sinnvoll, wenn das Klassifikationsverfahren ebenfalls auf Informationsmaßen aufbaut.

interpretiert), gibt es für metrische Merkmale die Möglichkeit, entweder durch die Wahl eines geeigneten Unähnlichkeitsmaßes (MAHALANOBIS-Distanz) oder durch eine vorgeschaltete Hauptkomponentenanalyse bestimmte Merkmalskorrelationen auszuschalten.

Da mit der Hauptkomponentenanalyse fiktive Klassifikationsmerkmale erzeugt werden können, sind die für die Klassifikation wesentlichen Eigenschaften dieser fiktiven Merkmale sowie die Konsequenzen, die die sich aus ihrer Verwendung für die Klassenbildung ergeben, kurz zu erörtern.

Die Durchführung einer Hauptkomponentenanalyse vor der eigentlichen Klassifikationsprozedur wird direkt oder indirekt von vielen Autoren befürwortet.[1] Die einen sehen in der Hauptkomponentenanalyse vor allem ein Instrument der Merkmalsreduktion (der Reduktion der m ursprünglichen korrelierten Merkmale auf $p < m$ fiktive unkorrelierte Merkmale), die anderen benutzen die Hauptkomponentenanalyse vornehmlich zur Elimination von Korrelationen zwischen Klassifikationsmerkmalen.

Der Kern der Hauptkomponentenanalyse ist die Transformation der Koordinatenachsen des Merkmalsraums R_m (Hauptachsentransformation).[2] Die Koordinatenachsen des neuen Systems, die Hauptkomponenten genannt werden, werden aus den ursprünglichen Merkmalen durch lineare Transformationen hergeleitet, und zwar so, daß bereits eine kleine Zahl von Hauptkomponenten den überwiegenden Teil der Gesamtvarianz repräsentiert.

Auf eine algebraische Darstellung der Hauptkomponentenanalyse soll hier verzichtet werden (vgl. dazu WULSTEN, 1960; PAWLIK, 1968; ÜBERLA, 1968). Geometrisch läßt sie sich wie folgt veranschaulichen. Ausgangspunkt ist der als euklidischer Raum gedachte Merkmalsraum R_m, in dem die Punkte (Objekte) einen m-dimensionalen Punkthaufen

---

1) Vgl. beispielsweise CRONBACH/GLESER (1953), IHM (1962), ROHLF (1963), REMMER (1964), HILL/SILVESTRI/IHM/FARCHI/LANCIANI (1965), GOWER (1966), JANCEY (1966), DAGNELIE (1966), ROHLF (1967), STEARN (1968), FRIEDMAN/RUBIN (1968), BOYCE (1969), GOWER (1969b), PARKS (1970).

2) Vgl. zur Hauptkomponentenanalyse WULSTEN (1960), HARMAN (1967), ANDERSON (1958a), PAWLIK (1968), ROSSNER (1970) u.a.

bilden. Bei m-dimensionaler Normalverteilung hat der Punkthaufen in der Regel annähernd die Form eines Hyperellipsoids.[1)]

Die Hauptachsentransformation besteht darin, die Koordinatenachsen des ursprünglichen Systems so zu verschieben, daß dessen Ursprung mit dem Schwerpunkt des Hyperellipsoids zusammenfällt und gegebenenfalls so zu drehen, daß die längste Achse des Hyperellipsoids, meist erste Hauptachse genannt, die erste Koordinatenachse des neuen Koordinatensystems bildet, auf der die übrigen m-1 Koordinatenachsen senkrecht stehen. Letztere werden in der Reihenfolge abnehmender Länge der Hauptachsen bestimmt. Da die Länge einer Hauptachse proportional zur Größe der Varianz in der Richtung dieser Hauptachse ist, werden die Achsen des neuen Koordinatensystems also so bestimmt, daß der größte Teil der Gesamtvarianz in der Richtung der ersten neuen Koordinatenachse liegt, der größte Teil der dann noch verbleibenden Varianz liegt in der Richtung der zweiten neuen Koordinatenachse, jedoch ist diese unter der Bedingung konstruiert, daß sie auf der ersten Achse senkrecht steht. Entsprechendes gilt für die verbleibenden Achsen des neuen Systems. Das neue Koordinatensystem ist ein orthogonales System. Die Hauptkomponenten (das sind die fiktiven Klassifikationsmerkmale) sind wechselseitig unkorreliert. Es ist möglich, daß nur zwei oder drei Hauptkomponenten bereits 90% der Gesamtvarianz repräsentieren.

Diese Eigenschaft der Hauptkomponenten ist Grundlage der Merkmalsreduktion für die Bildung von Klassen, denn bei entsprechender Datenstruktur ist es möglich, ohne größeren statistischen Informationsverlust beispielsweise 50 korrelierte Merkmale durch nur 5 unkorrelierte fiktive Merkmale zu ersetzen, was den Zeitaufwand und den Bedarf an Kernspeicherkapazität für die Klassenbildung zum Teil

---

1) Für die Klassifikation ist hier wesentlich, daß die Punkte dieses Hyperellipsoid nicht gleichmäßig ausfüllen, sondern mehr oder weniger dicht beieinander liegende Punktgruppen (Klassen) bilden.

erheblich reduziert.[1)]

Ergebnisse einer Hauptkomponentenanaylse sind im allgemeinen (zunächst) zentrierte Hauptkomponentenwerte. Als fiktive Klassifikationsmerkmale besitzen sie ein ihrem Varianzanteil entsprechendes Gewicht. Häufig wird empfohlen, die Gewichtsunterschiede durch eine Standardisierung (Normierung) der Hauptkomponenten auszugleichen - und damit die Korrelationen zwischen den Klassifikationsmerkmalen zu eliminieren - und die standardisierten Hauptkomponentenwerte der Klassenbildung zugrunde zu legen.

Mit einer solchen Standardisierung sind im Prinzip die gleichen Probleme verbunden wie mit einer Standardisierung der ursprünglichen Merkmale (vgl. Kap. 12). Da durch die Standardisierung der Hauptkomponenten aus dem Dispersions-Hyperellipsoid eine Hyperkugel entsteht, können sich daraus sehr negative Auswirkungen auf die Klassenbildung ergeben. Werden, wie oft üblich, sowohl die ursprünglichen Merkmale als auch die Hauptkomponenten standardisiert, so wird die Datenstruktur doppelt zerstört: die zu klassifizierenden Daten sind nicht mehr die ursprünglichen Daten (WILLIAMS/DALE, 1965, S. 59). Die Auswirkungen der Standardisierung von Hauptkomponenten auf die Klassenbildung sind besonders gravierend, wenn die m Klassifikationsmerkmale durch $p < m$ Hauptkomponenten ersetzt werden. In diesem Falle bekommen p Hauptkomponenten mit einem Varianzanteil von beispielsweise 80% das gesamte (gleichmäßig verteilte) Gewicht, während die m-p vernachlässigten Hauptkomponenten (mit einem Varianzanteil von immerhin 20%) das Gewicht "Null" erhalten. Die Gewichtsverlagerung macht sich also besonders stark bemerkbar.

---

1) Für nicht-metrische Merkmale existiert "keine befriedigende Begründung der dimensionsreduzierenden Verfahren" (SKARABIS, 1970, S. 58). Im Bereich der Psychologie und der Psychiatrie ist man im Hinblick auf die Einsatzmöglichkeit dimensionsreduzierender Verfahren bei Vorliegen von Alternativmerkmalen oft wenig penibel (vgl. z.B. die Arbeiten von BOCHNIK und Mitarbeitern, 1964, 1965). Ein klassisches Beispiel für die Fehlanwendung und -interpretation eines solchen Verfahrens lieferte MILLER (1966) in seiner sehr aufwendigen "Study into the causes of 1965-66 traffic deaths in Jacksonville, Florida". MILLER berechnete unter anderem arithmetische Mittelwerte und Varianzen aus Merkmalen, wie z.B. "Race and sex of driver causing accident (0=white male, 1=negro male, 2=white female, 3=negro female)"; im Durchschnitt war der den Unfall Versursachende ein männlicher Neger ($\bar{x} = 1.0$)!

In den seltensten Fällen kann die Datenstruktur in exakt $p < m$ Dimensionen dargestellt werden. Das ist nur dann möglich, wenn die Varianzen in den verbleibenden m-p Dimensionen gleich Null sind. In allen anderen Fällen entfallen auf die m-p restlichen Dimensionen wenn auch noch so geringe Varianzanteile. Diese bei der Merkmalsreduktion vernachlässigten Informationen können für die Klassenbildung von Bedeutung sein, denn dies bedeutet, daß das Hyperellipsoid, welches die Punktgruppen (Klassen) enthält, auch in den m-p Dimensionen noch Ausdehnung hat, die durchaus einen Beitrag zur Trennung von Klassen leisten können. Durch die Projektion der Punkte in einen niedriger dimensionierten Raum werden die relativen Positionen der Punkte und damit auch die Abstände zwischen den Punkten verändert (vgl. z.B. ORLOCI, 1966; JOHNSON, 1970). Die Auswirkungen, die sich aus der Dimensionsreduktion für die Klassenbildung ergeben, sind unüberschaubar, insbesondere dann, wenn die reduzierten Hauptkomponenten standardisiert, d.h. die Merkmalskorrelationen ausgeschaltet werden. Aus diesem Grunde ist eine Merkmalsreduktion mittels der Hauptkomponentenanalyse als Vorstufe der Klassifikation abzulehnen oder zumindest nur mit größter Vorsicht anzuwenden. Wenn die Punkthaufen "wohlsepariert" sind, kann eine Merkmalsreduktion von Vorteil sein, nur ist diese Information vor Beginn einer Klassifikation meist nicht gegeben.

Wird die Hauptkomponentenanalyse dagegen nur zur Elimination von Merkmalskorrelationen eingesetzt, haben Merkmalsraum und Hauptkomponentenraum m Dimensionen.

Sind die Klassifikationsmerkmale wechselseitig korreliert und werden zwischen den Punkten des Merkmalsraumes euklidische Abstände berechnet, so erhalten Merkmalskategorien mit höheren Korrelationen ein höheres Gewicht als solche mit niedrigeren Korrelationen. Bei der Bestimmung des Grades der Unähnlichkeit von Objekten und/oder Klassen wird die bereits erwähnte "interne Gewichtung" der Merkmale wirksam.

Gelegentlich wird argumentiert, es sei zweckmäßig, diese interne Gewichtung durch die Berechnung euklidischer Abstände aus den standardisierten Hauptkomponentenwerten auszuschalten.[1] Der Argumentation liegt - meist implizit - die Vorstellung zugrunde, daß sich die Punkthaufen (Klassen) besser trennen lassen, wenn die Merkmalskorrelationen eliminiert sind.

Grundlage der Hauptachsentransformation ist die Korrelationsmatrix für den gesamten Datensatz. Durch die Hauptachsentransformation mit anschließender Standardisierung der Hauptkomponenten werden zwar die Korrelationen im gesamten Datensatz, nicht aber, was für die Trennung der gesuchten Punkthaufen von Vorteil wäre, die in den Klassen eliminiert, denn in der Gesamtheit nicht oder nur schwach korrelierte Merkmale können innerhalb der Klassen hoch korreliert sein und umgekehrt. Auch können die Merkmalskorrelationen von Klasse zu Klasse beträchtlich variieren, und zwar sowohl in ihrer Richtung als auch in ihrer Stärke.

Die Streckung bzw. Stauchung der Maßstäbe im neuen Koordinatensystem bewirkt, daß sich die Form der Punkthaufen und der Abstand zwischen ihnen in einem nicht übersehbaren Maße ändert, daß die ursprüngliche Ähnlichkeitsstruktur verzerrt wird. Diese Verzerrung kann die Klassenbildung dann positiv beeinflussen, wenn die Korrelationsmatrizen für die einzelnen Klassen einander und der Korrelationsmatrix für den gesamten Datensatz gleich sind, weil in diesem Falle durch die Hauptachsentransformation mit Standardisierung sowohl die Korrelationen in der Gesamtheit als auch die in den Klassen ausgeschaltet werden. Dieser Fall ist praktisch jedoch so gut wie ausgeschlossen. Wenn die - a priori nicht überprüfbare - Voraussetzung gleicher Korrelationsmatrizen nicht erfüllt ist, kann die Verzerrung der ursprünglichen Ähnlichkeitsstruktur die Klassenbildung sehr negativ beeinflussen.

---

1) Der euklidische Abstand berechnet aus standardisierten Hauptkomponentenwerten ist gleich dem MAHALANOBIS-Abstand (vgl. Kap. 2311 und 2321) berechnet aus den ursprünglichen Merkmalswerten, nur ist ersterer rechentechnisch wesentlich leichter zu bestimmen.

Experimente haben gezeigt, daß Klassifikationsergebnisse erheblich voneinander abweichen können, wenn der Klassenbildung ceteris paribus einmal die ursprünglichen Merkmale und ein anderes mal standardisierte Hauptkomponenten zugrunde gelegt werden. In einzelnen Fällen, in denen ein Vergleich mit "Standardklassen" möglich war, z.B. bei der Klassifikation der "Iris-Daten" (FISHER, 1936), zeigte es sich, daß eine Klassifikation mit standardisierten Hauptkomponentenwerten erheblich mehr "Fehlklassifikationen" lieferte als eine Klassifikation mit den ursprünglichen Merkmalen (ceteris paribus). Das ist nach den obigen Überlegungen auch nicht verwunderlich. Existieren im Datensatz wohlseparierte Klassen, so werden diese durchweg gefunden, unabhängig davon ob Hauptkomponenten oder ursprüngliche Klassifikationsmerkmale verwendet werden.[1)]

Die an eine Klassifikation sich anschließende Klassendiagnose wird in aller Regel anhand der ursprünglichen und nicht der fiktiven Merkmale durchgeführt, also anhand von Merkmalen, die der eigentlichen Klassenbildung nicht zugrunde gelegt wurden. Daraus können sich erhebliche Interpretationsschwierigkeiten ergeben. Auch das ist zu berücksichtigen, wenn eine Entscheidung für oder gegen eine Hauptkomponentenanalyse als Vorstufe der Klassifikation zu treffen ist.

Die vorangegangenen Ausführungen zeigen, daß es kaum zu empfehlen ist, auf der Grundlage von Hauptkomponenten Klassen zu bilden. Im allgemeinen ist es zweckmäßig, die interne Gewichtung der Klassifikationsmerkmale zu erhalten und lediglich einzelne Merkmale, die mit anderen Merkmalen dem Betrag nach "hoch" korreliert sind, von der Klassenbildung auszuschließen. Im Falle binärer Merkmale gibt es keine praktikablen Alternativen.

Die sehr weitreichende und mit Vehemenz geführte Diskussion um die Frage einer zusätzlichen "externen" Gewichtung von Klassifikationsmerkmalen scheint im wesentlichen abgeschlossen zu sein. Überwiegend

---

1) ROHLF (1967) kommt in einer Untersuchung über "Correlated Characters in Numerical Taxonomy" zu dem Ergebnis: "the only effect of using correlated characters appeared to be that it caused the phenetic clusters to appear very elongated" (S. 125).

wird die Ansicht vertreten (und auch praktiziert), daß Klassifikationsmerkmale ein gleiches Gewicht haben sollten. In einem gewissen Sinne ist auch eine Annäherung der Standpunkte von Befürwortern und Gegnern einer Gewichtung zu beobachten.[1)]

Ausgangspunkt der Diskussion war die Forderung, daß alle Klassifikationsmerkmale bei der Berechnung von Ähnlichkeiten bzw. Unähnlichkeiten von gleichem Wert und gleicher Bedeutung sein müssen. Diese Forderung, die auf den französichen Botaniker ADANSON (1763) zurückgeführt wird (ADANSON's Prinzip), wurde in der ersten Zeit vor allem von SNEATH, SOKAL und MICHENER erhoben.

Die Gleichgewichtung wurde ursprünglich überwiegend im Rahmen der Klassifikation biologischer Phänomene erörtert. Sie ist jedoch keineswegs nur für diesen Bereich von Bedeutung. Für eine gleiche (externe) Gewichtung der Klassifikationsmerkmale sprechen vor allem folgende Gründe. Wesentliche Grundlagen der Klassifikation sind Maße der Ähnlichkeit bzw. Unähnlichkeit zwischen Objekten. Mit diesen Maßen wird im allgemeinen versucht, die "totale" Ähnlichkeit (overall similarity) bzw. Unähnlichkeit zu erfassen und zu quantifizieren. Sind die Klassifikationsmerkmale im Hinblick auf das jeweilige Ziel sorgfältig ausgewählt, genügend zahlreich und von gleichem Gewicht - werden also alle partiellen Ähnlichkeiten gleichermaßen berücksichtigt -, so ist es zulässig anzunehmen, daß ein sinnvoll gewähltes Maß ein verläßlicher "Schätzwert" ist für die "wahre" Ähnlichkeit bzw. Unähnlichkeit, deren Quantifizierung unmöglich ist, weil diese nur aufgrund einer unerfaßbar großen, nahezu unendlichen Anzahl von Merkmalen

---

1) Fragen der externen Gewichtung sind in zahlreichen Publikationen erörtert worden, von denen hier nur eine Auswahl vorgestellt werden kann: MICHENER/SOKAL (1957), SNEATH (1957a, 1961, 1962a, 1967, 1969a, b), SOKAL (1960, 1966), CAIN/HARRISON (1960), SNEATH/SOKAL (1962), BEERS/LOCKHART (1962), SOKAL/SNEATH (1963), LAMBERT/DALE (1964), WILLIAMS/DALE (1965), BOYCE (1965), NEEDHAM (1965b), WATSON/WILLIAMS/LANCE (1966), CARVELL/SVARTVIK (1969), GOWER (1969b), IHM/TRAUTNER/WOLF (1971). Siehe zur ungleichen Gewichtung auch die Veröffentlichungen von PROCTOR und KENDRICK sowie für ein spezielles (monothetisches) Klassifikationsverfahren WILLIAMS/DALE/MACNAUGHTON-SMITH (1964). Vgl. auch CATTELL/COULTER (1966) und MORRISON (1967).

bestimmt werden kann. Die "eingebaute" interne Gewichtung bewirkt (über die Merkmalskorrelationen), daß Merkmalskategorien, die für die "wahre" Ähnlichkeit bzw. Unähnlichkeit von größerer Bedeutung sind, auch stärker gewichtet werden, als Merkmale, die über die Klassen mehr zufällig variieren.[1] In soweit, wie diese Überlegungen im Einzelfall zutreffen, gibt es keinen Grund für eine zusätzliche externe Gewichtung. Treffen sie nicht zu, wäre ein Anlaß für eine Gewichtung gegeben. Nur, wie sollten die Gewichte fixiert werden? Für eine a priori-Gewichtung fehlt ein auch nur annähernd objektives Kriterium für die Festlegung der Gewichte. Ob ein Klassifikationsmerkmal für die Bildung von Klassen von größerer oder geringerer Bedeutung ist, zeigt sich im allgemeinen erst nach der Klassifikation, nämlich bei der Klassendiagnose.

Gelegentlich wird behauptet (vgl. z.B. MORRISON, 1967 und GARDIN, 1965), daß es in bestimmten Fällen Merkmale gibt, die offensichtlich für eine Klassifikation von wesentlich größerer Bedeutung sind als alle anderen Merkmale, und daß diese Merkmale auch ein ihrer Bedeutung entsprechendes größeres Gewicht bekommen müssen. Dagegen ist folgendes einzuwenden. Die "offensichtlich größere Bedeutung" eines Merkmals beruht entweder auf einer höchst subjektiven (auch intuitiven) und kaum überprüfbaren Entscheidung oder setzt Vorkenntnisse über die - a priori unbekannten - zu bildenden Klassen voraus. Wenn einem Klassifikationsmerkmal eine größere Bedeutung zukommt, dann deswegen, weil es mit vielen anderen Merkmalen korreliert ist, und dieser Tatbestand wird von der internen Gewichtung erfaßt. Sind Vorkenntnisse über die Eigenschaften der Klassen vorhanden, was immer impliziert, daß das, was man sucht, schon irgendwie bekannt ist, dann kann auch in den meisten Fällen das für die Klassenbildung als entscheidend angesehene Merkmal allein zur Klassifikation verwendet werden, und sei es nur für eine "Vor-Klassifikation". Im übrigen, würde dies alles

1) In gewisser Weise liegt diesen Überlegungen eine "Konvergenzidee" zugrunde. Bei zunehmender Zahl von Klassifikationsmerkmalen "konvergiert" das berechnete Ähnlichkeitsmaß gegen das "theoretisch-wahre" Ähnlichkeitsmaß. Daraus wird in der Regel abgeleitet, daß sich die Berechnung verläßlicher Ähnlichkeitsmaße auf eine möglichst große Anzahl von Klassifikationsmerkmalen, möglichst mehr als 40, 50 oder 60 (vgl. z.B. MICHENER/SOKAL, 1957; SNEATH/SOKAL, 1962 und SOKAL/SNEATH, 1963), zu stützen haben.

nicht zutreffend sein, muß eine externe Gewichtung an der subjektiven Fixierung der zu verwendenden Gewichte scheitern. Eine wie auch immer geartete Gewichtung würde einen Teil der eigentlichen Klassenbildung vorwegnehmen und das gewiß nicht hohe Maß an Objektivität, das eine Klassifikation beanspruchen kann, zerstören.

Verschiedentlich wird - vor allem im Zusammenhang mit klassifikatorischen Merkmalen - die Frage diskutiert, ob es nicht zweckmäßig sei, zwei Objekten, die beide eine "seltene" Merkmalsausprägung besitzen, dafür eine größere Ähnlichkeit zuzuordnen als zwei Objekten, die beide die (andere) häufig beobachtete Merkmalsausprägung haben. SMIRNOV (1960), HALL (1965), GOODALL (1966c, 1966e) und SKARABIS (1970) vertreten die Ansicht, daß Übereinstimmungen bei "seltenen Ereignissen" gewichtiger seien und bei der Berechnung von Ähnlichkeitsmaßen einen ihrer Seltenheit entsprechenden höheren Gewichtsanteil bekommen müßten. Dem ist entgegenzuhalten, daß es nicht einsichtig ist, zwei Objekte, die beide eine seltene Ausprägung besitzen, sich aber im Hinblick auf die weniger seltenen Ausprägungen von z.B. zehn anderen Merkmalen unterscheiden, als ähnlicher anzusehen als zwei Objekte, die beide diese zehn Merkmalsausprägungen besitzen (oder nicht besitzen), in Bezug auf das Merkmal mit der seltenen Ausprägung aber differieren. Hinzu kommt, darauf weisen SOKAL/SNEATH (1963, S. 139) hin, daß auch solche Fälle von der "internen Gewichtung" erfaßt werden.

Die Auswahl der Klassifikationsmerkmale, das haben die vorangegangenen Ausführungen gezeigt, ist "a highly subjective, crucial element of the clustering process" (WALLACE, 1968, S. 520). Da bewußte Manipulationen und unbewußte Verfälschungen des zu klassifizierenden Datensatzes gerade auf dieser Stufe der Klassifikationsprozedur ganz entscheidende Auswirkungen auf die Klassifikationsergebnisse haben, ist es notwendig, für die Beurteilung und Diagnose von Ergebnissen alle Unterlagen bereitzustellen, und zwar nicht nur eine Liste der Klassifikationsmerkmale, sondern auch Informationen über Merkmalstypen und Merkmalsaufbereitung (vgl. z.B. SCHÄFFER, 1972, Abschnitt 32 und S. 42/3). In vielen Fällen kann auch eine beigefügte Korrelationsmatrix die Beurteilung erleichtern.

Da die Merkmalsaufbereitung vor Beginn einer Klassifikation von Fall zu Fall unterschiedliche Probleme mit sich bringt, sollen abschliessend mehr als Beispiele nur einige wenige Fragen dazu erörtert werden. Auf Probleme, die mit einer Standardisierung metrischer Merkmale verbunden sind, wurde schon einleitend hingewiesen (vgl. Kap. 12).

Gelegentlich sind Objekte zu klassifizieren, deren vorgegebene Klassifikationsmerkmale ganz oder zum Teil von einem gemeinsamen Faktor, beispielsweise von der "Größe" der Objekte, abhängen. Soll das Klassifikationsergebnis nicht in erster Linie von diesem Faktor determiniert werden, und ist es nicht möglich oder nicht zweckmäßig, diesen Faktor durch die Wahl eines geeigneten Ähnlichkeits- bzw. Unähnlichkeitsmaßes auszuschalten, kann das Übergewicht eines solchen Faktors durch eine Relativierung bestimmter metrischer Merkmale reduziert werden (vgl. z.B. SCHÄFFER, 1972, S. 33).

Bei binären Merkmalen kann es vorkommen, daß bei einer Reihe von Merkmalen die mit "1" kodierte Ausprägung relativ selten, z.B. nur mit einem Anteil von $p \leq 0{,}05$, vorkommt. Solche Merkmale haben einen in Bezug auf die Klassenbildung nur geringen Informationsgehalt und tragen zur Separation von Klassen oft nur wenig bei.[1] Außerdem sind Anteilswerte dieser Größenordnung, wenn die zu klassifizierenden Objekte eine Stichprobe aus einer übergeordneten Gesamtheit darstellen, auch bei einem für die Klassifikation relativ großen Stichprobenumfang mit einem erheblichen Zufallsfehler behaftet, so daß zumindest die Gefahr besteht, daß der Gesamtheit über die Stichprobe eine Ähnlichkeitsstruktur aufoktroyiert wird, die sie nicht besitzt. Schließlich können Merkmale dieser Art die Klassendiagnose beeinträchtigen. Um die Gefahr von Fehlinterpretationen zu vermeiden, scheint es zweckmäßig zu sein (das hat sich auch in einer Reihe von Experimenten gezeigt), Klassifikationsmerkmale mit einer relativen Häufigkeit von $p \leq 0{,}05$ aus der Untersuchung auszuschließen.

---

1) Das gilt vor allem für die hier interessierende "polythetische" Klassifikation (vgl. Kap. 241).
Es ist auch zu berücksichtigen, daß die Klassifikationsverfahren selbst häufig nicht allzu "trennscharf" sind, was zum Teil darauf zurückzuführen ist, daß die Informationen über die m Klassifikationsmerkmale in einem Ähnlichkeits- bzw. Unähnlichkeitsmaß zusammengefaßt werden, wodurch wesentliche Informationen verloren gehen.

Sind die Klassifikationsmerkmale vorgegeben, so setzen sich diese oft aus Merkmalen unterschiedlichen Typs, aus klassifikatorischen Merkmalen mit zwei und mehr Ausprägungen, aus metrischen Merkmalen und komparativen Merkmalen zusammen. Da Klassifikationsverfahren für "mixed-data" nur wenig befriedigen, müssen die Merkmale in geeigneter Weise aufbereitet werden. Ist die Anzahl der metrischen Merkmale hinreichend groß und sind die metrischen Merkmale zahlreicher als Merkmale anderen Typs, so kann allein aufgrund der metrischen Merkmale klassifiziert werden. Die Verwendung nicht-metrischer Merkmale in einem auf metrische Merkmale abgestellten Klassifikationsverfahren (das durchweg Abstände als Maße der Unähnlichkeit verwendet) erscheint wenig sinnvoll. Die Informationen, die dadurch nicht genutzt werden, können bei der Klassendiagnose wertvolle Hinweise liefern. Sind die metrischen und komparativen Merkmale in einem solchen Falle weniger zahlreich, kann es für die Klassifikation sehr vorteilhaft sein, wenn alle nicht-binären Merkmale dichotomisiert werden, denn dadurch können die Informationen, die diese Merkmale liefern, wenigstens teilweise genutzt werden, und es resultiert keine Gewichtsverlagerung zwischen den Merkmalen. Ist beispielsweise eine Hälfte der Merkmale metrisch und die andere Hälfte binär, gibt es verschiedene Möglichkeiten. Es kann nur mit den metrischen Merkmalen, nur mit den ursprünglichen binären Merkmalen oder aber mit allen Merkmalen klassifiziert werden, wenn die metrischen Merkmale in geeigneter Weise dichotomisiert werden. Die Klassifikationsergebnisse können sich natürlich erheblich voneinander unterscheiden. In Anbetracht der Tatsache, daß im letzten Falle die verfügbaren Informationen am besten ausgenützt werden, ist diese Möglichkeit den anderen vorzuziehen.

Es ist kaum möglich und auch nicht sinnvoll, alle Probleme, die mit der Transformation von nicht-binären in binäre Merkmale entstehen, auch nur kurz zu skizzieren. In der Klassifikationsliteratur sind Fragen der Merkmalstransformation und Kodierung recht ausführlich diskutiert worden.[1)] Erörterungen dieser Fragen sind jedoch oft sehr sachbezogen,

1) Vgl. SNEATH (1957b), SOKAL/SNEATH (1963), BEERS/LOCKHART (1962), BEERS/FISHER/MEGRAW/LOCKHART (1962), KENDRICK/PROCTOR (1964), PROCTOR (1966), HODSON/SNEATH/DORAN (1966), COLLESS (1967), BONHAM-CARTER (1967), WISHART (1969d) und andere.

und die Lösungsvorschläge können in vielen Fällen nicht auf andere Sachfragen übertragen werden.

Um wenigstens aufzuzeigen, von welcher Art die bei einer Transformation von Klassifikationsmerkmalen entstehenden Probleme sind, welche Lösungsvorschläge diskutiert werden und welche Vor- und Nachteile mit diesen verbunden sind, soll das folgende Beispiel dienen. In einer statistischen Erhebung (des HUK-Verbandes) über schwere Strassenverkehrsunfälle wurde eine große Zahl von Merkmalen erfaßt, die überwiegend mit dem Unfallgeschehen in direktem Zusammenhang standen (vgl. Anhang). Der weitaus größte Teil der Merkmale war vom Typ binär. Für eine Klassifikation der Unfälle müssen einige Merkmale in binäre Merkmale transformiert werden; unter anderem auch das Merkmal "Geschwindigkeit des am Unfall beteiligten Kraftfahrzeugs". Die Geschwindigkeit ist zwar ein metrisches Merkmal, die Ausprägungen wurden aber wegen Schwierigkeiten der Erfassung nur gruppiert ausgewiesen, und zwar in folgenden Gruppen: (1) Fahrzeug stand (0 km/h), (2) unter 25 km/h, (3) 25 km/h bis unter 50 km/h, (4) 50 km/h bis unter 80 km/h, (5) 80 km/h bis unter 100 km/h und (6) 100 km/h und mehr. Als Klassifikationsmerkmal steht also nur ein semimetrisches Merkmal mit 6 Ausprägungen zur Verfügung.

Für eine Transformation derartiger Merkmale gibt es folgende Möglichkeiten: 1. Dichotomisieren, 2. Aufspalten in selbständige binäre Merkmale und 3. das sogenannte "additive coding" (vgl. SOKAL/SNEATH, 1963, S. 76 f., KENDRICK/PROCTOR, 1964, S. 69 f. u.a.).

Zu 1. Dichotomisieren

In diesem Fall ist es zweckmäßig, als Schnittstelle für das Dichotomisieren 50 km/h zu wählen und die Ausprägungen (1) bis (3) mit "0", die Ausprägungen (4) bis (6) mit "1" zu verschlüsseln. Damit tritt an die Stelle eines semimetrischen Merkmals ein binäres Merkmal, dessen Ausprägungen etwa "langsam" und "schnell" genannt werden können. Diese Transformation hat den Vorteil, daß sie keine Gewichtsverlagerung zwischen den Klassifikationsmerkmalen verursacht und daß keine ungewünschten Abhängigkeiten entstehen. Sie hat den Nachteil, daß die Größe von Differenzen vernachlässigt werden, daß sie also einen erheblichen Informationsverlust bedingt. Im übrigen ist diese Transformation unproblematisch.

Zu 2. Aufspalten in selbständige binäre Merkmale

Bei dieser Art der Transformation treten an die Stelle eines semimetrischen Merkmals 6 binäre Merkmale:

(1) "0 km/h" , ja = 1 / nein = 0
(2) "< 25 km/h" , ja = 1 / nein = 0
(3) "25 - 50 km/h" , ja = 1 / nein = 0 usw.

Dadurch werden zwar die Informationen über die Höhe der Geschwindigkeit und die Größe von Geschwindigkeitsdifferenzen erhalten, doch nimmt das Gewicht des (einen) Merkmals Geschwindigkeit der Anzahl binärer Merkmale entsprechend zu. Die Geschwindigkeit hat nun das 6-fache Gewicht. Hinzu kommt, daß diese binären Merkmale voneinander abhängig sind, denn ist für ein Fahrzeug beim Merkmal (1) "0 km/h" die Ausprägung "1" beobachtet worden, so haben die restlichen 5 Merkmale die Ausprägung "0".

Wird der Grad der Ähnlichkeit zwischen zwei Unfällen so bestimmt, daß die Anzahl der positiven (1,1) und negativen (0,0) Übereinstimmungen an der Anzahl der Merkmale m gemessen wird, so ergibt sich, daß ein Unfall, der bei einer Geschwindigkeit von < 25 km/h eintrat, in Bezug auf dieses Merkmal einem Unfall mit einer Geschwindigkeit von > 100 km/h genau so ähnlich oder unähnlich ist, wie einem Unfall, der bei einer Geschwindigkeit von 25 - 50 km/h geschah. Wie Tabelle 1 zeigt, ist der Beitrag, den die sechs binären Merkmale zum Wert des Ähnlichkeitsmaßes leisten, entweder 4 (4 mal die Kombination 0,0) oder 6 (für das Unfallpaar III, IV). Es gibt also keine Zwischenstufen.

Tabelle 1

Geschwindigkeit	Unfälle I	II	III	IV	V	VI
0 km/h (1)	1	0	0	0	0	0
bis unter 25 km/h (2)	0	1	0	0	0	0
25 bis unter 50 km/h (3)	0	0	0	0	0	0
50 bis unter 80 km/h (4)	0	0	1	1	0	0
80 bis unter 100 km/h (5)	0	0	0	0	1	0
100 km/h und mehr (6)	0	0	0	0	0	1

Zu 3. "Additive coding"

Unter "additive coding" werden Transformationen der folgenden Art verstanden:

Tabelle 2

Geschwindigkeit	binäre Merkmale 1^+	2^+	3^+	4^+	5^+
0 km/h (1)	0	0	0	0	0
bis unter 25 km/h (2)	1	0	0	0	0
25 bis unter 50 km/h (3)	1	1	0	0	0
50 bis unter 80 km/h (4)	1	1	1	0	0
80 bis unter 100 km/h (5)	1	1	1	1	0
100 km/h und mehr (6)	1	1	1	1	1

Die fünf binären Merkmale haben die Bedeutung > 0 km/h (1^+), > 25 km/h (2^+), > 50 km/h (3^+) usw. Das Merkmal Geschwindigkeit mit 6 Ausprägungen wird also in 5 selbständige binäre Merkmale transformiert. Tabelle 1 hat nun folgendes Aussehen:

Tabelle 3

Geschwindigkeit	Unfälle I	II	III	IV	V	VI
> 0 km/h (1^+)	0	1	1	1	1	1
> 25 km/h (2^+)	0	0	1	1	1	1
> 50 km/h (3^+)	0	0	1	1	1	1
> 80 km/h (4^+)	0	0	0	0	1	1
> 100 km/h (5^+)	0	0	0	0	0	1

Der zahlenmäßige Beitrag, den diese 5 binären Merkmale zum Ähnlichkeitsmaß leisten, schwankt zwischen 0 (I, VI) und 5 (III, IV). Es gibt also Zwischenstufen. Der Unfall II (unter 25 km/h) ist den Unfällen III und IV (50 bis unter 80 km/h) mit 3 Übereinstimmungen ähnlicher als dem Unfall VI (über 100 km/h) mit nur einer Übereinstimmung. Mithin bleiben Informationen über die Größe von Geschwindigkeitsdifferenzen erhalten und gehen auch in die Berechnung des Ähnlichkeitsmaßes ein. Das ist zweifellos ein nicht zu unterschätzender Vorteil dieser Merkmalstransformation.

Es kann aber von großem Nachteil sein, daß auch hier das Gewicht des betrachteten Merkmals erheblich zunimmt. Ein semimetrisches Merkmal mit p Ausprägungen erhält das (p-1)-fache Gewicht. Das mag auf den ersten Blick wünschenswert erscheinen, weil bei der Beurteilung von Unfällen "a priori" dem Merkmal Geschwindigkeit eine ganz entscheidende Bedeutung zuerkannt wird. Ob es aber sinnvoll ist, diese (subjektive) Bedeutung an der Anzahl der beobachtbaren "Ausprägungen" zu messen, ist sehr fraglich.

Wenn in diesem Beispiel die Geschwindigkeit in den Gruppen: 0 km/h, unter 5 km/h, 5 bis unter 10 km/h, 10 bis unter 15 km/h usf. erfaßt worden wäre, würde bei dieser Transformation die Geschwindigkeit ein Gewicht von 20 (!) erhalten. Das Merkmal Geschwindigkeit würde also 20 andere binäre Merkmale aufwiegen. Wird berücksichtigt, daß bei einer solchen - durch die Transformation bewirkten - subjektiven Gewichtung die übrigen für das Entstehen eines Straßenverkehrsunfalles ebenfalls bedeutsamen Merkmale relativ an Bedeutung verlieren, so wird unmittelbar deutlich, daß nicht mehr die "totale" Ähnlichkeit, sondern einseitig partielle Ähnlichkeiten erfaßt werden. Werden nun noch für das Merkmal "Alkohol" die Gruppen: 0 ^{o}/oo, 0 bis unter 0,5 ^{o}/oo, 0,5 bis unter 1,0^{o}/oo usw. eingeführt und in der angegebenen Weise transformiert, so sind Geschwindigkeit und Alkohol die für die Klassenbildung entscheidenden Ursachen. Die restlichen Unfallmerkmale haben einen zu vernachlässigenden geringen Einfluß.[1)]

Allein wegen der mit dieser (und auch mit der unter 2. diskutierten) Transformation verbundenen Gewichtsverlagerung, die mit der Anzahl der Ausprägungen von zu transformierenden Merkmalen variiert und die auch von der

1) Die vorangegangenen Überlegungen zur Gewichtsverlagerung gelten natürlich in gleicher Weise für die unter 2. erörterte Transformation.

Anzahl aller Klassifikationsmerkmale abhängt, ist diese (wie auch die unter 2. genannte) Transformation kaum zu empfehlen. Die entstehenden Nachteile werden von dem Vorteil bei der Messung des Grades der Ähnlichkeit wohl nicht aufgewogen. Es kommt hinzu, daß die neuen binären Merkmale in einer besonderen Weise voneinander abhängig (und redundant) sind. Hat das Merkmale 5^+ die Ausprägung 1, so haben gleichzeitig auch die Merkmale 4^+, 3^+, 2^+ und 1^+ die Ausprägung 1. Ein Unfall, der bei einer Geschwindigkeit von > 100 km/h eintrat, geschah natürlich auch bei einer Geschwindigkeit von > 50 km/h usw.

Von den erörterten Transformationen ist die erste (einfaches Dichotomisieren) die "sympathischste Lösung", obwohl damit ein erheblicher Informationsverlust verbunden ist. Der wesentliche Nachteil der beiden anderen Transformationsarten liegt in der (u.U. extremen) Gewichtsverlagerung zwischen den Klassifikationsmerkmalen.

In der Literatur zur Klassifikation werden noch andere - nicht minder problematische - Transformationsarten genannt (vgl. z.B. das "nonadditive coding" bei SOKAL/SNEATH, 1963, S. 77 f. und die diversen Vorschläge von WISHART, 1969d, S. 3 ff.). Im Hinblick auf die Ähnlichkeitsmessung und die Verfahren der Klassenbildung bringt es im allgemeinen die geringsten Schwierigkeiten, wenn in solchen Fällen in der Richtung des niedrigsten Informationsgehaltes - also in binäre Merkmale - transformiert wird.

Abschließend möchte ich noch kurz auf das Problem fehlender Daten eingehen. Es kann vorkommen, daß für das eine oder andere Objekt die Ausprägungen eines oder mehrerer Merkmale fehlen. Die meisten Klassifikationsprogramme "lösen" dieses Problem, indem sie es ignorieren. Es wird so verfahren, als gäbe es keine fehlenden Daten (so auch das Programmpaket CLUSTAN IA von WISHART, 1970a[1] und das Programm von MCRAE, 1970). Gelegentlich besteht (vgl. S. 86, Anm. 1) die Möglichkeit, eine fehlende Merkmalsausprägung mit "NC" zu kodieren und Merkmalspaare mit einem oder zwei "NC's" aus der Berechnung des Ähnlichkeitsmaßes auszuschließen (vgl. z.B. SOKAL/SNEATH, 1963, S. 162 ff. und PROCTOR, 1966). Andere Möglichkeiten bestehen darin ent-

1) In einer Beilage zum USER MANUAL CLUSTAN IA gibt WISHART (1970b) jedoch Programmhinweise für die Behandlung fehlender Daten, allerdings nur für binäre Merkmale.

weder die Merkmale mit fehlenden Ausprägungen ganz zu eliminieren oder aber (bei metrischen Merkmalen) fehlende Ausprägungen durch das entsprechende arithmetische Mittel zu ersetzen.[1)]

23 KLASSIFIKATIONSMASSE

231 Ähnlichkeits- und Unähnlichkeitsmaße für Einheiten

Die gesuchten (in der Regel natürlichen, polythetischen[2)]) Klassen sollen möglichst homogen sein, das heißt von Einheiten (Objekten) gebildet werden, die einander in einem möglichst großen Maße "ähnlich" oder "gleichartig" oder "verwandt" sind. Gleichzeitig sollen die Klassen selbst einander so unähnlich wie möglich sein. Diese Forderungen setzen voraus, daß es möglich ist, den Grad der Ähnlichkeit (similarity[3)]) zwischen Einheiten zu messen.[4)]

Eine Quantifizierung des Grades der Ähnlichkeit ist nur möglich in Bezug auf die gewählten Klassifikationsmerkmale, die ihrerseits vom Ziel oder Zweck der Klassifikation abhängen. Nur insoweit,wie die Klassifikationsmerkmale die für das jeweilige Ziel relevanten Eigenschaften der zu klassifizierenden Objekte beschreiben, kann der Grad der Ähnlichkeit zwischen Objekten bestimmt werden. Eine Messung des Ähnlichkeitsgrades setzt auch voraus, daß der etwas vage Begriff "Ähnlichkeit" präzisiert wird. Im allgemeinen ist Ähnlichkeit gleichbedeutend mit "totaler" Ähnlichkeit (overall similarity); doch wird gelegentlich Ähnlichkeit auch im Sinne von "partieller" Ähnlichkeit verwendet, beispielsweise dann, wenn nur bestimmte Komponenten oder Aspekte der

---

1) Vgl. auch WARWICK (1971) und die dort angegebene Literatur.

2) Vgl. Kap. 241.

3) Synonym zu similarity werden auch die Begriffe resemblance, affinity, closeness und homology verwandt.

4) Daß der Grad der Ähnlichkeit zwischen Einheiten gemessen werden kann, ist neben der Annahme, daß in einem gegebenen Datensatz "Systeme von Ähnlichkeiten" (Klassen) existieren, welche durch geeignete Verfahren aufgespürt werden können, die zweite fundamentale Annahme jeder Klassifikation.

totalen Ähnlichkeit, beispielsweise nur die Größe oder nur die Gestalt der Objekte, von Interesse sind (vgl. z.B. die Ausführungen von PENROSE, 1954, über "shape-" und "size-components" einer Distanz; siehe auch SNEATH, 1968a). Mit dem Gegensatzpaar "totale - partielle" Ähnlichkeit wird nur ein Rahmen abgesteckt für den Inhalt und den Umfang des Begriffs "Ähnlichkeit". Innerhalb dieses Rahmens wird das, was im Einzelfall unter totaler bzw. partieller Ähnlichkeit verstanden wird, durch die Wahl eines Maßes der Ähnlichkeit (oder Unähnlichkeit) fixiert.

Bei der Berechnung von Ähnlichkeits- und Unähnlichkeitsmaßen für Paare von Objekten werden merkmalsweise die Ausprägungen der Merkmale bei je zwei Objekten verglichen und Übereinstimmungen bzw. Unterschiede zu einer einzigen Zahl, dem Grad der Ähnlichkeit- bzw. Unähnlichkeit, zusammengefaßt. Mit der Berechnung solcher Maße ist ein erheblicher Informationsverlust verbunden, da z.B. die Unähnlichkeit zwischen zwei Objekten in Bezug auf das Merkmal i aufgewogen werden kann durch die Ähnlichkeit in Bezug auf das Merkmal k. Zwei Objektpaare AB und CD können sich trotz gleicher Werte eines Ähnlichkeitsmaßes erheblich voneinander unterscheiden: A und B können z.B. nur im Hinblick auf die erste Hälfte der Klassifikationsmerkmale einander ähnlich sein, während C und D nur im Hinblick auf die zweite Hälfte der Merkmale einander ähnlich sein können.

Die Wahl eines der vielen Ähnlichkeits- und Unähnlichkeitsmaße wäre unproblematisch, wenn es möglich wäre, die Rangordnung der Ähnlichkeits- bzw. Unähnlichkeitsbeziehungen beim Übergang von einem zu einem anderen Maß zu erhalten (vgl. WILLIAMS/DALE, 1965, und SOKAL, 1967). Das ist aber - von Ausnahmen abgesehen - nicht der Fall.[1] Daher ist es notwendig zu entscheiden, welches der Maße die im Datensatz als vorhanden vorausgesetzte Ähnlichkeitsstruktur am besten zu erfassen vermag. Diese Entscheidung setzt eine Annahme über die Art der Ähnlichkeitsstruktur voraus (vgl. z.B. HARTIGAN, 1967) und Kenntnisse über die Eigenschaften der zu verwendenden Maße.

---

1) Bei einer Reihe von metrischen Maßen, z.B. der euklidischen Distanz (vgl. Kap. 2311) kann die Rangordnung der Abstände schon durch eine Standardisierung der Merkmalswerte zerstört werden.

Die Wahl eines der jeweiligen Problemstellung adäquaten Ähnlichkeits- bzw. Unähnlichkeitsmaßes wird in erster Linie vom Merkmalstyp determiniert. Hier soll vorausgesetzt werden, daß die Klassifikationsmerkmale nur von einem Typ sind, und zwar entweder metrisch oder binär. Die Wahl wird ferner bestimmt durch die spezielle Vorstellung des jeweiligen Forschers über die Art der Ähnlichkeit, die im Einzelfall von Interesse ist. Das bedeutet, es muß festgelegt werden, worauf sich (bei gegebenen Klassifikationsmerkmalen) die Ähnlichkeit beziehen soll und es muß entschieden werden, wie beobachtete Übereinstimmungen und Unterschiede rechnerisch zu verarbeiten sind.

In der Literatur zur Klassifikation findet sich eine Überfülle von Ähnlichkeits- und Unähnlichkeitsmaßen. Gute, jedoch keineswegs erschöpfende (zum Teil kommentierte) Übersichten über die verschiedenen Maße enthalten unter anderem die Veröffentlichungen von: COLE (1949, 1957), GOODMAN/KRUSKAL (1954, 1959), DAGNELIE (1960), SOKAL/SNEATH (1963), BOYCE (1965), BALL (1965, 1970), WILLIAMS/LAMBERT/LANCE (1966), WISHART (1969d, 1970b) und CORMACK (1971). Diese Arbeiten enthalten auch zahlreiche Hinweise auf weitere Literatur.

Die Verwendung bestimmter Maße bei der Klassifikation eines gegebenen Datensatzes kann - insbesondere, wenn die Klassen nicht wohlsepariert sind - erhebliche Auswirkungen auf die Klassifikationergebnisse haben. Der Einfluß, den einzelne Maße auf die Klassenbildung haben, wird in vielen Arbeiten erörtert, oft auch in Verbindung mit verschiedenen Klassifikationsverfahren (vgl. beispielsweise SOKAL/SNEATH, 1963; WATSON/WILLIAMS/LANCE, 1966; EHRLICH/EHRLICH, 1967; SOKAL/MICHENER, 1967 und BOYCE, 1969, um nur einige wenige zu nennen). Es ist kaum verwunderlich, daß bislang auch für kleinere Forschungsbereiche noch keine Übereinstimmung erzielt wurde, welches der vielen Maße als das beste angesehen werden kann, denn das Maß, welches alle Arten von Ähnlichkeitsbeziehungen in einer allgemein gültigen Form zu messen imstande ist, gibt es nicht.

Nicht wenige Vergleichsuntersuchungen haben erhebliche Mängel. Zum Teil ist das Datenmaterial nicht vergleichbar, teilweise werden unterschiedliche Klassifikationsverfahren benutzt, verschiedentlich werden Maße auf Merkmalstypen angewandt, für die sie nicht geeignet sind, gelegentlich wird der Einfluß von Merkmalstransformationen, wie z.B. der Einfluß der Standardisierung, ignoriert und dergleichen mehr. Hinzukommt, daß es nur in seltenen Fällen möglich ist, eindeutig festzustellen, welches der Ergebnisse brauchbarer oder zweckdienlicher ist. Ein Vergleich mit "Standardklassen", der z.B. im Bereich der Biologie oft möglich ist, kann die Entscheidung erleichtern. Aber auch Standardklassen sind nicht unangreifbar. Ferner ist die Stärke des Einflusses unterschiedlicher Ähnlichkeits- und Unähnlichkeitsmaße nicht unabhängig vom jeweiligen Klassifikationsverfahren und den im Datensatz effektiv vorhandenen Ähnlichkeitsstrukturen. In einigen Vergleichsuntersuchungen kommt man daher auch zu völlig entgegengesetzten Urteilen über die Brauchbarkeit und Zweckmäßigkeit bestimmter Maße. Häufig wird einfach jenes Maß als das "beste" oder brauchbarste bezeichnet, welches genau die Standardklassen liefert, ohne zu prüfen, ob das verwendete Klassifikationsverfahren nicht nur geeignet ist, Klassen vom Typ dieser Standardklassen zu erzeugen. Nicht selten ist auch zu beobachten, daß durch eine geschickte Kombination von Klassifikationsverfahren und Ähnlichkeitsmaßen die Ergebnisse so lange "modifiziert" werden, bis die größte Übereinstimmung mit vorgegebenen Standardklassen erreicht ist, um dann das verwendete Maß und Verfahren als "optimal" zu bezeichnen. Dabei wird übersehen, daß derartige Ergebnisse nicht - in der Erwartung ähnlich guter Ergebnisse - auf andere Daten und Ähnlichkeitsstrukturen übertragen werden können.

Wie die Auswahl der Klassifikationsmerkmale, so ist auch die Wahl eines bestimmten Ähnlichkeits- oder Unähnlichkeitsmaßes eine höchst subjektive Angelegenheit.[1)] In der Regel sind die Wahlmöglichkeiten jedoch erheblich eingeschränkt durch die Optionen der gerade verfügbaren Computer-Programme zur Klassifikation. Das schon erwähnte Programm MIKCA von MCRAE (1970) bietet nur drei Distanzmaße an, das Programm von BONHAM-CARTER (1967) für nicht quantitative Merkmale enthält eine Option für nur zwei Ähnlichkeitskoeffizienten, die Programme CLASS, CENTCLASS, MULTBET und MULTCLAS von LANCE/WILLIAMS (1970a,b,c) enthalten Optionen für nicht mehr als vier Maße. Eine Ausnahme ist

1) Auch auf dieser Stufe der Klassifikationsprozedur besteht die Gefahr einer bewußten Manipulation oder unbewußten Verfälschung der Klassifikationsergebnisse.

das sehr umfangreiche Programm CLUSTAN IA von WISHART (1970a), welches nicht weniger als achtunddreißig Ähnlichkeits- und Unähnlichkeitsmaße für metrische und binäre Merkmale anbietet und außerdem das Einfügen von zwei vom Benutzer zu definierenden Maßen gestattet. Bei Programmen, die die letzte Möglichkeit nicht bieten, ist das Einfügen zusätzlicher Maße mit einem nicht unbeträchtlichen Arbeitsaufwand verbunden.

Die Zahl der in der Literatur beschriebenen Ähnlichkeits- und Unähnlichkeitsmaße ist so groß, daß hier nur eine sehr kleine Auswahl davon vorgestellt und im Hinblick auf die Eigenschaften erörtert werden kann. Diese Auswahl soll auf die gebräuchlichsten Maße beschränkt und dem Merkmalstyp entsprechend in zwei Kategorien aufgeteilt werden, und zwar in Maße für metrische Merkmale und Maße für binäre Merkmale.

2311 Maße für metrische Merkmale

Es entspricht unserem Vorstellungsvermögen, wenn die zu klassifizierenden Objekte als Punkte in einem m-dimensionalen Merkmalsraum dargestellt werden. Klassen sind dann Punkthaufen (Cluster) im Merkmalsraum. Da die Punkte einer Punktwolke untereinander einen geringeren Abstand haben als zu Punkten anderer Punktwolken, liegt es nahe, die Abstände (Distanzen) zwischen Punktpaaren mittels eines geeigneten Abstandsmaßes zu messen und die Meßergebnisse als Maßgrößen für den Grad der Unähnlichkeit von Objekten aufzufassen. Je größer der Abstand zwischen zwei Punkten ist, desto unähnlicher sind die zugehörigen Objekte, je geringer der Abstand ist, desto ähnlicher sind die Objekte. Die eingangs erwähnte Homogenität der Klassen wird also hier durch einen geringen mittleren Abstand zwischen den Punkten einer Punktwolke definiert. Durch die Aufnahme von Punkten anderer Punktwolken wird der durchschnittliche Abstand erhöht und mithin die Homogenität der Klasse reduziert.

Je nachdem, wie nun der Abstand zwischen den Punkten berechnet wird - dem Abstandsmaß kann der Betrag der einzelnen Differenzen zugrunde gelegt werden oder das Quadrat der Differenzen, es ist auch möglich, die Differenzen zu gewichten -, wird der Inhalt des zur Klassifikation verwendeten Unähnlichkeitsbegriffs endgültig fixiert. Ähnlichkeit und Distanz sind also komplementäre Aspekte eines einzigen Konzeptes.

Es ist vielfach üblich, davon auszugehen, daß die Punkte einen metrischen (Hyper-) Raum bilden; das heißt einen Raum, in dem zwischen jedem Paar von Punkten P und Q[1] eine Distanz (Metrik) d(P,Q) existiert, so daß gilt:[2]

(a) $d(P,P) = 0$

(b) $d(P,Q) = d(Q,P) \geq 0$

(c) $d(P,Q) = 0, \quad \text{wenn } P = Q$

(d) $d(P,R) \leq d(P,Q) + d(Q,R)$,

(d) heißt Dreiecksungleichung.[3]

Die Verwendung von Distanzen, die diese Bedingungen erfüllen, ist aus verschiedenen Gründen vorteilhaft (vgl. z.B. WILLIAMS/DALE,1965; MAJONE/SANDAY,1971). Vor allem definieren solche Distanzen einen "anschaulichen" Raum,in welchem es keine negativen Abstände gibt, in welchem dann, wenn P und Q eng benachbart sind und Q und R eng benachbart sind,auch P und R eng benachbart sind (Transitivität), in welchem der Abstand von P zu Q genau so groß ist wie der Abstand von Q zu P (Symmetrie), in welchem der Abstand von P zu P gleich Null ist (Identität), in welchem es möglich ist festzustellen, daß ein Punkt A doppelt so weit von einem Mittelpunkt (Centroid) entfernt ist als ein Punkt B, etc., einen Raum also mit bekannten Eigenschaften. Außerdem bieten derartige Distanzen Vorteile im Hinblick auf ihre Verknüpfung. Auf der anderen Seite wird jedoch durch die Annahme eines metrischen Hyperraumes die Berechnung von Unähnlichkeiten in ein spezielles Modell verlagert (vgl. z.B. ORLOCI, 1968b), dessen Übereinstimmung mit der Realität vielfach gering ist; denn die Annahme, daß die Punkte einen Raum mit bestimmten Eigenschaften bilden, ist nur eine Annahme über die als vorhanden vorausgesetzte Ähnlichkeitsstruktur (vgl. HARTIGAN, 1967, S. 1156 f., der zwölf mögliche Ähnlichkeitsstrukturen aufzeigt).

---

1) $P \equiv \underline{x}'_P = [x_{1P}, x_{2P}, \ldots, x_{mP}]$; $Q \equiv \underline{x}'_Q = [x_{1Q}, x_{2Q}, \ldots, x_{mQ}]$.

2) Siehe WILLIAMS/DALE (1965, S. 48 f.), IHM (1965, S. 359). Vgl. auch IHM (1962) und ORNSTEIN (1965, S. 449).

3) Ein Raum, in dem (d) nicht überall gilt, wird auch quasimetrischer Raum genannt (vgl. WILLIAMS/DALE, 1965, S. 49).

Ein sehr häufig verwendetes Abstandsmaß ist der e u k l i d i s c h e Abstand. Er ist für die Punkte P und Q wie folgt definiert:

$$d_{PQ} = \left[\sum_{i=1}^{m} (x_{iP} - x_{iQ})^2 \right]^{1/2}$$

$$= \left[(\underline{x}_P - \underline{x}_Q)' (\underline{x}_P - \underline{x}_Q) \right]^{1/2}$$

d_{PQ} definiert einen m-dimensionalen euklidischen (metrischen) Merkmalsraum, dessen m Koordinatenachsen aufeinander senkrecht stehen.[1] Der euklidische Abstand hat den Vorteil, daß er leicht zu berechnen ist und unserer räumlichen Anschauung am nächsten kommt. Er besitzt jedoch einige Eigenschaften, die sich im Hinblick auf die Klassifikationsergebnisse nachteilig auswirken können.

Euklidische Distanzen dürfen streng genommen nur dann berechnet werden, wenn die Klassifikationsmerkmale unkorreliert (unabhängig) sind, und das ist fast nie der Fall. Werden, auch wenn die Voraussetzung unkorrelierter Merkmale nicht gegeben ist, euklidische Abstände berechnet, so gehen stärker korrelierte Merkmale mit demselben Gewicht in die Abstände ein wie schwach oder nicht korrelierte Merkmale. Dadurch aber erhalten die stärker korrelierten Merkmale indirekt ein stärkeres Gewicht als schwach oder nicht korrelierte Merkmale; es wird die "interne" Gewichtung wirksam.[2] Erscheint diese interne Gewichtung unangemessen, so läßt sich dieser Nachteil, wie bereits erwähnt, durch eine vorgeschaltete Hauptkomponentenanalyse mit anschließender Normierung der Hauptkomponentenwerte oder durch die Berechnung des verallgemeinerten Abstands nach MAHALANOBIS (1936) vermeiden. Allerdings sind damit andere Nachteile verbunden (vgl. Kap. 222).

---

1) Weil dem euklidischen Abstand der Satz des Pythagoras zugrunde liegt, wird er gelegentlich auch "pythagoreischer" Abstand genannt.

2) Wie HARRIS (1955) zeigt, ist dies gleichbedeutend mit einer Gewichtung von Merkmalskategorien entsprechend den Eigenwerten der diesen Merkmalskategorien zuzuordnenden Hauptkomponenten; "...this might be wholly desirable" (CRONBACH/GLESER, 1953, S. 468).

Vor der Summierung werden die beobachteten Differenzen quadriert. Auch das ist eine Gewichtung, und zwar eine Gewichtung von Merkmalsdifferenzen proportional zu ihrer eigenen Größe.[1] Wenn Ausreißer vorliegen und wenn die Verteilungen der Klassifikationsmerkmale asymmetrisch sind, kann sich diese Art der Gewichtung besonders störend auswirken, aber nicht nur dann. Wegen dieser Gewichtung ist der euklidische Abstand in besonderem Maße abhängig von den Maßeinheiten und der Variabilität der einzelnen Klassifikationsmerkmale. Damit d_{PQ} invariant gegenüber Änderungen in den Maßeinheiten wird, wird im allgemeinen eine Standardisierung der Merkmalswerte vor der Abstandsberechnung empfohlen (vgl. z.B. SCHÄFFER, 1972; SOKAL, 1961 und ROHLF/SOKAL, 1965; siehe aber auch CRONBACH/GLESER, 1953 sowie CORMACK, 1971). FLEISS/ZUBIN (1969, S. 240 ff.) weisen darauf hin, daß es zweckmäßiger für die Klassenbildung ist, zur Standardisierung die Standardabweichungen innerhalb der Klassen an Stelle der Standardabweichungen des Gesamtsystems zu verwenden. Bezüglich orthogonaler linearer Transformationen und bezüglich der Zentrierung der Merkmalswerte ist der euklidische Abstand invariant.

Der Einfachheit halber wird häufig mit dem Quadrat des euklidischen Abstands

$$d_{PQ}^2 = \sum_{i=1}^{m} (x_{iP} - x_{iQ})^2$$

gearbeitet.

Da sowohl d_{PQ} als auch d_{PQ}^2 eine monoton wachsende Funktion der Anzahl der Klassifikationsmerkmale ist, ist es oft üblich, d u r c h s c h n i t t l i c h e (euklidische) Distanzen

$$\bar{d}_{PQ} = \sqrt{d_{PQ}^2/m} \quad \text{bzw.} \quad \bar{d}_{PQ}^2 = d_{PQ}^2/m$$

1) Das bedeutet, daß die Klassifikationsmerkmale proportional zu ihrer Varianz gewichtet werden. Durch die Standardisierung der Merkmale bekommen die Merkmale in dieser Hinsicht ein gleiches Gewicht.

zu verwenden (vgl. z.B. SOKAL, 1961). Durchschnittliche Abstände können für den Vergleich von Klassifikationsergebnissen von Nutzen sein, wenn den Klassifikationen Räume unterschiedlicher Dimension zugrunde liegen.[1)]

Von SOKAL/SNEATH (1963, S. 146 ff.) werden noch einige andere ähnlich konstruierte Distanzmaße diskutiert, von denen der "coefficient of racial likeness" (PEARSON, 1926) der am meisten bekannte ist. PEARSON's Koeffizient ist bis auf die Größe -1/m mit der aus standardisierten Werten berechneten durchschnittlichen Distanz $\bar{d}^2_{PQ}$ identisch (vgl. PENROSE, 1954 und SOKAL, 1961). PENROSE (1954) hat vorgeschlagen, Abstandsmessungen durch das Aufspalten von $\bar{d}^2_{PQ}$ in eine "size-" und eine "shape-" Komponente zu verfeinern (vgl. dazu die kritischen Anmerkungen von ROHLF/SOKAL, 1965).[2)]

Weniger häufig wird an Stelle des ungewogenen euklidischen Abstands der g e w o g e n e   e u k l i d i s c h e Abstand

$$_g d_{PQ} = \left[\sum_{i=1}^{m} g_i \, (x_{iP} - x_{iQ})^2 \right]^{1/2}$$

verwendet. Die g_i sind den einzelnen Klassifikationsmerkmalen zuzuordnende Gewichte; beim ungewogenen Abstand ist $g_i = 1$ für alle $i = 1,2,\ldots,m$. Mehrere Autoren empfehlen, als Gewichte die Größen $g_i = 1/s_i^2$ zu verwenden, d.h., die quadrierten Differenzen mittels der Varianz der Merkmale (s_i^2) zu standardisieren. Andere, wie z.B. CARMICHAEL/GEORGE/JULIUS (1968) befürworten eine Standardisierung der Differenzen mittels der Spannweiten $r_i = \left[\max_j (x_{ij}) - \min_j (x_{ij})\right]$, $j=1,2,\ldots,n$ und verwenden das Gewicht $g_i = 1/r_i^2$.

Der numerische Wert der Gewichte g_i kann auch subjektiv festgelegt werden. Für Klassifikationsverfahren, die darauf abgestellt sind, natürliche Klassen zu finden, ist eine (externe) Gewichtung der Klassifikationsmerk-

---

1) Die Verwendung durchschnittlicher Distanzen kann auch dann von Vorteil sein, wenn in der Datenmatrix einige Daten fehlen ("NC"). Die Normierung 1/m erstreckt sich dann nicht mehr auf alle m Klassifikationsmerkmale, sondern nur noch auf die Merkmale deren Merkmalswerte für P und Q bekannt sind.

2) Siehe auch SNEATH (1968a), der ein ähnliches Konzept für Alternativmerkmale entwickelt hat.

male sehr problematisch und kann grundsätzlich nicht empfohlen werden.[1)]

Ein ebenfalls häufig verwendetes Abstandsmaß ist die a b s o l u t e Distanz

$$AD_{PQ} = \sum_{i=1}^{m} |x_{iP} - x_{iQ}| \; , \text{2)}$$

die auch "city-block metric" oder "Manhattan-metric" genannt wird (vgl. KRUSKAL, 1964). LANCE/WILLIAMS (1967c) verwenden die Bezeichnung "Manhattan-metric" für eine Gruppe von Distanzmaßen, die aus der gewichteten Form

$$_{g}AD_{PQ} = \sum_{i=1}^{m} g_i \, |x_{iP} - x_{iQ}|$$

abgeleitet sind. Die g_i sind spezielle Skalierungsfaktoren.[3)]

Diese Distanzen unterscheiden sich vom euklidischen Abstand zunächst dadurch, daß die einzelnen Differenzen nicht ihrer Größe entsprechend durch eine Quadrierung gewichtet werden. Daher sind die absolute Distanz und die daraus abgeleiteten Maße weniger sensitiv im Hinblick auf die gewählten Maßeinheiten und die Variabilität der Klassifikationsmerkmale und im Hinblick auf besonders große bzw. kleine Merkmalswerte. Absolute Distanzen sind wie der euklidische Abstand invariant bezüglich einer Zentrierung der Merkmalswerte und nicht invariant im Hinblick auf die Standardisierung der Merkmalswerte und im Hinblick auf Merkmalskorrelationen. Der wesentliche Vorteil der absoluten Distanz ist darin zu sehen, daß die Differenzen nicht quadriert werden. Das macht sich vor allem dann positiv bemerkbar, wenn die Klassifikationsmerkmale nicht annähernd normalverteilt sind und wenn Ausreißer vorliegen.

---

1) Vgl. zur Gewichtung von Klassifikationsmerkmalen die Ausführungen in Kap. 222.
CORMACK (1971, S. 325) meint dazu: "The unthinking use of scaling must be condemned, even more in this context than in standard multivariate analyses. ...the difference in scale between two variables (particularly of the same dimension) may be intrinsic...".

2) Vgl. zur geometrischen Interpretation dieses Maßes MAJONE (1970).

3) Ein von der "australischen Schule" häufig verwendetes Abstandsmaß ist die sogenannte "Canberra-metric" mit dem Gewicht $g_i = 1/(x_{iP}+x_{iQ})$. Vgl. zu den Eigenschaften dieses und anderer Maße der Gruppe "Manhattan-metric" LANCE/WILLIAMS (1967c, S. 17).

Die durchschnittliche absolute Differenz

$$_{d}AD_{PQ} = \frac{1}{m} \sum_{i=1}^{m} |x_{iP} - x_{iQ}|$$

wurde nach HUIZINGA (1962) bereits 1909 von CZEKANOWSKI als Maß der Unähnlichkeit eingeführt. Unter der Bezeichnung "mean character difference" wurde diese Differenz 1958 von CAIN/HARRISON als Unähnlichkeitsmaß zwischen Objekten vorgeschlagen. CAIN/HARRISON (1958, S. 92) empfehlen aber, vor der Berechnung des Maßes die Merkmalswerte durch den jeweils maximalen Merkmalswert zu dividieren, um "the bias produced by the different units of measurement" zu eliminieren.

Die durchschnittliche absolute Differenz hat den Nachteil, daß sie die bei bestimmten Fragestellungen oft als zweckmäßig empfundene Aufspaltung in eine "Gestalt-" und eine "Größen-" Komponente, die bei der durchschnittlichen quadratischen Differenz ($\bar{d}^2_{PQ}$; vgl. PENROSE, 1954) möglich ist, nicht zuläßt. Sie ist im übrigen wie die absolute Distanz zu beurteilen. Vergleiche der durchschnittlichen absoluten Differenz mit dem coefficient of racial likeness und anderen Unähnlichkeitsmaßen (im Hinblick auf ihre Verwendbarkeit in der Anthropologie und Paläontologie) enthalten die Aufsätze von HUIZINGA (1962, 1965), der zu dem Ergebnis kommt, daß "there is not a single indication that the practical value of Czekanowski's relatively simple statistic AD (= $_{d}AD$ in der hier verwendeten Symbolik, V.) is less than that of other more intriguing and basically more sound distance coefficients" (S. 79). Die Einwendungen, die von SOKAL/SNEATH (1963, S. 146 f.) gegen dieses Maß vorgebracht werden, sind verworren und nicht stichhaltig. Ein Vergleich mit dem euklidischen Abstand (d_{PQ}) ist nicht zulässig, allenfalls mit $\bar{d}_{PQ}$. Es ist auch nicht sinnvoll zu behaupten, daß die durchschnittliche absolute Differenz "...will always underestimate the true Euclidean Distance..." (S. 146), denn die durchschnittliche absolute Differenz ist keineswegs ein "Schätzwert" für d_{PQ} oder $\bar{d}_{PQ}$; auch ist die euklidische Distanz keineswegs die "true" Distanz. Die durchschnittliche absolute Distanz ist, wie die absolute Distanz selbst, eine Distanz besonderer Art. Beide können bei stark von der Normalverteilung abweichenden Verteilungen der Klassifikationsmerkmale mit Vorteil eingesetzt werden.[1)]

1) Vgl. auch Fußnote 1) auf S. 86.

Alle bisher erörterten Distanzen sind wie viele der gebräuchlichen Maße aus einer allgemeinen Metrik, der L_r-Norm oder M I N K O W S - K I - Metrik:[1)]

$$d_r(P,Q) = \left[\sum_{i=1}^{m} |x_{iP} - x_{iQ}|^r \right]^{1/r}$$

ableitbar. $d_1(P,Q)$ ist die absolute Distanz oder "city-block metric", $d_2(P,Q)$ ist die euklidische Distanz, d_1/m ist die durchschnittliche absolute Differenz usw. KRUSKAL (1964, S. 22 f.) diskutiert die wichtigsten Eigenschaften der aus dieser Metrik ableitbaren Klasse von Distanzen und vergleicht sie mit den der euklidischen Distanz.

Es ist nicht völlig auszuschließen, daß in bestimmten Fällen, z.B. wenn die Klassifikationsmerkmale vorgegeben sind und im Hinblick auf das Ziel einer Klassifikation nicht sorgfältig ausgewählt wurden, die (über die Merkmalskorrelationen) eingebaute Gewichtung unangemessen sein kann. Merkmalskategorien können ein "natürliches Gewicht" in einer solchen Höhe haben, daß sie das Klassifikationsergebnis in einem über den wünschenswerten Umfang hinausgehenden Maße determinieren.

In solchen Fällen kann es zweckmäßig erscheinen, als Maß der Unähnlichkeit zwischen den Objekten den v e r a l l g e m e i n e r t e n Abstand nach MAHALANOBIS (1936, vgl. auch RAO, 1948, 1952, 1954) zu verwenden. Dieser Abstand ist für die Punkte P und Q wie folgt definiert:

$$D^2_{PQ} = \sum_{i=1}^{m} \sum_{j=1}^{m} s^{ij} (x_{iP} - x_{iQ}) (x_{jP} - x_{jQ})$$

$$= (\underline{x}_P - \underline{x}_Q)' \, \underline{S}^{-1} \, (\underline{x}_P - \underline{x}_Q) \quad ;$$

darin bedeutet $\underline{S} = (s_{ij})$ die empirische Dispersionsmatrix (Korrelations- bzw. Varianz-Kovarianzmatrix) der m Klassifikationsmerkmale $(i, j = 1,2,\dots,m)$ und $\underline{S}^{-1} = (s^{ij})$ ist die zu $\underline{S}$ inverse Matrix (vorausgesetzt, das S nicht singulär ist). Daraus geht unmittelbar hervor,

---

1) Vgl. KRUSKAL (1964), LANCE/WILLIAMS (1967), BOYCE (1969) u.a.

daß, sind die Klassifikationsmerkmale standardisiert und unkorreliert, der MAHALANOBIS-Abstand gleich dem euklidischen Abstand ist ($S = \underline{S}^{-1} = \underline{E}$).

Von vielen Autoren wird der verallgemeinerte Abstand als "...the most promising statistic for measuring similarity..." (MINKOFF, 1965, S. 198) angesehen. Dies wird im allgemeinen damit begründet, daß der MAHALANOBIS-Abstand "Merkmalskorrelationen berücksichtigt" und invariant ist bezüglich von Änderungen der Maßeinheiten der Klassifikationsmerkmale.

Es ist sehr zu bezweifeln, daß die MAHALANOBIS-Distanz das für die Klassifikation von Objekten am besten geeignete Unähnlichkeitsmaß ist, denn dieses Maß beruht auf einer Reihe von Annahmen, die in der Realität nur selten erfüllt sind. Der wesentliche Baustein der verallgemeinerten Distanz ist die (empirische) Dispersionsmatrix $\underline{S}$. Mit der Verwendung dieser Matrix muß vorausgesetzt werden, daß sich die Struktur der Daten zumindest hinreichend durch Mittelwerte, Varianzen und Kovarianzen beschreiben läßt. Dies ist jedoch nur dann der Fall, wenn die Merkmale wenigstens annähernd normalverteilt sind, und das kann nicht generell unterstellt werden (vgl. die sehr anschaulichen Beispiele von BALL, 1970, S. 5 ff.).

In der Iterationsphase (iterative-K-means procedure) des Klassifikationsverfahrens von MCRAE (1970) kann der MAHALANOBIS-Abstand als Maß der Unähnlichkeit von Objekten einer Klasse zu ihrem gemeinsamen Schwerpunkt (Centroid) gewählt werden. Unter der Voraussetzung, daß die Dispersionsmatrizen aller Klassen zumindest annähernd gleich sind, wird auf der Basis "vorläufiger" Klassen eine für alle Klassen gemeinsame Dispersionsmatrix $\underline{S}'$ bestimmt. Mithin wird unterstellt, daß sich die Struktur der Klassen durch eine m-dimensionale Normalverteilung beschreiben läßt, deren Mittelwertvektoren zwar variieren können, aber deren Varianz-Kovarianzmatrizen sich nicht unterscheiden. Auch das ist eine kaum zu rechtfertigende Hypothese, denn wie bereits mehrfach erwähnt, ist davon auszugehen, daß sich die Varianzen und Kovarianzen der Klassen erheblich voneinander unterscheiden. Insoweit wie diese Annahmen (m-dimensionale Normalverteilungen und gleiche Dispersion in den Klassen) nicht zutreffen, werden die vorhandenen Ähnlichkeitsstrukturen verzerrt.[1)]

Von welcher Art derartige Verzerrungen sind, zeigen folgende Überlegungen. Es läßt sich zeigen, daß der MAHALANOBIS-Abstand, berechnet aus den ursprünglichen Merkmalswerten, gleich ist der euklidischen Distanz, berechnet aus standardisierten unkorrelierten Hauptkomponentenwerten (vgl. SCHÄFFER, 1972; siehe auch HARRIS, 1955; JONES, 1968; CRONBACH/GLESER, 1953 u.a.). Standardisierte Hauptkomponenten haben eine Varianz von eins und mithin alle das selbe Gewicht. Während vor der Standardisierung die erste Hauptkomponente einen Varianzanteil von z.B. 70% auf sich vereinigt und beispielsweise die zehnte (letzte) Hauptkomponente (m=10) nur noch einen Varianzanteil von 1% hat, haben die zehn Hauptkomponenten nach der Standardisierung ein Einheitsgewicht von "10%", d.h., die Bedeutung der ersten Hauptkomponente, die eine für die Ähnlichkeit der Objekte wesentliche Merkmalskategorie repräsentiert, ist nach der Standardisierung genau so groß, wie die der letzten Hauptkomponente, die unter Umständen nur auf Zufallsfehler, Meßfehler, Rundungsfehler (!) und dergleichen zurückzuführen ist. Mit anderen Worten, die "eingebaute Gewichtung" wird zerstört. Die MAHALANOBIS-

---

1) Dies wird auch die Erklärung dafür sein, daß es sich bei Experimenten immer wieder zeigte, daß der MAHALANOBIS-Abstand bzw. der euklidische Abstand auf der Basis standardisierter Hauptkomponenten erheblich weniger brauchbare Ergebnisse lieferte.

Distanz gewichtet also unzuverlässige und unbedeutende Hauptkomponenten genau so wie die bedeutenden ersten Hauptkomponenten. "That is, it assumes that any k variates represent k equally important factors" (CRONBACH/GLESER, 1953, S.467). Das ist - von wenigen Ausnahmen abgesehen - eine unerwünschte Eigenschaft dieses Abstandsmaßes. Daher ist es auch kaum zu empfehlen, es sei denn, die "intra-class" Dispersionsmatrizen, die wohl nie durch $\underline{S}'$ ersetzt werden können (vgl. FLEISS/ZUBIN, 1969, insbes. S. 243), seien bekannt. Das Problem korrelierter Merkmale kann nur über eine zweckentsprechende und sinnvolle Merkmalsauswahl (vgl. Kap. 222) einer Lösung näher gebracht werden. Diese Ansicht wird auch von JARDINE/SIBSON (1971, S. 34) vertreten: "We have argued .. .. that reduction of unnecessary redundance is something which should be incorporated in the initial selection of attributes, ...".[1)]

"It is an unfortunate historical accident that pioneer studies in numerical taxonomy often employed, as an estimate of resemblance, the product-moment correlation coefficient (r)" (COLLESS, 1967, S. 24). PEARSON's Korrelationskoeffizient als Maß der Ähnlichkeit zwischen Objekten ist für die Objekte mit den Kennungen P und Q und für m > 2 Klassifikationsmerkmale wie folgt definiert:

$$r_{PQ} = \frac{\sum_{i=1}^{m} (x_{iP} - \bar{x}_P)(x_{iQ} - \bar{x}_Q)}{\sqrt{\sum_{i=1}^{m} (x_{iP} - \bar{x}_P)^2 \sum_{i=1}^{m} (x_{iQ} - \bar{x}_Q)^2}} ,$$

dabei sind $\bar{x}_P$ und $\bar{x}_Q$ die Mittelwerte der (standardisierten) Merkmalsausprägungen für die Objekte P und Q ($-1 \leq r_{PQ} \leq +1$).

---

1) Vgl. zu weiteren Eigenschaften des verallgemeinerten Abstands und zu Beziehungen zu anderen Unähnlichkeitsmaßen auch PENROSE (1954), HUIZINGA (1962), ORLOCI (1966) und die Weiterentwicklungen von KURCZYNSKI (1970) und ROHLF (1970).

Der Korrelationskoeffizient wurde vor allem von MICHENER/SOKAL (1957), SOKAL/MICHENER (1958) und MORISHIMA/OKA (1960) eingeführt, und seine Brauchbarkeit wurde in der Folgezeit von SOKAL/SNEATH (1963), ROHLF/SOKAL (1965), ORNSTEIN (1965), SOKAL/MICHENER (1967), BALL (1970) und anderen diskutiert. Da der Korrelationskoeffizient als Winkelmaß (angular distance) zu interpretieren ist (vgl. IHM, 1962; BALL, 1970; MAJONE/SANDAY, 1971), wird der Korrelationskoeffizient im allgemeinen dann empfohlen, wenn die Form oder Gestalt der Objekte ähnlichkeitsbestimmend sein soll und nicht ihre Größe (partielle Ähnlichkeit).EADES (1965) und MINKOFF (1965) haben nachgewiesen, daß der Korrelationskoeffizient eine Reihe erheblicher Mängel hat, beispielsweise im Hinblick auf die zugrunde liegenden Verteilungen der (unterschiedlichen) Merkmale, die ihn als Maß der Übereinstimmung zwischen Objekten ungeeignet erscheinen lassen. Der gleichen Ansicht sind auch MAJONE/SANDAY (1971, S. 229 ff.), die darauf hinweisen, daß der Korrelationskoeffizient allenfalls dann als "Winkel-Distanz" brauchbar ist, wenn "all the vectors have the same length (norm)" (S. 230). JARDINE/SIBSON (1971, S. 31) merken an, es sei absurd, daß bei der Verwendung des Korrelationskoeffizienten "... an average attribute state for each OTU" (Operational Taxonomic Unit) produziert werden muß. Insgesamt scheint zu diesem Zweck PENROSE's "shape distance" (1954) dem Korrelationskoeffizienten überlegen zu sein.

Wegen anderer Maße der Ähnlichkeit bzw. Unähnlichkeit für metrische Merkmale muß auf die angegebene Literatur verwiesen werden.

2312 Maße für Alternativmerkmale

(1) Ähnlichkeitskoeffizienten

Ähnlichkeits- und Unähnlichkeitsmaße für binäre Merkmale sind besonders zahlreich, so daß auch hier nur eine kleine Auswahl vorgestellt werden kann. Viele dieser Maße sind älteren Datums und viele wurden vor allem im biologischen Bereich (Ökologie, Microbiologie) und in der Psychologie benutzt. Übersichten der gebräuchlichsten Maße enthalten vor allem die Arbeiten von COLE (1949, 1957), GOODMAN/KRUSKAL (1954, 1959), DAGNELIE (1960), SOKAL/SNEATH (1963), BALL (1965) und WISHART (1969d, 1970a, 1970b).

Ähnlichkeits- und Unähnlichkeitsmaße für Merkmale, deren Ausprägungen zweckmäßigerweise mit "1" und "0" kodiert werden, sollen in folgenden Ähnlichkeitskoeffizienten genannt werden. Sie sind in der Literatur auch unter den Bezeichnungen coefficient of association, similarity coefficient, coefficient of relationship, index of similarity, similarity ratio und anderen bekannt. Die Bezeichnungsweise ist sehr uneinheitlich; Inhalt und Umfang dieser Begriffe sind häufig willkürlich festgelegt.

Für die Darstellung und Erörterung der Ähnlichkeitskoeffizienten ist es zweckmäßig, von einer Vier-Felder-Tafel der folgenden Art auszugehen:

		OBJEKT Q		
		1	0	
OBJEKT P	1	a	b	a+b
	0	c	d	c+d
		a+c	b+d	m

,

darin bedeutet z.B. a die Anzahl der Merkmale, in denen die Objekte P und Q im positiven Sinne übereinstimmen (positive matches), d.h., sowohl P als auch Q die Ausprägung 1 besitzen. Im Hinblick auf die Datenmatrix $\underline{X}$, deren Elemente Null oder Eins sind, ist der Kern dieser Vier-Felder-Tafel das Ergebnis eines Vergleichs der Komponenten der (Spalten-) Vektoren $\underline{x}_P$ und $\underline{x}_Q$, wobei die positiven (a) und negativen (d) Übereinstimmungen sowie die Nicht-Übereinstimmungen (b und c; mismatches) in den Ausprägungen der m Klassifikationsmerkmale zusammengefaßt wurden.

Alle Ähnlichkeitskoeffizienten sind Quotienten, deren Zähler und Nenner aus den Größen a, b,c und d gebildet werden. Sie unterscheiden sich im Zähler und/oder Nenner vor allem durch:

(1) die Einbeziehung bzw. den Ausschluß der negativen Übereinstimmungen (d) und

(2) die gleiche bzw. ungleiche Gewichtung von Übereinstimmungen (a,d) und Nicht-Übereinstimmungen (b,c).

Einige der am meisten benutzten Ähnlichkeitskoeffizienten sind in der folgenden Tabelle zusammengestellt. Zur Abrundung der Übersicht, die an die von SOKAL/SNEATH (1963, Kap. 6.2.1.) angelehnt ist (vgl. auch DAGNELIE, 1960 und WISHART, 1970a und 1970b), werden auch einige Koeffizienten aufgeführt, die weniger häufig verwendet oder auch nur vorgeschlagen wurden.
In der Übersicht sind angegeben: die Namen der Autoren, die die Koeffizienten vorgeschlagen haben, die Formel zur Berechnung der Koeffizienten für die Objekte P und Q (es ist üblich, Ähnlichkeitskoeffizienten mit dem Symbol S oder mit S(P,Q) zu kennzeichnen), der Variationsbereich der Koeffizienten und der Koeffiziententyp: Ähnlichkeit (SIM.) oder Unähnlichkeit (DISSIM.).[1]

ÄHNLICHKEITSKOEFFIZIENTEN:

(1) SOKAL/MICHENER (1958)

"simple matching coefficient"

$S_{SM} = (a+d)/(a+b+c+d)$; $0 \leq S_{SM} \leq 1$; SIM.

(2) TANIMOTO (1958); ROGERS/TANIMOTO (1960)

"similarity ratio"

$S_{RT} = (a+d)/[(a+d) + 2(b+c)]$; $0 \leq S_{RT} \leq 1$; SIM.

(3) SOKAL/SNEATH (1963)

$S1 = 2(a+d)/[2(a+d) + (b+c)]$; $0 \leq S1 \leq 1$; SIM.

(4) SOKAL/SNEATH (1963)

$S2 = ad/\sqrt{(a+b)(a+c)(b+d)(c+d)}$; $0 \leq S2 \leq 1$; SIM.

----

1) Die letzte Angabe ist insofern wichtig, als es Klassifikationsverfahren gibt, die mit Ähnlichkeitsmaßen operieren und solche, die Unähnlichkeitsmaße verwenden.
Ähnlichkeitskoeffizienten des Typs "dissimilarity" werden durch ein "+" gekennzeichnet.

(5) JACCARD (1908); SNEATH (1957b)

$S_J = a/(a+b+c); \quad 0 \leq S_J \leq 1;$ SIM.

(6) RUSSELL/RAO (1940)

$S_{RR} = a/(a+b+c+d); \quad 0 \leq S_{RR} \leq 1;$ SIM.

(7) SOKAL/SNEATH (1963)

$S3 = a/\left[a+2(b+c)^2\right] \; ; \; 0 \leq S3 \leq 1;$ SIM.

(8) DICE (1945); SØRENSEN (1948)

$S_D = 2a/(2a+b+c); \quad 0 \leq S_D \leq 1;$ SIM.

(9) OCHIAI (1957)

$S_O = a/\sqrt{(a+c)\,(a+b)}\;; \quad 0 \leq S_O \leq 1;$ SIM.

(10)KULCZYNSKI (1927)

"Verwandschaftskoeffizient"

$S_K = \frac{1}{2}\left[\frac{a}{a+b} + \frac{a}{a+b}\right] \; ; \quad 0 \leq S_K \leq 1;$ SIM.

----

(11)PEARSON (1909)

$S_\varphi = (ad-bc)/\sqrt{(a+b)\,(a+c)\,(b+d)\,(c+d)}\;; \quad -1 \leq S_\varphi \leq +1;$ SIM.

(12)YULE (1911)

$S_Y = (ad-bc)/(ad+bc); \quad -1 \leq S_Y \leq +1;$ SIM.

----

(13) SNEATH (1968a)

"total difference" (auch "distance")

$S4^+ = (b+c)/(a+b+c+d); \quad 0 \leq S4^+ \leq 1;$ DISSIM.

(14) BRAY/CURTIS (1957); LANCE/WILLIAMS (1967c)

"non-metric coefficient"

$S5^{+} = (b+c)/(2a+b+c)$; $0 \leq S5^{+} \leq 1$; DISSIM.

Es sei nochmals betont, daß diese Liste bei weitem nicht vollständig ist. Bei der Durchsicht der Literatur gewinnt man den Eindruck, daß manchesmal geradezu "gewaltsam" versucht wurde, durch eine neue Kombination oder andersartige Gewichtung der Größen a, b, c und d neue Ähnlichkeitskoeffizienten zu "entdecken" und an diesen - zumindest für bestimmte Fälle - besonders positive Eigenschaften zu finden.[1)]

In der obigen Übersicht sind Ähnlichkeitskoeffizienten aus den vier wichtigsten Kategorien zusammengestellt. Zur ersten Kategorie gehören die Koeffizienten (1) bis (4), das sind solche Koeffizienten, in deren Zähler auch die negativen Übereinstimmungen (d) enthalten sind. Zur zweiten Kategorie zählen die Koeffizienten (5) bis (10), das sind Koeffizienten, deren Zähler nur aus den positiven Übereinstimmungen besteht. Die beiden ersten Kategorien werden von Koeffizienten des Typs "similarity" gebildet. Die dritte Kategorie besteht aus den bekannten "statistischen" Assoziationsmaßen, die lediglich für Objekte umfunktioniert wurden. Sie werden in der Regel dem Typ "similarity" zugeordnet und nach geeigneten Transformationen benutzt. Zu dieser Kategorie gehören die Koeffizienten (11) und (12). Die Koeffizienten (13) und (14) schließlich sind der vierten Kategorie "Unähnlichkeitsmaße" zuzurechnen (eine Reihe weiterer Koeffizienten des Typs "dissimilarity" ist in WISHART, 1970b, zu finden). Koeffizienten dieser Art sind häufig in Anlehnung an bestimmte metrische Maße entstanden.

---

1) Diese Tendenz wird durch bestimmte Publikationen unterstützt, z.B. durch die Arbeit von KUHNS (1964) "The Continuum of Coefficients of Association", deren Ziel es unter anderem ist, einen "verallgemeinerten Assoziationskoeffizienten" vorzustellen, der "the invention of new coefficients" (S. 33) erlaubt. Die Arbeit von KUHNS, in der Assoziationsmaße für Merkmale erörtert werden, wird von BALL (1970) mit dem Stichwort "Measures of Similarity" (S. 112) zitiert. Vgl. auch MAJONE (1970).

Mit der durch den Merkmalstyp bedingten Verwendung von Ähnlichkeitskoeffizienten zur Messung der Ähnlichkeit bzw. Unähnlichkeit zwischen Objektpaaren ist, wie bereits erwähnt, eine Annahme über die als vorhanden vorausgesetzte Ähnlichkeitsstruktur verbunden (vgl. zu möglichen Ähnlichkeitsstrukturen HARTIGAN, 1967, S. 1156 f.). Während bei metrischen Merkmalen in allgemeinen vorausgesetzt wird, daß die Ähnlichkeitsstruktur durch euklidische Abstände oder zumindest durch (nicht-euklidische) Metriken $d(P,Q)$ erfaßbar ist, genügt bei binären Merkmalen vielfach die wesentlich schwächere Voraussetzung, daß die Ähnlichkeitsstruktur durch reell-wertige und symmetrische Funktionen $S(P,Q)$ erfaßt werden kann.

Für Ähnlichkeitskoeffizienten vom Typ "similarity" gelten im allgemeinen die folgenden Bedingungen:[1)]

(a) $S(P,P) = 1$

(b) $S(P,Q) = S(Q,P)$

(c) $0 \leq S(P,Q) \leq 1$

für bestimmte Koeffizienten (vgl. (11) und (12)) gilt

(cc) $0 \leq |S(P,Q)| \leq 1$

(d) $S(P,Q) = 1$, wenn $P = Q$.[2)]

Die wichtigsten Ähnlichkeitskoeffizienten des Typs "dissimilarity" genügen den Bedingungen:

(a) $S^+(P,P) = 0$

(b) $S^+(P,Q) = S^+(Q,P)$

(c) $0 \leq S^+(P,Q) \leq 1$

(d) $S^+(P,Q) = 0$, wenn $P = Q$.[3)]

---

1) Vgl. HARRISON (1968), MAJONE (1970), BOCK (1970), FERNANDEZ DE LA VEGA (1967, 1970).

2) Es gibt auch Ähnlichkeitskoeffizienten mit dem Variationsbereich $0 \leq S(P,Q) \leq \infty$ (vgl. z.B. SOKAL/SNEATH, 1963, S. 129, Table 6-1: $S = (a+d)/(b+c)$).

3) Auch hier gibt es Ausnahmen. Für SNEATH's "vigour difference", $S_v^+ = (c-b)/(a+b+c+d)$ gilt beispielsweise $S^+(P,Q) = -S^+(Q,P)$. "Vigour" ist "the analogue of size" (SNEATH, 1968).

Um zu gewährleisten, daß Ähnlichkeitsmaße konsistent sind "with the intuitive understanding of 'distance' or 'similarity'", ist es nach HARRISON (1968, S. 516; vgl. auch FERNANDEZ DE LA VEGA, 1967, 1970) notwendig, eine weitere Bedingung hinzuzufügen:

wenn $x_{iP} \neq x_{iQ}$ und $x_{iR} = x_{iS}$ für ein i aus i = 1,2,...,m,

und $x_{iP} = x_{iQ}$ und $x_{iR} = x_{iS}$ für alle übrigen i ,

dann muß gelten

(e) $S^+(P,Q) > S^+(R,S)$ für Maße des Typs "dissimilarity"

bzw.

$S(P,Q) < S(R,S)$ für Maße des Typs "similarity".

Das bedeutet, zwei Objekte P und Q, die in allen Merkmalsausprägungen mit Ausnahme der Ausprägungen des Merkmals mit der Nummer i übereinstimmen, sind einander "weniger ähnlich" bzw. "entfernter" als die Objekte R und S, welche auch bezüglich des i-ten Merkmals übereinstimmen. Alle gebräuchlichen Ähnlichkeitskoeffizienten genügen der Bedingung (e).

In den ersten Publikationen über Fragen der biologischen Klassifikation hat SNEATH vorgeschlagen, als Maß der "overall similarity" den Quotienten $S_J = a/(a+b+c)$ - von dem später bekannt wurde, daß JACCARD ihn bereits 1908 benutzte - zu verwenden (SNEATH, 1957b; SNEATH/COWAN, 1958). Dieser Ähnlichkeitskoeffizient (5), den SNEATH "similarity" nannte, ist dadurch gekennzeichnet, daß die negativen Übereinstimmungen (d) völlig vernachlässigt werden. Nach SNEATH (1957b) ist dies "...desirable since the class of absent features is almost infinite..." (S. 202). Obwohl es durchaus Fragestellungen gibt, in denen zwei Objekte P und Q nicht deshalb als einander ähnlicher bezeichnet werden können, weil sie im Gegensatz zu einem zweiten Objektpaar R und S eine Reihe von Merkmalsausprägungen gemeinsam nicht besitzen - man denke beispielsweise an die Klassifikation von Dokumenten oder an Klassifikationsprobleme im Bereich der Phytosoziologie[1] -, hat

1) Vgl. z.B. ELLEGARD (1959) und FIELD (1969). Auch im Bereich der Soziologie wird häufig mit asymmetrischen Ähnlichkeitskoeffizienten gearbeitet, beispielsweise bei der Klassifikation von Personen nach Kontakten oder Kommunikationen mit anderen Personen.

die Vernachlässigung der negativen Übereinstimmungen (d) bei der Ähnlichkeitsmessung in aller Regel negative Konsequenzen. Sind die Klassifikationsmerkmale sorgfältig und zielbezogen ausgewählt (und von dieser Voraussetzung ist stets auszugehen), liefern auch die negativen Übereinstimmungen Informationen über die totale Ähnlichkeit, die sich im Ähnlichkeitsmaß niederschlagen müssen. Da jedes Klassifikationsmerkmal bei mindestens einem Objekt vorhanden ist, kann das gemeinsame Fehlen von Merkmalen bedeuten, daß bestimmte Klassen von Objekten existieren und separierbar sind. SNEATH's Argument ist auch insofern unzutreffend, als die Klasse der als vorhanden registrierbaren Merkmalsausprägungen ebenfalls annähernd unendlich groß ist. Hinzu kommt, daß die Kodierung "1" für Merkmal(-ausprägung) vorhanden und "0" für Merkmal nicht vorhanden, die bei diesem Ähnlichkeitskoeffizienten zwingend vorgeschrieben ist, in einigen Bereichen, wie z.B. in der Microbiologie (vgl. SNEATH, 1962a; BEERS/LOCKHART, 1962; KENDRICK/PROCTOR, 1964), zu beträchtlichen Schwierigkeiten führen kann, da oft die logische Basis fehlt, um zu entscheiden, was als vorhanden und was als nicht vorhanden zu bezeichnen ist, so daß eine gewisse Willkür nicht zu vermeiden ist. JACCARD's Ähnlichkeitskoeffizient hat noch einen weiteren Nachteil. Der Nenner des Quotienten (a+b+c) variiert in Abhängigkeit von d, was bedeutet, daß sich die Ähnlichkeitsmessung auf eine dem Umfang und dem Inhalt nach variierende Menge von Klassifikationsmerkmalen stützt. Dies kann die Stabilität der Klassifikationsergebnisse erheblich beeinträchtigen (vgl. z.B. HILL/TURRI/GILARDI/SILVESTRI, 1961; KENDRICK/PROCTOR, 1964 u.a.). Diesen Nachteil besitzt der von RUSSEL/RAO vorgeschlagene Ähnlichkeitskoeffizient (6) nicht.

Die Diskussion der Frage, ob negative Übereinstimmungen in die Ähnlichkeitsmessung einzubeziehen seien, an der sich zu Beginn der 60er Jahre sehr viele Forscher beteiligten, endete in der fast einheitlichen Ablehnung des Koeffizienten von JACCARD. Selbst SNEATH (1962a) konzediert: "We may conclude that we may employ negative matches, but it is well to be on the watch for aberrant results" (S. 306).

Die Gründe, die gegen den Ausschluß der negativen Übereinstimmungen sprechen (vgl. HILL/TURRI/GILARDI/SILVESTRI, 1961; SOKAL/SNEATH, 1963; BEERS/LOCKHART, 1962, u.v.a.m.), betreffen nicht nur den Koeffizienten von JACCARD, sondern natürlich auch die übrigen Ähnlichkeitskoeffizienten der zweiten Kategorie, die sich von S_J durch eine unterschiedliche und kaum zu rechtfertigende Gewichtung einzelner Größen unterscheiden. Im Hinblick auf die Bildung natürlicher Klassen ist es nicht einzusehen, daß eine doppelte Gewichtung der Nicht-Übereinstimmungen (b+c) wie im Koeffizienten S3 oder eine doppelte Gewichtung der positiven Übereinstimmungen (a) im Zähler und Nenner des Koeffizienten S_D oder eine andere ungleiche Gewichtung von Nutzen sein kann. Im Gegenteil, eine ungleiche Gewichtung einzelner Größen führt nicht nur zu einer zusätzlichen Variation der Koeffizienten, die die Vergleichbarkeit stört, sondern auch zu negativen Auswirkungen bezüglich der Stabilität der Klassifikationsergebnisse. Schließlich ist eine Gewichtung gleich welcher Art immer willkürlich. Schon aus diesem Grunde sind Ähnlichkeitskoeffizienten mit ungleicher Gewichtung im Zähler und/oder Nenner prinzipiell abzulehnen. Bei der Ablehnung "gewichteter" Ähnlichkeitskoeffizienten - die auch für die Koeffizienten der ersten Kategorie gilt - sind auch solche Überlegungen von Bedeutung, wie sie im Zusammenhang mit der externen Gewichtung von Klassifikationsmerkmalen erörtert wurden. Eine doppelte Gewichtung der positiven Übereinstimmungen (wie z.B. in S_D) bedeutet nämlich, daß Merkmale mit einem großen Anteil von positiven Ausprägungen ein stärkeres Gewicht bekommen als Merkmale mit einem geringen Anteil von positiven Ausprägungen. Dies gilt entsprechend auch für andere Formen der Gewichtung im Zähler und/oder Nenner von Ähnlichkeitskoeffizienten.

Die "statistischen" Assoziationsmaße von PEARSON (S_φ) und YULE (S_Y) werden weniger häufig zur Messung der Ähnlichkeit zwischen Objekten verwendet. Gelegentlich finden sich Anwendungen beim dualen Problem, der Messung der Ähnlichkeit zwischen Merkmalen. Der Korrelationskoeffizient für binäre Merkmale S_φ hat als Ähnlichkeitsmaß für Objekte im Prinzip die gleichen Mängel wie der Korrelationskoeffizient r für metrische Merkmale. Für binäre Merkmale ist die Verwendung des Korrelationskoeffizienten als Ähnlichkeitsmaß besonders problematisch, weil S_φ nur unter bestimmten (und in praxi nur selten realisierten) Bedingungen die Werte +1 und -1 annehmen kann. Der jeweilige Maximalwert von S_φ ist abhängig von den Randverteilungen in der Vier-Felder-Tafel. Je ungleicher die Randverteilungen sind, desto kleiner ist der Maximalwert von S_φ.[1)]

Es ist offensichtlich, daß sich diese Eigenschaften des Korrelationskoeffizienten sehr ungünstig auf die Klassenbildung auswirkt. Hinzukommt, daß die Interpretation des Korrelationskoeffizienten als Winkelmaß wenig sinnvoll ist. Weitere Nachteile des Korrelationskoeffizienten als Ähnlichkeitsmaß werden von MAJONE/SANDAY (1971) erörtert. YULE's Koeffizient S_Y wurde beispielsweise von BRISBANE/ROVIRA (1961) als Divisionskriterium eines hierarchisch-divisiven Klassifikationsverfahrens benutzt.

SOKAL/MICHENER haben 1958 einen Ähnlichkeitskoeffizienten für Merkmale mit mehr als zwei Ausprägungen beschrieben (aber nicht benutzt). Dieser Koeffizient, der "matching coefficient" genannt wurde, hat für binäre Merkmale die Form $S_{SM} = (a+d)/(a+b+c+d)$. Unabhängig von SOKAL/MICHENER haben BRISBANE/ROVIRA (1961) diesen Koeffizienten, den sie aus dem JACCARD-Koeffizienten herleiteten, unter der Bezeichnung "Affinity Index" benutzt. Weil dieser Ähnlichkeitskoeffizient auch die negativen Übereinstimmungen (d) einschließt (damit entfallen Schwierigkeiten bei der Kodierung: beide Ausprägungen sind gleichermaßen bedeutsam), weil der Koeffizient sehr einfach aufgebaut und leicht interpretierbar ist (vgl. z.B. COLLESS, 1967, S. 19 f.), weil die Größen a, b, c und d nicht willkürlich gewichtet werden, weil der Nenner dieses Koeffizienten für alle zu vergleichenden Objektpaare denselben Wert hat, weil er nur Werte zwischen Null und Eins annehmen kann (Null bedeutet völlige "Unähnlichkeit", Eins bedeutet Identität der Objekte in Bezug auf die ausgewählten Klassifikationsmerkmale) und weil er auf einer(euklidischen) Metrik basiert (vgl. WILLIAMS/DALE, 1965), wird er - von speziellen Fragestellungen abgesehen - durchweg anderen Ähnlichkeitskoeffizienten vorgezogen. SILVESTRI/TURRI/HILL/GILARDI

---

1) Vgl. z.B. GUILFORD (1956, S. 314).

(1962) heben hervor, daß die Verwendung des matching coefficient "maintains, none the less, the 'Adansonian' character of the classification, since the three fundamental principles of this type of classification are retained, namely, that it is based on overall similarity, that equal weight is given to all characters and that grouping of the individuals is based on correlated characters" (d.h. also, die "interne Gewichtung" bleibt erhalten).

Soll ein Klassifikationsverfahren verwendet werden, welches nicht mit Ähnlichkeitskoeffizienten vom Typ similarity, sondern mit solchen vom Typ dissimilarity bzw. mit Distanzen operiert, ist es notwendig, Ähnlichkeitsmaße in einer geeigneten Form in Unähnlichkeitsmaße zu transformieren. Es gibt verschiedene Möglichkeiten der Transformation: LYSENKO/SNEATH (1959) schlagen z.B. vor, den Koeffizienten $S(P,Q)_J$ wie folgt in eine "distance" zu transformieren: $d(P,Q) = (1/S(P,Q)_J)-1$ und erwähnen, daß auch der Logarithmus von $1/S(P,Q)_J$ verwendet werden kann.[1] ROGERS/TANIMOTO (1960) transformieren den Koeffizienten $S(P,Q)_{RT}$ in die "Distanz" $d(P,Q) = -\log_2 S(P,Q)_{RT} = \log_2 (1/S(P,Q)_{RT})$; SILVESTRI/TURRI/HILL/GILARDI (1962) transformieren den matching coefficient $S(P,Q)_{SM}$ in der gleichen Weise in die "Distanz" $d(P,Q) =$ $= -\log_2 S(P,Q)_{SM}$; BEERS/LOCKHART (1962) benutzen die Transformation $d(P,Q) = -\log_2 S(P,Q)_J$ usw. Natürlich sind auch einfachere Transformationen, wie z.B. $d(P,Q) = 1-S(P,Q)$, möglich (und auch Transformationen von Distanzen in Ähnlichkeitsmaße).

Die Beziehungen zwischen Ähnlichkeitskoeffizienten des Typs "similarity" und Distanzen sind keineswegs so klar und einfach, wie es die Vielzahl der vorgeschlagenen Transformationen erscheinen läßt. Ähnlichkeit und Distanz sind eng verwandte Konzepte. Doch gibt es Ähnlichkeitskoeffizienten vom Typ "similarity" denen ein Äquivalent für die Dreiecksungleichung, die eine Distanz erfüllt, fehlt. Während die Transformation einer Distanz in einen Ähnlichkeitskoeffizienten ohne Schwierigkeiten möglich ist, gewährleistet die Transformation in der umgekehrten Richtung in der Regel nicht, daß das Transformationsergebnis, welches meist unscharf als "Distanz" bezeichnet wird,

---

1) LYSENKO/SNEATH (1959) glaubten ein Maß zu benötigen, welches nicht nur im Intervall $[0,1]$ variiert.

die Dreiecksungleichung erfüllt, also eine Metrik ist (vgl. I. HARRISON, 1968). Das heißt, diese "Distanzen" entsprechen nicht völlig unserer Vorstellung von einem geometrischen Abstand, denn wenn P nahe zu Q ist und Q nahe zu R, so muß nicht P nahe zu R sein. Sie definieren im allgemeinen einen sogenannten semi-metrischen Raum (vgl. z.B. TANIMOTO, 1958; SOKAL/SNEATH, 1963; ORNSTEIN, 1965; IHM, 1965).

Wird davon ausgegangen, daß die m binären Klassifikationsmerkmale einen m-dimensionalen Merkmalsraum R_m aufspannen, so können die Objekte 2^m Eckpunkte eines m-dimensionalen Würfels besetzen. Dieser Würfel hat bei der üblichen Kodierung der Merkmalsausprägungen (0 und 1) die Kantenlänge 1 (vgl. SNEATH, 1968). Wird diese Länge als Abstand interpretiert,[1] so lassen sich zwischen den Punkten (Würfeleckpunkten) des R_m (euklidische) Abstände berechnen. Für die Punkte P und Q ist:

$$d^2(P,Q) = \sum_{i=1}^{m} (x_{iP} - x_{iQ})^2 = \sum_{i=1}^{m} |x_{iP} - x_{iQ}|$$

$$d^2(P,Q) = (b+c) = m - (a+d).$$

Nun ist der matching coefficient definiert als

$$S(P,Q)_{SM} = (a+d)/m$$

1) Es läßt sich zeigen, daß klassifikatorische Merkmale (Nominalskalen) mit nur zwei Ausprägungen (als Sonderfall) gegenüber linearen Transformationen invariant sind. Die Kodierung 0;1 hat lediglich rechnerische Vorteile. Eine lineare Transformation der Ausprägungen 0;1, beispielsweise in die Ausprägungen 7;22 (x'=15x+7), ist eine neue (wiederum willkürliche) Festlegung der Kantenlänge des m-dimensionalen Würfels, die nur zu einem multiplikativen Faktor in $d^2(P,Q)$ führt. Die Metrisierung ist also unabhängig von dem Zahlenwert der beiden Merkmalsausprägungen. Die Kodierung 0;1 hat den weiteren Vorteil, daß die Distanz auf das Intervall (0;1) beschränkt werden kann.

und die "total difference" als

$$S4^{+}(P,Q) = (b+c)/m \quad ,$$

so daß

$$d^2(P,Q) = m \cdot S4^{+}(P,Q) = m \cdot (1-S(P,Q)_{SM}).^{1)}$$

Es kann gezeigt werden (vgl. z.B. MAJONE/SANDAY, 1971), daß

$$S4^{+}(P,Q) = (d^2(P,Q)/m)$$

"is an actual (non-Euclidean) metric distance in the space of dichotomus characteristics" (MAJONE, 1970, S. 157), das heißt eine Distanz, welche auch die Dreiecksungleichung erfüllt. Mit der zusätzlichen Annahme unkorrelierter Klassifikationsmerkmale ist sie wie eine euklidische Distanz interpretierbar (vgl. WILLIAMS/DALE, 1965, S. 49). Da die Merkmale realiter nicht unkorreliert sind, wird mit $S4^{+}(P,Q)$ auch die interne Gewichtung der Merkmale erfaßt.

$S4^{+}$ und $S_{SM} = 1-S4^{+}$ werden nicht zuletzt wegen dieser Eigenschaften anderen Ähnlichkeitskoeffizienten vorgezogen.[2)] WILLIAMS/DALE (1965)

---

1) Vgl. PROCTOR (1966), GOWER (1966), MAJONE (1970), DUCIMETIÈRE (1970) u.a.

2) "It is not asserted that every notion of distance which may be of interest to the social scientist should satisfy these axioms; but it is hard to see how unambiguous distance-based classifications can be obtained if the axioms (in particular the triangle inequality) do not hold" (MAJONE, 1970, S. 155).

MAJONE/SANDAY (1971) zeigen, daß mit

$$d'(P,Q) = \frac{M \cdot d(P,Q)}{1+d(P,Q)} \quad \text{(M ist eine positive reelle Zahl)}$$

aus einer Distanz d(P,Q) eine neue Distanz d'(P,Q) definiert werden kann.
Ist z.B. M=2 und $d(P,Q) = S4^{+}$, also

$$d'(P,Q) = \frac{2 \cdot S4^{+}}{1+S4^{+}}$$, so folgt daraus, daß auch

$$1-d'(P,Q) = S_{RT} = (a+d)/\left[(a+d)+2(b+c)\right]$$ eine Metrik ist.

Auch andere Ähnlichkeitskoeffizienten, wie z.B. $S_J = a/(a+b+c)$, besitzen die Eigenschaften einer Metrik. Im Hinblick auf die Klassenbildung wird dieser Vorteil aber oft mehr als aufgewogen durch die Gewichtung und/oder den Ausschluß von d, den negativen Übereinstimmungen.

heben hervor, daß die metrischen Eigenschaften dieser Koeffizienten insbesondere für hierarchische Klassifikationsverfahren von Bedeutung sind; MAJONE/SANDAY (1971, S. 227 f.) präzisieren: "The desirability of using a metric distance in classification stems from the fact that a metric distance satisfies the property of transitivity". Nicht nur entspricht es unserem räumlichen Vorstellungsvermögen, daß, wenn P nahe zu Q und Q nahe zu R ist, auch P nahe zu R ist, sondern, da Klassen von Einheiten, die einander eng benachbart sind, gebildet werden sollen, ist es auch plausibel, wenn P, Q und R derselben Klasse angehören. Solche Klassen liefern sogenannte "distance-based" Klassifikationsverfahren.

Zweifellos besitzen der matching coefficient S_{SM} und sein Komplement, die "total difference" $S4^{+}$, eine ganze Reihe von für die Klassifikation positiven Eigenschaften. Die Verwendung dieser Ähnlichkeitskoeffizienten kann jedoch Konsequenzen haben, die nicht in jedem Falle wünschenswert sind. Sind zwischen allen Objektpaaren der n zu klassifizierenden Objekte die n(n-1)/2 Ähnlichkeitskoeffizienten bestimmt, so ist damit die im Datensatz vorhandene (bzw. als vorhanden vorausgesetzte) Ähnlichkeitsstruktur determiniert; und zwar in diesem Falle unter der Annahme, daß sie durch (euklidische) Metriken erfaßbar ist, eine Annahme, die kaum überprüfbar ist und von der nicht generell vorausgesetzt werden kann, daß sie erfüllt wird.

Merkmalskorrelationen können in bestimmten Fällen die Ähnlichkeitsstruktur verzerren, indem sie einzelnen Merkmalskategorien ein unangemessen hohes Gewicht geben. Da hier die Ansicht vertreten wird, daß, um die für die Klassenbildung bedeutsame interne Gewichtung der Klassifikationsmerkmale zu erhalten, lediglich hochkorrelierte Merkmale zu eliminieren sind, muß nur erwähnt werden, daß KURCZYNSKI (1970) eine der MAHALANOBIS-Distanz sehr ähnliche "generalized distance for discrete variables" entwickelt hat. Diese Distanz "can be regarded as the Euclidean distance between two points, representing two populations, in an n-variable transformed space. The n transformed variables are uncorrelated, have unit variance, and are obtained by a suitable transformation of the original space of correlated variables" (S. 532). Die dieser Distanz zugrundeliegenden Annahmen sind denen der MAHALANOBIS-Distanz vergleichbar und ihre

Verwendung unterliegt im wesentlichen den gleichen Einschränkungen. Es ist nicht bekannt, daß diese Distanz bereits als Ähnlichkeitsmaß bei der Klassifikation eingesetzt wurde.

Einem Ähnlichkeitsmaß von BONNER (1964) für korrelierte binäre Merkmale liegt ein völlig anderes Konzept zugrunde. Für den Fall, daß "...a judgment ist made that valid clusters arise because of dependence between attributes in the original object set,..." (S. 23), schlägt er vor, den folgenden Ähnlichkeitskoeffizienten "which takes pairwise correlation into account" zu verwenden:[1)]

$$S(P,Q) = \sum_{j=1}^{m} \sum_{i=1}^{m} \rho_{i,j} \left[1-|x_{Pi} - x_{Qi}|\right] \left[1- |x_{Pj} - x_{Qj}|\right] \left[1-2|x_{Pi} - x_{Pj}|\right]$$

$\rho_{i,j}$ ist der Korrelationskoeffizient für die binären Merkmale i und j.

Die Glieder dieser Doppelsumme sind nur dann ungleich Null, wenn sowohl die Ausprägungen des Merkmals i als auch die Ausprägungen des Merkmals j für P und Q übereinstimmen. Haben i und j dieselbe Ausprägung, wird $\rho_{i,j}$ addiert, anderenfalls wird $\rho_{i,j}$ subtrahiert. Damit wird der Einfluß der Merkmalskorrelation verstärkt. Da die Grenzwerte von $\rho_{i,j}$ nur bei bestimmten Randverteilungen erreicht werden können, wird mit diesem Koeffizienten gleichzeitig eine ungleiche Merkmalsgewichtung eingeführt. Unkorrelierte Merkmale gehen nicht in dieses Maß ein.

Es ist schwer zu beurteilen, ob eine derartige Verstärkung der Merkmalskorrelationen positive Auswirkungen auf die Klassenbildung hat. Vor allem die ungleiche und im Hinblick auf die Konsequenzen undurchsichtige Gewichtung der Merkmale, die wechselnden Vorzeichen der Summenglieder (der Koeffizient kann auch negative Werte annehmen) und die umständliche Berechnung sind so negative Eigenschaften dieses Maßes, daß es nicht empfehlenswert zu sein scheint. Schließlich ist es für eine Klassifikation kaum sinnvoll, in ein Ähnlichkeitsmaß die Korrelationen des "orginal object set" einzubeziehen. Auch wenn im gesamten Datensatz bestimmte Korrelationskoeffizienten gleich Null sind, so können in den gebildeten Klassen die Merkmale dennoch hochkorreliert sein. Auch ist es möglich, daß negativ

1) Die Symbolik wurde der hier verwendeten angeglichen.

korrelierte Merkmale in einzelnen Klassen positiv korreliert sind (und umgekehrt). Daraus folgt, daß nicht die Korrelationskoeffizienten des gesamten Datensatzes, sondern die der Klassen in einer geeigneten Form einbezogen werden müßten.

In der Klassifikationsliteratur wird eine Fülle weiterer Ähnlichkeitskoeffizienten beschrieben, die zum Teil für spezielle Fragestellungen besonders positive Eigenschaften besitzen (sollen). Es gibt auch viele Koeffizienten, die offensichtlich noch nie zur Klassifikation verwendet wurden und über deren Eignung keine Informationen vorliegen. Häufig ist es auch kaum zu beurteilen, ob ein "nützliches"Klassifikationsergebnis auf das verwendete Ähnlichkeitsmaß oder auf das Verfahren zurückzuführen ist. Liegen nicht ineinander fließende Punktwolken vor, d.h., sind die Klassen wohlsepariert, so liefern verschiedene Ähnlichkeitsmaße (und Verfahren) nahezu gleich "gute" Ergebnisse. Für weitere Ähnlichkeitskoeffizienten wird auf das Literaturverzeichnis verwiesen.[1] Ein Maß, welches für die Klassifikation von Objekten anhand binärer Merkmale besonders positive Eigenschaften hat, muß jedoch noch erörtert werden.

Klassifikationsverfahren sollen homogene Klassen liefern. Die Homogenität von Klassen kann auf zweierlei Weise beschrieben werden. Zum einen durch die Angabe, daß die Distanz der Objekte, die eine Klasse bilden, zueinander oder zu einem gemeinsamen Mittelpunkt (Centroid) geringer ist als die Distanz dieser Objekte zu Objekten bzw. Centroiden anderer Klassen, zum anderen durch die Angabe, daß die Dispersion der Klassifikationsmerkmale innerhalb der Klassen (intraclass-dispersion) gering ist. Beide Betrachtungsweisen sind eng miteinander verwandt, denn wenn Objekte im räumlichen Sinne einander nahe sind, dann ist auch die Streuung ihrer Klassifikationsmerkmale gering. Die Summe der Abweichungsquadrate (Fehlerquadratsumme) innerhalb der Klassen kann z.B. als Indikator der Klassenhomogenität verwendet werden. Eine Reihe von Klassifikationsverfahren, welche in irgendeiner Form "the within-group sum of squares" (WISHART, 1969a, S. 282) oder die

---

1) Zum Experimentieren mit verschiedenen Koeffizienten ist das Programm CLUSTAN IA von WISHART (1970a) hervorragend geeignet.

"pooled variance within classes" (FORGY, 1965, S. 769; vgl. auch FORGY, 1964) zu minimieren versuchen, Verfahren, deren Ergebnisse sogenannte "minimum-variance solutions" oder "minimum-variance partitions" sind, werden von WISHART (1969a) beschrieben.[1] Von WISHART (1969a), CORMACK (1971) und anderen wird der Begriff "minimum-variance solution" als Oberbegriff verwendet: "... any method which imposes some form of constraint on the spread, or variance, of clusters of points is included in the category" (S. 282).[2]

(2) Die Entropie

Die Konzeption der "minimum-variance" Partition legt es nahe, nach einem Maß für binäre Merkmale zu suchen, welches der Varianz bzw. der Fehlerquadratsumme metrischer bzw. metrisierter Merkmale analoge Eigenschaften besitzt, ohne daß einschränkende Annahmen hinsichtlich der Merkmalsverteilungen gemacht werden müssen. Ein solches Unähnlichkeitsmaß läßt sich informationstheoretisch begründen. Es ist für die Objekte P und Q wie folgt definiert:

$$H_T(PQ) = 2(b+c)\log_a 2 \quad ,$$

dabei ist (b+c) die Anzahl der Nicht-Übereinstimmungen. Dieses Maß $H_T(PQ)$ wird (totale) Entropie genannt. Es ist als eine Spezialisierung eines allgemeineren Maßes der Variabilität innerhalb von Klassen anzusehen. Für die Beurteilung der Eigenschaften und der Einsatzmöglichkeiten von Unähnlichkeits- bzw. Homogenitätsmaßen dieser Art im Bereich der Klassifikation ist es erforderlich, die informationstheoretische Basis solcher Maße kurz zu erörtern.

EXKURS: Zur Informationstheorie

Die Informationstheorie soll nur in dem Umfang behandelt werden, wie es der Einsatz informationstheoretischer Maßzahlen zur Klassifikation

1) Das bekannteste dieser Klassifikationsverfahren ist wohl das hierarchisch-agglomerative Verfahren von WARD (1963) (vgl. Kap. 2432 (126).

2) MCRAE (1970) faßt den Begriff "minimum variance partition" enger. Für ihn "... a minimum variance partition solution is equivalent to a "minimum Trace W" solution" (S. 3).

(und zur Beurteilung der Klassifikationsergebnisse) erfordert.[1] Es läßt sich jedoch - des Zusammenhanges wegen - nicht durchgehend vermeiden, daß späteren Ausführungen geringfügig vorgegriffen wird. Der Einfachheit halber wird vorausgesetzt, daß nur Versuche mit zwei Ausgängen bzw. Merkmalen mit nur zwei Ausprägungen interessieren.

Die Informationstheorie wurde im Jahre 1948 von SHANNON als mathematische Theorie der Kommunikation begründet.[2] Sie beschäftigt sich vorwiegend mit mathematisch-statistischen Problemen, "die bei der Aufbewahrung, Umformung und Übermittlung von Informationen auftreten" (RENYI, 1966, S. 435; vgl. auch ADAM, 1958 und BIHN, 1967). Inzwischen hat sich die Informationstheorie als einer der neuesten Zweige der Wahrscheinlichkeitstheorie etabliert, der "...provides a unification of known results, and leads to natural generalizations and the derivation of new results" (KULLBACK, 1959, S. VII). Eines der Hauptanwendungsgebiete ist die multivariate Analyse (vgl. z.B. KULLBACK, 1952, 1959; MCGILL, 1954; GARNER/MCGILL, 1956; KUPPERMAN, 1959, 1960).

Gegeben seien zwei Ereignisse E_1 und E_2, die ein vollständiges System von Ereignissen bilden und die mit den Wahrscheinlichkeiten $p(E_1)=p_1$ und $p(E_2)=p_2$ eintreten ($p_1 + p_2 = 1$). Im endlichen Wahrscheinlichkeitsschema:

$$W = \begin{Bmatrix} E_1 & E_2 \\ p_1 & p_2 \end{Bmatrix}$$

werden den beiden Ereignissen die zugehörigen Wahrscheinlichkeiten zugeordnet. $P = (p_1,p_2)$, mit $0 < p_1, p_2 < 1$ und $p_1 + p_2 = 1$, ist eine Wahrscheinlichkeitsverteilung, die Zweipunktverteilung (oder auch Null-Eins-Verteilung) genannt wird. Das Wahrscheinlichkeitsschema

1) Vgl. dazu: GARNER/MCGILL (1956), ADAM (1958), FEINSTEIN (1958), KULLBACK (1959), HENZE (1965), JAGLOM/JAGLOM (1965), ACZEL (1969), RENYI (1966), BIHN (1967), THEIL (1967), MESCHKOWSKI (1968), WEISS (1972) u.a.

2) Unabhängig von SHANNON hat auch WIENER (1948) die für die Kommunikationstheorie grundlegenden logarithmischen Informationsmaße angegeben.

beschreibt einen Zustand der Unbestimmtheit vor einem Versuch, bei dem genau eines der beiden Ereignisse eintreten wird. Der Grad der Unbestimmtheit wird in der Informationstheorie durch:

$$H(P) = H(p_1,p_2) = - \sum_{s=1}^{2} p_s \log_a p_s$$

$$= - (p_1 \log_a p_1 + p_2 \log_a p_2)$$

gemessen. H(P) heißt Entropie der Wahrscheinlichkeitsverteilung $P = (p_1,p_2)$.[1)]

Die Wahl der Basis a ist willkürlich. Sie legt lediglich die Maßeinheit fest, mit der der Ungewißheitsgrad gemessen wird. Werden die Logarithmen auf die Basis a=2 bezogen ($\log_2 x = \mathrm{ld}\, x$), so wird als Maßeinheit der Unbestimmtheit die Unbestimmtheit der Zweipunktverteilung mit $p_1 = p_2 = 0{,}5$ festgesetzt. Es ist üblich, diese Maßeinheit "bit" zu nennen. Die Wahl einer anderen Basis bewirkt eine proportionale Änderung des Unbestimmtheitsmaßes H(P) (vgl. z.B. BIHN, 1967, S. 53).[2)]

Die Entropie ist ein sehr anschauliches Maß für den Grad der Ungewißheit, wie folgendes Beispiel zeigt.

$$W_1 = \begin{Bmatrix} E_1 & E_2 \\ 0{,}99 & 0{,}01 \end{Bmatrix} \quad \text{und} \quad W_2 = \begin{Bmatrix} E_1 & E_2 \\ 0{,}5 & 0{,}5 \end{Bmatrix}$$

sind zwei Wahrscheinlichkeitsschemata mit unterschiedlicher Ungewißheit. Während im Schema W_1 das Eintreten des Ereignisses E_1 "fast sicher" ist, ist im Schema W_2 das Eintreten von E_1 genau so sicher oder unsicher wie das Eintreten von E_2. Eine Prognose über den Ausgang des Versuchs W_2 erscheint wenig sinnvoll. Entsprechend ist auch $H(0{,}99;\ 0{,}01) = 0{,}08$ bit $< H(0{,}5;\ 0{,}5) = 1$ bit.

---

1) H(P) wird häufig SHANNON'sche Formel genannt. Sie wurde jedoch auch von WIENER (1948) angegeben.

2) In dieser Arbeit wird in der Regel a=2 gesetzt. Bei der Anwendung (Kap. 2432 (11)) wird aus rechentechnischen Gründen mit $\ln x = \log_e x$ (Maßeinheit "nit") gearbeitet.

Aus der Formel für H(P) geht hervor, daß die Entropie nicht von den beiden Ereignissen E_1 und E_2, die auch als Ausprägungen eines binären Merkmals interpretierbar sind, abhängt, sondern nur eine Funktion der Wahrscheinlichkeitsverteilung $P = (p_1, p_2)$ ist. Daher ändern weder eine andersartige Interpretation noch eine Vertauschung der Ereignisse (bzw. der Wahrscheinlichkeiten) etwas am Funktionswert H(P). Die Schemata

$$W_1 = \begin{Bmatrix} E_1 & E_2 \\ 0{,}9 & 0{,}1 \end{Bmatrix} \quad \text{und} \quad W_2 = \begin{Bmatrix} E_2 & E_1 \\ 0{,}9 & 0{,}1 \end{Bmatrix}$$

haben beispielsweise den gleichen Unbestimmtheitsgrad. Diese Eigenschaft ist für binäre Merkmale insofern bedeutsam, als - wie bei allen klassifikatorischen Merkmalen - die Kodierung der Merkmalsausprägung willkürlich ist.

Wenn p_1 oder p_2 gleich 1 ist, die Zweipunktverteilung also zu einer Einpunktverteilung degeneriert, besteht keine Unbestimmtheit. Die Entropie erreicht ihr Minimum: H(P) = H(0;1) = H (1;0) = 0 bit. Wegen

$$\lim_{p \to 0} (- p \text{ ld } p) = 0$$

wird dabei $0 \cdot \text{ld } 0 = 0$ gesetzt.

Die Entropie erreicht ihr Maximum, wenn $p_1 = p_2 = \ldots = p_t$ ist, d.h., eine Gleichverteilung vorliegt: $H(P)_{max.} = \text{ld } t$ (t ist die Anzahl der Merkmalsausprägungen).[1)] Im Falle der Zweipunktverteilung ist also $H(P)_{max.} = H(0{,}5;0{,}5) = \text{ld } 2 = 1$ bit.

Für $0 < p_1, p_2 < 1$ ist die Entropie positiv, denn für diesen Bereich ist ld p_s negativ. Mithin gilt:

---

1) Aus dieser Eigenschaft folgt für die Klassifikation, daß tunlichst nur Merkmale mit einer gleichen Anzahl von Ausprägungen als Klassifikationsmerkmale verwendet werden. Anderenfalls wird eine ungleiche Gewichtung der Merkmale in die Klassifikation eingeführt, denn $H(P)_{max.}$ wächst monoton mit t.

$$0 \leq H(P) \leq 1 .$$

Die Entropie ist eine stetige Funktion. Aus kleinen Veränderungen von p_s resultieren nur geringe Änderungen des Funktionswertes H(P).

Die Additivität von Entropien ist für die Klassifikation von besonderer Bedeutung. Wenn E und F zwei unabhängige Versuche oder Merkmale sind und (E,F) einen kombinierten Versuch mit den zusammengesetzten Ereignissen E_1F_1, E_1F_2, E_2F_1 und E_2F_2 symbolisiert, dann gilt für die Entropie des kombinierten Versuchs:[1)]

$$H(P_{E,F}) = H(P_E) + H(P_F) \quad ,$$

dabei sind $P_{E,F}$, P_E und P_F die den jeweiligen Ereignissen zuzuordnenden Wahrscheinlichkeitsverteilungen. Dies ist auch plausibel, denn bei Unabhängigkeit der Ereignisse ist es zu erwarten, daß die Ungewißheit des kombinierten Versuchs (E,F) gleich ist der Summe der Ungewißheiten der Einzelversuche E und F.

Wenn die beiden Versuche oder Merkmale jedoch nicht unabhängig sind, im Ausgang eines Versuchs also "Informationen" über den Ausgang des anderen Versuchs enthalten sind, muß

$$H(P_{E,F}) < H(P_E) + H(P_F)$$

sein. Für den Fall, daß z.B. das Ergebnis des Versuchs E das des Versuchs F völlig determiniert, ist nach der Durchführung des Versuchs E das Ergebnis des Versuchs F nicht mehr ungewiß und für die Entropie des zusammengesetzten Versuchs gilt

$$H(P_{E,F}) = H(P_E) \quad .$$

Allgemein gilt:[2)]

1) Vgl. JAGLOM/JAGLOM (1965, S. 68 ff.), KULLBACK (1959, Kap. 2, S. 12 ff.), FEINSTEIN (1958, Kap. 2, S. 11 ff.).

2) Vgl. z.B. JAGLOM/JAGLOM, 1965, S. 70 ff. und S. 328 ff.

$$H(P_{E,F}) = H(P_{F,E}) = H(P_E) + H(P_F|P_E)$$
$$= H(P_F) + H(P_E|P_F) \quad .$$

Hierin ist z.B. $H(P_F|P_E)$ die mittlere bedingte Entropie[1)] des Versuchs F unter der Bedingung, daß der Versuch E realisiert wurde. $H(P_F|P_E)$ ist gleich Null, wenn das Ergebnis des Versuchs E das des Versuchs F vollständig bestimmt; es ist $H(P_F|P_E) = H(P_F)$, wenn die Versuche unabhängig sind.

Die Entropie ist wie ein Erwartungswert bzw. Mittelwert zu interpretieren. Aus

$$H(P) = H(p_1,p_2) = p_1 \text{ ld } \frac{1}{p_1} + p_2 \text{ ld } \frac{1}{p_2}$$

geht unmittelbar hervor, daß H(P) ein mit den Wahrscheinlichkeiten p_1 und p_2 gewogender Mittelwert der Größen

$$\text{ld } \frac{1}{p_1} \quad \text{und} \quad \text{ld } \frac{1}{p_2}$$

ist. Diese Größen sind die Ungewißheiten der beiden Versuchsausgänge, die auch partielle Unbestimmtheiten (WEISS, 1972) genannt werden können. Mithin ist die Ungewißheit eines ganzes Versuchs ein gewogener Mittelwert der Unbestimmtheiten der einzelnen Versuchsausgänge.[2)] Daher wird die Entropie H(P) auch mittlere oder durchschnittliche Entropie genannt.

Die Durchführung eines Versuchs beseitigt die Ungewißheit über den Versuchsausgang, sie liefert also eine Information. Es ist zweckmäßig anzunehmen, daß diese Information (oder der mittlere Informationsgehalt dieses Versuchs) der Ungewißheit gleich ist, die vor der Durchführung des Versuchs bestand; und es ist sinnvoll, die Größe der Information I(P) proportional zur Entropie H(P) zu setzen:

---

1) In Analogie zur bedingten Wahrscheinlichkeit.

2) Siehe hierzu das Beispiel von JAGLOM/JAGLOM, 1965, S. 86, Fußnote 1.

$$H(P) = p_1 \text{ ld } \frac{1}{p_1} + p_2 \text{ ld } \frac{1}{p_2} = I(P)$$

Entropie oder mittlere Entropie	=	Information oder mittlerer Informationsgehalt

Die Begriffe "Entropie", "Ungewißheit", "Information" und "Informationsgehalt" werden häufig synonym verwendet, um eine bestimmte Eigenschaft einer Verteilung zu kennzeichnen.[1] Nach ATTNEAVE (1969, S. 23) ist der Begriff "Ungewißheit" mehr zukunftorientiert, während der Begriff "Information" mehr vergangenheitsorientiert ist, "aber die relevante statistische Eigenschaft wird auf dieselbe Weise gemessen, gleichgültig, wann die Ereignisse eintreten" (vgl. auch BIHN, 1967, S. 55 f.).

Das bedeutet, mit H(P) = I(P) können nicht nur Wahrscheinlichkeitsverteilungen, sondern auch empirische (relative und absolute) Häufigkeitsverteilungen charakterisiert werden (vgl. hierzu auch GARNER/MCGILL, 1956; BIHN, 1967; ADAM, 1958; WEISS, 1972 u.a.). Die Eigenschaften dieses Maßes zeigen, daß es als ein deskriptives Streuungsmaß (vgl. GARNER/MCGILL, 1956, S. 220) für Häufigkeitsverteilungen klassifikatorischer Merkmale anzusehen ist. Im folgenden wird mit "Entropie" oder "mittlerer Entropie" H(x) die (durchschnittliche) Streuung eines Merkmals x (mit den Ausprägungen 0 und 1) bezeichnet. Merkmale werden durch kleine Buchstaben symbolisiert.

Werden in

$$H(x) = - [p_1 \text{ ld } p_1 + p_2 \text{ ld } p_2]$$

die relativen Häufigkeiten p_1 und p_2 ($p_1 + p_2 = 1$) durch n_1/n und n_2/n ($n_1 + n_2 = n$) ersetzt, so kann die durchschnittliche Entropie (oder Streuung) der Verteilung von x auch mittels

$$H(x) = \text{ld } n - \frac{1}{n} [n_1 \text{ ld } n_1 + n_2 \text{ ld } n_2]$$

berechnet werden. n_1 und n_2 sind die Besetzungszahlen der Merkmals-

---

1) Daß es sich hierbei um Durchschnitte handelt, wird in der Regel als bekannt vorausgesetzt.

ausprägungen 0 und 1, n ist der Umfang der Stichprobe bzw. Gesamtheit. Eine Umwandlung absoluter in relative Häufigkeiten ist also nicht erforderlich. Tabellen der Größen -p ld p, n ld n bzw. n ln n enthalten unter anderen die Bücher von JAGLOM/JAGLOM (1965), MESCHKOWSKI (1968), KULLBACK (1959) und ATTNEAVE (1969).

Informationstheoretische Maßzahlen eignen sich auch zur Analyse und Beschreibung mehrdimensionaler Verteilungen.[1] Für die Klassifikation ist die Analyse und Beschreibung zwei- und mehrdimensionaler Verteilungen von besonderem Interesse. Aus der Additionsregel für Entropien folgt für die Merkmale x und y:

$$H(x,y) \leq H(x) + H(y) \qquad \text{bzw.}$$

$$H(x,y) = H(x) + H(y) - H(x;y).$$

Es ist üblich, die Größe

$$H(x;y) = H(x) + H(y) - H(x,y) \qquad ,$$

die mittlere Information (oder Entropie) im Merkmal x über das Merkmal y oder umgekehrt in y über x, Transinformation oder mittlerer Transinformationsgehalt zu nennen.[2] Die Transinformation $H(x;y)$ ist ein dem Korrelationskoeffizienten (φ bzw. r) vergleichbares Maß.[3] Es besitzt folgende Eigenschaften: die Funktion $H(x;y)$ ist stetig im Intervall $0 \leq H(x;y) \leq H(z)$, dabei ist $H(z)$ der kleinere der beiden Werte $H(x)$ und $H(y)$;[4] $H(x;y) = 0$, dann und nur dann, wenn x und y unabhängig sind;[5] werden Logarithmen zur Basis a=2 verwendet, so ist $H(x;y) \leq 1$.

---

1) Vgl. z.B. GARNER/MCGILL (1956) und KULLBACK (1959). Siehe auch GARNER/HAKE (1951) und MCGILL (1954).

2) Für $H(x;y)$ sind auch eine Reihe anderer Bezeichnungen gebräuchlich, wie z.B. mutual information, Wechselinformation, Informationsüberdeckung und Synentropie.

3) Vgl. zu den Beziehungen zwischen $H(x;y)$ und $\varphi_{x,y}$ CAPECCHI (1964), vgl. auch KULLBACK (1959, S. 8).

4) Siehe BIHN (1967, S. 67 ff.).

5) Siehe KULLBACK (1959, Kap. 2, S. 12 ff.).

Werden die Beziehungen zwischen einem Merkmal x und einem Merkmal y in einer Kontingenztabelle zusammengestellt (die Symbole erklären sich selbst):

x \ y	0	1	Σ_2
0	n_{11}	n_{12}	$n_{1.}$
1	n_{21}	n_{22}	$n_{2.}$
Σ_1	$n_{.1}$	$n_{.2}$	n

x \ y	0	1	Σ_2
0	p_{11}	p_{12}	$p_{1.}$
1	p_{21}	p_{22}	$p_{2.}$
Σ_1	$p_{.1}$	$p_{.2}$	1

,

so kann H(x;y) auch als mittlere Information der Zeilengliederung über die Spaltengliederung oder umgekehrt interpretiert werden.

Der mittlere Transinformationsgehalt wird mit absoluten Häufigkeiten wie folgt berechnet. Die (durchschnittliche) gemeinsame Entropie der Merkmale x und y ergibt sich aus:

$$H(x,y) = \mathrm{ld}\, n - \frac{1}{n}\left[n_{11}\,\mathrm{ld}\, n_{11} + n_{12}\,\mathrm{ld}\, n_{12} + n_{21}\,\mathrm{ld}\, n_{21} + n_{22}\,\mathrm{ld}\, n_{22}\right].$$

Wird dieser Ausdruck zusammen mit den entsprechenden Formeln für H(x) und H(y) in H(x;y) = H(x) + H(y) - H(x,y) eingesetzt, so folgt

$$H(x;y) = \mathrm{ld}\, n + \frac{1}{n}\left[n_{11}\,\mathrm{ld}\, n_{11} + n_{12}\,\mathrm{ld}\, n_{12} + n_{21}\,\mathrm{ld}\, n_{21} + n_{22}\,\mathrm{ld}\, n_{22}\right] -$$

$$- \frac{1}{n}\left[n_{1.}\,\mathrm{ld}\, n_{1.} + n_{2.}\,\mathrm{ld}\, n_{2.}\right] - \frac{1}{n}\left[n_{.1}\,\mathrm{ld}\, n_{.1} + n_{.2}\,\mathrm{ld}\, n_{.2}\right].$$

Mit relativen Häufigkeiten ist:

$$H(x;y) = \sum_{i=1}^{2}\sum_{j=1}^{2} p_{ij}\,\mathrm{ld}\,\frac{p_{ij}}{p_{i.}\,p_{.j}}\,.$$ [1)]

Der mittlere Transinformationsgehalt H(x;y) und darauf aufbauende Größen sind für die Klassifikation von mehrfacher Bedeutung. Zunächst

1) Aus dieser Formel geht unmittelbar hervor, daß H(x;y) = 0, wenn $p_{ij} = p_{i.}\, p_{.j}$, d.h. Unabhängigkeit vorliegt.

kann H(x;y) als Instrument zur Analyse der Klassifikationsmerkmale verwendet werden (vgl. z.B. ESTABROOK, 1967). Mit H(x;y) können z.B. jene Merkmale bestimmt werden, die - weil die Informationen, die sie liefern, bereits in hohem Maße in einem oder mehreren anderen Merkmalen enthalten sind - von der Klassifikation auszuschließen sind, d.h., die Merkmale, welche die "eingebaute Gewichtung" der Klassifikationsmerkmale verzerren.

Die "eingebaute Gewichtung" (und gleichzeitig auch der Zusammenhang zwischen den verschiedenen Entropiemaßen) läßt sich mit Hilfe eines VENN-Diagramms veranschaulichen (vgl. ESTABROOK, 1967 und BIHN, 1967).

Korrelationen zwischen Klassifikationsmerkmalen lassen sich nie vermeiden. Sie sind - zumindest in einem gewissen Umfang - auch durchaus wünschenswert. Es ist also davon auszugehen, daß sich die Entropien H(i) und H(j) für alle Klassifikationsmerkmale $i,j = 1,2,...,m$ mehr oder weniger stark überlappen (Informationsüberdeckung). Die Transinformation H(i;j) geht bei zwei Klassifikationsmerkmalen mit doppeltem Gewicht in die Klassifikation ein. Werden diese Überlegungen auf 3,4,...,m Merkmale ausgedehnt, so wird deutlich, daß bestimmte Transinformations- (oder Entropie-)teile mehrfache (bis zu m) Beiträge zur Klassenbildung leisten. "It is this differential weighting which provides the biological structure in a study and results in a 'natural' classification" (ESTABROOK, 1967, S. 95). Natürlich gilt diese Aussage nicht nur für Klassifikationen im Bereich der Biologie.

Für die Merkmalsanalyse ist auch RAJSKI's Kohärenzkoeffizient geeignet. Er ist wie folgt definiert

$$R(x;y) = \sqrt{1-d^2(x;y)} \quad , \text{ dabei ist } d(x;y) = 1 - \frac{H(x;y)}{H(x,y)} \quad .$$

Der Kohärenzkoeffizient wurde von RAJSKI (1961) als informationstheoretische Verallgemeinerung des Korrelationskoeffizienten entwickelt. Er mißt den Grad der Abhängigkeit (Assoziation) zwischen zwei Merkmalen x und y. Auch d(x;y), RAJSKI's "metric" ist ein Assoziationsmaß[1].

1) Siehe ORLOCI (1969); vgl. auch RAJSKI (1961, S. 43) und die "discussion" zu RAJSKI (1961, S. 44 f.).

R(x;y) kann Werte zwischen 0 und +1 annehmen. Ist $R(x;y) = 0$, so sind die Merkmale x und y völlig unabhängig; ist $R(x;y) = 1$, so sind sie vollständig assoziiert.

RAJSKI's Koeffizient kann als Maß der Ähnlichkeit zwischen Merkmalen verwendet werden. Das ist dann von Interesse, wenn nicht Objekte, sondern Merkmale klassifiziert werden sollen, wie z.B. psychologische Tests.

Der mittlere Transinformationsgehalt H(i;j) kann auch als Grundlage für ein Klassifikationskriterium eines divisiven Klassifikationsverfahrens dienen (vgl. MÖLLER, 1962a, b, 1963; CAPECCHI, 1964; CAPECCHI/MÖLLER, 1968; vgl. auch Kap. 2432(2)).

Bisher wurde als Maß der Variabilität eines Merkmals x die durchschnittliche Entropie H(x) verwendet. Häufig ist es zweckmäßig, als Streuungsmaß an Stelle der durchschnittlichen Entropie H(x) die "totale" Entropie $nH(x) = H_T(x)$ einzusetzen;[1)2)] also statt mit

$$H(x) = \text{ld}\, n - \frac{1}{n}\left[n_1 \,\text{ld}\, n_1 + n_2 \,\text{ld}\, n_2\right]$$

mit

$$n \cdot H(x) = H_T(x) = n \,\text{ld}\, n - \left[n_1 \,\text{ld}\, n_1 + n_2 \,\text{ld}\, n_2\right]$$

zu arbeiten.[3)4)] Für die folgenden Ausführungen werden ausschließlich Variabilitätsmaße benötigt, die auf der "totalen" Entropie aufbauen. Daher soll von nun an unter Entropie stets die "totale" Entropie $H_T(.)$ verstanden werden.

1) Im Bereich der Klassifikation wird fast ausschließlich die "total entropy", wofür auch die Bezeichnung "total information (content)" gebräuchlich ist, verwendet.

2) Für metrische Merkmale findet sich eine Parallele in der mittleren quadratischen Abweichung einerseits und der Summe der quadratischen Abweichungen oder Fehlerquadratsumme andererseits.

3) Vgl. auch KULLBACK (1959) und das anschauliche (Test-)Beispiel bei KUPPERMAN (1960).

4) Wie ORLOCI (1968a) zeigt, kann $H_T(x)$ dazu benutzt werden, die Frage zu beantworten: "...how much information is lost if instead of using quantitative data only presence/absence scores were recorded?" (S. 274).

Wird unterstellt, daß die m Klassifikationsmerkmale, deren Ausprägungen an n Objekten beobachtet wurden, unabhängig sind, so kann die Variabilität des ganzen Systems (S), d.h. der Datenmatrix $\underline{X}$ vom Typ (m,n) durch:

$$H_T(S) = mn \text{ ld } n - \sum_{i=1}^{m} \left[n_{i1} \text{ ld } n_{i1} + n_{i2} \text{ ld } n_{i2}\right]$$ 1)

erfaßt werden. $H_T(S)$ ist also die "totale" Entropie des gesamten Systems.[2] Die Formel für $H_T(S)$ zeigt, daß $H_T(S)$ eine Funktion ist von m, der Anzahl der Merkmale, n der Anzahl der Objekte und von n_{i1} und $n_{i2} = n - n_{i1}$, den Randsummen der Datenmatrix $\underline{X}$. n_{i1} ist die Anzahl der Einsen in der i-ten Zeile von $\underline{X}$.

Klassifikationsmerkmale sind realiter nicht unabhängig. Das bedeutet, in der totalen Entropie eines Systems $H_T(S)$ sind bestimmte Entropieanteile doppelt oder mehrfach enthalten. Die eingebaute Gewichtung der Klassifikationsmerkmale bleibt also bei der Berechnung von $H_T(S)$ erhalten. Dies setzt jedoch voraus, daß gewährleistet ist, daß nicht einzelne besonders hohe Transinformationen diese Gewichtung verzerren; d.h. die Klassifikationsmerkmale müssen im Hinblick auf ihre Transinformation oder Korrelation mit anderen Merkmalen sorgfälig ausgewählt sein.

Bei Verwendung von Logarithmen zur Basis a=2 ist die mittlere Entropie eines Merkmals stets kleiner gleich Eins. Sie ist nur dann gleich Eins, wenn eine Gleichverteilung vorliegt. Daraus folgt für die größte totale Entropie eines Merkmals i:

$$H_T(i)_{max.} = n \cdot H(i)_{max.} = n \text{ bit} \quad ;$$

---

1) Es ist gewiß nicht uninteressant zu vermerken, daß MACNAUGHTON-SMITH (1965) - einer der Pioniere der Klassifikation mit Hilfe informationstheoretischer Maßzahlen - über die likelihood-Funktion für das System S zu einer "dissimilarity function" (S. 6) gelangt, die bis auf den Faktor (-1) mit $H_T(S)$ identisch ist.

2) Für $H_T(S)$ ist auch die Bezeichnung "total information content" gebräuchlich; ein Ausdruck, der sich nach den obigen Ausführungen selbst erklärt.

und als maximale Entropie für ein System (S) ergibt sich:

$$H_T(S)_{max.} = m \cdot n \cdot H(i)_{max.} = mn \text{ bit.}$$ [1)]

Für die Klassifikation ist wesentlich, daß der maximale Beitrag eines jeden Klassifikationsmerkmals zur Gesamtvariabilität eines Systems begrenzt ist; und zwar auf $H_T(i)_{max.} = n$ bit.

Die maximale totale Entropie kann als Bezugsgröße für eine (mittlere) relative Entropie eines Systems (S) dienen:

$$H_r(S) = H_T(S)/H_T(S)_{max.} \quad .$$

Dieses Maß beschreibt die durchschnittliche relative Variabilität eines Datensatzes, die in der Abweichung der einzelnen Merkmalsverteilungen von der Gleichverteilung begründet ist. Als relatives Variabilitätsmaß könnte auch die durchschnittliche relative Redundanz $R_r^+ = 1-H_r(S)$ verwendet werden.

Angenommen, das System S sei das Ergebnis der Fusion zweier Subsysteme oder Klassen A und B. n_A sei die Anzahl der Objekte in Klasse A, n_B die Anzahl der Objekte in Klasse B und $n = n_A + n_B$ sei die Gesamtzahl der Objekte in der Vereinigungsklasse AB (oder dem System S). Dann können für die Klassen A, B und AB getrennt die Entropien berechnet werden. Bei der Zusammenfassung der Entropien der Klassen A und B zur Entropie der Klasse AB treten jedoch einige für die Klassifikation grundlegende Sonderprobleme auf.

Es ist zweckmäßig, diese Probleme zunächst an einem Beispiel mit nur einem Merkmal (dem i-ten Merkmal) zu erörtern. Die Klassen A und B und die Vereinigungsklasse AB seien durch folgende Tabelle beschrieben:

---

1) Dies folgt auch aus

$$\begin{aligned} H_T(S)_{max} &= mn \log n - m\left[\frac{n}{2}\log\frac{n}{2} + \frac{n}{2}\log\frac{n}{2}\right] \\ &= m\left(n \log n - n \log \frac{n}{2}\right) \\ &= mn\left(\log n - \log \frac{n}{2}\right) \\ &= mn \log 2 = mn. \end{aligned}$$

Ausprägung des i-ten Merkmals	Klasse A	Klasse B	Klasse AB Σ_1
0	$50 = a_{iA}$	$70 = a_{iB}$	$120 = a_i$
1	$10 = n_A - a_{iA}$	$30 = n_B - a_{iB}$	$40 = n - a_i$
Σ_2	$60 = n_A$	$100 = n_B$	$160 = n$

a_{iA} ist also die Anzahl der Objekte in der Klasse A, die beim i-ten Klassifikationsmerkmal die Ausprägung "0" besitzen, $n_A - a_{iA}$ die Anzahl der Objekte in der Klasse A, die durch die Ausprägung "1" gekennzeichnet sind. Entsprechendes gilt für die Klassen B und AB.

Die Entropie des i-ten Merkmals in der Klasse A $H_T(A)_i$ wird wie folgt berechnet:

$$H_T(A)_i = n_A \text{ ld } n_A - [a_{iA} \text{ ld } a_{iA} + (n_A - a_{iA}) \text{ ld } (n_A - a_{iA})]$$

bzw. mit relativen Häufigkeiten

$$a_{iA}/n_A = p_{iA}, \ (n_A - a_{iA})/n_A = 1 - p_{iA} = q_{iA}$$

$$H_T(A)_i = -n_A \ [p_{iA} \text{ ld } p_{iA} + q_{iA} \text{ ld } q_{iA}] \quad .$$

In entsprechender Weise werden $H_T(B)_i$ und $H_T(AB)_i$, die (totalen) Entropien des i-ten Merkmals in den Klassen B und AB bestimmt.

Als Entropien für die angegebenen Klassen errechnen sich:
$H_T(A)_i$ = 39,001 bit, $H_T(B)_i$ = 88,129 bit und $H_T(AB)_i$ = 129,805 bit.

Eine der Fusion der Klassen A und B zur Klasse AB entsprechende Addition der Entropien und ein Vergleich dieser Summe mit $H_T(AB)_i$

$$\begin{array}{rll} & H_T(A)_i = 39{,}001 & \text{bit} \\ + & H_T(B)_i = \underline{88{,}129} & \underline{\text{bit}} \\ & 127{,}130 & \text{bit} < 129{,}805 \text{ bit} \end{array}$$

$$H_T(A)_i + H_T(B)_i < H_T(AB)_i$$

zeigt, daß die Entropie (Streuung) in der Vereinigungsklasse AB größer ist als die Summe der Entropien der Subklassen A und B. Durch die Fusion der beiden Klassen A und B zu einer gemeinsamen Klasse AB nimmt also die "intra-class"-Dispersion zu. Anders formuliert: wird der Datensatz AB in zwei selbständige Klassen aufgeteilt, so wird die gesamte Entropie $H_T(AB)_i$ zerlegt in die Entropie innerhalb der Klassen $H_T(A)_i + H_T(B)_i$ und die Entropie zwischen den Klassen $\Delta H_T(AB)_i = H_T(AB)_i - H_T(A)_i - H_T(B)_i$. Es ist üblich, die "inter-class"-Größe $\Delta H_T(AB)_i$ "Entropiezuwachs" zu nennen; es ist der Zuwachs, der aus der Fusion von Klassen resultiert. Diese Beziehungen sind für die Klassifikation von grundlegender Bedeutung, sollen doch Klassen gebildet werden, die selbst eine möglichst geringe Variabilität besitzen, sich untereinander jedoch möglichst stark unterscheiden, d.h., die Variabilität zwischen den Klassen soll so groß wie möglich sein.

Die Ähnlichkeit zwischen den mit diesem Beispiel aufgezeigten Beziehungen und der Additionsregel für Entropien berechtigt zu der Annahme, daß für jede Fusion zweier Klassen A und B zu einer Vereinigungsklasse AB die folgende Beziehung zwischen den Klassenentropien gilt:

$$H_T(A)_i + H_T(B)_i \leq H_T(AB)_i \qquad \text{bzw.}$$

$$\Delta H_T(AB)_i = H_T(AB)_i - H_T(A)_i - H_T(B)_i \quad .$$

Der Beweis für die Richtigkeit der Annahme, daß für jede Fusion zweier Klassen A und B $\Delta H_T(AB)_i \geqq 0$ ist, läßt sich folgendermaßen führen.

Die Additionsregel für Entropien drückt aus, daß die gemeinsame Entropie des Merkmals x,y kleiner oder höchstens gleich ist der Summe der einzelnen Entropien H(x) und H(y):

$$H(x,y) \leq H(x) + H(y)$$

dabei gilt die Gleichheit dann und nur dann, wenn x und y unabhängig sind; d.h., nur dann, wenn in der zugehörigen Vier-Felder-Tafel Zeilen- und Spaltengliederung unabhängig sind (vgl. z.B. FEINSTEIN, 1958, Kap. 2, S. 11 ff.).

Wenn x das i-te Merkmal mit den Ausprägungen 0 und 1 symbolisiert und y das Merkmal "Klasse" mit den Ausprägungen A und B darstellt, kann für

$$H(x,y) \leq H(x) + H(y)$$

geschrieben werden:

$$\mathrm{ld}\, n - \frac{1}{n}\left[a_{iA}\,\mathrm{ld}\, a_{iA} + (n_A - a_{iA})\,\mathrm{ld}\,(n_A - a_{iA}) + a_{iB}\,\mathrm{ld}\, a_{iB} + (n_B - a_{iB})\,\mathrm{ld}\,(n_B - a_{iB})\right] \leq$$

$$\leq \mathrm{ld}\, n - \frac{1}{n}\left[a_i\,\mathrm{ld}\, a_i + (n-a_i)\,\mathrm{ld}\,(n-a_i)\right] + \mathrm{ld}\, n - \frac{1}{n}\left[n_A\,\mathrm{ld}\, n_A + n_B\,\mathrm{ld}\, n_B\right].$$

Wird diese Beziehung mit n multipliziert und wird n ld n subtrahiert, ergibt sich

$$-\left[a_{iA}\,\mathrm{ld}\, a_{iA} + (n_A - a_{iA})\,\mathrm{ld}\,(n_A - a_{iA}) + a_{iB}\,\mathrm{ld}\, a_{iB} + (n_B - a_{iB})\,\mathrm{ld}\,(n_B - a_{iB})\right] \leq$$

$$\leq n\,\mathrm{ld}\, n - \left[a_i\,\mathrm{ld}\, a_i + (n-a_i)\,\mathrm{ld}\,(n-a_i)\right] - \left[n_A\,\mathrm{ld}\, n_A + n_B\,\mathrm{ld}\, n_B\right]$$

und

$$n_A\,\mathrm{ld}\, n_A - \left[a_{iA}\,\mathrm{ld}\, a_{iA} + (n_A - a_{iA})\,\mathrm{ld}\,(n_A - a_{iA})\right] + n_B\,\mathrm{ld}\, n_B -$$

$$-\left[a_{iB}\,\mathrm{ld}\, a_{iB} + (n_B - a_{iB})\,\mathrm{ld}\,(n_B - a_{iB})\right] \leq n\,\mathrm{ld}\, n - \left[a_i\,\mathrm{ld}\, a_i + (n-a_i)\,\mathrm{ld}\,(n-a_i)\right],$$

und das ist:

$$H_T(A)_i + H_T(B)_i \leq H_T(AB)_i \quad .$$

Die Beziehungen

$$H(x,y) \leq H(x) + H(y) \qquad \text{und}$$

$$H_T(A)_i + H_T(B)_i \leq H_T(AB)_i \quad \text{bzw.}$$

$$H(x;y) = H(x) + H(y) - H(x,y) \qquad \text{und}$$

$$\Delta H_T(AB)_i = H_T(AB)_i - H_T(A)_i - H_T(B)_i$$

sind folglich äquivalent. Daher folgt aus: $H(x;y) = 0$, dann und nur dann, wenn x und y unabhängig sind, d.h., wenn $n_{.1}n_{1.} - n_{11}n = 0$,[1] unmittelbar, daß auch der Entropiezuwachs $\Delta H_T(AB)_i = 0$, dann und nur dann, wenn $p_{iA} = p_i$ ist, d.h., wenn das i-te Merkmal in der Klasse A die gleiche Verteilung hat wie in der Vereinigungsklasse AB.[2]

Dieses Ergebnis ist auch sehr plausibel, denn wenn die Verteilungen eines Merkmals in den Klassen A, B und AB übereinstimmen, zwischen ihnen also kein Unterschied besteht, muß die "inter-class" Komponente der Entropie, und als solche ist der Entropiezuwachs $\Delta H_T(AB)_i$ aufzufassen, gleich Null sein.

Der Entropiezuwachs wird zweckmäßigerweise nach der Formel:

$$\begin{aligned}\Delta H_T(AB)_i = {} & n \operatorname{ld} n - n_A \operatorname{ld} n_A - n_B \operatorname{ld} n_B - [a_i \operatorname{ld} a_i + (n-a_i) \operatorname{ld} (n-a_i)] + \\ & + [a_{iA} \operatorname{ld} a_{iA} + (n_A-a_{iA}) \operatorname{ld} (n_A-a_{iA})] \quad + \\ & + [a_{iB} \operatorname{ld} a_{iB} + (n_B-a_{iB}) \operatorname{ld} (n_B-a_{iB})]\end{aligned}$$

berechnet.

Der Ausdruck

$$\Delta H_T(AB)_i = n_A \left[p_{iA} \operatorname{ld} \frac{p_{iA}}{p_i} + q_{iA} \operatorname{ld} \frac{q_{iA}}{q_i}\right] + n_B \left[p_{iB} \operatorname{ld} \frac{p_{iB}}{p_i} + q_{iB} \operatorname{ld} \frac{q_{iB}}{q_i}\right]$$

ist für die Berechnung des Entropiezuwachses weniger geeignet, weil er wesentlich arbeitsaufwendiger ist und größere Rundungsfehler entstehen können. Dafür ist er jedoch anschaulicher: es ist unmittelbar ersichtlich, daß, wenn $p_{iA} = p_{iB} = p_i$ ist, die Quotienten p_{iA}/p_i, q_{iA}/q_i,... sämtlich gleich 1 werden, woraus folgt, daß $\Delta H_T(AB) = 0$.

---

1) Vgl. z.B. KULLBACK, 1959, Kap. 2.

2) Wenn $p_{iA} = p_i$ ist, ist auch $p_{iB} = p_i$ (und $q_{iA} = q_{iB} = q_i$) und es folgt:
$H_T(A)_i = -n_A [p_i \operatorname{ld} p_i + q_i \operatorname{ld} q_i]$, $H_T(B)_i = -n_B [p_i \operatorname{ld} p_i + q_i \operatorname{ld} q_i]$
und $H_T(A)_i + H_T(B)_i = -(n_A+n_B) [p_i \operatorname{ld} p_i + q_i \operatorname{ld} q_i] = H_T(AB)_i$.

Außerdem zeigt diese Formel, daß die Größe des Entropiezuwachses, der "inter-class" Komponente $\Delta H_T(AB)_i$, von den Unterschieden der Verteilungen in den Klassen abhängt; je größer die Differenz $|p_{iA}-p_i|$ ist, desto größer ist $\Delta H_T(AB)_i$.

Der Entropiezuwachs $\Delta H_T(AB)$ wird von KULLBACK (1959) und KUPPERMAN (1959, 1960)[1] in einem völlig anderen Zusammenhang, nämlich in der Testtheorie, verwendet. $\Delta H_T(AB)$ ist KULLBACK's "error component" oder "independence component" (vgl. KULLBACK, 1959, Kap. 6 und Kap. 8)[2]. Als "error component" kann die asymptotisch χ^2-verteilte Größe $2\Delta H_T(AB)$ dazu benutzt werden, um die Hypothese, daß zwei Zufallsstichproben aus einer Gesamtheit stammen, zu testen.[3] Als "independence component" ist $2\Delta H_T(AB)$ Testgröße für einen Test der Unabhängigkeit in Kontingenztabellen. In der Klassifikationstheorie wird $\Delta H_T(AB)$, wohl nach KUPPERMAN (1960), überwiegend "information statistic" genannt.

Unter der Annahme unabhängiger Merkmale kann die Konzeption des Entropiezuwachses bei der Fusion von Klassen auf m Klassifikationsmerkmale verallgemeinert werden (vgl. z.B. ORLOCI, 1968a, 1969; FEINSTEIN, 1958; KULLBACK, 1959). Der Entropiezuwachs, der aus der Fusion zweier Klassen A und B mit jeweils m Merkmalen resultiert,[4] ist durch

$$\sum_{i=1}^{m} \Delta H_T(AB)_i \geq 0 \quad {}^{5)}$$

gegeben. Dieser Entropiezuwachs ist ein Maß für die Zunahme der Heterogenität, die aus der Zusammenfassung zweier selbständiger Klassen zu einer gemeinsamen Klasse resultiert.

---

1) Vgl. auch KULLBACK/LEIBLER (1951) und KULLBACK (1952). Siehe auch KU/KULLBACK (1969).

2) Hier sind Logarithmen zur Basis e zu verwenden.

3) Die Anzahl der Merkmalsausprägungen ist natürlich nicht auf nur zwei Ausprägungen begrenzt.

4) Für die Klassifikation genügt es, wenn nur Entropiezuwächse betrachtet werden, die aus der Fusion zweier Klassen (A und B) zu einer Vereinigungsklasse (AB) hervorgehen.

5) $\sum_{i=1}^{m} H_T(AB)_i$ ist gleich der Entropie für das Gesamtsystem $H_T(S)$.

Die Größen

$$\sum_{i=1}^{m} H_T(A)_i, \quad \sum_{i=1}^{m} H_T(B)_i \quad \text{und} \quad \sum_{i=1}^{m} H_T(AB)_i$$

sind Maße der Heterogenität von Klassen (oder der "Unordnung" von Systemen).

Sind die zu einer Klasse K gehörenden Objekte identisch, d.h., sind die Verteilungen der m Klassifikationsmerkmale für diese Klasse sämtlich Einpunktverteilungen, ist die Klasse völlig homogen, und es ist $\sum_{i=1}^{m} H_T(K)_i = 0$.

Für m (unabhängige) KLassifikationsmerkmale folgt also aus:

$$\Delta H_T(AB)_i = H_T(AB)_i - H_T(A)_i - H_T(B)_i$$

die Summenformel

$$\sum_{i=1}^{m} \Delta H_T(AB)_i = \sum_{i=1}^{m} H_T(AB)_i - \sum_{i=1}^{m} H_T(A)_i - \sum_{i=1}^{m} H_T(B)_i ,$$

wofür im folgenden kurz

$$\Delta H_T(AB) = H_T(AB) - H_T(A) - H_T(B)$$

geschrieben werden soll. Der Entropiezuwachs $\Delta H_T(AB)$ ist das Kriterium, mit dem das Klassifikationsverfahren "Entropieanalyse" (vgl. Kap. 2432(11)) die Klassenbildung steuert. Vereinigt werden jeweils die Klassen A und B, aus deren Fusion der geringste Entropiezuwachs resultiert. Da die Klassifikationsmerkmale in aller Regel nicht unabhängig sind, wird über $\Delta H_T(AB)$ auch die "interne Gewichtung" der Klassifikationsmerkmale erfaßt.

Eingangs wurde die Entropie

$$H_T(PQ) = 2\ (b+c)\ \text{ld}\ 2$$

als Unähnlichkeitsmaß für die Objekte P und Q vorgestellt. Dieses Unähnlichkeitsmaß läßt sich nun auf verschiedene Weise interpretieren.

An die Erörterung der Ähnlichkeitskoeffizienten anknüpfend, kann $H_T(PQ)$ zunächst als Vielfaches der "euklidischen Distanz" für Alternativmerkmale (oder "total difference") aufgefaßt werden. Werden Logarithmen zur Basis a=2 verwendet, ist $H_T(PQ)$ das 2m-fache der "total difference".

Werden die beiden Objekte P und Q als selbständige Klassen mit je einem Element aufgefaßt, dann ist $H_T(PQ)$ als der Entropiezuwachs interpretierbar, der aus der Fusion dieser Klassen zu einer Vereinigungsklasse resultiert. Da der Entropiezuwachs eine "between class" Streuungskomponente ist, gibt er bei dieser Interpretation an, wie sehr sich die Objekte P und Q unterscheiden.

Schließlich ist die Entropie $H_T(PQ)$ als Maß der Heterogenität der Klasse PQ (mit zwei Elementen) erklärbar. Sind die beiden zur Klasse PQ zusammengefaßten Objekte identisch, so ist die Klasse PQ völlig homogen, und es ist $H_T(PQ) = 0$. Je mehr sich P und Q unterscheiden, desto größer ist $H_T(PQ)$, die "intra-class" Dispersion.[1] $H_T(PQ)$ ist also ein Maß einer verallgemeinerten "minimum-variance" Konzeption.

---

1) Entropiezuwachs bei der Bildung einer Klasse und Heterogenität der gebildeten Klasse sind hier identisch, weil in Klassen, die aus nur einem Element bestehen, keine Entropie (oder Streuung) existiert. Hier zeigt sich auch die Zweckmäßigkeit der Festsetzung 0 ld 0 = 0 (vgl. BIHN, 1967; ADAM, 1958 u.a.).

Formal kann $H_T(PQ)$ als Heterogenitätsmaß auch wie folgt erklärt werden. Nach den vorausgegangenen Überlegungen ist $H_T(PQ)$ eine vereinfachte Schreibweise von

$$\sum_{i=1}^{m} H_T(PQ)_i \quad , \qquad \text{d.h. es ist}$$

$$H_T(PQ) = mn \text{ ld } n - \sum_{i=1}^{m} \left[a_i \text{ ld } a_i + (n-a_i) \text{ ld } (n-a_i)\right] .$$

Die Summe in dieser Gleichung hat genau 2m Glieder. Davon sind bei einem n=2 diejenigen Glieder gleich Null, die ausdrücken, daß entweder das eine oder das andere der beiden Objekte das i-te Merkmal besitzt; und das sind - in der Symbolik der Vier-Felder-Tafel - 2(b+c) Glieder. Folglich haben 2m - 2(b+c) Glieder den Wert ld 2. Mithin ist

$$\begin{aligned} H_T(PQ) &= 2m \text{ ld } 2 - \left[\{2m - 2(b+c)\} \text{ ld } 2\right] \\ &= 2(b+c) \text{ ld } 2. \end{aligned}$$

Die Entropie besitzt als Unähnlichkeitsmaß für Objekte noch die beiden folgenden für die Klassifikation nicht unwesentlichen Eigenschaften. Es ist symmetrisch im Hinblick auf positive und negative Übereinstimmungen. Daß dies eine in der Regel wünschenswerte Eigenschaft ist, wurde bereits bei der Erörterung der Ähnlichkeitskoeffizienten hervorgehoben. Ferner ist der Beitrag eines jeden Klassifikationsmerkmals zur Variabilität einer Klasse streng begrenzt; und zwar auf 2 bit. Das bedeutet, daß die Klassifikationsmerkmale ein gleiches maximales Gewicht haben.

Die Bedeutung der Entropie für die Klassifikation von Objekten ist jedoch nicht nur aus diesen positiven Eigenschaften ableitbar. Vielmehr daraus, daß es in ein spezielles Klassifikationsverfahren integriert werden kann, in welchem es verschiedene Funktionen erfüllt (z.B. Unähnlichkeitsmaß für Objekte und/oder Klassen, Maß der Heterogenität von Klassen, Grundlage eines Maßes der Güte von Klassifikationsergebnissen), ohne daß es sich im Verlaufe der Klassenbildung inhaltlich ändert; auch daraus, daß es in einer prinzipiell gleichen Form vor der Klassifikation zur Merkmalsanalyse und nach der Klassenbildung zur Klassendiagnose herangezogen werden kann.

232 Maße für die Ähnlichkeit bzw. Unähnlichkeit von Klassen

Die für alle Paare der zu klassifizierenden Objekte berechneten Ähnlichkeits- bzw. Unähnlichkeitsmaße werden in einer symmetrischen Matrix vom Typ ($n * n$) zusammengefaßt. Diese Matrix, die Ähnlichkeits- bzw. Distanzmatrix genannt wird, ist Grundlage vieler Klassifikationsverfahren. Nicht-hierarchische Verfahren benötigen jedoch eine solche Ähnlichkeits- bzw. Distanzmatrix im allgemeinen nicht.

Die meisten der häufiger verwendeten hierarchischen und nicht-hierarchischen Klassifikationsverfahren steuern den Prozeß der Klassenbildung entscheidend über Ähnlichkeits- bzw. Unähnlichkeitsmaße für Klassen von Objekten.[1] Weil Experimente mit verschiedenen Maßen zeigten,

1) Daher werden in der Klassifikationsliteratur solche Maße auch unter der Bezeichnung "criteria for clustering" erörtert.

"... that resulting clusters depend more on the underlying similarity criterion than (on) the physical process of cluster formation..." (WISHART, 1970b, S. 1), ist die Wahl eines bestimmten Maßes mit besonderer Sorgfalt vorzunehmen. Diese Wahl ist subjektiv, wird jedoch mitbestimmt vom Merkmalstyp, vom verwendeten Ähnlichkeits- bzw. Unähnlichkeitsmaß für Objekte und nicht zuletzt vom zu verwendenden Klassifikationsverfahren.

Es gibt Klassifikationsverfahren, welche zur Konstruktion von Klassen spezielle Maße der Ähnlichkeit bzw. Unähnlichkeit von Klassen nicht benötigen. Diese Verfahren operieren unmittelbar mit den zu einer Distanzmatrix $\underline{D} = (d_{jk})$ bzw. einer Ähnlichkeitsmatrix $\underline{B} = (b_{jk})$ zusammengefaßten Abstandsmaßen bzw. Ähnlichkeitskoeffizienten für Paare von Objekten j und k, ohne daß - und das ist wesentlich - aus diesen "Inter-Objekt-Maßen" im Verlaufe der Klassenbildung Maße für Klassen von Objekten berechnet werden. Zwei Beispiele mögen dies veranschaulichen.

In einem nicht-hierarchischen Klassifikationsverfahren können zwei Klassen K und L, die irgendwie gebildet wurden, beispielsweise dann als einander "ähnlich" angesehen werden, wenn der kleinste Abstand (bzw. der größte Ähnlichkeitskoeffizient) zwischen zwei Objekten k und l, wobei k der Klasse K und l der Klasse L angehört, einen vorgegebenen Grenzwert nicht übersteigt (bzw. nicht unterschreitet). Anzahl und Umfang der zu bildenden Klassen werden durch die Größe dieses Grenzwertes determiniert. In diesem Beispiel genügt die Festlegung einer "Mindestähnlichkeit" für ein Objektpaar, um die Ähnlichkeit zweier Klassen zu bestimmen.

Auf jeder Stufe des hierarchischen und agglomerativen Klassifikationsverfahrens "Single Linkage" (SNEATH, 1957b; vgl. Kap. 2432(121)) wird z.B. der Grad der Ähnlichkeit bzw. Unähnlichkeit zwischen zwei Klassen K und L, die auf den unteren Stufen der Hierarchie auch aus nur einem Objekt bestehen können, durch

$$b_{KL} = \max_{\substack{k \varepsilon K \\ l \varepsilon L}} (b_{kl}) \quad \text{bzw.} \quad d_{KL} = \min_{\substack{k \varepsilon K \\ l \varepsilon L}} (d_{kl})$$

bestimmt. Hier wird für den Grad der Ähnlichkeit bzw. Unähnlichkeit zweier Klassen jeweils ein Zahlenwert angegeben, der die Reihenfolge der Fusion von Klassen determiniert.

Für derartige nicht-hierarchische und hierarchische Klassifikationsverfahren ist also charakteristisch, daß Maße für die Ähnlichkeit bzw. Unähnlichkeit von Klassen auf Maße zwischen Objekten zurückgeführt werden. Daher wäre es wenig sinnvoll, in solchen Verfahren als "Inter-Objekt-Maß" z.B. das Entropiemaß zu verwenden.

Das Gros der gebräuchlichen Klassifikationsverfahren basiert jedoch auf speziellen Maßen der Ähnlichkeit bzw. Unähnlichkeit zwischen Klassen von Objekten. Während bei den hierarchisch-agglomerativen Verfahren sowohl Ähnlichkeitsbeziehungen der Art "Klasse-Objekt" (auf den unteren Stufen der Hierarchie) wie auch der Art "Klasse-Klasse" (auf den höheren Stufen) interessieren, stehen bei den nicht-hierarchischen (iterativen) Verfahren, die im allgemeinen einzelne Objekte der Klasse zuweisen, der sie am ähnlichsten sind, mehr die Beziehungen zwischen Klasse und Objekt im Vordergrund.

Maße für die Ähnlichkeit bzw. Unähnlichkeit von Klassen sind sehr zahlreich (vgl. SOKAL/SNEATH, 1963; BOYCE, 1965, 1969; BALL, 1966, 1970; PROCTOR, 1966; LANCE/WILLIAMS, 1966a, 1967a; GOWER, 1967b, WISHART, 1969a, 1970b u.a.). Hier können nur einige wenige der am meisten verwendeten Maße vorgestellt werden, um Prinzip und Probleme dieser Art von Ähnlichkeitsmessung zu erörtern. Sie werden - dem Merkmalstyp entsprechend - in Maße für metrische Merkmale und Maße für binäre Merkmale aufgeteilt.

Beide Kategorien werden, einem Vorschlag von LANCE/WILLIAMS (1967a, S. 373) folgend, weiter aufgegliedert in

(a) K-Maße, die die Eigenschaften einer Klasse K festlegen,

(b) K,L-Maße, die die Ähnlichkeit bzw. den Unterschied zwischen zwei Klassen K und L definieren und

(c) KL,M-Maße, die eine Unähnlichkeit zwischen den ursprünglichen Klassen K und L und der Klasse M, die durch ihre Fusion gebildet wird, definieren.

K-Maße sind keine Maße für den Grad der Ähnlichkeit- bzw. Unähnlichkeit von Klassen, sondern Heterogenitätsmaße für einzelne Klassen. Da sie Bestandteil von Maßen der Gruppe (c) sein können, wird für jeden Merkmalstyp ein Maß dieser Gruppe erörtert. Unter die K,L-Maße der Gruppe (b) sind auch jene Maße zu subsumieren, welche eine Ähnlichkeit bzw. einen Unterschied zwischen einer Klasse und einem Objekt definieren. Entsprechendes gilt für die Maße der Gruppe (c).

Für die nun folgenden Ausführungen wird angenommen, daß aus n Objekten K = 1,2,...,S disjunkte Klassen gebildet werden sollen. Die K-te Klasse enthält n_K Objekte; es ist $\sum_K n_K = n$.

2321 Maße für metrische Merkmale

Das j-te zu klassifizierende Objekt wird durch den Vektor $\underline{x}'_j = [x_{1j}, x_{2j}, \ldots, x_{ij}, \ldots, x_{mj}]$ repräsentiert.

$\bar{x}_{iK} = \frac{1}{n_K} \sum_{j=1}^{n_K} x_{ij}$ ist der arithmetische Mittelwert für das i-te Klassifikationsmerkmal (i=1,2,...,m) der Klasse K mit n_K Objekten und $\bar{x}_i = \frac{1}{n} \sum_{j=1}^{n} x_{ij}$ der Mittelwert des i-ten Merkmals für alle n Objekte. $\bar{\underline{x}}'_K = [\bar{x}_{1K}, \bar{x}_{2K}, \ldots, \bar{x}_{iK}, \ldots, \bar{x}_{mK}]$ ist der Vektor der m Mittelwerte für die n_K Objekte der Klasse K.

$\bar{\underline{x}}'_K$ wird Mittelpunkt, Schwerpunkt oder Centroid der Klasse K genannt. Das Centroid der Klasse K wird vielfach als fiktives Objekt interpretiert, welches die Klasse K repräsentiert. Wenn z.B. die Klasse mit der Nummer L aus nur einem Objekt j besteht, ist $\bar{\underline{x}}'_L = \underline{x}'_{ij}$

$\bar{\underline{x}}' = [\bar{x}_1, \bar{x}_2, \ldots, \bar{x}_i, \ldots, \bar{x}_m]$ ist der Vektor der m Mittelwerte für alle n Objekte, also das Centroid des Systems.

Objekte und Centroide sind als Punkte eines m-dimensionalen Merkmalsraumes vorstellbar. Die Centroide der Klassen sind (im Idealfall) die Mittelpunkte der bereits erwähnten Punkthäufungen im Merkmalsraum, deren Existenz vorausgesetzt wird.

Ein Centroid wird von m arithmetischen Mittelwerten gebildet und durchweg als geeigneter Repräsentant eines Systems oder Subsystems

(Klasse) aufgefaßt. Das erfordert aber die Annahme, daß das arithmetische Mittel die geeignete statistische Maßzahl ist, um die Lage der Verteilung jedes der m Klassifikationsmerkmale hinreichend zu kennzeichnen.

Diese Annahme ist aber nur dann gerechtfertigt, wenn die Verteilungen der m Merkmale zumindest annähernd Normalverteilungen oder unimodal-symmetrische Verteilungen sind (siehe hierzu auch BALL, 1966, 1970). Es ist kaum vorstellbar, daß es m Klassifikationsmerkmale gibt, die Verteilungen der vorausgesetzten Form besitzen, insbesondere wenn berücksichtigt wird, daß diese strengen Anforderungen für jeweils m Merkmalsverteilungen in allen S Klassen (für die Centroide berechnet werden) gelten. Die Annahme approximativ multivariat normalverteilter Klassifikationsmerkmale in allen Klassen ist auch nicht im vorhinein überprüfbar, denn es ist ja unbekannt, welche Objekte welche Klasse bilden. Es ist gewiß realistischer davon auszugehen, daß in der Praxis ein erheblicher - wenn nicht gar der überwiegende - Teil der Merkmalsverteilungen die genannte Voraussetzung nicht erfüllt, sondern mehr oder minder asymmetrisch und/oder mehrgipflig ist und daß jedes Centroid Mittelwerte enthält, welche die Lage bestimmter Merkmalsverteilungen nicht adäquat beschreiben. Daraus folgt unter anderem, daß die Abweichungen einzelner Objekte vom Centroid einer Klasse nur bedingt durch Varianzen oder Fehlerquadratsummen erfaßt werden können. Dadurch kann aber die Messung der Ähnlichkeit bzw. Unähnlichkeit zwischen Klassen und Objekten erheblich beeinträchtigt und auch ein falsches Bild von der Kompaktheit der Klassen vermittelt werden.

(1) K-Maße

Ein Maß für die Heterogenität einer Klasse K ist WARD's "error sum of squares" (WARD, 1963; vgl. auch WISHART, 1969c). Sie ist für die K-te Klasse wie folgt definiert:

$$E_K = \sum_{k=1}^{n_K} \sum_{i=1}^{m} (x_{ikK} - \bar{x}_{iK})^2$$

$$= \sum_{k=1}^{n_K} \sum_{i=1}^{m} x_{ikK}^2 - n_K \underline{\bar{x}}_K' \underline{\bar{x}}_K \quad ,$$

wobei x_{ikK} der Wert des i-ten Merkmals für das k-te Objekt in der Klasse K ist. E_K ist die Summe der n_K quadrierten euklidischen Distanzen der Objekte einer Klasse K zum Centroid dieser Klasse. Je kleiner diese Summe ist, desto kompakter oder homogener ist die Klasse K. Bei metrischen Merkmalen wird vorwiegend E_K als geeignetes Maß der Güte einer Klasse angesehen.[1)]

Da die Fehlerquadratsumme Abstände zum jeweiligen Centroid mißt, gelten die Einwände, die oben gegen die Verwendung des Centroids als Lokalisationsparameter für das Zentrum einer Punkthäufung erhoben wurden, in vollem Umfang auch für dieses Heterogenitätsmaß. Es gibt verschiedene Vorstellungen von einer "natürlichen" oder homogenen Klasse. Auch die, daß eine Klasse einen "...density mode in the point swarm..." (WISHART,1969c, S. 169) ist,[2)] d.h., eine m-dimensionale dicht mit Punkten besetzte Region um die Modalwerte der m Merkmalsverteilungen darstellt. Da der Fehlerquadratsumme die Vorstellung zugrunde liegt, daß sich die Punkte des Merkmalsraumes um die arithmetischen Mittelwerte der Merkmalsverteilungen konzentrieren, ist eine Klasse nur dann bezüglich beider Vorstellungen homogen, wenn die m Merkmalsverteilungen eingipflig und symmetrisch sind, d.h., in der Regel wird die "error sum" nicht der "Dichtevorstellung" entsprechen. Das Heterogenitätsmaß E_K setzt also voraus, daß die Punkthäufungen im Merkmalsraum "zentrale" Eigenschaften besitzen.

Wie aus der Formel für E_K hervorgeht, ist dieses Maß nicht invariant bezüglich einer Standardisierung der Merkmalswerte. Für eine Standardisierung der Klassifikationsmerkmale stehen nur die Standardabweichungen über alle n Merkmalsträger zur Verfügung, denn die Standardabweichungen innerhalb der Klassen sind vor der Klassenbildung unbekannt; dabei sind zweifellos die letzteren die für eine Standardisierung am meisten geeigneten Maßgrößen.[3)] Auch wenn die Klassifikationsmerkmale standardisiert wurden, so bedeutet dies keineswegs, daß die Merkmale auch innerhalb der Klassen eine Standardabweichung

---

1) Die Summe der E_K über alle K = 1,2,...,S Klassen ist ein Kriterium, für die Qualität des gesamten Klassifikationsergebnisses.

2) WISHART (1969c, S. 169 f.) bezieht sich hier auf zwei Publikationen von FORGY (1963, 1965), die mir leider nicht zugänglich sind.

3) Vgl. hierzu FLEISS/ZUBIN (1969), die Standardisierungsprobleme im Hinblick auf Gesamt- und intra-class Varianz sehr anschaulich erörtern.

von eins haben. Die Standardabweichungen innerhalb der Klassen können vielmehr erheblich differieren. Außerdem sind die Klassifikationsmerkmale innerhalb der Klassen in der Regel mehr oder weniger stark korreliert. Daraus ergibt sich, daß eine Punkthäufung nur im Idealfall eine Hyperkugel ist, nämlich dann, wenn die Standardabweichungen der m Merkmale übereinstimmen und überdies die Merkmale unkorreliert sind. Die Konsequenzen, die hieraus für die Klassenbildung folgen, werden noch zu erörtern sein.

Das Heterogenitätsmaß E_K ist Grundlage eines "KL,M-Maßes", dessen Eigenschaften noch diskutiert werden. Einige andere Heterogenitätsmaße hat BALL (1966) zusammengestellt.

(2) K,L-Maße

Die Annahme, daß die Centroide die Lage der Klassen im Merkmalsraum angemessen beschreiben, legt es nahe, den Grad der Unähnlichkeit zweier Klassen durch eine Distanz zwischen den Centroiden dieser Klassen zu messen. Je geringer diese Distanz ist, desto ähnlicher sind die Klassen. Da die Centroide als fiktive (durchschnittliche) Objekte die Klassen repräsentieren, können als Abstandsmaße zwischen den Centroiden die bereits erörterten "Inter-Objekt-Maße" verwendet werden.

Für die Centroide der Klassen K und L sind diese K,L-Maße wie folgt definiert.

Quadrierte euklidische Distanz:

$$d_{KL}^2 = \sum_{i=1}^{m} (\bar{x}_{iK} - \bar{x}_{iL})^2 \quad ,$$

absolute Distanz:

$$ad_{KL} = \sum_{i=1}^{m} |\bar{x}_{iK} - \bar{x}_{iL}| \quad .$$

Für beide Maße können auch die durchschnittlichen Distanzen:

$$\bar{d}_{KL}^2 = d_{KL}^2/m \quad \text{bzw.} \quad a\bar{d}_{KL} = ad_{KL}/m$$

berechnet werden (vgl. z.B. WISHART, 1969c). Diese Form hat für Vergleiche gewisse Vorteile.

Statt d^2_{KL} kann auch $\sqrt{d^2_{KL}}$ verwendet werden.

MAHALANOBIS-Distanz:

Wenn $\underline{S} = (s_{ij})$ die (empirische) Korrelations- bzw. Kovarianzmatrix der m Klassifikationsmerkmale (i,j = 1,2,...,m) ist und - unter der Voraussetzung, daß $\underline{S}$ nicht singulär ist - mit $\underline{S}^{-1} = (s^{ij})$ die zu $\underline{S}$ inverse Matrix bezeichnet wird, heißt

$$D^2_{KL} = \sum_{i=1}^{m} \sum_{j=1}^{m} s^{ij}(\bar{x}_{iK} - \bar{x}_{iL})(\bar{x}_{jK} - \bar{x}_{jL})$$

MAHALANOBIS-Abstand oder verallgemeinerter Abstand der Klassen K und L.

Schließlich steht zur Messung des Grades der Unähnlichkeit zweier Klassen K und L die

durchschnittliche Distanz:

$$dd_{KL} = \frac{1}{n_K n_L} \sum_{k=1}^{n_K} \sum_{l=1}^{n_L} d^2_{kl} \qquad \text{bzw.}$$

$$dd'_{KL} = \frac{1}{n_K n_L} \sum_{k=1}^{n_K} \sum_{l=1}^{n_L} ad_{kl}$$

zur Verfügung. Eine Zusammenstellung weiterer Maße für die Ähnlichkeit bzw. Unähnlichkeit von Klassen (intercluster similarity coefficients) enthält vor allem die Arbeit von WISHART (1970b, "The treatement of various similarity criteria in relation to CLUSTAN IA").

Die hier vorgestellten K,L-Maße wurden ausgewählt, weil sie sich erheblich voneinander unterscheiden. Der wesentliche Unterschied besteht zunächst darin, daß der MAHALANOBIS-Abstand die Merkmalskorrelationen berücksichtigt, während die übrigen Distanzen die Existenz von Merkmalskorrelationen vernachlässigen. Sind die m Merkmale des jeweils betrachteten Datensatzes paarweise unkorreliert, so ist $D^2_{KL} = d^2_{KL}$, d.h., der MAHALANOBIS-Abstand ist gleich der quadrierten euklidischen Distanz zwischen den Centroiden der Klassen K und L.

Der Grad der Unähnlichkeit zweier Klassen K und L kann beispielsweise durch den quadrierten euklidischen Abstand der Centroide oder durch das arithmetische Mittel aller quadrierten euklidischen Distanzen zwischen Paaren von Objekten k und l, wobei k der Klasse K und l der Klasse L angehört (durchschnittliche Distanz), gemessen werden. Die unterschiedliche Auffassung über die Art der Unähnlichkeit, die diesen beiden Meßverfahren zugrunde liegt, wird deutlich, wenn der euklidische Abstand und die durchschnittliche Distanz in einer anderen Form dargestellt werden.

Die quadrierte euklidische Distanz zwischen den Centroiden der Klassen K und L

$$d_{KL}^2 = \sum_{i=1}^{m} (\bar{x}_{iK} - \bar{x}_{iL})^2$$

läßt sich in durchschnittliche Distanzen zwischen den Klassen K und L, innerhalb von K und innerhalb von L zerlegen:

$$d_{KL}^2 = \frac{1}{n_K n_L} \sum_{k=1}^{n_K} \sum_{l=1}^{n_L} d_{kl}^2 - \frac{1}{n_K^2} \sum_{k=1}^{n_K} \sum_{h=k+1}^{n_K} d_{kh}^2 - \frac{1}{n_L^2} \sum_{l=1}^{n_L} \sum_{g=l+1}^{n_L} d_{lg}^2$$

$$d_{KL}^2 = \frac{1}{n_K n_L} \sum_{k=1}^{n_K} \sum_{l=1}^{n_L} d_{kl}^2 - \frac{1}{2n_K^2} \sum_{\substack{k=1 \\ k \neq h}}^{n_K} \sum_{h=1}^{n_K} d_{kh}^2 - \frac{1}{2n_L^2} \sum_{\substack{l=1 \\ l \neq g}}^{n_L} \sum_{g=1}^{n_L} d_{lg}^2$$

$d_{KL}^2 = dd_{KL} - S_K^2 - S_L^2$;[1] dabei ist

$S_K^2 = \frac{1}{n_K} \sum_{i=1}^{m} \sum_{k=1}^{n_K} (x_{ikK} - \bar{x}_{iK})^2$ die Summe der mittleren quadratischen Abweichungen in der Klasse K.

1) Vgl. zu den Umformungen BOYCE (1965, 1969), PROCTOR (1966), WISHART (1969a, 1969c, 1970b).

Entsprechend kann die durchschnittliche Distanz wie folgt formuliert werden:

$$dd_{KL} = \frac{1}{n_K n_L} \sum_{k=1}^{n_K} \sum_{l=1}^{n_L} d_{kl}^2$$

$$= \sum_{i=1}^{m} (\bar{x}_{iK} - \bar{x}_{iL})^2 + \frac{1}{n_K} \sum_{i=1}^{m} \sum_{k=1}^{n_K} (x_{ikK} - \bar{x}_{iK})^2 + \frac{1}{n_L} \sum_{i=1}^{m} \sum_{l=1}^{n_L} (x_{ilK} - \bar{x}_{iL})^2$$

$$= d_{KL}^2 + \frac{1}{n_K} E_K + \frac{1}{n_L} E_L$$

$$dd_{KL} = d_{KL}^2 + s_K^2 + s_L^2 \quad .$$[1)]

Aus dieser Zerlegung ist unmittelbar ersichtlich, daß die durchschnittliche Distanz, verglichen mit der quadrierten euklidischen Distanz zwischen Centroiden, zusätzlich die Variabilität innerhalb der Klassen K und L in die Messung der Unähnlichkeit einbezieht. Die durchschnittliche Distanz ist also in der Regel größer als die quadrierte euklidische Distanz. Der Unterschied ist umso größer, desto größer die Streuung in den beiden Klassen ist, er ist also auch abhängig von der Anzahl der Objekte in den beiden Klassen. Da die durchschnittliche Distanz nicht invariant ist im Hinblick auf die Ausreißer, haben KENDRICK/PROCTOR (1964) statt des arithmetischen Mittels den Median der Distanzen mit Erfolg verwendet.

Für spätere Ausführungen über Strategien der Klassenbildung ist noch zu erwähnen, daß das arithmetische Mittel der quadrierten Distanzen, also dd_{KL}, ein ungewogenes Mittel ist. Das allgemeinere gewogene Mittel wäre

$$dd_{KL} = \frac{\sum_{k=1}^{n_K} \sum_{l=1}^{n_L} g_k g_l \, d_{kl}^2}{\sum_{k=1}^{n_K} \sum_{l=1}^{n_L} g_k g_l}$$

(vgl. BOYCE, 1969), dabei sind g_k und g_l Gewichte, die den n_K Objekten der Klasse K bzw. den n_L Objekten der Klasse L der Klassifikationsstrategie entsprechend zugeordnet werden.

---

1) Vgl. zu den Umformungen BOYCE (1965, 1969), PROCTOR (1966), WISHART (1969a, 1969c, 1970b).

Es sei unterstellt, in einem Datensatz existieren S Klassen, deren Centroide gleich weit voneinander entfernt sind, und es würden die durchschnittlichen Distanzen für Paare dieser Klassen berechnet.[1)] Dann werden sich diese durchschnittlichen Distanzen nur noch durch die Größen $(S_K^2 + S_L^2)$ unterscheiden, und jenes Paar von Klassen K und L wird am wenigsten "unähnlich" sein, welches in der Summe die größte Kompaktheit oder Homogenität aufweist. Wenn die durchschnittliche Distanz das Kriterium für die Fusion von Klassen ist, werden die relativ homogenen Klassen zuerst vereinigt.

Nun sind aber heterogene Klassen insofern "enger benachbart", als die kleinste(n) "Inter-Objekt-Distanz(en)" zwischen Objekten zweier heterogener Klassen kleiner ist (sind) als die zweier homogener Klassen, so daß es - wenn die Centroide jeweils gleich weit von einander entfernt sind - sinnvoller erscheint, zwei heterogene Klassen als weniger unähnlich anzusehen als zwei homogene Klassen. Die quadrierte euklidische Distanz zwischen den Centroiden der Klassen ist unabhängig von dieser Art der Klassendichte. Sie ist daher in der Regel der durchschnittlichen Distanz vorzuziehen.[2)]

Die quadrierte euklidische Distanz zwischen den Centroiden von Klassen darf aber keineswegs völlig losgelöst von der Variabilität innerhalb der Klassen betrachtet werden, deren Unähnlichkeit bestimmt werden soll. Dies zeigt sich bereits im obigen Beispiel. Während bei der Verwendung der durchschnittlichen Distanz als Fusionskriterium, wenn die Centroidabstände gleich sind, zuerst die homogenen Klassen zu vereinigen sind, ist der quadrierte euklidische Centroidabstand indifferent, obwohl es unter diesen Bedingungen sinnvoller erscheint, die beiden heterogenen Klassen als weniger unähnlich anzusehen. Dies aber ist auch mit dem quadrierten euklidischen Centroidabstand nicht zu erreichen. Er ist zwar für diese Art von Ähnlichkeitsstrukturen der durchschnittlichen Distanz vorzuziehen, liefert jedoch nicht das gewünschte Ergebnis. An diesem Beispiel zeigt sich deutlich, daß es Ähnlichkeitsstrukturen gibt, die dem eingangs erwähnten minimalen (bzw. maximalen) "Inter-Objekt-Maßen" besser er-

---

1) Alle Distanzen seien quadrierte euklidische Distanzen.

2) Diese Ansicht vertritt u.a. auch PROCTOR (1966, S. 138).

faßbar sind.[1)]

Der quadrierte euklidische Abstand zwischen den Centroiden der Klassen setzt voraus, daß die m Merkmalsverteilungen innerhalb der Klassen durch arithmetische Mittelwerte hinreichend beschrieben werden. Dies ist jedoch, wie bereits mehrfach erwähnt, nur dann der Fall, wenn die Merkmale annähernd normalverteilt sind und wenn außerdem die Dispersionen dieser Verteilungen wenigstens annähernd gleich sind. Da die Streuungen der Merkmalsverteilungen innerhalb der Klassen im allgemeinen nicht gleich sind, kann auch die Verwendung des quadrierten euklidischen Abstands zu wenig wünschenswerten Ergebnissen führen wie das folgende (extreme) Beispiel zeigt.

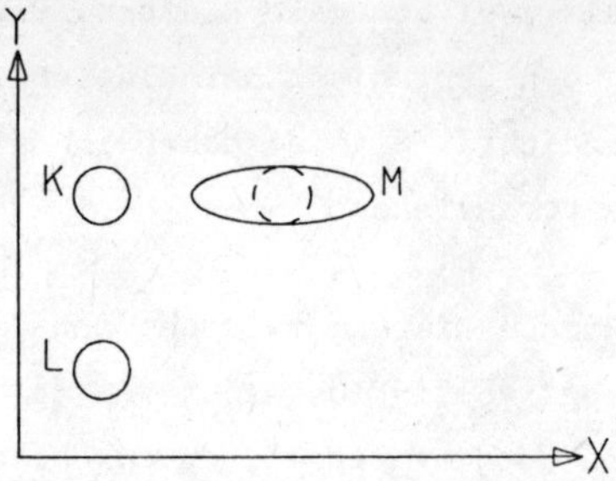

K, L und M seien Klassen, die irgendwie gebildet wurden. Es ist $d^2_{KL} < d^2_{KM}$; d.h., wird der Grad der Unähnlichkeit zwischen diesen Klassen durch den quadrierten euklidischen Centroidabstand gemessen, sind K und L am wenigsten unähnlich. Da ein Teil der Objekte, die die Klasse M bilden, von der Klasse K weniger weit entfernt sind, als alle Objekte der Klasse L, kann der Standpunkt vertreten werden, die Klassen K und M seien einander ähnlicher als die Klassen K und L. Wird dieser Standpunkt eingenommen, so ist es zweckmäßig, an Stelle des quadrierten euklidischen Centroidabstands z.B. den kleinsten quadrierten euklidischen "Inter-Objekt-Abstand" d^2_{km} mit $k \in K$ und $m \in M$ zu verwenden. Wird dagegen der Standpunkt vertre-

1) Es wäre jedoch falsch daraus zu folgern, diese Maße seine anderen generell vorzuziehen, ist es doch von vornherein unbekannt, welche Ähnlichkeitsstrukturen der Datensatz enthält.

treten, daß ein (ebenso großer) Teil der Objekte der Klasse M weiter von der Klasse K entfernt ist als alle Objekte der Klasse L und daß diesen Objekten ein mindestens ebenso großes Gewicht beizulegen ist wie den Objekten, die näher zu K liegen, so wird der quadrierte euklidische Centroidabstand das gewünschte Ergebnis liefern. Beide Auffassungen sind vertretbar. Ihre Gegensätzlichkeit zeigt sich besonders deutlich, wenn man sich vorstellt, daß auch die Klasse K durch eine Ellipse, mit der längeren Halbachse in Richtung des Merkmals x, dargestellt werden kann.

Diese wenigen Beispiele zeigen bereits, daß die Eignung der K,L-Maße zur Messung der Unähnlichkeit zwischen Klassen entscheidend durch die Art der tatsächlichen Ähnlichkeitsstruktur determiniert wird. Je mehr diese von der als vorhanden vorausgesetzten "Modellstruktur" abweicht, desto weniger kann das gewählte Maß die tatsächliche Struktur erfassen und desto mehr wird nicht eine vorhandene Ähnlichkeitsstruktur aufgedeckt, sondern dem Datensatz eine nicht existente Struktur aufoktroyiert. Da die tatsächliche Ähnlichkeitsstruktur im vorhinein unbekannt ist, ist es oft zweckmäßig, durch Experimente mit verschiedenen Maßen (und Verfahren) zu versuchen, Informationen über die Art der tatsächlichen Ähnlichkeitsstruktur zu erlangen. Wie noch gezeigt wird, gibt es hierarchisch-agglomerative Verfahren, z.B. das Verfahren "single linkage" von SNEATH (1957b, vgl. Kap. 2432 (121)), die dazu recht gut geeignet sind.

Bei der Berechnung des quadrierten euklidischen Abstandes zwischen den Centroiden der Klassen werden die Klassifikationsmerkmale proportional zur Variabilität der Klassenmittelwerte gewichtet. Werden die Merkmale vor Beginn der Klassifikation standardisiert, ist der Einfluß dieser Gewichtung auf das Klassifikationsergebnis im allgemeinen jedoch gering. Gelegentlich kann es zweckmäßig sein, an Stelle des quadrierten euklidischen Centroidabstandes die absolute Distanz zwischen den Centroiden zu wählen, die bezüglich der Streuung der Mittelwerte weniger empfindlich ist. Wenn die S Mittelwerte eines Merkmals i mit denen anderer Merkmale korreliert sind, erhalten diese Merkmale bei der Bestimmung der Centroidabstände indirekt ein zu grosses Gewicht. Für nicht-hierarchische Klassifikationsverfahren, die auf die Berechnung von Centroidabständen verzichten, ist diese Gewichtung ohne Bedeutung. Ihr Einfluß auf die Ergebnisse bestimmter hierarchischer Verfahren wurde bisher noch nicht untersucht; er ist auch kaum überschaubar.

Innerhalb von Klassen sind die m Klassifikationsmerkmale mehr oder weniger stark korreliert; und zwar unabhängig von den Merkmalskorrelationen im gesamten Datensatz (vgl. z.B. FLEISS/ZUBIN, 1969). Außerdem unterscheiden sich die "intra-class" Korrelationen von Klasse zu Klasse.

Für die eindeutige Zuordnung einzelner Objekte zu bereits existierenden Klassen kann es zweckmäßig sein, bei der Messung der Unähnlichkeit zwischen einer Klasse und einem Objekt die "intra-class" Korrelationen in einer geeigneten Form zu berücksichtigen. Diese Möglichkeit bietet der MAHALANOBIS-Abstand.

"Mahalanobis-distance is the same as Euclidean distance in terms of principals axes" (SCLOVE, 1971, S. 6; vgl. auch S. 62 ff. und S. 89 ff. dieser Arbeit). Die Verwendung normierter Hauptkomponenten bedeutet, daß allen Merkmalskategorien ein gleiches Gewicht zugeordnet wird. Daß eine solche Gewichtsverlagerung negative Auswirkungen auf die Klassenbildung haben kann, wurde bereits erörtert. Experimente haben gezeigt, daß die Klassifikationsergebnisse meist "brauchbarer" sind, wenn auf die Ausschaltung der Merkmalskorrelationen verzichtet und die eingebaute Gewichtung nicht zerstört wird. Sie haben aber auch gezeigt, daß es dabei wesentlich auf das verwendete Klassifikationsverfahren ankommt.

Die entscheidende Frage ist nämlich, welche Merkmalskorrelationen der Abstandsmessung zugrunde gelegt werden: die Korrelationen innerhalb des gesamten Datensatzes oder die "intra-class" Korrelationen. Wegen der nach Stärke und Richtung unterschiedlichen Merkmalskorrelationen innerhalb der Klassen, "straight forward correlations between all variables, based on the entire sample, are worse than useless" (FLEISS/ZUBIN, 1969, S. 243).

Davon sind in erster Linie die hierarchischen Klassifikationsverfahren betroffen, die keine Möglichkeit bieten, auf den einzelnen Stufen der Klassenbildung die Abstandsmessung hinsichtlich der "intraclass" Merkmalskorrelationen zu korrigieren. Bei hierarchischen Klassifikationsverfahren gibt es nur zwei Möglichkeiten: entweder wird die eingebaute Gewichtung wirksam, oder es werden vor Beginn der Klassifikation die Merkmalskorrelationen im gesamten Datensatz eliminiert, dies kann "worse than useless" sein (vgl. auch SCLOVE, 1971). Nichthierarchische iterative Verfahren, die von vorgegebenen oder versuchsweise gebildeten provisorischen Klassen ausgehen, bieten dagegen - zumindest prinzipiell - die Möglichkeit, bei der Abstandsmessung die "intra-class" Korrelationen zu berücksichtigen, weil die provisorischen Klassen als Basis für die Berechnung von (wiederum provisorischen) "intra-class" Kovarianzmatrizen benutzt werden können.

Während einige nicht-hierarchische Klassifikationsverfahren, wie z.B. das Verfahren "k-means" von MCQUEEN (1967) und ISODATA von BALL/HALL (1965, 1967), "intra-class" Korrelationen vernachlässigen (eine Ausschaltung der Korrelationen in der Gesamtheit ist bei diesen Verfahren natürlich möglich, jedoch generell kaum zu empfehlen), gibt es neuere Klassifikationsverfahren, beispielsweise das "Iterative-K-means Cluster Analysis Program" von MCRAE (1970) und das Verfahren von SCLOVE (1971), die bei der Messung der Unähnlichkeit zwischen einer Klasse und einem Objekt mit dem MAHALANOBIS-Abstand "intra-class" Kovarianzmatrizen benutzen. Hier soll der Hinweis genügen, daß die "intra-class" Matrizen im Verlaufe der Klassenbildung und -umbildung korrigiert werden.

Die beiden nicht-hierarchischen (iterativen) Klassifikationsverfahren von MCRAE und SCLOVE sind Verfahren für "Multivariate normal populations with common covariance matrix" (SCLOVE, 1971, S. 4), d.h., für die Bildung von Klassen, die sich durch unterschiedliche Mittelwertvektoren (Centroide) aber gleiche Kovarianzmatrizen auszeichnen.

Im Verfahren MIKCA von MCRAE (1970) z.B. wird die "total cross-products matrix"[1)]

$$\underline{T} = \underline{X}\,\underline{X}'$$

in "within-clusters" und "between clusters" Matrizen aufgespalten:

$$\underline{T} = \underline{W} + \underline{B} \quad ,$$

dabei ist die "within" Matrix $\underline{W}$ wie folgt definiert:

$$\underline{W} = \sum_{K=1}^{S} \underline{W}_K \;{}^{2)}$$

$$\underline{W} = \sum_{K=1}^{S} \left[\sum_{k=1}^{n_K} (\underline{x}_{kK} - \bar{\underline{x}}_K)(\underline{x}_{kK} - \bar{\underline{x}}_K)' \right] \quad ,$$

$\underline{x}_{kK}$ ist der Vektor des k-ten Objekts in der K-ten Klasse,

$\bar{\underline{x}}_K$ ist das Centroid der Klasse K,

n_K ist die Anzahl der Objekte in der K-ten Klasse und

S ist die Anzahl der Klassen (vgl. MCRAE, 1970, S. 2).

Die zu $\underline{W}$ inverse Matrix $\underline{W}^{-1}$ (falls $\underline{W}$ nicht singulär ist) ist die Matrix, die zur Berechnung von MAHALANOBIS-Abständen verwendet werden kann.[3)] Für den Abstand zwischen den k-ten Objekt der Klasse K und dem Centroid dieser Klasse ist beispielsweise:

$$D^2_{kK} = (\underline{x}_{kK} - \bar{\underline{x}}_K)'\, \underline{W}^{-1}\, (\underline{x}_{kK} - \bar{\underline{x}}_K)^{4)}.$$

Aus der Formel für die Berechnung der Matrix $\underline{W}$ geht unmittelbar hervor, daß für alle K = 1,2,...,S Klassen eine gemeinsame "within" Ma-

1) Die Symbolik ist der hier gebräuchlichen angeglichen. Vgl. auch FRIEDMAN/RUBIN (1967, 1968).

2) $\underline{W}_K/(n_K-1)$ ist die Kovarianzmatrix der Klasse K.

3) Sie entspricht also in der weiter oben angegebenen Formel für den MAHALANOBIS-Abstand der Matrix $\underline{S}^{-1}$.

4) Entsprechend ist $D^2_{KL} = (\bar{\underline{x}}_K - \bar{\underline{x}}_L)'\, \underline{W}^{-1}\, (\bar{\underline{x}}_K - \bar{\underline{x}}_L)$ der MAHALANOBIS-Abstand zwischen den Centroiden der Klassen K und L.

trix gebildet wird.[1)]

Wird diese Matrix bei der Berechnung von MAHALANOBIS-Distanzen zwischen Klassen und Objekten verwendet, so gelingt die Ausschaltung von Merkmalskorrelationen innerhalb der Klassen nur dann, wenn die Kovarianzmatrizen aller Klassen übereinstimmen. Weil in der Realität die Kovarianzmatrizen für die einzelnen Klassen nicht gleich sind - es ist sogar davon auszugehen, daß sie sich erheblich voneinander unterscheiden -, können mit einer gemeinsamen "within" Matrix die "intra-class" Korrelationen nicht ausgeschaltet werden. Wie sehr die Abstandsmessung unter Verwendung einer gemeinsamen "within" Matrix verzerrt wird, ist abhängig von den Unterschieden zwischen den Kovarianzmatrizen der einzelnen Klassen. Die Brauchbarkeit von Klassifikationsverfahren dieser Art ist also in erheblichem Maße davon abhängig, inwieweit die Modellannahme, die gesuchten Klassen seien "multivariate normal populations with common covariance matrix", zutrifft. Dies erklärt auch, warum in Einzelfällen solche Verfahren sehr brauchbare Ergebnisse liefern; es erklärt aber auch, warum sie nicht - in der Erwartung ähnlich guter Ergebnisse - zur Analyse von Datensätzen mit anderen Ähnlichkeitsstrukturen herangezogen werden sollten. Klassifikationsverfahren dieses Typs liefern die besten Ergebnisse, wenn die gesuchten (und als vorhanden vorausgesetzten) Klassen die Form von Hyperkugeln oder von Hyperellipsen mit gleicher Richtung der Hauptachsen haben und wenn diese Gebilde deutlich voneinander separiert sind. Durch diese sehr restriktiven Annahmen wird die Brauchbarkeit solcher Verfahren erheblich begrenzt. Ein weiterer (weniger bedeutsamer) Nachteil von Klassifikationsverfahren, die eine inverse $\underline{W}$ Matrix benötigen, ist, daß die Matrix $\underline{W}$ bei einer nicht sorgfältigen Merkmalsauswahl singulär sein kann. Auch "ill-conditioned" (bösartige) $\underline{W}$ Matrizen können zu Schwierigkeiten bei der Abstandsmessung führen (vgl. ZURMÜHL, 1964).

Die Nachteile, die mit der Verwendung einer für alle Klassen gemeinsamen "intra-class" Kovarianzmatrix bei der Abstandsmessung verbunden sind, ließen sich vermeiden, wenn es möglich wäre, mit den unter-

---

1) Diese Matrix ist ein konstantes Vielfaches der gemeinsamen Kovarianzmatrix (vgl. z.B. BALL, 1967).

schiedlichen klassenspezifischen Kovarianzmatrizen ($\underline{W}_K$, K=1,2,...,S) zu operieren; das heißt, wenn das Modell so verallgemeinert werden könnte, daß auch Punkthäufungen in der Form mehrdimensionaler Normalverteilungen mit unterschiedlichen Kovarianzmatrizen erfaßbar sind. Die Arbeit von SCLOVE (1971) enthält einen kurzen Hinweis darauf, daß ein Algorithmus für diesen Fall entwickelt wurde. Eine detaillierte Beschreibung dieses Algorithmus wird in Aussicht gestellt.

Die Verwendung klassenspezifischer Kovarianzmatrizen stößt auf die Schwierigkeit, daß zur Schätzung dieser Matrizen die Anzahl der Objekte, die eine Klassen bilden, hinreichend groß sein muß.[1] BALL (1966), der sich auf eine mir nicht zugängliche Publikation von ALLAIS (1964) bezieht, berichtet: "Dr. David Allais has shown recently that the number of samples should roughly equal 10 times the number of dimensions in order to estimate adequately the covariance matrix" (S. 3). Selbst wenn die Kovarianzmatrix einer Klasse nicht zum Schätzen der Kovarianzmatrix der übergeordneten Gesamtheit, sondern lediglich als Hilfsmittel der Abstandsberechnung benötigt wird, dürfte die Anzahl der für die Bestimmung einer geeigneten Kovarianzmatrix erforderlichen Objekte auch bei bescheidener Anzahl von Klassifikationsmerkmalen die übliche Klassenbesetzung in aller Regel bei weitem übersteigen. Wenn nur fünf mal so viele Objekte wie Merkmale benötigt würden, dürfte bei nur zehn Merkmalen keine Klasse aus weniger als fünfzig Objekten bestehen. Daraus folgt, daß dieser Weg wohl kaum zu einer Verallgemeinerung des Modellansatzes führt. Ein brauchbares Klassifikationsverfahren muß auch Klassen mit erheblich geringeren Besetzungszahlen bilden können. Es ist im übrigen fraglich, ob sich die Veränderung der Merkmalsgewichtung innerhalb der Klassen stets positiv auf das Klassifikationsergebnis auswirkt.

(3) KL,M-Maße

Zur Gruppe der KL,M-Maße die eine Unähnlichkeit zwischen den ursprünglichen Klassen K und L und der Vereinigungsklasse M definieren, gehört der Zuwachs zur "error sum of squares", der aus der Fusion der Klassen K und L resultiert. Er ist wie folgt definiert:[2]

---

1) Vgl. auch BOLSHEV (1969).

2) Vgl. WARD (1963); WISHART (1969c).

$$\Delta E = \Delta E_{KL,M} = E_M - E_K - E_L \quad ,$$

dabei ist E_M der Grad der Heterogenität der Fusionsklasse M. Zwei Klassen K und L sind umso ähnlicher, desto geringer der Zuwachs zur Fehlerquaratsumme ist, wenn K und L vereinigt werden.

Wie WISHART (1969c) gezeigt hat, kann für ΔE auch

$$\Delta E = \frac{n_K n_L}{n_K + n_L} \, d^2_{KL}$$

geschrieben werden. Der Fehlerquadratzuwachs ist also ein gewichteter quadrierter euklidischer Centroidabstand. Bestehen die Klassen K und L aus jeweils nur einem Objekt, ist

$$\Delta E = \frac{1}{2} \, d^2_{KL} = \frac{1}{2} \, d^2_{kl} \quad ,$$

also ein Unähnlichkeitsmaß für die Objekte k und l.

Als Unähnlichkeitsmaß für Klassen gehört ΔE zu den Maßen, die die Merkmalskorrelationen vernachlässigen. Es gehört ferner zu den Maßen, die von der Form der m-dimensionalen Merkmalsverteilungen abhängen; d.h. zur Gruppe der Maße, die voraussetzen, daß die Ähnlichkeitsstrukturen nur geringfügig von Modellstrukturen abweichen. Probleme, die damit verknüpft sind, wurden bereits erörtert. Die wesentlichen Eigenschaften des Fehlerquadratzuwachses können daher als bekannt vorausgesetzt werden.

Wie aus der Formel für ΔE zu entnehmen ist, ist dieses Maß in einem gewissen Umfange abhängig von der Besetzung der Klassen K und L. Verfahren, die den Fehlerquadratzuwachs als Maß der Unähnlichkeit zwischen Klassen verwenden, tendieren dazu, Klassen gleicher Größe zu bilden, wie auch das folgende Beispiel zeigt.

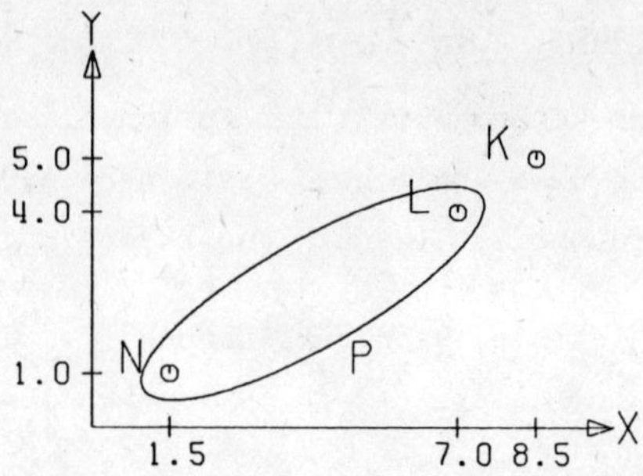

K, L und N seien Klassen, die, der Einfachheit halber, aus identischen Objekten bestehen. Die Klassen K und L seien mit $n_K = n_L = 47$ Objekten besetzt, N sei eine Klasse, die aus nur zwei Objekten ($n_N=2$) gebildet wird. Die Klassen K und L könnten zur Klasse M, N und L zur Klasse P zusammengefaßt werden. Fusionskriterium sei der geringste Fehlerquadratzuwachs. Werden $\Delta E_{KL,M}$ und $\Delta E_{LN,P}$ bestimmt, so ergibt sich:

$$\Delta E_{KL,M} = \frac{47 \cdot 47}{94} \left[(8,5-7,0)^2 + (5,0-4,0)^2\right] \doteq 76,4 \quad \text{und}$$

$$\Delta E_{LN,P} = \frac{2 \cdot 47}{49} \left[(7,0-1,5)^2 + (4,0-1,0)^2\right] \doteq 75,3 \quad .$$

Wegen $\Delta E_{LN,P} < \Delta E_{KL,M}$ müßten also zuerst die "weniger unähnlichen Klassen" L und N zur Klasse P zusammengefaßt werden.

Obwohl dieses Ergebnis nicht sehr befriedigt, darf es dennoch nicht überbewertet werden, denn zu Demonstrationszwecken wurde ein sehr extremes Beispiel gewählt. Wären die Klassen K und L nur mit $n_K =$ $= n_L = 46$ Objekten besetzt, ergäbe sich bereits $\Delta E_{KL,M} = 74,75 <$ $< \Delta E_{LN,P} = 75,23$, also das mehr wünschenswerte Ergebnis. Außerdem vermindert sich mit zunehmender Anzahl von Klassifikationsmerkmalen der Einfluß des Faktors, der die Klassenbesetzung erfaßt.

Das wenig befriedigende Klassifikationsergebnis in diesem Beispiel ist nicht nur auf die sehr unterschiedliche Klassenbesetzung und die geringe Anzahl von Klassifikationsmerkmalen, sondern auch auf eine mangelhafte Übereinstimmung von Modellstruktur und tatsächlicher Ähnlichkeitsstruktur zurückzuführen. Da alle Klassen aus identischen Objekten gebildet werden, sind sie vollständig homogen und es ist $E_L = E_N = 0$. Mithin ist der Zuwachs zur Fehlerquadratsumme $\Delta E_{LN,P} = E_P$, also das Heterogenitätsmaß für die Vereinigungsklasse P. Diese Klasse zeichnet sich dadurch aus, daß die Merkmale x und y in dieser Klasse extrem schiefe Verteilungen besitzen. Die Klasse N könnte auch als "Ausreißer" betrachtet werden. Nun ist aber

$$E_P = \sum_{p=1}^{n_P} \sum_{i=1}^{m} (x_{ipP} - \bar{x}_{iP})^2$$

wie bereits erwähnt, wegen der Abhängigkeit vom Centroid der Klasse P, nicht das geeignete Maß, um die Heterogenität solcher Klassen zu messen. Die Voraussetzung, daß das Centroid der geeignete Parameter ist, um die Lage der zwei-dimensionalen Merkmalsverteilung zu kennzeichnen, ist hier eben nicht gegeben. "Ausreißer-" Klassen lassen sich mit dem Fehlerquadratzuwachs nicht separieren.

Solche Klassen lassen sich eher mit dem ungewichteten euklidischen Centroidabstand finden. Wird der Grad der Unähnlichkeit zwischen den Klassen K und L bzw. L und N mit dem Centroidabstand gemessen ergibt sich:

$$d^2_{KL} = (8{,}5-7{,}0)^2 + (5{,}0-4{,}0)^2 = 3{,}25 \quad \text{und}$$

$$d^2_{LN} = (7{,}0-1{,}5)^2 + (4{,}0-1{,}0)^2 = 39{,}25 \quad .$$

Die Klassen K und L sind einander erheblich ähnlicher als die Klassen L und N. Daraus folgt, daß Klassifikationsverfahren, die mit dem ungewichteten quadrierten euklidischen Centroidabstand operieren eher geeignet sind, "Ausreißer-"Klassen zu bilden.

Die Ausführungen über "Maße für metrische Merkmale" haben gezeigt, daß die Brauchbarkeit dieser Maße entscheidend davon determiniert wird, inwieweit Modell und Realität übereinstimmen.[1] Häufig kann nur durch Experimente mit verschiedenen Maßen (und Verfahren) das geeignete (oder am wenigsten ungeeignete) Maß gefunden werden. Vielfach sind auch Unähnlichkeitsmaße und Klassifikationsverfahren sehr eng miteinander verknüpft, so daß mit der Festlegung des einen auch das andere festgelegt ist.

Metrische Merkmale haben von allen Merkmalstypen den höchsten Informationsgehalt. Es ist aber - zumindest im Bereich der Klassifikation - kaum möglich, diesen voll auszuschöpfen.

2322 Maße für Alternativmerkmale

Es ist zulässig davon auszugehen, daß die m binären Klassifikationsmerkmale einen m-dimensionalen Merkmalsraum R_m aufspannen. Die zu klassifizierenden Objekte können die 2^m Eckpunkte eines m-dimensionalen Würfels (oder Gitters) besetzen, der bei der üblichen Kodierung der beiden Merkmalsausprägungen (0 und 1) die Kantenlänge 1 hat. Diese Kantenlänge ist als Abstand interpretierbar. Die Festlegung eines Abstands von 1 hat erhebliche rechnerische Vorteile. Eine beliebige andere Kodierung der Merkmalsausprägungen, womit eine entsprechende Veränderung der Kantenlänge verbunden ist, ist möglich; die Ausprägungen 0 und 1 lassen sich beispielsweise vermöge der linearen Transformation $z_i' = 4 + 8z_i$ (z_1=0, z_2=1) in die Ausprägungen 4 und 12 umwandeln. Der zugehörige Hyperwürfel hat nun die Kantenlänge 8.

Jedes binäre KLassifikationsmerkmal besitzt eine (empirische) Zweipunktverteilung, die durch relative Häufigkeiten p und q=1-p oder durch absolute Häufigkeiten n_1 und $n_2=n-n_1$ eindeutig festgelegt ist. Wenn die Merkmale nur die Werte 0 und 1 annehmen können, ist $p=n_1/n$ (die relative Häufigkeit der mit 1 kodierten Ausprägung) gleichzeitig auch der Mittelwert (Parameter) der Zweipunktverteilung, und p(1-p) ist ihre Varianz.

---

1) Vgl. hierzu auch NEEDHAM (1965b).

Zur Berechnung einer relativen Häufigkeit ist es natürlich nicht erforderlich, die beiden Merkmalsausprägungen in bestimmter Weise zu kodieren. Es genügt, wenn die Ausprägungen durch unterschiedliche Symbole eines beliebigen Symbolvorrats gekennzeichnet sind. Wenn aber p nicht nur als relative Häufigkeit, sondern auch als Mittelwert, als Parameter einer Zweipunktverteilung fungieren soll, müssen die beiden Ausprägungen mit 0 und 1 verschlüsselt sein. Diese Kodierung hat neben rechnerischen Vorteilen auch den Vorteil, daß der Mittelwert einer Zweipunktverteilung, also p, leicht interpretierbar ist. Kommt es darauf nicht an, so können die beiden Merkmalsausprägungen durch beliebige andere (möglichst ganze) Zahlen symbolisiert werden. Da sich eine solche Verschlüsselung durch eine einfache Transformation auf die Kodierung 0 und 1 zurückführen läßt, kann, ohne daß die Allgemeinheit der Aussagen beeinträchtigt wird, vorausgesetzt werden, daß die Klassifikationsmerkmale nur die Werte 0 und 1 annehmen und daß die Zweipunktverteilungen einen mit p identischen Mittelwert besitzen. Dies aber impliziert ein "Metrisieren" der ursprünglich klassifikatorischen Merkmale. Der Unterschied zwischen den beiden Merkmalsausprägungen wird zum Abstand. Werte zwischen den Ausprägungen 0 und 1 sind definiert und interpretierbar (als relative Häufigkeit). Unabhängig davon, daß die Objekte selbst nur bestimmte Positionen des Merkmalsraumes besetzen können, gehören auch die von den Objekten nicht besetzbaren Punkte zum R_m, denn diese Punkte können von relativen Häufigkeiten, den Mittelwerten der m Zweipunktverteilungen, besetzt werden. Unter den genannten Voraussetzungen ist der Merkmalsraum also ein metrischer Raum. Im Gegensatz zum Merkmalsraum metrischer Merkmale ist dieser Raum jedoch in allen m Dimensionen auf 1 begrenzt.

Auch im Falle binärer Merkmale wird das j-te zu klassifizierende Objekt durch den Vektor

$$\underline{x}'_j = \left[x_{1j}, x_{2j}, \ldots, x_{ij}, \ldots, x_{mj}\right]$$

repräsentiert; dabei haben die x_{ij} entweder den Wert 0 oder den Wert 1.

$n_{iK1} = \sum_{j=1}^{n_K} x_{ij}$ ist die Anzahl der mit 1 kodierten Ausprägungen des i-ten Klassifikationsmerkmals in der Klasse K, $n_{iK2} = n_K - n_{iK1}$ ist die Anzahl der mit 0 kodierten Ausprägungen in der K-ten Klasse mit

n_K Objekten und $n_{iK1}/n_K = \bar{x}_{iK} = p_{iK}$ ist der arithmetische Mittelwert bzw. die relative Häufigkeit der Objekte der Klasse K für das Merkmal i.

Das Centroid oder der Mittelpunkt der K-ten Klasse ist durch $\underline{p}'_K = [p_{1K}, p_{2K}, \ldots, p_{iK}, \ldots, p_{mK}]$ gegeben. Die p_{iK} sind die relativen Häufigkeiten der Objekte in der K-ten Klasse, die durch die Ausprägung 1 gekennzeichnet sind. $\underline{p}'_K$ ist ein Punkt des m-dimensionalen Merkmalsraumes und kann als geeigneter Repräsentant der Klasse K aufgefaßt werden. Da das Centroid auch als Mittelwertvektor einer m-dimensionalen Zweipunktverteilung interpretiert werden kann, muß, wenn es eine Klasse hinreichend repräsentieren soll, vorausgesetzt werden, daß die Mittelwerte $\bar{x}_{iK} = p_{iK}$ $(i=1,2,\ldots,m)$ als Lokalisationsparameter auch die Lage asymmetrischer Zweipunktverteilungen angemessen und ausreichend beschreiben.

Auch für binäre Merkmale gibt es eine Fülle von Maßen zur Messung der Ähnlichkeit bzw. Unähnlichkeit von Klassen. Eine größere Auswahl von Maßen findet sich in SOKAL/SNEATH (1963), BOYCE (1965, 1969), BALL (1966, 1970) und vor allem in WISHART (1970b). Die hier vorgestellte Auswahl soll wieder in:

(a) K-Maße, die die Eigenschaften einer Klasse festlegen,

(b) K,L-Maße, die die Ähnlichkeit bzw. den Unterschied zwischen zwei Klassen K und L definieren und

(c) KL,M-Maße, die eine Unähnlichkeit zwischen den ursprünglichen Klassen K und L und der Fusionsklasse M definieren, aufgegliedert werden.

(1) K-Maße

Zu den Heterogenitätsmaßen der Gruppe (a) zählen vor allem das binäre Äquivalent von WARD's Fehlerquadratsumme (E) und die "totale" Entropie (H_T).

WARD's "error sum" ist für das i-te Merkmal und die Klasse A wie folgt definiert:

$$E_{iA} = \sum_{a=1}^{n_A} (x_{iaA} - \bar{x}_{iA})^2 \quad .$$

Sie mißt die Abstände zwischen den einzelnen Objekten und dem Centroid der Klasse A. Das binäre Äquivalent der Fehlerquadratsumme ist für das i-te Merkmal

$$E_{iA} = n_A(p_{iA} - p_{iA}^2)$$

$$= n_A p_{iA} q_{iA} \quad {}^{1)}$$

Da dieses Heterogenitätsmaß auf den relativen Häufigkeiten p_{iA} und q_{iA} basiert, könnte angenommen werden, daß es von der Kodierung der Merkmalsausprägungen unabhängig ist. Seine Herleitung zeigt jedoch, daß es die übliche 0 und 1 Kodierung der Ausprägungen voraussetzt. Also ist p_{iA} als Mittelwert und $p_{iA}q_{iA}$ als Varianz der zugehörigen Zweipunktverteilung zu interpretieren. E_{iA} mißt, wie bei metrischen Merkmalen auch, die Abstände zwischen den einzelnen Objekten und dem Centroid der Klasse A. Dies ist zulässig, da Objekte und Centroide als Punkte eines metrischen Raumes definiert sind. Bei Zweipunktverteilungen sind Mittelwert p_{iA} und Varianz $p_{iA}q_{iA}$ gleichzeitig Maße für die Symmetrie bzw. Asymmetrie der Verteilung. Wenn alle Objekte dieselbe Merkmalsausprägung besitzen, ist die Asymmetrie der Verteilung am größten und wegen $p_{iA}q_{iA} = 0$ ist auch $E_{iA} = 0$; wenn sich die Objekte gleichmäßig auf die beiden Ausprägungen verteilen, ist die Verteilung völlig symmetrisch und wegen $p_{iA}q_{iA} = 0{,}25$ nimmt die "error sum" ihren Maximalwert an: $E_{iA} = n_A \cdot 0{,}25$. Für die Fehlerquadratsumme des i-ten Merkmals gilt mithin:

$$0 \leq E_{iA} \leq 0{,}25 \cdot n_A \quad .$$

Die Fehlerquadratsumme ist von zwei Faktoren abhängig, von der Anzahl der Objekte in der Klasse A (n_A) und von der Varianz (oder dem Grad der Asymmetrie) $p_{iA}q_{iA}$ der Klasse A. Daß die Abhängigkeit von n_A für die Bildung von Klassen von erheblicher Bedeutung ist, wurde bereits erörtert. Hier kommt hinzu, daß der Teil des Maßes, der die Heterogenität der Klasse beschreibt, jeweils auf das Intervall $0 \leq p_{iA}q_{iA} \leq 0{,}25$ begrenzt ist.

Die Heterogenität einer Klasse ist hinsichtlich der Symmetrie von Verteilungen für binäre und metrische Merkmale in verschiedener Weise zu interpretieren. Eine Klasse hat dann ihre maximale

---

1) Für i = 1,2,...,m Klassifikationsmerkmale ist

$$E_A = n_A \sum_{i=1}^{m} p_{iA}q_{iA}.$$

Heterogenität, wenn die zugehörigen Zweipunktverteilungen symmetrisch sind; völlige Asymmetrie bedeutet vollkommene Homogenität.

Wie sehr das Heterogenitätsmaß E von der Klassenbesetzung abhängt, zeigt das folgende Beispiel. Gegeben seien zwei Zweipunktverteilungen, die Verteilung A mit $p_A = q_A = 0{,}5$ und die Verteilung B mit $p_B = 0{,}9$ und $q_B = 0{,}1$. Mit $p_B q_B = 0{,}09 < p_A q_A = 0{,}25$ ist die Verteilung B wesentlich asymmetrischer (die Klasse B also homogener) als die Verteilung A. Wenn nun $n_A = 36$ und $n_B = 100$ ist, so ist $E_A = E_B = 9$, d.h., die "Klassen" A und B haben gemessen mit der Fehlerquadratsumme die gleiche Heterogenität. Durch die Abhängigkeit von der Klassenbesetzung vermag das Maß E in Grenzfällen nicht, Klassen im Hinblick auf die Asymmetrie von Verteilungen zu trennen. Auf diese Eigenschaft wird noch zurückzukommen sein, wenn das K-Maß E als Teil eines KL,M-Maßes (ΔE) erörtert wird.

Die Fehlerquadratsumme E basiert auf der Varianz pq, einem metrischen Streuungsmaß, welches die räumliche Ausdehnung einer (Zweipunkt-) Verteilung in "Abstandseinheiten" des zugehörigen Merkmalsraumes mißt.[1)] Wenn dieser Merkmalsraum keine "natürliche" Distanz (BLYTH, 1959, S. 71: "no relevant distance") besitzt - und das ist stets der Fall, wenn die Merkmalsausprägungen auf Nominalskalen "gemessen" werden, wie z.B. die Ausprägungen rot und schwarz -, gibt es auch kein natürliches metrisches Dispersionsmaß (durch das für die Berechnung der Varianz pq notwendige Metrisieren der Merkmale wird lediglich ein Abstand willkürlich festgelegt). Ein Dispersionsmaß, welches (wie die Entropie) ausschließlich eine Funktion der relativen Häufigkeiten p und q ist, wird von BLYTH (1959) "absolutes" Streuungsmaß genannt.[2)] Ein solches von der Kodierung der Merkmalsausprägungen völlig unabhängiges Maß bedarf keiner Distanz, die die räumliche Maßeinheit definiert. Ein absolutes Dispersionsmaß mißt nicht die räumliche Ausdehnung einer Verteilung, sondern den Grad der Aufspaltung der Summe der relativen Häufigkeiten oder Wahrscheinlichkeiten (auf die die Verteilung "normiert" ist) in (zwei) Teile bzw. die zueinander

1) BLYTH (1959).

2) Vgl. auch BIHN (1967).

relative Größe der Teile[1] in Einheiten, die durch die Wahl der Basis der verwendeten Logarithmen festgelegt werden. Es ist klein, wenn die Teile große Unterschiede aufweisen, groß, wenn die Teile gleich sind.[2] BLYTH (1959), BIHN (1967), ADAM (1958) und andere heben von den verschiedenen Eigenschaften metrischer und absoluter Streuungsmaße die Additivitätseigenschaft "Gesamtstreuung = Streuung innerhalb der Gruppen + Streuung zwischen den Gruppen" besonders hervor. Obwohl grundsätzlich "there seems to be little intuitive necessity for the addition property" (BLYTH, 1959, S. 72), ist gerade diese Eigenschaft für die Bildung von Klassen von besonderer Bedeutung, weil die gebräuchlichen Klassifikationsverfahren versuchen, die Streuung innerhalb der Klassen zu minimieren bzw. die Streuung zwischen den Klassen zu maximieren. Das absolute Dispersionsmaß, welches wie die Varianz die Additivitätseigenschaft besitzt und das "alle wünschenswerten Eigenschaften eines nicht-metrischen Dispersionsmaßes trägt" (BIHN, 1967, S. 88), ist die mittlere Entropie eines Merkmals i

$$H(i) = - \left[p \text{ ld } p + q \text{ ld } q \right] .$$ [3]

Wie bereits erörtert, ist die mittlere Entropie ein mit den relativen Häufigkeiten p und q gewogener Mittelwert der Größen

$$\text{ld } \frac{1}{p} \quad \text{und} \quad \text{ld } \frac{1}{q} \quad .$$

Die mittlere Entropie unterscheidet sich von der Varianz auch durch die spezielle Gewichtung der relativen Häufigkeiten. Entscheidend ist, daß sie als absolutes Streuungsmaß nur von den relativen Häufigkeiten und nicht vom Lokalisationsparameter $\bar{x}$ der Zweipunktverteilung abhängt, auch wenn $\bar{x}$ und p identisch sind.[4]

---

1) Absolute Streuungsmaße sind natürlich nicht auf Merkmale mit nur zwei Ausprägungen begrenzt.

2) BLYTH (1959).

3) Vgl. den Exkurs S. 109 ff.

4) Die Entropie ist in diesem Sinne ein "nicht-parametrisches" Streuungsmaß.

Dem Heterogenitätsmaß E_A, der Fehlerquadratsumme, entspricht die totale Entropie $H_T(A)$, die mit absoluten Häufigkeiten für das i-te Merkmal wie folgt definiert ist:

$$H_T(A)_i = n_A \text{ ld } n_A - [n_{iA1} \text{ ld } n_{iA1} + n_{iA2} \text{ ld } n_{iA2}] .$$

Es gilt: $0 \leq H_T(A)_i \leq n$ bit. Die totale Entropie hat also, wie die Fehlerquadratsumme auch, einen Maximalwert. Eine zunehmende Asymmetrie von Verteilungen (die einer zunehmenden Homogenität von Klassen entspricht) wird jedoch von der Klassenbesetzung etwas stärker überlagert. Im obigen Beispiel hatten zwei Klassen A und B mit $n_{A1} = 18$, $n_{A2} = 18$, $n_A = 36$ und $n_{B1} = 90$, $n_{B2} = 10$, $n_B = 100$ gemessen mit der Fehlerquadratsumme die gleiche Heterogenität: $E_A = E_B = 9$. Gemessen mit der totalen Entropie ist

$$H_T(A) = 36{,}0 \text{ bit und } H_T(B) \doteq 46{,}9 \text{ bit.}$$

Die Klasse B erscheint heterogener als die Klasse A. Die totale Entropie ist jedoch - wie die Fehlerquadratsumme auch - für die Klassenbildung weniger als eigenständiges Heterogenitätsmaß von Bedeutung, sondern vielmehr als Grundlage eines KL,M-Maßes (ΔH). Für die Bildung der Klassen ist entscheidend, inwieweit sich die Summe der Heterogenitätsgrade der ursprünglichen Klassen $H_T(K)$ und $H_T(L)$ und der Grad der Heterogenität der Fusionsklasse $H_T(M)$ unterscheiden.

In der Literatur wird noch eine Reihe anderer Heterogenitäts- bzw. Kompaktheitsmaße beschrieben, beispielsweise Mittelwerte der folgenden Art. Gegeben sei $\underline{B}$, die Matrix der Ähnlichkeitskoeffizienten (S_{SM}, S_{RT} oder andere) für die n_A Objekte der Klasse A. $\underline{B}$ ist vom Typ ($n_A * n_A$); $\underline{e}$ sei der Eins-Vektor (Summierungsvektor), dessen n_A Komponenten gleich 1 sind. Dann ist

$$\bar{S}_A = (\underline{e}'\underline{Be})/n_A^2$$

der Mittelwert aller Ähnlichkeitskoeffizienten der Klasse A und damit ein Maß für die Kompaktheit dieser Klasse. Je größer $\bar{S}_A$ ist, desto homogener ist die Klasse A.

(2) K,L-Maße

Werden die binären Merkmale metrisiert, so können Maße, die die räumliche Entfernung der Lokalisationsparameter von Zweipunktverteilungen messen, als Maße der Unähnlichkeit von Klassen, also als K,L-Maße, verwendet werden. Zu dieser Gruppe von Unähnlichkeitsmaßen zählen vor allem die quadrierte euklidische Distanz d^2_{KL}, die absolute Distanz ad_{KL} und die durchschnittliche Distanz dd_{KL} zwischen den Centroiden der Klassen K und L. Sind die Ausprägungen der Merkmale mit 0 und 1 kodiert, ist also eine Abstandseinheit von 1 festgelegt, so ist das Centroid der Klasse K durch $\underline{\bar{x}}'_K = \underline{p}'_K = [p_{1K}, p_{2K}, \ldots, p_{iK}, \ldots, p_{mK}]$ gegeben, und der quadrierte euklidische Centroidabstand der Klassen K und L wird durch

$$d^2_{KL} = \sum_{i=1}^{m} (\bar{x}_{iK} - \bar{x}_{iL})^2$$

$$= \sum_{i=1}^{m} (p_{iK} - p_{iL})^2$$

gemessen.

Die Abstandsberechnung läßt sich auch (vgl. WISHART, 1970b) mit absoluten Häufigkeiten durchführen. Dies hat rechnerische Vorteile, weil Rundungsfehler bei der Berechnung der relativen Häufigkeiten vermieden werden können.

Die Formel für den quadrierten euklidischen Centroidabstand $d^2_{KL} = \Sigma (p_{iK} - p_{iL})^2$ zeigt, daß d^2_{KL} unabhängig ist von der Klassenbesetzung, daß d^2_{KL} das Maximum erreicht, wenn $p_{iK} = 0 (=1)$ und $p_{iL} = 1$ $(= 0)$ ist für alle $i=1,2,\ldots,m$ und daß $d^2_{KL} = 0$, wenn für alle i $p_{iK} = p_{iL}$. Es gilt also: $0 \leq d^2_{KL} \leq m$. Vor der Summierung über die m Merkmale werden die (Mittelwert-) Differenzen quadriert. Da p_{iK} und p_{iL} kleiner gleich eins sind, gehen in der Regel die Unterschiede zwischen den Verteilungen verkleinert in dieses Maß ein. Bei gleicher (metrischer) Variabilität der Verteilungen eines Merkmals in den Klassen K und L kann in einem Falle d^2_{KL} gleich Null sein, in einem anderen Fall kann d^2_{KL} beträchtlich von Null abweichen:

(a)

	K	L
p	0,1	0,1
q	0,9	0,9
	(pq = 0,09)	

$$d^2_{KL} = (0{,}1 - 0{,}1)^2 = 0$$

(b)

	K	L
p	0,1	0,9
q	0,9	0,1
	(pq = 0,09)	

$$d^2_{KL} = (0{,}1 - 0{,}9)^2 = 0{,}64.$$

Andererseits ist d^2_{KL} jedoch nicht unabhängig von der Variabilität der Merkmale in den Klassen K und L. Wenn ein Merkmal in beiden Klassen völlig symmetrisch verteilt ist, wenn also eine maximale Variabilität vorliegt, ist d^2_{KL} stets gleich Null. Je asymmetrischer die zu vergleichenden Merkmalsverteilungen sind, desto größer können die quadrierten euklidischen Centroidabstände sein. Entscheidend ist, ob die Asymmetrie der Verteilungen gleichgerichtet (a) oder gegenläufig (b) ist.

Um die Unähnlichkeitsmaße für binäre Klassifikationsmerkmale besser miteinander vergleichen zu können und um ihre Eigenschaften deutlicher hervortreten zu lassen, wurde ein Simulationsmodell konstruiert, in welchem durch die Variation einiger Parameter, Klassen mit unterschiedlichen Eigenschaften erzeugt werden und der Grad der Unähnlichkeit zwischen den Klassen mit unterschiedlichen Maßen gemessen wird. Die Simulation wurde auf ein Klassifikationsmerkmal begrenzt, um den Umfang der Untersuchung nicht unverhältnismäßig ansteigen zu lassen. Eine Erweiterung des Modells auf mehrere Merkmale ist im Prinzip ohne Schwierigkeiten möglich, da sich die Ergebnisse nur durch die Summierung von Einzelergebnissen unterscheiden. Damit die Informationen, die das Modell liefert, nicht durch eine Vielzahl von Tabellen verdeckt werden, wird auf die Wiedergabe der Ergebnisse in Tabellenform verzichtet. Statt dessen werden sie in komprimierter Form durch graphische Darstellungen veranschaulicht.

Um zu gewährleisten, daß die Distanzen auch mit dem Zuwachs zur Fehlerquadratsumme und mit dem Entropiezuwachs (also mit KL,M-Maßen) vergleichbar sind, wurde folgendes Modell gewählt:[1)]

Merkmals-ausprägung	Klasse		
	A	B	AB
1	$p_A(n_{A1})$	$p_B(n_{B1})$	$p(n_1)$
0	$q_A(n_{A2})$	$q_B(n_{B2})$	$q(n_2)$
	n_A	n_B	n

A und B sind zwei ursprüngliche Klassen, die irgendwie gebildet wurden. AB ist ihre Vereinigungsklasse. Die Zweipunktverteilungen des einen betrachteten Merkmals in den Klassen werden durch relative Häufigkeiten (z.B. p_A) bzw. durch absolute Häufigkeiten (z.B. n_{B2}) gekennzeichnet. $p_B = n_{B1}/n_B$ ist z.B. die relative Häufigkeit der Objekte in der Klasse B, die durch die Merkmalsausprägung "1" charakterisiert sind. Klasse A wird von n_A, Klasse B von n_B Objekten gebildet. Insgesamt gibt es $n = n_A + n_B$ Objekte. Es bestehen folgende Beziehungen: $n_{A1} + n_{A2} = n_A$, $n_{A1} + n_{B1} = n_1$, $p_A n_A + p_B n_B = pn$ usw.

Für die Modellrechnungen wurde die Anzahl der Objekte in allen Fällen auf insgesamt n=100 festgesetzt. n_{A1} wurde als unabhängige Variable in dem durch die jeweils vorgegebenen Variablen p und n_A abgegrenzten Bereich ($n_1 \leq n_{A1} \leq n_A$) variiert. Wenn beispielsweise p=0,1 ist, gibt es insgesamt nur $pn = n_1 = 10$ Objekte mit der Ausprägung 1. Daraus folgt, daß n_{A1} nur ganzzahlige Werte des Intervalls $0 \leq n_{A1} \leq 10$ annehmen kann, wenn $n_A \geq 10$. Entsprechendes gilt für $n_{B1} = n_1 - n_{A1}$. Wird z.B. $n_A = 50 = n_B$ gesetzt, so gilt für die relativen Häufigkeiten $0 \leq p_A, p_B \leq 0{,}2$. Für die Variation von p wurde eine Schrittweite von 0,1 gewählt. Für die Veränderung von p_A wurde in Abhängigkeit von n_A die jeweils kleinste Schrittweite festgelegt, so ist z.B. für

1) Zur Berechnung der KL,M-Maße "Fehlerquadratzuwachs" und "Entropiezuwachs" wird auch der Grad der Heterogenität der Fusionsklasse AB benötigt.

$n_A = 20$ die Schrittweite $S = 1/20 = 0{,}05$, für $n_A = 80$ ist $S = 0{,}0125$. Die Größen n_B, q, q_A, p_B und q_B ergeben sich aus n, n_A, p und p_A, beispielsweise ist $p_B = (np - n_A p_A)/n_B$.

Die Ergebnisse werden in drei Klassen eingeteilt. In der Klasse I werden die Ergebnisse für $n_A = 10$, $n_A = 20$ und $n_A = 40$ (also $n_A < n_B$), in Klasse II die für $n_A = 50 = n_B$ und in Klasse III die für $n_A = 60$ und $n_A = 80$ (also $n_A > n_B$) zusammengefaßt. Innerhalb dieser Klassen wurden für n_A und p folgende Werte vorgegeben:

Klasse I:	$n_A = 10$	$p = 0{,}1$
	$n_A = 20$	$p = 0{,}1$, $p = 0{,}2$
	$n_A = 40$	$p = 0{,}1$, $p = 0{,}2$, $p = 0{,}3$, $p = 0{,}4$
Klasse II:	$n_A = 50$	$p = 0{,}1$, $p = 0{,}2$, $p = 0{,}3$, $p = 0{,}4$, $p = 0{,}5$
Klasse III:	$n_A = 60$	$p=0{,}1$, $p=0{,}2$, $p=0{,}3$, $p=0{,}4$, $p=0{,}5$, $p=0{,}6$
	$n_A = 80$	$P=0{,}1$, $P=0{,}3$, $p=0{,}5$, $p=0{,}7$, $p=0{,}8$

Aus der Vielzahl der möglichen Fragestellungen wurde also nur eine kleine Auswahl getroffen. Zu jedem der 23 p-Werte gehört eine Menge von Wertepaaren, eine Funktion, deren graphische Abbildung die Tabellen ersetzen soll.

Den Variationsbereich der Modellparameter p_A, p_B und p der Klasse II ($n_A = n_B$) zeigt z.B. folgende Tabelle

A	B	AB
$0{,}0 \leq p_A \leq 1{,}0$	$0{,}0 \leq p_B \leq 1{,}0$	$0{,}1 \leq p \leq 0{,}5$
$n_A = 50$	$n_B = 50$	$n = 100$

Einer der insgesamt 11 + 21 + ... + 51 = 155 Fälle ist z.B. der folgende (in Klammern sind die absoluten Häufigkeiten angegeben):

A	B	AB
p_A = 0,6 (30)	p_B = 0,0 (0)	p = 0,3 (30)
q_A = 0,4 (20)	q_B = 1,0 (50)	q = 0,7 (70)
n_A = 50	n_B = 50	n = 100

Für jeden dieser Fälle wurden berechnet: der quadrierte euklidische Centroidabstand (d^2_{AB}), die durchschnittliche Distanz (dd_{AB}) und die absolute Distanz (ad_{AB}) zwischen den Klassen A und B und der Fehlerquadratzuwachs (ΔE) und der Entropiezuwachs (ΔH), der aus der Fusion der Klassen A und B zur Vereinigungsklasse AB resultiert. Der quadiierte euklidische Centroidabstand wäre in diesem Beispiel:

$$d^2_{AB} = (p_A - p_B)^2 = (0{,}6 - 0{,}0)^2 = 0{,}36$$

Zu Vergleichszwecken werden alle Unähnlichkeitsmaße als Funktionen von p_A/p dargestellt. Wenn die Zweipunktverteilungen der Klassen identisch, d.h., die Klassen am wenigsten unähnlich sind, ist $p_A/p = 1$ (und auch $p_B/p = 1$) und für diesen Wert erreichen alle Unähnlichkeitsmaße - mit Ausnahme der durchschnittlichen Distanz - ihr Minimum. p_A/p ist ein Maß für den Grad der (gegenläufigen) Asymmetrie der Verteilungen, p_A/p ist kleiner als 1, wenn $p_A < p_B$, es ist größer als 1, wenn $p_A > p_B$.

Jede der für die einzelnen Unähnlichkeitsmaße gezeichneten Funktionen[1)] besteht aus einer unterschiedlichen von p und n_A abhängigen Anzahl von Punkten. Ist beispielsweise p = 0,1 und n_A = 10, so kann n_{A1} nur im Bereich $0 \leq n_{A1} \leq 10$ variieren und folglich nur 11 verschiedene ganzzahlige Werte (Null eingeschlossen) annehmen. Daraus ergibt sich, daß auch die Unähnlichkeitsmaße stets nur bestimmte Werte annehmen können.

Abbildung 1 enthält die fünf Funktionen der quadrierten euklidischen Centroidabstände der Klasse II ($n_A = n_B = 50$) für p = 0,1, p = 0,2, ..., p = 0,5.

1) Die graphischen Darstellungen wurden mit einem CALCOMP-Plotter des Rechenzentrums der Universität zu Köln gezeichnet.

Abbildung 1

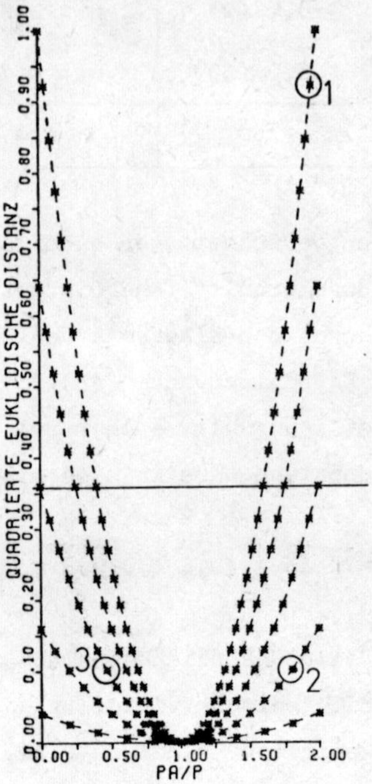

Der Funktion mit der geringsten Krümmung (p = 0,1)[1] liegt z.B. die folgende Tabelle zugrunde:

Tabelle 1

p	0,1	0,1	0,1	0,1	0,1	0,1	0,1	0,1	0,1	0,1	0,1
p_A	0,00	0,02	0,04	0,06	0,08	0,10	0,12	0,14	0,16	0,18	0,20
p_B	0,20	0,18	0,16	0,14	0,12	0,10	0,08	0,06	0,04	0,02	0,00
p_A/p	0,0	0,2	0,4	0,6	0,8	1,0	1,2	1,4	1,6	1,8	2,0
d^2_{AB}	0,040	0,026	0,014	0,006	0,002	0,000	0,002	0,006	0,014	0,026	0,040

1) Zur Funktion mit der stärksten Krümmung gehört p = 0,5.

Ein Vergleich der Wertepaare in den beiden letzten Zeilen der Tabelle mit der zugehörigen Funktion in Abbildung 1 zeigt unmittelbar das Prinzip, nach welchem diese und die übrigen Abbildungen gestaltet wurden.

Die Interpretation der Abbildung 1 muß auf einige wesentliche Eigenschaften der quadrierten euklidischen Distanz beschränkt werden. Zunächst fällt auf, daß die Distanz symmetrisch ist im Bezug auf $p_A/p = p_B/p = 1$. Die Abweichungen von der identischen Verteilung werden also hinsichtlich beider Abweichungsrichtungen in d^2_{AB} gleich gewichtet. Der Grund dafür ist die Symmetrie der Klassenbesetzung: $n_A = n_B = 50$. Wenn die Klassenbesetzung ungleich ist, sind die Funktionen asymmetrisch in Bezug auf $p_A/p = 1$. Das bedeutet, daß die Distanz indirekt auch von der Klassenbesetzung beeinflußt wird. Erwartungsgemäß variiert d^2_{AB} im Intervall $0 \leq d^2_{AB} \leq 1$. Die Distanz ist - unabhängig von p - stets gleich Null, wenn die beiden Verteilungen identisch sind. Sie erreicht ihr Maximum, wenn beide Zweipunktverteilungen zu Einpunktverteilungen degenerieren, und das kann hier nur in zwei Fällen geschehen, nämlich nur dann, wenn $p = 0{,}5$ ist und die 50 Objekte mit der Ausprägung 1 entweder sämtlich der Klasse A ($p_A = 1{,}0$) oder der Klasse B ($p_B = 1{,}0$) angehören. In allen anderen Fällen ($p \neq 0{,}5$) kann das Maximum nicht erreicht werden. Die durch eine horizontale Linie verbundenen Funktionswerte veranschaulichen eine auch für andere Unähnlichkeitsmaße typische Eigenschaft, nämlich die Abhängigkeit von den Lokalisationsparametern ($p=\bar{x}$) der beiden Zweipunktverteilungen: es ist $d^2_{AB} = 0{,}36$ für $p_A = 0$ und $p_B = 0{,}6$ ($p_A/p=0$), für $p_A = 0{,}1$ und $p_B = 0{,}7$ ($p_A/p = 0{,}25$), für $p_A = 0{,}2$ und $p_B = 0{,}8$ ($p_A/p=0{,}4$), usw. Entscheidend ist nur die Differenz oder Entfernung ($p_A - p_B$).

Die drei durch einen kleinen Kreis hervorgehobenen Funktionswerte zeigen eine für die Gewichtung der Klassifikationsmerkmale und damit für die Klassenbildung wesentliche Eigenschaft. Den Funktionswerten 1, 2 und 3 können in Tabellenform folgende Zweipunktverteilungen zugeordnet werden:

zu 1:

	A	B	AB
p_1	0,98	0,02	0,5
q_1	0,02	0,98	0,5

$d^2_{AB} = 0{,}9216$

zu 2:

	A	B	AB
p_2	0,36	0,04	0,2
q_2	0,64	0,96	0,8

$d^2_{AB} = 0{,}1024$

zu 3:

	A	B	AB
p_3	0,14	0,46	0,3
q_3	0,86	0,54	0,7

$d^2_{AB} = 0{,}1024$

Der Asymmetrie der Verteilungen entsprechend gehört zur Tabelle 1 die größte euklidische Distanz: $d^2_{AB} = 0{,}9216$.

Angenommen diese Tabellen enthielten die Verteilungen dreier Klassifikationsmerkmale und es sollte bezüglich dieser drei Merkmale der quadrierte euklidische Centroidabstand der Klassen A und B berechnet werden. Unter der (üblichen) Annahme unkorrelierter Klassifikationsmerkmale ist

$$d^2_{AB} = \sum_{i=1}^{3} (p_{iA} - p_{iB})^2$$

$$= 0{,}9216 + 0{,}1024 + 0{,}1024 = 1{,}1264.$$

Wegen der unterschiedlichen Asymmetrie der Merkmalsverteilungen wird der Grad der Unähnlichkeit zwischen den Klassen A und B im wesentlichen durch das erste Merkmal determiniert. Gemessen an der Summe hat das erste Merkmal ein Gewicht von etwa 0,82, während die beiden anderen Merkmale nur ein Gewicht von rund 0,09 haben.

Es liegt nahe zu vermuten, daß Klassifikationsmerkmale existieren, die ein so großes Gewicht haben, daß sie den Einfluß der übrigen Merkmale völlig überlagern. Für einzelne Klassen kann das zutreffen, ist aber hinsichtlich der Fusion von Klassen durchaus positiv zu beurteilen. Große Unterschiede zwischen den Zweipunktverteilungen von Klassifikationsmerkmalen müssen ein entsprechendes Gewicht bekommen, damit beim Prozeß der Klassenbildung zuerst jene Klassen fusioniert werden, die sich weniger stark unterscheiden. Wie groß das relative Gewicht eines einzelnen Merkmals ist, wird durch die Wahl des Abstandsmaßes festgelegt. Würden in diesem Beispiel die einzelnen Abstände vor der Summierung nicht quadriert, ergäbe sich eine Gewichtsverteilung von

0,6 : 0,2 : 0,2. Das Gewicht eines Merkmals bei der Berechnung von Distanzen ist abhängig von der Variabilität dieses Merkmals in den Klassen und von der gegenläufigen Asymmetrie der beiden Zweipunktverteilungen.

Die Frage, ob einzelne Klassifikationsmerkmale eine größere Anzahl von Distanzen entscheidend zu determinieren vermögen, und damit nicht nur in Bezug auf eine Klasse, sondern hinsichtlich des gesamten Datensatzes ein größeres Gewicht als andere Merkmale haben, kann daher nicht eindeutig beantwortet werden. Tendenziell haben die Merkmale, deren Zweipunktverteilungen für den gesamten Datensatz symmetrisch, deren Variabilität also groß ist, ein größeres Gewicht als jene Merkmale, deren Verteilung sehr asymmetrisch, deren Variabilität also klein ist. Angenommen, die relativen Häufigkeiten eines Klassifikationsmerkmals für das Gesamtsystem seien durch $p_i = 0{,}05$ und $q_i = 0{,}95$ gegeben. Dann ist zwar auch in allen Klassen die Verteilung dieses Merkmals sehr asymmetrisch, aber - von möglichen Ausnahmen in sehr kleinen Klassen abgesehen - gleichgerichtet. Das heißt, alle relativen Häufigkeiten p_{iK} (K = 1, 2, ..., S) sind klein und mithin sind auch die Differenzen $p_{iK}-p_{iL}$ klein. Ein solches Merkmal kann also nur ein geringes Gewicht haben. Für Merkmale, die im Gesamtsystem relative Häufigkeiten in Höhe von $p_i = q_i = 0{,}5$ besitzen, können (wie im obigen Beispiel) die Differenzen $p_{iK} - p_{iL}$ groß sein, weil in den Klassen auch gegenläufige Asymmetrien vorkommen können. Es ist also möglich, daß Merkmale dieser Art ein größeres Gewicht als andere Merkmale besitzen. Allerdings besteht durch die Art der Asymmetrie - gleichgerichtet oder gegenläufig - eine gewisse Ausgleichstendenz. Das relative Gewicht der Klassifikationsmerkmale, für die $p_i = q_i = 0{,}5$ ist, wird kleiner, wenn beispielsweise jene Merkmale mit $p_i \leq 0{,}05$ von der Untersuchung ausgeschlossen werden.

Die oben beschriebene Tendenz zeigt sich (vgl. Abbildung 1) auch darin, daß bei einem p = 0,5 (Kurve mit der stärksten Krümmung) zu kleinen Abweichungen von der identischen Verteilung ($p_A/p = 1{,}0$) große Veränderungen der quadrierten euklidischen Distanz gehören, während bei einem p = 0,1 auch große Abweichungen von $p_A/p = 1{,}0$ nur kleine Änderungen der Distanz bewirken.

Daß gleiche Abweichungen von der identischen Verteilung zu unterschiedlichen Distanzen führen, zeigen auch die folgenden Abbildungen.

Die Funktionen der Klasse I für $n_A = 10$, $n_A = 20$ und $n_A = 40$ sind in Abbildung 2, die der Klasse III sind für $n_A = 60$ in Abbildung 3 und für $n_A = 80$ in Abbildung 4 dargestellt. Die Funktionen wurden wie folgt gekennzeichnet:[1)]

Abbildung 2	Abbildung 3	Abbildung 4
1: $n_A = 10$; p = 0,1	a: p = 0,1	a: p = 0,1
2a: $n_A = 20$; p = 0,1	b: p = 0,2	b: p = 0,3
2b: $n_A = 20$; p = 0,2	c: p = 0,3	c: p = 0,5
3a: $n_A = 40$; p = 0,1	d: p = 0,4	d: p = 0,7
3b: $n_A = 40$; p = 0,2	e: p = 0,5	e: p = 0,8
3c: $n_A = 40$; p = 0,3	f: p = 0,6	
3d: $n_A = 40$; p = 0,4		

Die Abbildungen 2, 3 und 4 machen deutlich, wie der quadrierte euklidische Centroidabstand auf die unterschiedliche Klassenbesetzung und auf die unterschiedlichen relativen Häufigkeiten der Vereinigungsklasse AB (p) reagiert. Mit Ausnahme der Funktionen e (p=0,5) in Abb. 3 und c (p=0,5) in Abb. 4 sind die Funktionen sehr asymmetrisch in Bezug auf $p_A/p = 1,0$. Es ist festzuhalten, daß in jeder dieser Abbildungen der quadrierte euklidische Centroidabstand sein Maximum erreicht. Wie noch zu zeigen ist, gilt dies auch für die anderen Distanzen, es gilt jedoch nicht für die KL,M-Maße "Fehlerquadratzuwachs" und "Entropiezuwachs". Im übrigen gilt das zu Abbildung 1 Gesagte entsprechend. In Abbildung 2 liegt die Funktion 3a zwischen den Funktionen 2a und 2b. Dieser Tatbestand, der auch bei anderen Unähnlichkeitsmaßen - mit Ausnahme des Entropiezuwachses - zu beobachten ist, wird an anderer Stelle erörtert.

---

1) Dies gilt auch für die übrigen Abbildungen.

Abbildung 2

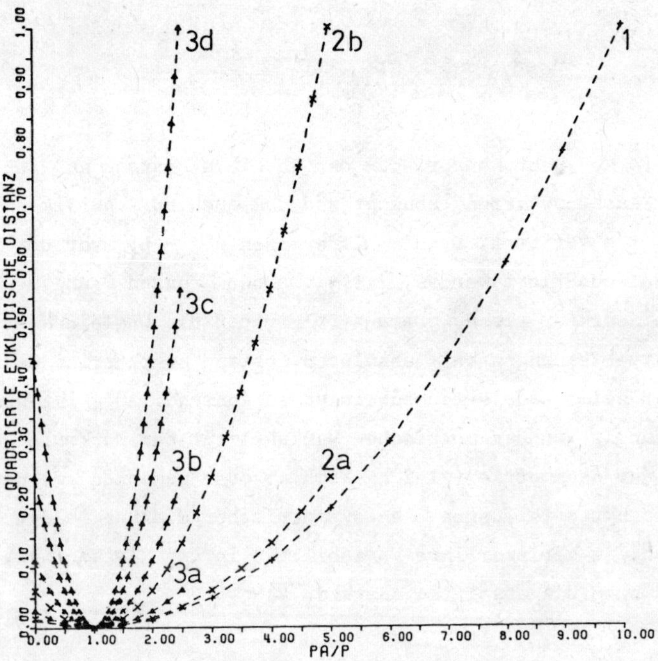

Abbildung 3

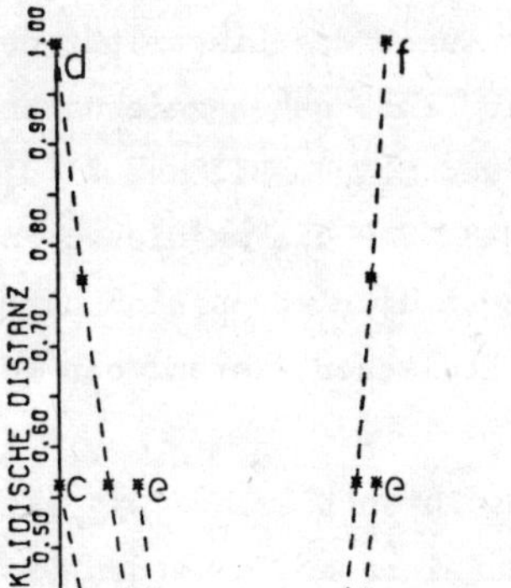

Abbildung 4

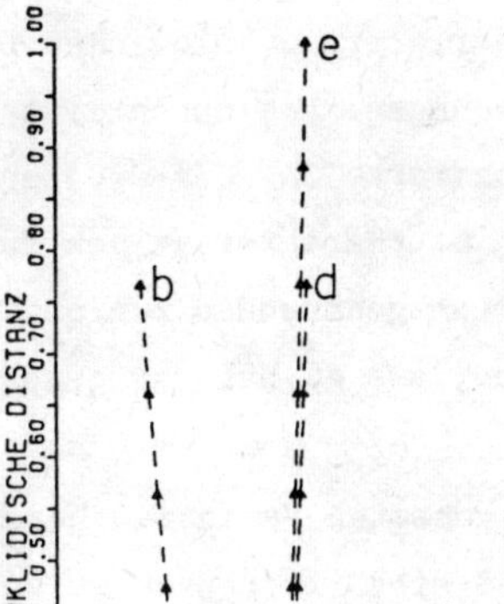

Ein ebenfalls metrisches Unähnlichkeitsmaß für binäre Merkmale ist der absolute Centroidabstand der Klassen A und B:

$$ad_{AB} = \sum_{i=1}^{m} |p_{iA} - p_{iB}| \quad .$$

Aus der Formel geht hervor, daß der absolute Abstand nur indirekt von der Klassenbesetzung abhängt und daß auch ad_{AB} nur im Intervall $0 \leq ad_{AB} \leq m$ variiert. Da die Differenzen $p_{iA} - p_{iB}$ vor der Summierung nicht quadriert werden, ist - von den Grenzen 0 und m abgesehen - ad_{AB} stets größer als d^2_{AB} Daraus folgt, daß die Ungleichheit von Zweipunktverteilungen beim absoluten Abstand stärker ins Gewicht fällt als beim quadrierten euklidischen Abstand. ad_{AB} ist wie d^2_{AB} auch abhängig von der metrischen Variabilität der Merkmale und von der Art der Asymmetrie (gleichgerichtet oder gegenläufig) der beiden Zweipunktverteilungen. Je asymmetrischer die Merkmalsverteilungen sind, d.h., je geringer ihre Variabilität in den Klassen ist, desto größer können die absoluten Abstände sein.

Abbildung 5 enthält die fünf Funktionen der absoluten Distanz der Klasse II ($n_A = n_B = 50$; $p = 0,1$; $p = 0,2$; ...; $p = 0,5$). Sie ist das Pendant zu Abbildung 1. Auch die absolute Distanz ist (wegen $n_A = n_B$) symmetrisch zu $p_A/p = 1,0$. Sie unterscheidet sich von der quadrierten euklidischen Distanz nur durch die Linearität der Beziehungen. Die durch eine horizontale Linie gekennzeichneten Funktionswerte ($ad_{AB} = 0,6$) entsprechen denen in Abbildung 1 ($d^2_{AB} = 0,36$). Es ist charakteristisch für dieses Maß, daß die zu diesen Funktionswerten gehörenden Zweipunktverteilungen hier wesentlich unähnlicher sind, als es bei der quadrierten euklidischen Distanz der Fall war.

Im gesamten Variationsbereich der absoluten Distanz ($0 \leq ad_{AB} \leq 1$) sind die Differenzen zwischen zwei aufeinander folgenden Distanzen dem Betrage nach gleich. Wie die folgende Tabelle zeigt, wird dagegen bei der Verwendung des quadrierten euklidischen Centroidab-

p_A	p_B	ad_{AB}	|Differenz|	d^2_{AB}	|Differenz|
0,04	0,96	0,92		0,8464	
0,06	0,94	0,88	0,04	0,7744	0,0720
0,58	0,42	0,16		0,0256	
0,60	0,40	0,20	0,04	0,0400	0,0144

Abbildung 5

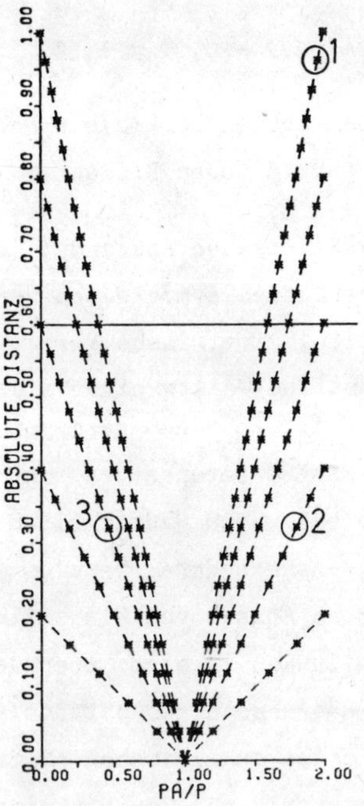

stands als Unähnlichkeitsmaß eine Veränderung der Asymmetrie der beiden Zweipunktverteilungen umso stärker gewichtet, desto weiter diese Verteilungen von der identischen Verteilung entfernt sind (vgl. auch Abb. 1). Hier zeigt sich sehr deutlich, daß den beiden Unähnlichkeitsmaßen unterschiedliche Vorstellungen über die "Unähnlichkeit von Klassen" zugrunde liegen.

Ein wesentlicher Unterschied zwischen diesen beiden Maßen zeigt sich auch in der unterschiedlichen Gewichtung der Klassifikationsmerkmale (vgl. die durch kleine Kreise gekennzeichneten Funktionswerte und die zugehörige Übersicht auf S. 163 f.). Natürlich ist auch hier der Funktionswert 1 (ad_{AB} = 0,96) größer als die Funktionswerte 2 und 3 (ad_{AB} = 0,32). Wenn aber diese Funktionswerte die Verteilungen von drei Klassifikationsmerkmalen repräsentieren und der absolute Centroidabstand zwischen den Klassen A und B bestimmt wird,

$$ad_{AB} = \sum_{i=1}^{3} |p_{iA} - p_{iB}|$$

$$= 0{,}96 + 0{,}32 + 0{,}32 = 1{,}60 \quad ,$$

so ist das relative Gewicht des ersten Merkmals erheblich geringer als im Falle der quadrierten euklidischen Distanz.

Die Tendenz des quadrierten euklidischen Abstands, jene Merkmale, die hinsichtlich des gesamten Datensatzes symmetrisch verteilt sind, stärker zu gewichten, als jene, die asymmetrische Verteilungen haben, ist also beim absoluten Centroidabstand weit weniger stark ausgeprägt. Das bedeutet, der absolute Abstand ist in einem geringeren Maße von den relativen Häufigkeiten des gesamten Datensatzes abhängig als der euklidische Abstand. Wenn die relativen Häufigkeiten des Gesamtsystems große Unterschiede aufweisen, insbesondere, wenn es sich z.B. nicht vermeiden läßt, daß eine größere Anzahl von Klassifikationsmerkmalen mit sehr asymmetrischen Verteilungen in eine Untersuchung aufgenommen wird, hat die Verwendung des absoluten Abstands als Unähnlichkeitsmaß gegenüber dem quadrierten euklidischen Abstand den Vorteil, daß die Klassenbildung weniger stark vom Gewicht einzelner Klassifikationsmerkmale beeinflußt werden kann.

Die folgenden Abbildungen 6, 7 und 8 sind mit den Abbildungen 2, 3 und 4 vergleichbar.[1)]

Die Funktionen in Abbildung 6 (für $n_A = 10$, $n_A = 20$ und $n_A = 40$) zeigen im Prinzip die gleichen Asymmetrien in Bezug auf $p_A/p = 1{,}0$ wie die der Abbildung 2. Die unterschiedliche Klassenbesetzung und die unterschiedlichen relativen Häufigkeiten der Vereinigungsklasse AB haben auf die absolute Distanz und auf die quadrierte euklidische Distanz im wesentlichen den gleichen Einfluß. Auf die Lage der Funktion 3a sei hier nur hingewiesen (vgl. auch Abb. 2).

Für die Funktionen der Abbildungen 7 ($n_A = 60$) und 8 ($n_A = 80$) gilt das oben Gesagte entsprechend. Die Unterschiede zwischen diesen Funktionen und denen der Abbildung 3 und 4 sind gering. Auch hier sind

---

1) Vgl. zur Kennzeichnung die Übersicht auf S. 166.

Abbildung 6

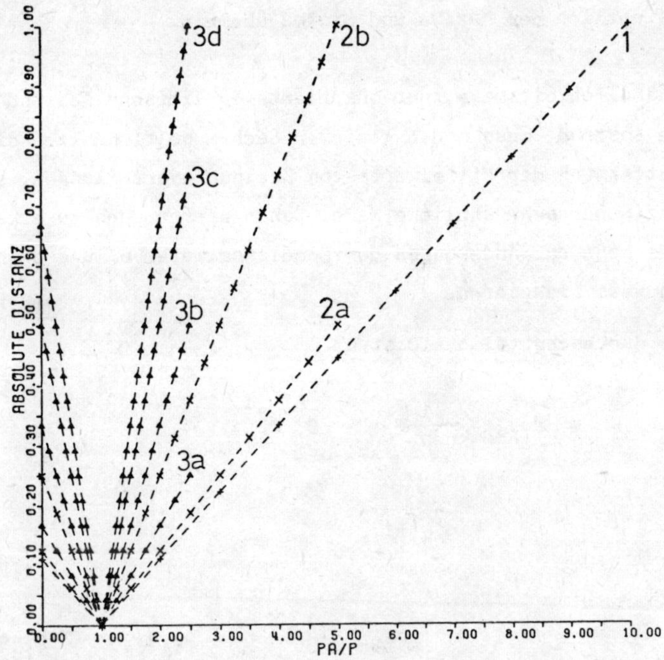

Abbildung 7

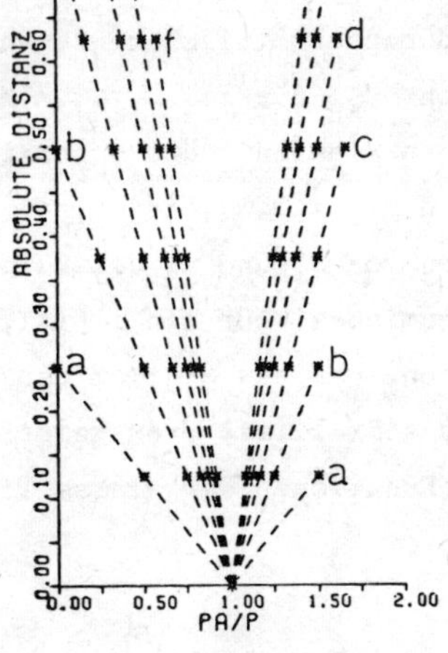

Abbildung 8

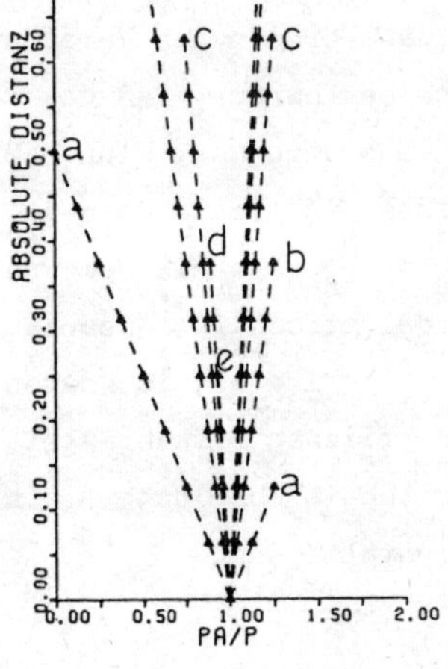

die Funktionen e in Abb. 7 (für p = 0,5) und c in Abb. 8 (für p = 0,5) symmetrisch zu $p_A/p = 1$. In allen Fällen stimmen ad_{AB} und d^2_{AB} hinsichtlich der Maxima und Minima überein.

Beide Unähnlichkeitsmaße, der quadrierte euklidische Abstand und der absolute Abstand, messen den gleichen Sachverhalt, nämlich die räumliche Entfernung der Mittelwerte von Zweipunktverteilungen, sind also vom Prinzip her sehr ähnliche Maße. Daher war es auch zu erwarten, daß beide Maße auf Änderungen der Modellparameter n_A und p in der gleichen Weise reagieren.

Auch die durchschnittliche Distanz

$$dd_{AB} = \frac{1}{n_A n_B} \sum_{a=1}^{n_A} \sum_{b=1}^{n_B} d^2_{ab}$$

$$= d^2_{AB} + S^2_A + S^2_B$$

$$= \sum_{i=1}^{m} (p_{iA} - p_{iB})^2 + \sum_{i=1}^{m} p_{iA} q_{iA} + \sum_{i=1}^{m} p_{iB} q_{iB}$$

gehört zur Gruppe der metrischen Unähnlichkeitsmaße, besitzt jedoch ganz andere Eigenschaften als die oben erörterte Abstandsmaße.

Mit der durchschnittlichen Distanz wird nicht nur der räumliche Centroidabstand, sondern auch die metrische Variabilität der Merkmale in den zu vergleichenden Klassen gemessen. Im Gegensatz zum quadrierten euklidischen Abstand und zur absoluten Distanz ist die durchschnittliche Distanz also auch von der Kompaktheit oder der Homogenität der zu vergleichenden Klassen abhängig.

Aus den Formeln zur Berechnung der durchschnittlichen Distanz geht unmittelbar hervor, daß das Maximum von dd_{AB} für i=1,2,...,m Merkmale gleich m sein muß. Wenn nämlich in den Klassen A und B nur identische Objekte sind (z.B. wenn $p_{iA} = 1,0$ und $p_{iB} = 0,0$), ist $S^2_A = S^2_B = 0$ und $dd_{AB} = d^2_{AB}$. Das Minimum von dd_{AB} wird von S^2_A und S^2_B determiniert. Da es realistisch ist anzunehmen, daß zumindest für ein i (i=1,2,...,m) $0 < p_{iA} < 1$ gilt, ist davon auszugehen, daß das Minimum der durchschnittlichen Distanz stets größer als Null ist. Dies zeigt sich sehr deutlich in Abbildung 9, in der die Funktionen der Klasse II ($n_A = n_B = 50$) dargestellt sind.

Da p nur im Bereich $0{,}1 \leq p \leq 0{,}5$ variiert, erreicht die Funktion für p = 0,1 (das ist die Funktion mit der geringsten Krümmung) ihr Minimum, wenn $p_A = p_B = p = 0{,}1$. Die Funktion für p = 0,5 (die mit der stärksten Krümmung) erreicht ihr Minimum, wenn $p_A = p_B = p = 0{,}5$.

Abbildung 9

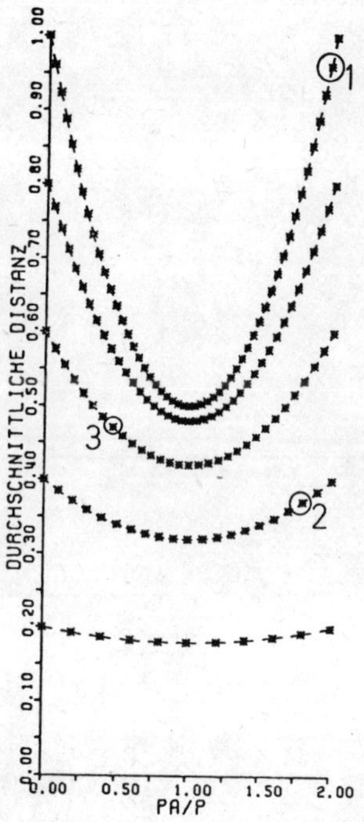

Die durchschnittliche Distanz erreicht ihr Maximum, wenn die Klassen A und B völlig homogen sind, wenn also $p_A = 1{,}0$ ($p_A = 0{,}0$) und $p_B = 0{,}0$ ($p_B = 1{,}0$); dann ist nämlich $S_A^2 = S_B^2 = 0$ und es ist (wegen m = 1) $dd_{AB} = d_{AB}^2 = ad_{AB} = 1{,}0$. In diesen Fällen stimmen also alle Distanzen überein. Wegen $n_A = n_B = 50$ ist auch die durchschnittliche Distanz symmetrisch in Bezug auf $p_A/p = 1{,}0$.

Vergleicht man die Abbildungen 10 (der Funktionen der Klasse II), 11 und 12 (der Funktionen der Klasse III) mit den entsprechenden Abbil-

Abbildung 10

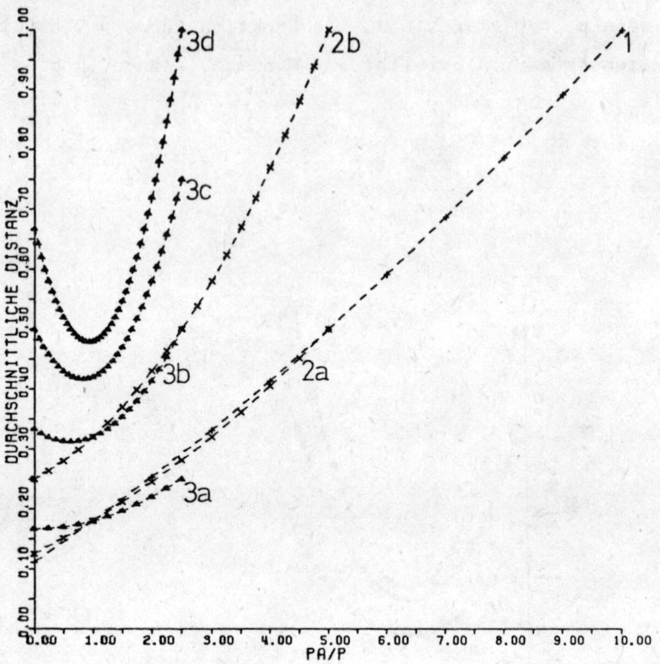

Abbildung 11

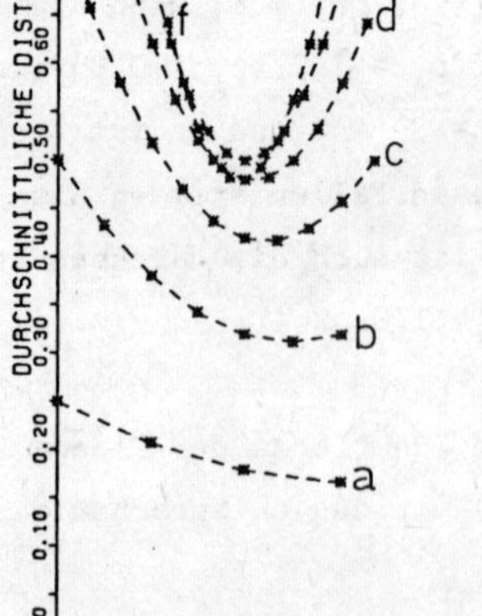

Abbildung 12

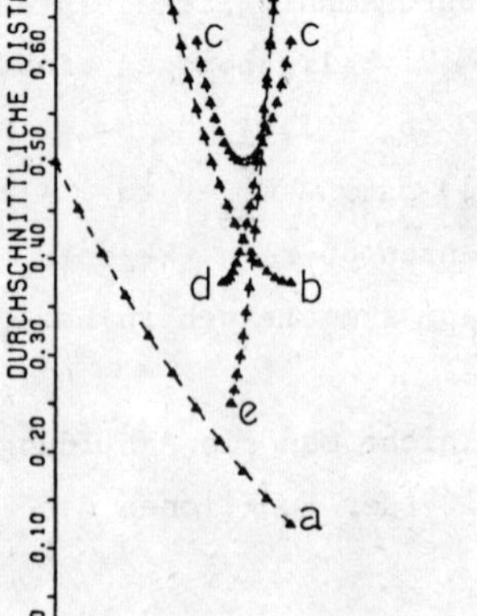

dungen für die quadrierte euklidische Distanz (Abb. 2, 3 und 4) und für den absoluten Abstand (Abb. 6, 7 und 8), so fällt auf, daß es zwischen den beiden letztgenannten Distanzen und der durchschnittlichen Distanz nur wenig Gemeinsames gibt. Am auffallendsten ist wohl, daß die Minima der durchschnittlichen Distanz - von einigen Ausnahmen wie z.B. der Funktion f in Abb. 11 oder der (symmetrischen) Funktion c in Abb. 12 abgesehen - nicht mehr durch $p_A/p = 1,0$ lokalisiert werden können.

Die durchschnittliche Distanz ist eine Mischgröße, die aus Unähnlichkeitsmaßen von unterschiedlicher Struktur und unterschiedlichem Variationsbereich gebildet wird. Die eine Komponente (d^2_{AB}) ist ein Maß des räumlichen Abstands der Lokalisationsparameter zweier Zweipunktverteilungen, welches für ein Merkmal zwischen 0 und 1 variiert, die beiden anderen Komponenten (S^2_A und S^2_B) sind Maße der Variabilität, der räumlichen Ausdehnung von Zweipunktverteilungen, die im Bereich 0 bis 0,25 variieren. Die Streuungskomponenten sind auch als Maße der Heterogenität von Klassen oder der Asymmetrie von Verteilungen interpretierbar. Da sich die Einflüsse dieser Komponenten überlagern, verliert die identische Verteilung ($p_A = p_B = p$) an Bedeutung.

Wie die in den Abbildungen 10, 11 und 12 dargestellten Funktionen zeigen, ist die durchschnittliche Distanz in einem wesentlich stärkeren Maße von den Modellparametern n_A und p abhängig als die beiden anderen Distanzen. Bei der Berechnung des durchschnittlichen Abstands werden die Informationen über die beiden Zweipunktverteilungen doppelt verwertet, einmal bei der Bestimmung des Centroidabstands (p_A-p_B) und ein zweites Mal bei der Berechnung der Variabilität der Klassen (p_Aq_A und p_Bq_B). Damit wird nicht nur der Einfluß der Parameter n_A und p verstärkt, sondern auch die Abhängigkeit dieses Unähnlichkeitsmaßes von der Variabilität des gesamten Datensatzes. Klassifikationsmerkmale, die hinsichtlich des Gesamtsystems annähernd symmetrisch verteilt sind, bekommen tendenziell ein stärkeres Gewicht als jene Merkmale, die asymmetrisch verteilt sind. Diese Tendenz ist bei der durchschnittlichen Distanz ausgeprägter als bei den beiden anderen Distanzen.

In Abbildung 9 sind wiederum drei Funktionswerte markiert. Sie entsprechen denen in den Abbildungen 1 und 5 (vgl. auch die Übersicht auf S. 163 f.). Ihre Berechnung zeigt, wie sehr sich bei der durchschnittlichen Distanz die Einflüsse der Komponenten Abstand und Variabilität überlagern können:

$$dd_{AB} = d_{AB}^2 + S_A^2 + S_B^2$$

zu 1: $dd_{AB} = \underline{0{,}9216} + 0{,}0196 + 0{,}0196 = 0{,}9608$

zu 2: $dd_{AB} = 0{,}1024 + \underline{0{,}2304} + 0{,}0384 = 0{,}3712$

zu 3: $dd_{AB} = 0{,}1024 + 0{,}1204 + \underline{0{,}2484} = 0{,}4712$.

Während die erste Distanz fast völlig vom quadrierten euklidischen Centroidabstand determiniert wird, überwiegt bei der zweiten und dritten Distanz der Einfluß der Variabilität des Merkmals in den Klassen A und B.

Da sich bei der durchschnittlichen Distanz die Einflüsse verschiedener Komponenten überlagern, wird eine auf diesem Maß aufbauende Klassenbildung nicht mehr durch ein einheitliches Ordnungsprinzip gesteuert. Dies macht sich umso stärker bemerkbar, desto ungleicher die Klassenbesetzung der zu vergleichenden Klassen ist und desto geringer die Variabilität der Merkmale hinsichtlich des gesamten Datensatzes ist. Ein anschauliches Beispiel geben die Funktionen der Abbildung 12. Auch die stärkere Gewichtung der Merkmale, die hinsichtlich des gesamten Datensatzes annähernd symmetrisch verteilt sind, kann sich negativ auswirken. Insgesamt scheint es zweckmäßig zu sein, den Prozeß der Klassenbildung mit Unähnlichkeitsmaßen zu steuern, die entweder nur die räumliche Entfernung von Centroiden messen oder nur mit Heterogenitätsmaßen operieren.

Der Einwand, die durchschnittliche Distanz beruhe wegen der Kombination unterschiedlicher Unähnlichkeitskomponenten auf unklaren Vorstellungen über die Unähnlichkeit von Klassen, ist auch gegen andere Mittelwerte von Ähnlichkeitsmaßen bzw. Unähnlichkeitsmaßen für Paare von Objekten zu erheben.

Aus
$$\bar{S}_{KL} = \frac{1}{n_K n_L} \sum_{k=1}^{n_K} \sum_{l=1}^{n_L} S_{kl}$$

lassen sich, je nachdem welcher Ähnlichkeitskoeffizient für S_{kl} eingesetzt wird, eine Reihe verschiedener Maße für die Ähnlichkeit bzw. Unähnlichkeit von Klassen ableiten, die im wesentlichen die gleichen Eigenschaften wie die durchschnittliche Distanz haben.

Klassifikationsverfahren, die mit durchschnittlichen Ähnlichkeits- bzw. Unähnlichkeitsmaßen operieren, wie z.B. das hierarchisch-agglomerative Verfahren "average linkage" (vgl.z.B. SOKAL/SNEATH, 1963), scheinen, wie Experimente gezeigt haben, anderen Verfahren unterlegen zu sein. Dennoch ist zu erwähnen, daß es Berichte gibt, nach welchen in bestimmten Fällen gerade dieses Verfahren die brauchbarsten Ergebnisse lieferte. Doch darauf wird an anderer Stelle zurückzukommen sein (vgl. Kap. 2432 (123)).

(3) KL,M-Maße

KL,M-Maße definieren eine Unähnlichkeit zwischen den ursprünglichen Klassen K und L und der Vereinigungsklasse M. Maße dieser Gruppe sind: der Zuwachs zur Fehlerquadratsumme (error sum of squares)

$$\Delta E = E_M - E_K - E_L \quad ,$$

wobei für i=1,2,...,m Merkmale z.B.

$$E_K = n_K \sum_{i=1}^{m} p_{iK} q_{iK} \quad ,$$

und der Entropiezuwachs

$$\Delta H = H_T(M) - H_T(K) - H_T(L) \quad ,$$

wobei für i=1,2,...,m Merkmale z.B.

$$H_T(K) = m \cdot n_K \operatorname{ld} n_K - \sum_{i=1}^{m} \left[n_{iK1} \operatorname{ld} n_{iK1} + n_{iK2} \operatorname{ld} n_{iK2} \right] .$$

Beide Unähnlichkeitsmaße ΔE und ΔH sind nach dem gleichen Prinzip konstruiert. Sie operieren nur mit Maßen der Heterogenität von Klassen. Der grundlegende Unterschied zwischen dem Fehlerquadratzuwachs (ΔE) und dem Entropiezuwachs (ΔH) liegt darin, daß ΔE auf einem metrischen und ΔH auf einem nicht metrischen (absoluten) Streuungsmaß basiert. Der Fehlerquadratzuwachs setzt also voraus, daß in geeigneter Weise metrisierte Merkmale existieren. Da der Entropiezuwachs nicht verlangt, daß die klassifikatorischen Merkmale metrisiert werden, ist er dem Merkmalstyp adäquater als der Fehlerquadratzuwachs und die anderen oben erörterten Unähnlichkeitsmaße für Klassen. Schon aus diesem Grunde ist der Entropiezuwachs anderen Maßen vorzuziehen, es sei denn, er besäße Eigenschaften, die sich auf die Klassenbildung negativ auswirken.

Wird der Grad der Unähnlichkeit zweier Klassen A und B mit dem Fehlerquadratzuwachs bzw. mit dem Entropiezuwachs gemessen, so sind jene Klassen am wenigsten unähnlich, aus deren Fusion der kleinste Fehlerquadrat- bzw. Entropiezuwachs resultiert.

Es ist leicht zu zeigen, daß für

$$\Delta E = E_M - E_A - E_B \qquad \text{auch}$$

$$\Delta E = \frac{n_A\, n_B}{n_A + n_B} \sum_{i=1}^{m} (p_{iA} - p_{iB})^2$$

$$= \frac{n_A\, n_B}{n_A + n_B} \cdot d^2_{AB}$$

geschrieben werden kann. Der Fehlerquadratzuwachs ist mithin auch als gewichteter quadrierter euklidischer Centroidabstand erklärbar. Sind A und B Klassen, die aus nur einem Objekt bestehen ($n_A = n_B = 1$), so ist

$$\Delta E = \frac{1}{2}\, d^2_{AB} = \frac{1}{2}\, d^2_{ab} = \frac{1}{2}\, (m \cdot S4^+_{ab}) \quad .$$

Der quadrierte euklidische Centroidabstand variiert bei i = 1,2,...,m Klassifikationsmerkmalen in den Grenzen $0 \leq d_{AB}^2 \leq m$ und der Multiplikator $n_A n_B/(n_A+n_B)$ erreicht sein Maximum, wenn $n_A = n_B = \bar{n}$. Daraus folgt, daß

$$\frac{n_A n_B}{n_A+n_B} = \frac{\bar{n}^2}{2\bar{n}} = \frac{\bar{n}}{2} \qquad \text{und}$$

$$\Delta E_{max.} = \frac{\bar{n}}{2} \cdot d_{AB}^2 \quad .$$

Der Fehlerquadratzuwachs steigt also monoton mit der Klassengröße. Für die im Simulationsmodell erfaßten Fälle (m=1 und $\bar{n}_{max.}$ = n/2 = = 50) ist

$$\Delta E_{max.} = \frac{\bar{n}}{2} \cdot d_{AB}^2 = \frac{50}{2} \cdot 1{,}0 = 25{,}0 \quad .$$

Der Fehlerquadratzuwachs kann nur dann das Maximum erreichen (vgl. die Funktionen der Klasse II in Abbildung 13), wenn $n_A = n_B = \bar{n}$ und $p = 0{,}5$ und $p_A = 0{,}0$ ($p_A = 1{,}0$) und $p_B = 1{,}0$ ($p_B = 0{,}0$).

Abbildung 13

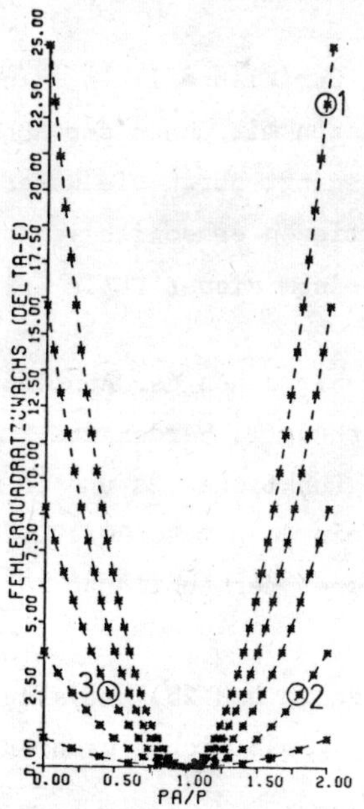

Die Funktionswerte in Abbildung 13 unterscheiden sich von denen in Abbildung 1 (quadrierter euklidischer Centroidabstand) nur durch den Multiplikator $\bar{n}/2 = 25$.

In Abbildung 13 wurde die Ordinate so skaliert, daß die Abbildungen 1 und 13 deckungsgleich sind. Hinsichtlich des Minimums unterscheiden sich ΔE und d^2 nicht.

Wie aus

$$\Delta E = \frac{n_A n_B}{n_A + n_B} \; d^2_{AB}$$

hervorgeht, ist der Fehlerquadratzuwachs abhängig von der Klassenbesetzung. Je mehr sich n_A und n_B unterscheiden, desto kleiner ist der Multiplikator von d^2_{AB} und um so ähnlicher sind bei gleichem Centroidabstand zwei Klassen A und B.

Für die Klassenbildung folgt daraus, daß Verfahren, die mit dem Fehlerquadratzuwachs operieren, dazu tendieren, Klassen gleicher Größe zu bilden. Diese Tendenz ist auch aus den folgenden Abbildungen ersichtlich.

In Abbildung 14 sind die Funktionen der Klasse II ($n_A < n_B$) dargestellt. Vergleicht man diese Funktionen mit denen der Abbildung 2 (S. 167), so fällt auf, daß sich (bedingt durch die unterschiedliche Klassenbesetzung) die Lage der Funktionen erheblich verändert hat. Der Maximalwert $\Delta E = 25{,}0$ wird in keinem dieser Fälle erreicht.

Die Funktionen in Abbildung 14 sind mit denen der Abbildung 2 durch den Multiplikator $n_A n_B/(n_A + n_B)$ verknüpft. Werden die Funktion 1 in Abbildung 2 mit 10.90/100=9, die Funktionen 2a und 2b mit 20.80/100=16 und die Funktionen 3a bis 3d mit 40.60/100=24 multipliziert, ergeben sich die Funktionen der Abbildung 14.

An der Lage der Funktion 3a (zwischen 2a und 2b) hat sich im Vergleich zu den Abbildungen 2 und 6 erwartungsgemäß nichts geändert.

Abbildung 14

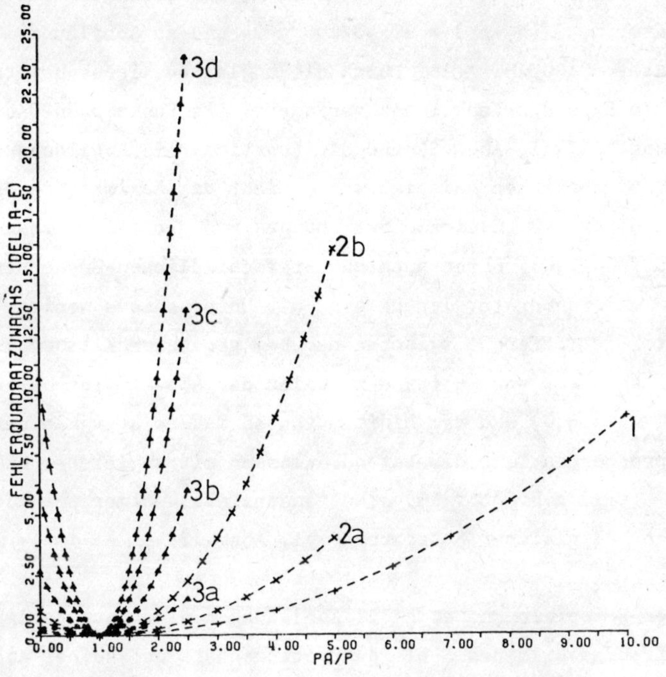

Abbildung 15

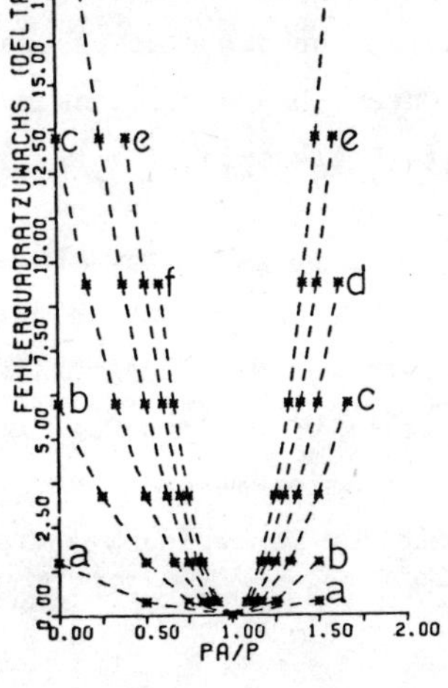

Abbildung 16

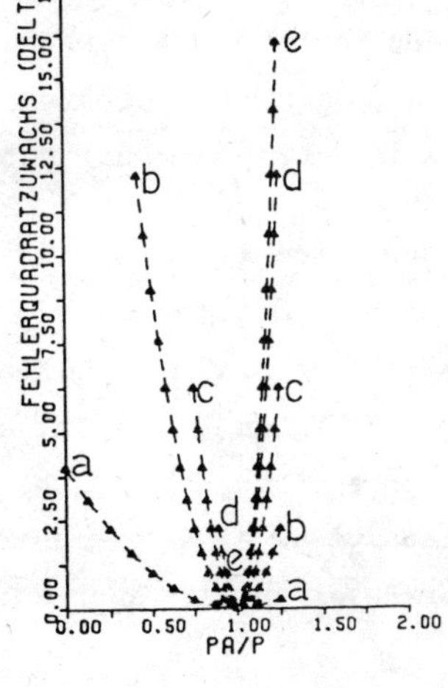

Die Funktionen der Abbildungen 15 und 16 sind mit denen der Abbildung 3 und 4 (vgl. S. 167) vergleichbar. Zur Abbildung 15 gehört der Multiplikator $n_A n_B/(n_A+n_B) = 60 \cdot 40/100 = 24$ und zu Abbildung 16 der Multiplikator $80 \cdot 20/100 = 16$. Durch die ungleiche Klassenbesetzung hat sich die Lage der Funktionen verändert. Die Funktionen d und f in Abbildung 15 (vgl. Abb. 3) und die Funktion e in Abbildung 16 (vgl. Abb. 4) erreichen beispielsweise nicht das Maximum, obwohl in jedem Fall $d^2_{AB} = 1{,}0$. Gleiche Abweichungen von der identischen Verteilung ($p_A/p = 1{,}0$) führen auch zu unterschiedlichen Zuwächsen zur Summe der Fehlerquadrate. Jedoch sind die Unterschiede weniger stark ausgeprägt. Die Differenz zwischen dem bei gegebener Klassenbesetzung größtmöglichen Wert von ΔE (in den Fällen der Abb. 16 ist beispielsweise $\Delta E_{max.} = 16{,}0$) und dem Minimum von ΔE ist relativ kleiner als beim entsprechenden Centroidabstand. Klassen mit ungleicher Klassenbesetzung (vgl. z.B. Abb. 16) sind tendenziell weniger unähnlich als Klassen mit gleicher Besetzung (vgl. Abb. 13).

Die wenigen Beispiele und auch die Abbildungen sind kaum geeignet ein zutreffendes Bild des Fehlerquadratzuwachses und seiner Abhängigkeit von der Klassenbesetzung zu vermitteln, weil die bisher erörterten Modellbeispiele auf nur einem Merkmal beruhten.

Der Fehlerquadratzuwachs ΔE besteht aus zwei Faktoren, dem Multiplikator $n_K n_L/(n_K+n_L)$ und dem quadrierten euklidischen Centroidabstand d^2_{KL}. Wird nur ein Klassifikationsmerkmal betrachtet, ist das Maximum von d^2_{KL} gleich eins und bei der Berechnung von ΔE hat der Multiplikator ein relativ hohes Gewicht. Dadurch kann der Eindruck entstehen, daß der Fehlerquadratzuwachs entscheidend von der Klassenbesetzung abhängt, während der Faktor, der die Unterschiede zwischen den Verteilungen mißt, eine nur untergeordnete Rolle spielt.

Bei nur einem Klassifikationsmerkmal und wenn die Anzahl der zu klassifizierenden Objekte hinreichend groß ist, kann, das haben die Beispiele gezeigt, der Einfluß der Klassenbesetzung auf die Klassenbildung in bestimmten Fällen in der Tat erheblich sein. Wird jedoch bei gegebener Klassenbesetzung die Anzahl der Klassifikationsmerkmale von m=1 ausgehend sukzessive um eins vergrößert, so nimmt der Centroidabstand d^2_{KL} in aller Regel zu, nie aber ab. Daraus folgt, daß bei zunehmender Anzahl von

Merkmalen der Einfluß der Klassenbesetzung auf die Klassenbildung geringer (und der des Centroidabstands größer) wird, und die Tendenz, Klassen gleicher Größe zu bilden, abnimmt. Je größer die Anzahl der Klassifikationsmerkmale ist, desto größer ist also die Bedeutung des Centroidabstands bei der Berechnung des Fehlerquadratzuwachses.[1)]

Hinzukommt, daß der Fehlerquadratzuwachs das Fusionskriterium eines hierarchisch-agglomerativen Klassifikationsverfahrens ist, welches von n Klassen vom Umfang eins ausgehend in aufeinander folgenden Stufen Klassen immer größeren Umfangs bildet. Am Ende dieses Prozesses gehören alle n Objekte einer Klasse an. Mithin sind - und das hängt von der Anzahl der zu klassifizierenden Objekte und von der Anzahl der Klassifikationsmerkmale ab - erst auf den letzten Stufen der Klassenbildung die Klassen so stark besetzt, daß der Multiplikator die Klassenbildung stärker zu beeinflussen vermag. Die Tendenz, Klassen gleicher Größe zu bilden, ist also beim Fehlerquadratzuwachs nicht sehr ausgeprägt.[2)] Dies wurde auch durch eine Reihe von Experimenten bestätigt.

Die Korrektur des quadrierten euklidischen Centroidabstands durch die (sich von Stufe zu Stufe ändernde) Klassenbesetzung scheint sich auf die Klassenbildung positiv auszuwirken. Der Datensatz wird weniger stark zergliedert als bei Verwendung des quadrierten euklidischen Centroidabstands, weil einzelne Ausreißer nicht erst auf den letzten Stufen der Hierarchie einer Klasse zugeordnet werden. Daß einzelne Objekte bereits relativ früh in eine bestehende Klasse aufgenommen werden, liegt daran, daß der Multiplikator für $n_K=1$ und $n_L>1$ stets kleiner als 1 ist: $n_L/(1+n_L)<1$. Andererseits bedeutet dies aber auch, daß Ausreißer mit dem Fehlerquadratzuwachs nicht separiert werden können. Dazu ist der quadrierte euklidische Centroidabstand besser geeignet. Bei binären Klassifikationsmerkmalen sind "Ausreißer" jedoch im allgemeinen von geringer Bedeutung. Hinsichtlich der Merkmalsgewichtung unterscheidet sich der Fehlerquadratzuwachs nur durch den Multiplikator vom quadrierten euklidischen Centroidabstand.

---

1) Aus diesem Grunde wird bei dem Verfahren von WARD, das mit dem Fehlerquadratzuwachs als Fusionskriterium operiert (vgl. Kap. 2432 (126)), die Klassenbildung in unterschiedlicher Weise gesteuert, wenn Datensätze mit unterschiedlicher Anzahl von Klassifikationsmerkmalen klassifiziert werden. Die Ergebnisse sind nicht unmittelbar vergleichbar.
2) Zu einem ähnlichen Ergebnis kommen auch WILLIAMS/CLIFFORD/LANCE (1971). Diese Autoren untersuchen jedoch die "group-size dependence" nur unter sehr einschränkenden Annahmen und nur für ein Klassifikationsmerkmal.

Ein nicht zu unterschätzender Vorzug des Fehlerquadratzuwachses ist der folgende. Werden die Zuwächse zur Fehlerquadratsumme, die aus der Fusion von Objekten und/oder Klassen resultieren, über die r = = 1,2,...,n-1 Fusionsstufen addiert, so ergibt sich die Fehlerquadratsumme des Gesamtsystems:

$$\sum_{r=1}^{n-1} \Delta E_r = E_T \quad .$$

Dies bedeutet, daß der Fehlerquadratzuwachs nicht nur (wie andere Maße auch) ein Fusionskriterium ist, sondern auch als Basis für ein Maß der Güte von Klassifikationsergebnissen verwendet werden kann. Die Fehlerquadratsumme des Gesamtsystems E_T läßt sich nämlich (vgl. z.B. BOCK, 1970) in zwei Komponenten zerlegen:

$$E_T = E_W + E_B \quad ,$$

in E_W, die Fehlerquadratsumme innerhalb der Klassen, und E_B, die Fehlerquadratsumme zwischen den Klassen. Aus der Forderung, daß die Objekte einer Klasse einander möglichst ähnlich, die Klassen untereinander jedoch möglichst unähnlich sein sollen, läßt sich folgern, daß jene Partition zu suchen ist, für die E_W möglichst klein bzw. E_B möglichst groß ist.

Hierarchisch-agglomerative Klassifikationsverfahren sind nichtiterativ. Sie bieten nicht die Möglichkeit durch eine Änderung der Klassenzugehörigkeit einzelner Objekte, den Prozeß der Klassenbildung so zu steuern, daß der Wert eines globalen Gütekriteriums, wie z.B. E_W oder E_B, dem Optimalwert für eine vorgegebene Anzahl von Klassen möglichst nahe kommt. Die Verwendung hierarchischer Verfahren setzt jedoch nicht voraus, daß eine Entscheidung über die Anzahl der zu bildenden Klassen vor Beginn der Klassifikation gefällt wird. Diese Entscheidung wird erst dann getroffen, wenn die Hierarchie der Klassen, z.B. in Gestalt eines Dendrogramms (vgl. Kap. 243), vorliegt.

Die Summe der Fehlerquadratzuwächse steigt im Bereich positiver Zuwächse streng monoton mit abnehmender Anzahl von Klassen:

$$E_{W,K-1} = \sum_{r=1}^{n-K-1} \Delta E_r < \sum_{r=1}^{n-K} \Delta E_r = E_{W,K} \quad (\text{für } \Delta E_r > 0)$$

dabei ist K=1,2,...,S die Anzahl der Klassen.

Wie noch zu zeigen ist, können die Differenzen $E_{W,K} - E_{W,K-1}$ Anhaltspunkte für die Entscheidung liefern, in wieviel Klassen ein gegebener Datensatz zweckmäßigerweise zu zerlegen ist. Wird die Anzahl der Klassen auf K festgesetzt, so gibt die Größe $(E_{W,K}/E_T)\cdot 100$ an, wieviel Prozent der Fehlerquadratsumme des Gesamtsystems bei K Klassen auf die Fehlerquadratsumme innerhalb der Klassen entfällt. Die Beziehungen zwischen der Größe $(E_{W,K}/E_T) \cdot 100$ und der Anzahl der Klassen geben Aufschluß über die Datenstruktur. Sie können auch durch eine graphische Darstellung (vgl. das "Struktogramm", Kap. 2432 (126)) veranschaulicht werden. Auch wegen dieser zusätzlichen Informationen, die der Fehlerquadratzuwachs liefert, ist er den oben erörterten Distanzen vorzuziehen.

Die bisher diskutierten Maße für den Grad der Unähnlichkeit von Klassen basieren ganz oder zum Teil auf den Lokalisationsparametern von Zweipunktverteilungen. Diesen "parametrischen" Unähnlichkeitsmaßen wird nun ein "nicht-parametrisches" Maß, der Entropiezuwachs (ΔH), gegenübergestellt. Der Entropiezuwachs

$$\Delta H = H_T(M) - H_T(K) - H_T(L)$$

ist bekanntlich ein auf einem absoluten (nicht metrischen) Dispersionsmaß aufbauendes Unähnlichkeitsmaß und daher dem Merkmalstyp adäquater als die metrischen Maße. Er ist unabhängig von den Mittelwerten der betrachteten Verteilungen (vgl. z.B. THEIL, 1967).

Der Entropiezuwachs kann aufgrund von absoluten oder relativen Häufigkeiten berechnet werden. Mit absoluten Häufigkeiten ergibt sich der Entropiezuwachs, der aus der Fusion der Klassen K und L resultiert, aus:

$$\Delta H = \{mn \text{ ld } n - \sum_{i=1}^{m} [n_{i1} \text{ ld } n_{i1} + n_{i2} \text{ ld } n_{i2}]\} -$$

$$- \{mn_K \text{ ld } n_K - \sum_{i=1}^{m} [n_{iK1} \text{ ld } n_{iK1} + n_{iK2} \text{ ld } n_{iK2}]\} -$$

$$- \{mn_L \text{ ld } n_L - \sum_{i=1}^{m} [n_{iL1} \text{ ld } n_{iL1} + n_{iL2} \text{ ld } n_{iL2}]\}$$

(die in geschweiften Klammern stehenden Ausdrücke sind die Kompaktheitsmaße für die Klassen K, M und L) und mit relativen Häufigkeiten aus:

$$\Delta H = n_K \sum_{i=1}^{m} \left[p_{iK} \text{ ld } \frac{p_{iK}}{p_i} + q_{iK} \text{ ld } \frac{q_{iK}}{q_i}\right] +$$

$$+ n_L \sum_{i=1}^{m} \left[p_{iL} \text{ ld } \frac{p_{iL}}{p_i} + q_{iL} \text{ ld } \frac{q_{iL}}{q_i}\right] .$$

Die Summierung über die i=1,2,...,m Klassifikationsmerkmale ist streng genommen nur zulässig, wenn die Merkmale unabhängig sind. Es wurde bereits mehrfach darauf hingewiesen, daß durch die Vernachlässigung der Merkmalskorrelationen die "eingebaute Gewichtung" wirksam wird.

Der Entropiezuwachs ist gleich Null, wenn $p_{iK} = p_{iL} = p_i$ für alle i=1,2,...,m Klassifikationsmerkmale; er erreicht sein Maximum, wenn $n_K = n_L = n/2$ und wenn die Klassen K und L völlig homogen und die Vereinigungsklasse M völlig heterogen ist ($p_i = q_i = 0{,}5$ für alle i=1,2,...,m):

$$0 \leq \Delta H \leq m \cdot n \text{ bit.}$$

Der Entropiezuwachs erreicht also in den gleichen Fällen das Maximum wie der Fehlerquadratzuwachs. Für das Simulationsmodell (m = 1) ist $\Delta H_{max.} = 100$ bit ($\Delta E_{max.} = 25$).

Als "Inter-Objekt-Maß" ($n_K = n_L = 1$) unterscheidet sich der Entropiezuwachs

$$\Delta H = 2(b+c) \text{ ld } 2 = 2(b+c) \text{ bit}$$

nur durch einen konstanten Faktor vom Fehlerquadratzuwachs

$$\Delta E = \frac{1}{2} d_{kl}^2 = \frac{1}{2} (m \cdot S4_{kl}^+) = \frac{1}{2}(b+c) \quad .$$

Daher ist es wenig sinnvoll, diese KL, M-Maße in Klassifikationsverfahren zu integrieren, welche auf dem Niveau von Inter-Objekt-Maßen operieren (vgl. Kap. 2432 (121), (122)).

Der Entropiezuwachs ist wie der Fehlerquadratzuwachs abhängig von der Klassenbesetzung. Ist beispielsweise

$$n_K = n_L = \frac{n}{2} = \bar{n} \quad ,$$

so zeigt

$$\Delta H = \bar{n} \{ \sum_{i=1}^{m} \left[p_{iK} \text{ ld } \frac{p_{iK}}{p_i} + q_{iK} \text{ ld } \frac{q_{iK}}{q_i}\right] +$$

$$+ \sum_{i=1}^{m} \left[p_{iL} \text{ ld } \frac{p_{iL}}{p_i} + q_{iL} \text{ ld } \frac{q_{iL}}{q_i}\right] \} ,$$

daß der Entropiezuwachs "increases directly as group size" (WILLIAMS/LANCE/CLIFFORD, 1971, S. 159). Er unterscheidet sich somit - was die Klassenbesetzung angeht - nicht vom entsprechenden Fehlerquadratzuwachs

$$\Delta E = \bar{n} \{\frac{1}{2} \sum_{i=1}^{m} d_{iKL}^2\} \quad .$$

Dies geht auch aus einem Vergleich der Abbildungen 17 und 13 (vgl. S. 179 hervor, in welchen die Funktionen der Klasse II (für $n_A = n_B = 50$) dargestellt sind.

Abbildung 17

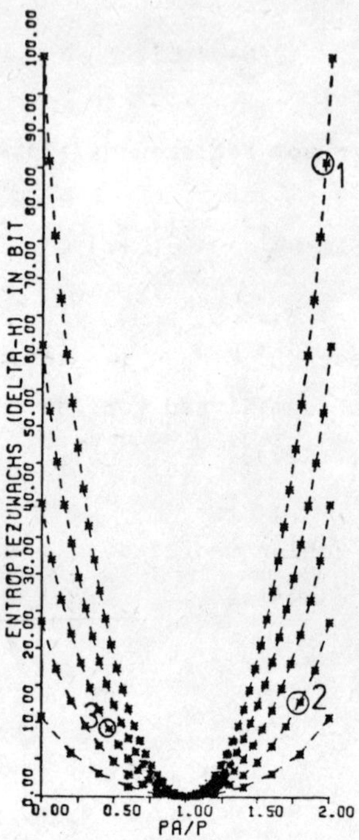

Auf den ersten Blick sind die Unterschiede zwischen den Funktionen der Abbildungen 13 und 17 gering. Bei gleicher Klassenbesetzung reagieren Entropiezuwachs und Fehlerquadratzuwachs offensichtlich in ganz ähnlicher Weise auf Variationen des Modellparameters p. Die Funktionen beider Maße sind symmetrisch zu $p_A/p = 1{,}0$.

"It follows that for data consisting of internal groups not unduly disparate in size, ..., the incremental sum of squares and the information statistic may be expected to produce nearly identical classifications; experience to data has confirmed this expectation." (WILLIAMS/CLIFFORD/LANCE, 1971, S. 159). Zu dieser Schlußfolgerung führten auch eigene Experimente.

Dennoch unterscheiden sich Entropiezuwachs einerseits und Fehlerquadratzuwachs (sowie die oben erörterten Distanzen) andererseits grundlegend. Wesentliche bzw. ausschließliche Bausteine der metrischen

Unähnlichkeitsmaße sind Distanzen zwischen den Lokalisationsparametern der Zweipunktverteilungen von Klassifikationsmerkmalen. Beim Fehlerquadratzuwachs wird die Summe der Distanzen durch einen Faktor der Klassenbesetzung korrigiert, bei der durchschnittlichen Distanz wird zusätzlich die Variabilität der Merkmale in den Klassen berücksichtigt. Übergeordnete Bezugspunkte als Maßgrößen für die Unterschiede zwischen den Verteilungen gehen jedoch nicht in die metrischen Maße ein. Derartige Bezugspunkte lassen sich z.B. aus den Merkmalsverteilungen der zu vergleichenden Klassen und aus der Klassenbesetzung ableiten.

Wie die Formeln zur Berechnung des Entropiezuwachses zeigen, ist dieses Unähnlichkeitsmaß im Gegensatz zu den metrischen Maßen auch von den Merkmalsverteilungen in der Vereinigungsklasse abhängig. Welche Konsequenzen sich daraus für den Grad der Unähnlichkeit zwischen Klassen und damit auch für die Klassenbildung ergeben, soll an Hand der drei Vergleichspunkte in Abbildung 17 erläutert werden (vgl. auch die entsprechenden Funktionswerte in den Abbildungen 1, S. 162, 5, S. 169, 9, S. 173 und 13, S. 179). Zu den drei Funktionswerten gehören die folgenden Merkmalsverteilungen in den Klassen A, B und AB (in Klammern stehen die absoluten Häufigkeiten der beiden Merkmalsausprägungen und die Klassenbesetzung):

<u>zu 1:</u>

	A	B	AB
p_1	0,98 (49)	0,02 (1)	0,50 (50)
q_1	0,02 (1)	0,98 (49)	0,50 (50)
	1,00 (50)	1,00 (50)	1,00 (100)

<u>zu 2:</u>

	A	B	AB
p_2	0,36 (18)	0,04 (2)	0,20 (20)
q_2	0,64 (32)	0,96 (48)	0,80 (80)
	1,00 (50)	1,00 (50)	1,00 (100)

zu 3:

	A	B	AB
p_3	0,14 (7)	0,46 (23)	0,30 (30)
q_3	0,86 (43)	0,54 (27)	0,70 (70)
	1,00 (50)	1,00 (50)	1,00 (100)

Wird der Grad der Unähnlichkeit mit metrischen Maßen gemessen, ergibt sich:

	(1)	(2)	(3)
d^2_{AB}	0,9216	0,1024	0,1024
ad_{AB}	0,9600	0,3200	0,3200
dd_{AB}	0,9608	0,3712	0,4712
ΔE_{AB}	23,0400	2,5600	2,5600 .

Nur mit der durchschnittlichen Distanz ist ein Unterschied zwischen den Fällen (2) und (3) festzustellen.

Für den Entropiezuwachs ergibt sich:

zu 1: ΔH = 85,856 bit ,
zu 2: ΔH = 12,944 bit und
zu 3: ΔH = 9,148 bit .

Gemessen mit dem Entropiezuwachs sind also die Klassen A und B im Fall (3) ähnlicher als im Fall 2.

Hier zeigt sich sehr deutlich, welch großen Einfluß die Wahl eines Maßes der Unähnlichkeit zwischen Klassen auf das Klassifikationsergebnis haben kann. Mit ΔH als Fusionskriterium werden zuerst die Klassen A und B im Fall (3) fusioniert, wird die durchschnittliche Distanz gewählt, sind zuerst die Klassen des Falles (2) zu vereinigen. Bei der Wahl eines der anderen Maße ist keiner dieser beiden Fälle dem anderen vorzuziehen.

Es fragt sich nun, welche Vorstellungen über die "Unähnlichkeit von Klassen" die Wahl des Entropiezuwachses als Maß für den Grad der Unähnlichkeit impliziert. Obwohl Probleme der Testtheorie auch weiterhin ausgeklammert werden, können einige Gedanken aus der Testtheorie dazu beitragen, die dem Entropiezuwachs zugrunde liegenden Vorstellungen über die Unähnlichkeit von Klassen zu klären.

Der Entropiezuwachs kann bekanntlich auch als Testgröße zweier Tests verwendet werden, wenn die zu testenden Hypothesen nichtparametrisch sind: für einen Test der Hypothese, daß zwei Merkmale voneinander unabhängig sind und für einen Test der Hypothese, daß zwei Stichproben aus derselben Grundgesamtheit stammen (vgl. z.B. KULLBACK, 1959 und KUPPERMAN, 1960). Es kann gezeigt werden, daß die Größe $2\Delta H$ (berechnet mit Logarithmen zur Basis e) asymptotisch χ^2-verteilt ist (vgl. z.B. die von KUPPERMAN, 1960, angegebene Literatur) und daß die oben genannten Tests mit der Testgröße $2\Delta H$ den χ^2-Tests äquivalent sind.

Wird beispielsweise die folgende Tabelle (mit absoluten Häufigkeiten) für den Funktionswert 3 (vgl. Abb. 17, S. 188) als Vier-Felder-Tafel für eine zweidimensionale Zufallsvariable interpretiert

	A	B	$F_1(x)$
1	7	23	30
0	43	27	70
$F_2(y)$	50	50	100

,

so könnte mit $2\Delta H$ z.B. überprüft werden,[1] ob die Zeilengliederung x (das binäre Klassifikationsmerkmal mit den Ausprägungen 0 und 1) und die Spaltengliederung y (das Merkmal "Klasse" mit den Ausprägungen A und B) unabhängig sind.[2]

Bei diesem statistischen Prüfverfahren wird eine zweidimensionale empirische Verteilung mit einer zweidimensionalen theoretischen Ver-

1) Vgl. zum Test der Hypothese, daß zwei Stichproben (z.B. die Klassen A und B) aus einer Grundgesamtheit stammen, das Beispiel bei KUPPERMAN (1960).

2) $H_0 : F(x,y) = F_1(x) \cdot F_2(y)$ für alle (x,y); vgl. z.B. VOGEL (1971).

teilung verglichen. "Bezugspunkte" für die empirischen Häufigkeiten sind die theoretischen (erwarteten) Häufigkeiten bei Unabhängigkeit.

Überträgt man diesen Grundgedanken auf den Entropiezuwachs als (deskriptives) Unähnlichkeitsmaß für Klassen, ergibt sich folgendes. Die Unabhängigkeitshypothese $F(x,y) = F_1(x) \cdot F_2(y)$ kann durch $p_A = p_B = p$ ersetzt werden. Wenn $p_A = p$ hat das betrachtete Merkmal in den Klassen A und B und in der Vereinigungsklasse AB die gleiche Verteilung. An dieser Verteilung der Klasse AB werden die Merkmalsverteilungen in den Klassen A und B gemessen (vgl. die Formel für die Berechnung von ΔH mit relativen Häufigkeiten). Bezugspunkte für die Bestimmung des Grades der Unähnlichkeit von Klassen ist also die Verteilung bei minimaler Unähnlichkeit (bzw. maximaler Ähnlichkeit) zwischen den Klassen. Diese Verteilung ist die Verteilung der Fusionsklasse, die sich aus $(p_A n_A + p_B n_B)/n = p$ und $(q_A n_A + q_B n_B)/n = q$ ergibt. Folglich wird bei der Verwendung des Entropiezuwachses als Maß der Unähnlichkeit zwischen Klassen der Grad der Unähnlichkeit als (gewichtete) Abweichung von der "durchschnittlichen" Verteilung bestimmt. Dem Entropiezuwachs liegt also die Vorstellung zugrunde, daß zwei Klassen umso weniger ähnlich sind, desto stärker die Merkmalsverteilungen in den beiden Klassen von der durchschnittlichen Verteilung abweichen.

Bei einem Vergleich der Funktionen der Klasse I (für $n_A < n_B$) in Abbildung 18 mit den entsprechenden Funktionen in den Abbildungen 2 (S. 167), 6 (S. 171) und 14 (S. 181) fällt auf, daß die Funktionen für $n_A = 40$ und $n_B = 60$ (durch ein Δ gekennzeichnet) und die für $n_A = 20$ und $n_B = 80$ (durch ein x gekennzeichnet) deutlich voneinander separiert sind. Insbesondere die Lage der Funktion 3a hat sich erheblich verändert. Ursache dieser Veränderung ist die "χ^2-Eigenschaft" des Entropiezuwachses. Da bei der Bestimmung des Unähnlichkeitsgrades mit dem Entropiemaß die Verteilungen in den Klassen A und B an der durchschnittlichen Verteilung gemessen werden, ist auch die Klassenbesetzung ein den Grad der Unähnlichkeit mitbestimmender Faktor. Es wäre jedoch verfehlt daraus zu folgern, daß die Funktion 3d (für $n_A = 40$ und $p = 0{,}4$) eine Art Umhüllungskurve für die Funktionen der Klasse II ($n_A = n_B = 50$) bildet. Dies ist, wie ein Vergleich mit der Abbildung 17 (S. 188) zeigt, nicht der Fall.

Abbildung 18

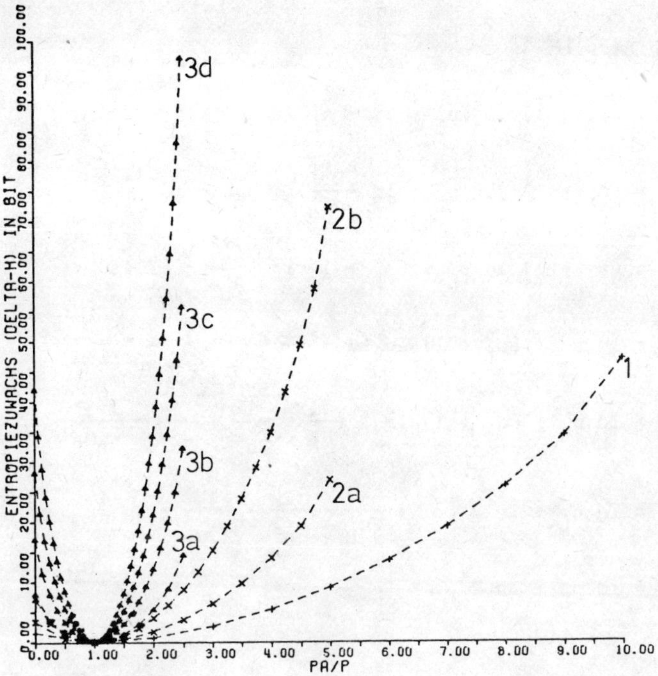

Im Verlauf der Klassenbildung muß auch der Grad der Unähnlichkeit zwischen einem einzelnen Objekt und einer bereits gebildeten Klasse bestimmt werden. Um die Eigenschaften des Entropiezuwachses in diesem hinsichtlich der Klassenbesetzung sehr asymmetrischen Fall zu analysieren, gehen WILLIAMS/CLIFFORD/LANCE (1971) davon aus, daß nur ein Klassifikationsmerkmal betrachtet wird und daß die Klasse, die von mehr als einem Objekt gebildet wird, nur identische Objekte enthält:

Merkmals-ausprägung	K	L	M
1	1	0	1(=n_K)
0	0	n_L	n_L
	1(=n_K)	n_L	n(=n_L+1)

Offensichtlich ist $H_T(K) = H_T(L)$ und $\Delta H = n \text{ ld } n - n_L \text{ ld } n_L =$ $= H_T(M)$ bit auch das Heterogenitätsmaß für die Vereinigungsklasse M.

Daraus ergibt sich:[1)]

$$\Delta H = (n_L + 1) \text{ ld } (n_L + 1) - n_L \text{ ld } n_L$$

$$= (n_L + 1) (\text{ld } n_L + \text{ld } \frac{n_L+1}{n_L}) - n_L \text{ ld } n_L$$

$$= (n_L + 1) \text{ ld } n_L + (n_L + 1) \text{ ld } \frac{n_L+1}{n_L} - n_L \text{ ld } n_L$$

$$= \text{ld } n_L + (n_L + 1) \text{ ld } (1 + \frac{1}{n_L})$$

$$= \text{ld } n_L + (n_L + 1) \ln 2 (\frac{1}{n_L} - \frac{1}{2n_L^2} + \frac{1}{3n_L^3} - \frac{1}{4n_L^4} + \dots)$$

$$= \text{ld } n_L + \ln 2 (1 + \frac{1}{2n_L} - \frac{1}{6n_L^2} + \frac{1}{12n_L^3} - \dots)$$

$$\Delta H \doteq \text{ld } n_L + \ln 2$$

Das Entropiemaß wächst also mit zunehmender Größe der Klasse L ohne sich - zumindest theoretisch - einem Grenzwert zu nähern. WILLIAMS/CLIFFORD/LANCE (1971) folgern daraus, daß "...an outlying member of a large and otherwise fairly homogeneous group may have its fusion delayed so long that the information gain for fusion with another, substantially unrelated, single element may be less than that for fusion with the group whose members it most closely resembles" (S. 159).

Gewiß ist ein einzelnes Objekt einer Klasse identischer Objekte, welche, wie in diesem Beispiel, durch die jeweils andere Merkmalsausprägung gekennzeichnet sind, umso weniger ähnlich, desto stärker jene Klasse besetzt ist. Diese Eigenschaft ist jedoch nicht unbedingt negativ zu beurteilen. Was spricht dagegen, wenn bei der Fusion von Klassen eine größere Klasse identischer Objekte erhalten wird? Im übrigen ist dieser Effekt keineswegs so ausgeprägt, wie es WILLIAMS und Mitarbeiter sehen, denn die Größe von ΔH wird durch die Anzahl der

1) WILLIAMS/CLIFFORD/LANCE (1971).

zu klassifizierenden Objekte insgesamt bzw. durch die Zahl der identischen Objekte, die eine Klasse bilden können, begrenzt. Außerdem wird dieser Effekt mit zunehmender Klassengröße geringer. Er wird auch geringer, wenn die aufnehmende Klasse (L) nicht nur von identischen Objekten gebildet wird und natürlich auch dann, wenn die aufzunehmende Klasse (K) aus mehr als einem Objekt besteht, die nicht durch die gleichen Merkmalsausprägungen gekennzeichnet sind.

Die Klassenbesetzung beeinflußt die Klassenbildung. Das zeigte auch die Erörterung der "durchschnittlichen" Verteilung. Es scheint jedoch nicht angemessen zu sein, diesen Einfluß so stark zu bewerten, wie es WILLIAMS/CLIFFORD/LANCE (1971) und EDYE/WILLIAMS/PRITCHARD (1970) tun. Es ist zu vermuten, daß die zum Teil nicht sehr positiven Untersuchungsergebnisse von EDYE/WILLIAMS/PRITCHARD (1970) - auf welche in diesem Zusammenhang häufig verwiesen wird - auf das verwendete "mixed-data" Material zurückzuführen sind.[1)] Es ist auch zu berücksichtigen, daß der Entropiezuwachs für mehr als ein Klassifikationsmerkmal eine Summengröße ist, in der sich die Einflüsse der Klassenbesetzung und der Unterschiede in den Merkmalsverteilungen überlagern (die Ausführungen zum Fehlerquadratzuwachs und seiner Abhängigkeit von der Klassenbesetzung auf S. 182 f. gelten entsprechend) und daß dieses Unähnlichkeitsmaß Fusionskriterium eines hierarchisch-agglomerativen Klassifikationsverfahrens ist.

Vergleicht man die Funktionen der Abbildungen 19 (für $n_A = 60$) und 20 (für $n_A = 80$) mit den entsprechenden Funktionen der Abbildungen 15 und 16 (S. 181), so zeigt sich sehr deutlich, wie sehr sich Fehlerquadratzuwachs und Entropiezuwachs entsprechen. Beide Maße reagieren in ganz ähnlicher Weise auf Unterschiede in der Klassenbesetzung und auf Variationen des Modellparameters p.

Abweichungen im Detail - vgl. beispielsweise die Funktionen a, b und c in den Abbildungen 16 (S. 181) und 20 - ergeben sich daraus, daß beim Entropiezuwachs die Unterschiede zwischen den Merkmalsverteilungen in den Klassen A und B an der Verteilung in der Fusionsklasse gemessen

1) Von den verwendeten 31 Klassifikationsmerkmalen für die 51 Objekte waren 6 binär, 17 geordnet mehrstufig (mit 3 bis 5 Ausprägungen), 4 ungeordnet mehrstufig (mit 3 bis 5 Ausprägungen) und 4 metrisch.

Abbildung 19

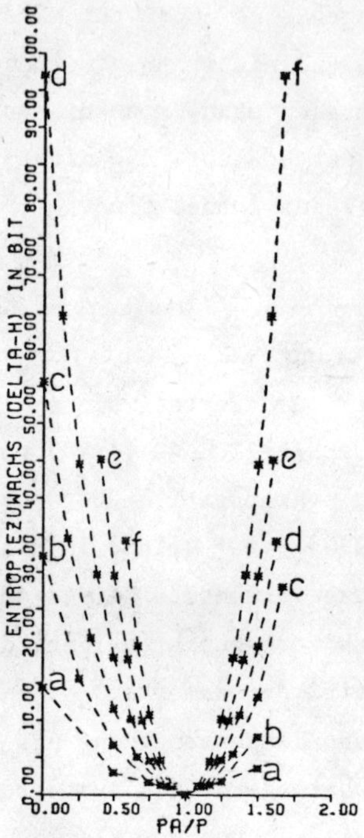

Abbildung 20

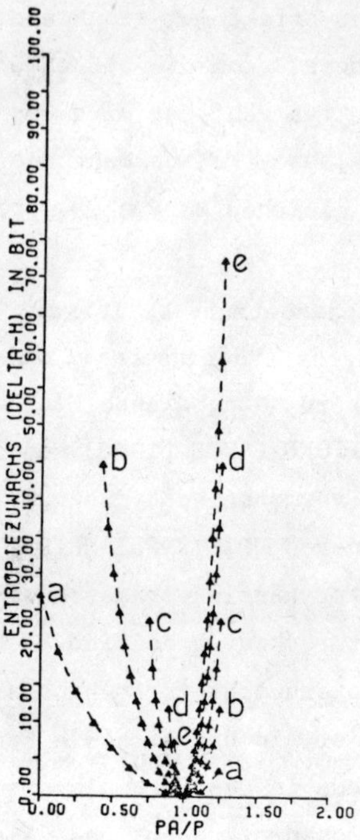

werden. Auch die Abbildungen dieser Funktionen lassen erwarten, daß Fehlerquadratzuwachs und Entropiezuwachs nicht stark abweichende Klassifikationsergebnisse liefern werden.

Der Entropiezuwachs ist wie der Fehlerquadratzuwachs eine "between-class"-Dispersionskomponente. Die Summe der Entropiezuwächse über die r = 1,2,...,n-1 Fusionsstufen

$$\sum_{r=1}^{n-1} \Delta H_r = H_T$$

ist gleich der (totalen) Entropie des Gesamtsystems, die sich in die Komponenten "(totale) Entropie innerhalb der Klassen" (H_W) und "(totale) Entropie zwischen den Klassen" (H_B) zerlegen läßt:

$$H_T = H_W + H_B \quad .$$

Wird der Datensatz in K Klassen aufgegliedert, ist

$$H_{W,K} = \sum_{r=1}^{n-K} \Delta H_r \quad ,$$

und$(H_{W,K}/H_T)\cdot 100$ gibt an, wieviel Prozent der Entropie des Gesamtsystems auf die Entropie innerhalb der Klassen entfällt. Mithin kann auch der Entropiezuwachs als Entscheidungshilfe für die Anzahl der zu bildenden Klassen und als Basis für ein Maß der Güte von Klassifikationsergebnissen verwendet werden. Die Ausführungen zum Fehlerquadratzuwachs als Gütemaß (vgl. S. 184) gelten entsprechend.

Für binäre Klassifikationsmerkmale hat die Verwendung des Fehlerquadratzuwachses oder des Entropiezuwachses als Maß der Unähnlichkeit von Klassen entscheidende Vorzüge, nicht zuletzt wegen der zusätzlichen Informationen, die diese Maße liefern. Beide Unähnlichkeitsmaße sind in einem gewissen Umfang, der auch von der jeweiligen Anzahl der Klassifikationsmerkmale (m) determiniert wird, abhängig von der Klassenbesetzung und tendieren dazu, Klassen von etwa gleicher Größe zu bilden. Beim Entropiezuwachs scheint diese Tendenz etwas ausgeprägter zu sein als beim Fehlerquadratzuwachs. Beide Maße sind kaum geeignet, Ausreißer zu separieren, insbesondere dann nicht, wenn m klein ist (dazu ist der quadrierte euklidische Abstand besser geeignet). Wegen der Abhängigkeit vom quadrierten euklidischen Centroidabstand ist der Fehlerquadratzuwachs empfindlicher gegenüber Merkmalen, die hinsichtlich des gesamten Datensatzes sehr asymmetrisch verteilt sind als der Entropiezuwachs. Daß Klassifikationsmerkmale, die im gesamten Datensatz symmetrisch verteilt sind, bei der Steuerung der Klassenbildung ein insgesamt etwas größeres Gewicht bekommen als asymmetrisch verteilte Merkmale, ist sinnvoll, wenn - wie üblich - "Minimum-Varianz-Partitionen" angestrebt werden. Die zusätzliche Gewichtung solcher symmetrisch verteilter Merkmale bei der Verwendung der durchschnittlichen Distanz scheint jedoch nicht angemessen zu sein.

Entscheidend für die Wahl eines dieser Unähnlichkeitsmaße für Klassen sind die Annahmen über die Art der Ähnlichkeitsstruktur des zu klassifizierenden Materials (in der Regel gibt es darüber keine speziellen Informationen) und die Vorstellungen über die jeweils zweckmäßige Art der Unähnlichkeitsmessung. Für den Merkmalstyp ist sicherlich der "nicht-parametrische" Entropiezuwachs das adäquate Unähnlichkeitsmaß. Auch die "χ^2-Eigenschaft" des Entropiemaßes ist positiv zu beurteilen. Eine Reihe von Experimenten hat gezeigt, daß der Entropiezuwachs und auch der Fehlerquadratzuwachs in der Regel anderen Unähnlichkeitsmaßen vorzuziehen sind.[1] Diese beiden Maße haben noch eine weitere positive Eigenschaft. Ihre Summen wachsen streng monoton mit abnehmender Anzahl von Klassen. In allen praktischen Fällen steigen auch die Zuwächse monoton mit abnehmender Klassenanzahl. Diese Eigenschaft ist für eine eindeutige Klassenbildung mit Hilfe hierarchisch-agglomerativer Klassifikationsverfahren (vgl. Kap. 2432 (1)) von großer Bedeutung.[2]

233 Optimalitätsmaße

Klassifikationsergebnisse sind bekanntlich weder "richtig" noch "falsch". Sie sind - immer im Hinblick auf bestimmte Ziele oder Zwecke, die mit einer Klassifikation verfolgt werden - mehr oder weniger "brauchbar" oder "nützlich" oder "zweckdienlich" (oder auch "unbrauchbar").[3] Da ein gegebener Datensatz in verschiedener Weise in Klassen zerlegt werden kann (die Ergebnisse variieren beispielsweise mit dem jeweils verwendeten Klassifikationsverfahren), "...it is vital to decide which set of results is best" (RUBIN, 1966, S. 169).

---

1) Wenn das Ziel der Klassifikation (auch) darin besteht, Ausreißer zu separieren (und wenn m klein ist) kann es zweckmäßig sein, den quadrierten euklidischen Centroidabstand zu verwenden.

2) Vgl. hierzu auch WILLIAMS/LAMBERT/LANCE (1966).

3) Wenn Klassifikationsergebnisse "...make sense, that is, agree with previous experience or with empirical ideas or with the accepted interpretation from conventional studies, then the analysis was a success" (PARKS, 1971, S. 546).

Streng genommen müßte versucht werden, Klassenbildung und Auswahlprozedur so zu steuern, daß die Brauchbarkeit oder Nützlichkeit der Klassifikationsergebnisse optimiert bzw. maximiert wird. Weil die Brauchbarkeit selbst nicht meßbar ist, ist es notwendig, "Brauchbarkeit" durch ein optimierbares Kriterium, ein Optimalitätsmaß, zu ersetzen. Ein solches Optimalitätsmaß ist also eine Ersatzgröße, die nicht alle Aspekte der Brauchbarkeit umfassen kann. Auch wenn es gelänge, ein bestimmtes Kriterium zu optimieren, ist es daher nicht auszuschließen, daß das optimale Klassifikationsergebnis weniger brauchbar ist als ein suboptimales Ergebnis. Optimale und brauchbare Ergebnisse können erheblich differieren.

In der Literatur zur Klassifikation wird eine große Zahl von Optimalitätsmaßen beschrieben, die auf der allgemeinen Forderung beruhen, daß eine Klassifikation möglichst homogene Klassen liefern soll: "..., the members of any one set are to be as alike as possible and as unlike the members of other sets as possible. Differences within sets are to be minimized, differences between sets are to be maximized" (WILLIAMS/LANCE, 1965, S. 38). Das bedeutet, daß jenes Klassifikationsergebnis als brauchbar gilt, welches - wie immer sie gemessen werden - die geringsten "differences within sets" aufweist.

Nach GOODALL (1966a, S. 54) kann "...the utility of a general purpose classification be defined as its ability to predict the differing values of an attribute selected at random". Diese "ability to predict" wird von vielen Autoren (meist implizit) als Kriterium der Qualität einer Klassifikation angesehen (vgl. z.B. SNEATH, 1957a, S. 196). Sie läßt sich nach GOODALL (1966a, S. 54) (indirekt) messen, und zwar "...that procedure will have the greater predictive ability which gives the larger inter-class and the smaller intra-class variance...". Diese Vorstellung liegt, ohne daß sie expressis verbis erwähnt wird, den meisten Klassifikationsverfahren zugrunde, vor allem jenen, die metrische Merkmale verarbeiten. Für klassifikatorische Merkmale "... the information content of the inter-class comparisons may take the place of inter-class variance" (GOODALL, 1966a, S. 54).

Optimalitätsmaße und Verfahrenstypen sind eng miteinander verknüpft. Es ist daher zweckmäßig, Klassifikationsverfahren nach der Art ihrer Zielfunktion zu unterscheiden (vgl. SCHÄFFER, 1972).

Hierarchische (nicht-iterative) Klassifikationsverfahren konstruieren Hierarchien von Klassen auf der Grundlage einer Matrix von Ähnlichkeits- bzw. Unähnlichkeitsmaßen für die zu klassifizierenden Objekte und "... optimize the route by which groups are obtained" (LANCE/ WILLIAMS, 1967 a, S. 373).[1)]

Klassifikationsverfahren, die nicht-hierarchisch und iterativ sind, versuchen dagegen, ein globales Maß für die Güte von Klassifikationsergebnissen zu optimieren, streben also danach, die "intra-group-homogeneity" (LANCE/WILLIAMS, 1967a,1967b; GOWER 1970) direkt zu optimieren.[2)]

Hierarchische (nicht-iterative) Verfahren benötigen also Optimalitätsmaße primär zur optimalen Entscheidung, auf welcher Stufe der Hierarchie welche Klassen zu bilden sind, und, wenn überhaupt, nur sekundär als Grundlage für globale Maße der Güte einer Klassifikation, also zur Bewertung von Klassifikationsergebnissen. Die nicht-hierarchischen und iterativen Klassifikationsverfahren benötigen demgegenüber zur Steuerung der Klassenbildung Optimalitätsmaße für eine optimale (iterative) Zuordnung von Objekten zu Klassen (Allokationskriterien) und "globale" Gütekriterien zur Bewertung der Partitionen, die im Verlaufe der Klassenbildung erzeugt werden.

Hierarchisch-agglomerative Klassifikationsverfahren[3)] bilden Klassen durch sukzessive Fusionen von Objekten und/oder Klassen. Auf jeder der $r=1,2,\ldots,n-1$ Fusionsstufen werden jene Objekte und/oder Klassen vereinigt, für die das jeweils gewählte Ähnlichkeitsmaß ein Maximum bzw. Unähnlichkeitsmaß ein Minimum ist. Die zu optimierenden Kriterien, die die Klassenbildung steuern, sind also die Ähnlichkeits- bzw. Unähnlichkeitsmaße, deren Eigenschaften in den vorangegangenen Abschnitten erörtert wurden. Die Eigenschaften der gesuchten Partition(en) werden durch die Eigenschaften dieser Maße und durch das jeweilige Klassifikationsverfahren (vgl. Kap. 2432(1)) determiniert.

---

1) Vgl. auch LANCE/WILLIAMS (1966b) und Kap. 2432.

2) Vgl. Kap. 242.

3) Hierarchisch-divisive Klassifikationsverfahren werden hier wegen ihrer geringeren praktischen Bedeutung vernachlässigt.

Hierarchische Verfahren versuchen, auf jeder Fusionsstufe der jeweils optimalen Partition in S Klassen möglichst nahe zu kommen (S ändert sich von Stufe zu Stufe). Wird beispielsweise in Verbindung mit einer entsprechenden Fusionsstrategie der Zuwachs zur Fehlerquadratsumme (ΔE) als Maß der Unähnlichkeit gewählt, so kann - auf jeder Stufe der Hierarchie - die Zerlegung in S Klassen als Approximation jener (optimalen) Partition in S Klassen angesehen werden, die die "within-group" Fehlerquadratsumme (als globales Gütekriterium) minimiert. Entsprechendes gilt für andere Unähnlichkeitsmaße, wie z.B. den Entropiezuwachs (ΔH) oder Abstandsmaßen.

Die jeweils optimalen oder annähernd optimalen Partitionen, die mit unterschiedlichen Maßen und Verfahren erzeugt wurden, unterscheiden sich natürlich hinsichtlich ihrer Eigenschaften. Die Klassen, die das Klassifikationsverfahren "single linkage" (vgl. z.B. LANCE/WILLIAMS, 1967a; Kap. 2432(121)) erzeugt, haben, wenn als Maß der Unähnlichkeit von Objekten eine Distanz gewählt wird, beispielsweise die "... optimal property that no distance between members of two classes is less than a certain value whilst a set of links less than this value joines all members within a class" (GOWER, 1971b, S. 361).

Nach GOWER (1971b, S. 361 f.), "optimal hierarchical classifications can always be formally defined when there is a criterion C_k for optimum partition into k classes. Consider all possible hierarchical classifications of n entries and, for each, compute for all possible decompositions into nested classes $C = \sum_{i=1}^{n} C_i$. The hierarchy giving the optimum value C_H can be defined as best". Das bedeutet, wird für eine Reihe von Hierarchien von Klassen (es müssen nicht notwendigerweise alle möglichen sein), die mit unterschiedlichen Verfahren und/oder Ähnlichkeits- bzw. Unähnlichkeitsmaßen erzeugt wurden, jeweils ein Maß der Güte der gesamten Hierarchie berechnet, so ist feststellbar, welche dieser Hierarchien in Bezug auf das gewählte Maß die "beste" ist.

Ein Maß für die Güte der gesamten Hierarchie ließe sich z.B. wie folgt konstruieren. Man berechnet für jede der r=1,2,...,n-1 Fusionsstufen die gesamte "within-group" Fehlerquadratsumme (oder eine entsprechende Summe bestimmter Distanzen) und summiert über r. Jene Hierarchie, für die diese Summe am kleinsten ist, wäre dann die beste.

Die Kenntnis der in diesem Simme besten Hierarchie von Klassen kann jedoch von nur geringem Interesse sein, weil nicht gewährleistet ist, daß die beste Hierarchie auch die beste Partition in S Klassen enthält. GOWER schlägt auch vor, das Optimalitätsmaß für Hierarchien C_H in Verbindung mit einem entsprechenden Maß für eine nicht-hierarchische Klassenbildung (C_K) zur Beurteilung der "... suitability of imposing a hierarchical classification on the data" (1971b, S. 362) heranzuziehen.[1)]

Hierarchisch-agglomerative Klassifikationsverfahren haben - wie alle nicht-iterativen Verfahren - den Nachteil, daß die Vereinigung von Objekten und/oder Klassen unabänderlich ist. Die Klassenzugehörigkeit wird auf jeder Fusionsstufe endgültig festgelegt. Auch wenn sich mit zunehmender Klassengröße die Eigenschaften einer Klasse wesentlich verändern, können einmal zugeordnete Objekte nicht ausgesondert und einer anderen Klasse zugewiesen werden. Daher kann bereits auf den unteren Stufen der Hierarchie die Grundlage dafür gelegt werden, daß auf einer jeweils höheren Stufe das "globale" Optimum verfehlt wird.

In dieser Hinsicht unterscheiden sich die hierarchisch-agglomerativen Klassifikationsverfahren wesentlich von jenen nicht-hierarchischen (iterativen) Verfahren, die - von einer irgendwie erzeugten Anfangspartition ausgehend - die einer Klasse zugeordneten Objekte aussondern und einer anderen Klasse zuweisen, wenn durch diese "iterative relocation" der Wert eines globalen Gütekriteriums in Richtung auf das Minimum bzw. Maximum verändert wird.

Zur optimalen Zuordnung von Objekten zu bereits gebildeten Klassen verwenden Verfahren dieses Typs im allgemeinen die bereits erörterten Abstandsmaße. Ein Objekt wird jeweils der Klasse zugewiesen, zu deren Centroid die gewählte Distanz ein Minimum ist.

---

1) GOWER (1971b, S. 362) weist darauf hin: "This definition of hierarchical classification does not depend on taxonomic distance unless the criterion C_k does". Als Maß der Güte einer gesamten Hierarchie könnte ja auch eine Summe von Ähnlichkeitskoeffizienten verwendet werden. "To this extent the definition is distance-free and is therefore more general than those of Hartigan (1967), Jardine et al. (1967) and Lerman (1970) who all appeal to distance (or metrics or ultrametrics)". Für einen Vergleich von nicht-hierarchischen mit hierarchischen Klassifikationsergebnissen scheint jedoch die von GOWER angegebene Vorgehensweise wegen des damit verbundenen Rechenaufwands kaum praktikabel zu sein. Vgl. aber RUBIN (1966).

Die überwiegend benutzten globalen Gütekriterien lassen sich "aus dem Instrumentarium der verallgemeinerten Varianzanalyse ableiten" (SCHÄFFER, 1972, S. 15). Sie sind in erster Linie für metrische Merkmale gedacht.

Es sei

S die Anzahl der Klassen

n_K die Anzahl der Objekte in der K-ten Klasse,

$\underline{x}_j$ der Vektor mit den für das j-te Objekt beobachteten Werten der m Merkmale,

$\underline{x}_{kK}$ der Vektor für das k-te Objekt der K-ten Klasse (K=1,2,...,S),

$\bar{\underline{x}}_K$ das Centroid oder der Schwerpunkt der K-ten Klasse und

$\bar{\underline{x}}$ das Centroid aller n Objekte.

Die (Spalten-) Vektoren $\underline{x}_j$, $\underline{x}_{kK}$, $\bar{\underline{x}}_K$ und $\bar{\underline{x}}$ haben jeweils m Komponenten.

Dann ist die m-dimensionale Matrix

$$\underline{T} = \sum_{j=1}^{n} (\underline{x}_j - \bar{\underline{x}})(\underline{x}_j - \bar{\underline{x}})'$$

"a measure of the total dispersion or scatter of the observations" (FRIEDMAN/RUBIN, 1968, S. 55).

Wenn eine Partition der n Objekte in S Klassen gegeben ist, gehört zur K-ten Klasse die "within-cluster scatter" Matrix

$$\underline{W}_K = \sum_{k=1}^{n_K} (\underline{x}_{kK} - \bar{\underline{x}}_K)(\underline{x}_{kK} - \bar{\underline{x}}_K)' \quad .$$

Die Matrix

$$\underline{W} = \sum_{K=1}^{S} \underline{W}_K$$

ist die "pooled-within groups scatter matrix" (FRIEDMAN/RUBIN, 1967), also eine Verallgemeinerung der Streuung innerhalb der Klassen.[1)]

---

1) Die Verwendung einer für alle Klassen gemeinsamen Dispersionsmatrix $\underline{W}$ ist nur sinnvoll, wenn die Kovarianzmatrizen $\underline{W}_K/(n_K-1)$ für K = 1,2,...,S gleich sind.

Schließlich ist

$$\underline{B} = \sum_{K=1}^{S} n_K (\bar{\underline{x}}_K - \bar{\underline{x}})(\bar{\underline{x}}_K - \bar{\underline{x}})'$$

die "between groups scatter" Matrix, eine Verallgemeinerung der Dispersion zwischen den Klassen. Die Matrizen $\underline{W}$ und $\underline{B}$ sind ebenfalls vom Typ m $\times$ m. Es sei angenommen, daß m > 1.

Für jede beliebige Partition von n Objekten in S Klassen kann die Matrix $\underline{T}$ in zwei Komponenten zerlegt werden:

$$\underline{T} = \underline{W} + \underline{B}$$

(vgl. WILKS, 1962), in die (verallgemeinerte) Streuung innerhalb der Klassen und zwischen den Klassen. Diese Beziehung ist nun die Grundlage für mehrere Maße für die Güte einer Zerlegung.[1)]

Gesucht sind Partitionen, für die die Streuung innerhalb der Klassen möglichst klein ist. Da die Streuungskomponenten Matrizen sind, als Maß für die Güte der Klassifikation jedoch eine reelle Zahl, ein Skalar, benötigt wird, müssen die Matrizen in geeigneter Weise in Skalare transformiert werden.[2)]

Von EDWARDS/CAVALLI-SFORZA (1965) wurde vorgeschlagen, als globales Gütemaß die Spur der Matrix $\underline{W}$

$$\text{Spur}(\underline{W}) = \sum_{i=j} w_{ij} \quad , \qquad \text{mit } \underline{W} = (w_{ij}) \quad ,$$

zu minimieren.[3)4)] Weil

---

1) Vgl. SCHÄFFER (1972), MARRIOTT (1971), SCOTT/SYMONS (1971b), MCRAE (1970), SKARABIS (1970), FRIEDMAN/RUBIN (1967, 1968), MACQUEEN (1967), EDWARDS/CAVALLI-SFORZA (1965) und viele andere mehr.

2) Vgl. für m=1 FISHER (1958).

3) Vgl. auch MCRAE (1970). Nach MCRAE: "... a 'minimum variance partition' solution is equivalent to a 'minimum Trace $\underline{W}$ solution'" (S. 3); s. auch MACQUEEN (1967); vgl. aber WISHART (1969a) und CORMACK (1971).

4) Dieses Gütekriterium kann auch für binäre Merkmale verwendet werden, wenn diese in geeigneter Weise metrisiert werden.

$$\text{Spur}(\underline{T}) = \text{Spur}(\underline{W}) + \text{Spur}(\underline{B})$$

und weil $\underline{T}$ = const. für alle Partitionen in S Klassen, "minimizing trace W is equivalent to maximizing trace B" (FRIEDMAN/RUBIN, 1967, S. 1161). "Dieses Maß ist einfach zu berechnen, hat aber den Nachteil, daß es abhängig vom Maßstab der Merkmale ist und die Korrelationen zwischen den Merkmalen nicht berücksichtigt" (SCHÄFFER, 1972, S. 17). FRIEDMAN/RUBIN (1967, S. 1163) zeigen, daß mit der Wahl der Spur ($\underline{W}$)-Kriteriums implizit die euklidische Distanz als Abstandsmaß gewählt wird.

Wenn die m Klassifikationsmerkmale nicht linear abhängig sind und außerdem die Ungleichung $m \leq n - S$ erfüllt ist (vgl. FRIEDMAN/RUBIN, 1967, 1968), ist $\underline{W}$ regulär, d.h., für die Determinante von $\underline{W}$ ($|\underline{W}|$) gilt: $|\underline{W}| \neq 0$. In diesem Falle können folgende Gütekriterien verwendet werden: die "generalized variance ratio"

$$|\underline{T}| \,/\, |\underline{W}| = |\underline{I} + \underline{W}^{-1}\,\underline{B}| \quad ,$$

also das Verhältnis der Determinanten, "that includes the effects of the covariance of the measurements within each group as well as the covariance of the measurements across the total n patients" (FRIEDMAN/ RUBIN, 1968, S. 57) oder die Spur des Matrizenprodukts

$$\text{Spur}(\underline{W}^{-1}\,\underline{B}) \quad ,$$ [1)]

die ebenfalls Merkmalskorrelationen berücksichtigt. Beide Gütekriterien sind unabhängig vom Maßstab der Merkmale. Ihre Berechnung ist jedoch recht aufwendig. Jene Partition, die Spur ($\underline{W}^{-1}$ $\underline{B}$) bzw. $|\underline{T}|/|\underline{W}|$ maximiert, gilt als Approximation der optimalen Zerlegung. Wegen $|\underline{T}|$ = const. ist die Maximierung von $|\underline{T}|/|\underline{W}|$ äquivalent der Minimierung von $|\underline{W}|$.

Überlegungen aus der linearen Diskriminanzanalyse können dazu beitragen, die Eigenschaften dieser Gütekriterien näher zu erläutern (vgl. dazu FRIEDMAN/RUBIN, 1967).[2)]

1) Spur ($\underline{W}^{-1}$ $\underline{B}$) wird auch HOTELLING's-Spur-Kriterium genannt (vgl. FRIEDMAN/RUBIN, 1967).

2) Siehe auch MCRAE (1970) und SKARABIS (1970).

Die Optimalitätsmaße $|\underline{T}|/|\underline{W}|$ und Spur ($\underline{W}^{-1}$ $\underline{B}$) sind über die t = min (m, S-1) Eigenwerte $\lambda_1, \lambda_2, \ldots, \lambda_t$ der Matrix $\underline{W}^{-1}$ $\underline{B}$ miteinander verbunden. Es gilt[1)]

$$\text{Spur}\ (\underline{W}^{-1}\ \underline{B}) = \sum_{i=1}^{t} \lambda_i \qquad \text{und}$$

$$|\underline{T}|/|\underline{W}| = \prod_{i=1}^{t} (1 + \lambda_i) \quad .$$

Die Eigenwerte λ_i lassen sich wie folgt interpretieren: "... the eigenvalue λ_i is the ratio of the one dimensional between group scatter to the one dimensional within group scatter as measured along the direction of eigenvector V_i associated with λ_i" (FRIEDMAN/RUBIN, 1967, S.1166).

Durch die Bildung einer Summe bzw. eines Produkts messen beide Gütekriterien die Diskrimination zwischen den S Klassen in allen t Dimensionen des Vektorraumes, den die linear unabhängigen Eigenvektoren V_i aufspannen, jedoch in unterschiedlicher Weise. "Trace W^{-1} B could be increased most easily by increasing the largest eigenvalue, while the determinant criterion, since it includes product terms, reflects changes in the smaller eigenvalues" (FRIEDMAN/RUBIN, 1967, S. 1176). Das Determinanten-Kriterium "... has demonstrated on the data analyzed for this report a greater sensitivity to the local structure of data than the other criteria. In particular the groups resulting from the trace W^{-1} B criterion were always separable by a single discriminant function (a single direction in space). This was not true for the $|T|/|W|$ criterion" (FRIEDMAN/RUBIN, 1967, S. 1176).

Als globales Optimalitätsmaß empfehlen FRIEDMAN/RUBIN das Determinanten-Kriterium.[2)] Sie weisen auch darauf hin, daß dieses Kriterium den Vorteil hat, daß der Rechenaufwand zur Berechnung von $|\underline{W}|$ geringer ist als der zur Berechnung von $\underline{W}^{-1}$. Zum Vergleich mehrerer Partitionen mit unterschiedlicher Anzahl von Klassen ist $|\underline{T}|/|\underline{W}|$ nicht geeignet, weil der Wert dieses Kriteriums für eine Zerlegung in S Klassen stets kleiner oder gleich dem Wert für eine Partition in S+1 Klassen ist.

1) FRIEDMAN/RUBIN (1967).

2) Dieses Kriterium wird auch von MARRIOTT (1971) empfohlen.

Aus $|\underline{T}|$ und $|\underline{W}|$ lassen sich auch Indikatoren ableiten, die die Bestimmung der Anzahl der Klassen erleichtern. FRIEDMAN/RUBIN (1967) schlagen vor, als Indikatoren die Werte der Größe log (max $|\underline{T}|/|\underline{W}|$) zu verwenden; MARRIOTT (1971) empfiehlt $g^2|\underline{W}|/|\underline{T}|$ (dabei ist g die Anzahl der Klassen).

Da die Spur ($\underline{W}^{-1}$ $\underline{B}$) "...could be increased most easily by increasing the largest eigenvalue..." (der Produktmatrix $\underline{W}^{-1}$ $\underline{B}$) und weil "... groups resulting from the trace $W^{-1}B$ criterion were always separable by a single discriminant function...", liegt es nahe, nur den größten Eigenwert der Matrix $\underline{W}^{-1}$ $\underline{B}$ als globales Gütemaß zu benutzen (vgl. z.B. MCRAE, 1970).

Dieses Gütemaß mißt im Gegensatz zu den beiden anderen Maßen die Diskrimination der S Klassen nur in einer Richtung des t-dimensionalen Vektorraumes, den die t Eigenvektoren bilden.

Wegen t = min (m, S-1) führen für m=1 oder S=2 diese drei Kriterien zu demselben Ergebnis.

Es ist unmittelbar einleuchtend, daß Gütekriterien, die auf Dispersionsmatrizen basieren, in besonderem Maße von den Verteilungen der Klassifikationsmerkmale abhängig sind (vgl. z.B. BALL, 1970, S. 5 ff.). Brauchbare Klassifikationsergebnisse sind nur dann zu erwarten, wenn die Datenstruktur durch Mittelwerte, Varianzen und Kovarianzen hinreichend beschrieben werden kann. Wenn die Kenntnisse über die Datenstruktur gering sind, ".. we would analyze this data with several different criteria before coming to any strong conclusions" (FRIEDMAN/RUBIN, 1967, S. 1177). CORMACK (1971, S. 340) weist schließlich darauf hin, daß "such criteria..., by using a pooled within-cluster matrix $\underline{W}$, have an underlying assumption that all clusters have the same shape, even if not restricted to sphericity". Zu ergänzen ist noch, daß die Verwendung der Summenmatrix $\underline{W}$ auch voraussetzt, daß sich die Klassen hinsichtlich der Klassenbesetzung nicht wesentlich unterscheiden.

FRIEDMAN/RUBIN (1968) warnen: "... the usual tests of significance used in dicriminant analysis do not apply because of our use of max $|T|/|W|$. ... We are using some methods borrowed from statistical methodology. However, we are using them in a purely descriptive and exploratory way. No probability statements are made. The relevant probability distribution theory needed to make statements pertaining to statistical significance requires further research" (S. 60).[1]

Von verschiedenen Autoren wurden andere globale Optimalitätsmaße vorgeschlagen. RUBIN (1966, 1967), definiert z.B. eine "Average Object Stability", mit deren Hilfe auch eine "Restklasse" von nicht klassifizierbaren Objekten gebildet werden kann; FORTIER/SOLOMON (1966) untersuchen eine modifizierte Version von HOLZINGER's coefficient of "belongingness" und definieren eine globale "clustering function" (C^*-criterion) für die Klassifikation von Merkmalen; BONNER (1964, 1966) operiert mit einem "Measure of Cluster Value", das auf wahrscheinlichkeitstheoretischen Überlegungen beruht; ROGERS/TANIMOTO (1960), HYVÄRINEN (1962), WALLACE/BOULTON (1968a, 1968b) und BOULTON/WALLACE (1970) benutzen - zum Teil recht anspruchsvolle[2] - informationstheoretische Konzepte. Diese Beispiele ließen sich fortsetzen. Da die oben erörterten Optimalitätsmaße am häufigsten benutzt werden und in den verfügbaren Computer-Programmen enthalten sind,[3] wird auf eine Erörterung anderer Optimalitätsmaße verzichtet. Einige Gütekriterien wurden von BALL (1966, 1970) und GOWER (1971b) zusammengestellt. WISHART (1969a) untersucht einige der gebräuchlichsten "Methods possessing variance constraints" und stellt den jeweils "minimised factor" heraus.

Es ist praktisch unmöglich, für alle möglichen Partitionen eines gegebenen Datensatzes von n Objekten in K = 2,...,S Klassen jeweils den Wert eines globalen Gütekriteriums zu berechnen, um auf diese Weise

---

1) GOWER (1971b) meint dazu: "It is instructive to think of classification problems untrammelled by probabilistic considerations - the problems are hard enough without. Once ideas have been sorted out and feasible computational schemes found for the non-probabilistic cases, it will be time to consider the effects of superimposing random and sampling effects" (S. 363).

2) Vgl. zu den Vorschlägen von WALLACE/BOULTON (1968) SCHÄFFER (1972).

3) Vgl. z.B. MCRAE (1970) und DEMIRMEN (1969).

die optimale Partition zu bestimmen (vgl. Kap. 211). Bei allen Klassifikationsverfahren ist es daher nicht auszuschließen, daß das Klassifikationsergebnis bezüglich des Gütekriteriums nur suboptimal ist. Ob und wie sehr das Optimum im Einzelfalle verfehlt wird, ist nicht feststellbar.

Da der Wert eines globalen Gütekriteriums auch von der Anzahl der gebildeten Klassen abhängt, "La recherche d'une solution optimale ou suboptimale soulève également le problème de la détermination du nombre de classes à établir" (DAGNELIE, 1966, S. 67). Diese Entscheidung ist subjektiv. Sie wird im allgemeinen durch substanzwissenschaftliche Überlegungen und durch das Ziel der Klassifikation gestützt.

Wird versucht, mit verschiedenen Klassifikationsverfahren Zerlegungen zu konstruieren, die bezüglich eines Gütekriteriums oder jeweils unterschiedlicher Gütekriterien wenigstens näherungsweise optimal sind, so werden sich die Partitionen mehr oder weniger stark unterscheiden.[1)]

Selbst wenn die einzelnen Klassifikationsergebnisse bezüglich des jeweiligen Gütekriteriums optimal wären, gibt es keine Möglichkeit, für die Auswahl des "besten" Ergebnisses ein Optimum der Optima zu konstruieren, um die Auswahl zu objektivieren. Die Klassifikationsergebnisse sind optimal oder annähernd optimal nur in Bezug auf ein bestimmtes Gütekriterium, ein bestimmtes Verfahren, ein bestimmtes Ähnlichkeits- bzw. Unähnlichkeitsmaß für Objekte und/oder Klassen etc. Welche von mehreren solcher Partitionen die "beste" oder "brauchbarste" ist, kann also nur subjektiv entschieden werden.

Die vorangegangenen Überlegungen machen deutlich, daß die Bedeutung von Optimalitätsmaßen für eine objektive Beurteilung von Klassifikationsergebnissen durch einige Faktoren nicht unwesentlich begrenzt wird. Es wäre daher verfehlt, bei der Bewertung von Klassifikationsergebnissen den "objektiven" Gütekriterien, wie immer sie definiert sein mögen, gegenüber den "subjektiven", zweckbezogenen und meist

---

1) Wie sehr sich die Klassifikationsergebnisse unterscheiden, hängt auch von der Datenstruktur ab. Sind die Klassen "wohlsepariert", so sind die Unterschiede nur gering.

realwissenschaftlichen Erwägungen, ein zu großes Gewicht beizumessen. Ihr Wert liegt vor allem in ihrer Funktion, den Prozeß der Klassenbildung zu steuern.

24 KLASSIFIKATIONSVERFAHREN

241 Monothetische und polythetische Klassifikation

Die Begriffe "monothetisch" und "polythetisch" wurden 1962 von SNEATH eingeführt, um zwei Grundtypen der Klassifikation bzw. von Klassen zu unterscheiden. Die Unterscheidung ist gedanklich eng verknüpft mit dem Ziel, welches mit einer Klassifikation verfolgt wird, also mit dem Begriffspaar "künstliche" und "natürliche" Klassifikation (vgl. Kap. 13).

Eine bezüglich der Merkmale 1 und 2 monothetische Klasse wird beispielsweise von den folgenden fünf Objekten gebildet:

		Objekte				
		1	2	3	4	5
Merkmale	1	1	1	1	1	1
	2	0	0	0	0	0
	3	1	1	1	0	0
	4	1	1	1	0	0
	5	1	1	0	0	0

Diese Klasse kann weiter monothetisch zerlegt werden in die Subklassen (1,2,3) und (4,5), diese wiederum in die Subklassen (1,2), (3) und (4,5). Monothetische Klassen sind gekennzeichnet durch die Eigenschaft, daß "... the possession of a unique set of features is both sufficient and necessary for membership in the group thus defined" (SOKAL/SNEATH, 1963, S. 13). Ein Objekt, welches z.B. nur das erste Merkmal (bzw. eine bestimmte mit "1" verschlüsselte Merkmalsausprägung des ersten Merkmals) besitzt, kann nur der Klasse (4,5) angehören, ein Objekt, das nur beim zweiten Merkmal die Ausprägung "0" hat, bei den Merkmalen 1, 3, 4 und 5 jedoch die Ausprägung "1", muß ein Element der Klasse (1,2) sein. Solche Klassen "... permit of no exceptions, and are thus thought of as being 'unnatural'" (SNEATH, 1965, S. 82).

Eine polythetische Klasse bilden die folgenden fünf Objekte:

		Objekte				
		1	2	3	4	5
Merkmale	1	1	1	0	1	1
	2	0	1	0	0	0
	3	1	1	1	1	0
	4	0	0	0	1	0
	5	0	1	1	1	1

Diese Klasse zeichnet sich dadurch aus, daß jedes Objekt mit jedem Objekt in drei von fünf Merkmalsausprägungen übereinstimmt. "Here there is no single character that is both sufficient and necessary to every member of the group, yet the group possesses a certain unity" (SNEATH, 1965, S. 83). Polythetische Klassen sind natürliche Klassen, sie basieren auf der jeweils größten Anzahl übereinstimmender Merkmalsausprägungen.

Die - primär für binäre Merkmale gedachte - monothetische Klassifikation ist zwangsläufig divisiv. Der gesamte Datensatz wird sukzessive in Klassen abnehmender Größe zerlegt, und zwar in der Weise, daß auf jeder Stufe ein Merkmal ausgewählt wird und die Objekte, welche die mit "1" kodierte Ausprägung besitzen der einen Klasse, jene, die die mit "0" verschlüsselte Ausprägung besitzen, der anderen Klasse zugewiesen werden.[1] Eine monothetische Klassifikation ist also dadurch gekennzeichnet, daß zur Konstruktion von Klassen jeweils nur ein einziges Merkmal benutzt wird.[2]

In der Biologie, insbesondere in der Ökologie (vgl. z.B. WILLIAMS/ LAMBERT, 1959, 1960, 1961a; LAMBERT/WILLIAMS, 1966; WEBB et al. 1967)

1) Vgl. für Merkmale mit mehr als zwei Ausprägungen auch ROPOHL (1972).

2) Vgl. Kap. 2432 (2).

und in der Bakteriologie (vgl. z.B. BRISBANE/ROVIRA, 1961; LOCKHART/HARTMAN, 1963) wurde mit Erfolg monothetisch klassifiziert.

Wenn die Anzahl der (binären) Klassifikationsmerkmale so klein ist, daß jedes Merkmal zur Klassenbildung benutzt werden kann, ist die monothetische Klassifikation sicherlich die zweckmäßigste Art der Klassenbildung, denn die gebildeten Klassen sind dann völlig homogen. Wenn außerdem nur die Informationen, die die Klassen der letzten Stufe liefern, von Interesse sind, ist auch die Auswahl des Merkmals, nach welchem eine Aufteilung vorgenommen wird, unproblematisch. Anderenfalls kann die Klassenbildung durch die Festlegung der Reihenfolge, in welcher die Merkmale zur Aufteilung benutzt werden, gesteuert werden. Voraussetzung für eine solche völlig monothetische Klassifikation ist auch, daß die Anzahl der zu klassifizierenden Objekte (n) hinreichend groß ist. Bei nur sechs binären Klassifikationsmerkmalen gibt es auf der Endstufe bereits 64 Klassen. Haben einige der Klassifikationsmerkmale mehr als zwei Ausprägungen, ist die Anzahl der Klassen erheblich größer. Wenn n klein ist, gibt es daher eine Reihe von Klassen, die nur schwach oder gar nicht besetzt sind.

Ist die Anzahl der Klassifikationsmerkmale groß, so ist es nicht mehr sinnvoll, jedes der m Merkmale als Kriterium für die Aufteilung zu benutzen. Es muß eine Auswahl von $m' \ll m$ Merkmalen getroffen und die Reihenfolge ihrer Verwendung festgelegt werden. "The kind of classification which emerges, however is very much affected by the criterion selected at each step and the order in which the criteria are employed. ...therefore, we need to place the criteria in order of significance and this, of necessity, assumes that we know a great deal about the phenomena being classified;..." (HARVEY, 1969, S. 335).

Häufig sind jedoch Kenntnisse dieser Art nur in geringem Umfang gegeben, so daß eine eindeutige und zugleich zweckdienliche Auswahl und Ordnung der m' Merkmale das Grundproblem divisiv-monothetischer Klassifikationsverfahren ist.[1] Die Brauchbarkeit monothetischer Klassen, zu deren Bildung nur m' Klassifikationsmerkmale benutzt werden, kann

1) Einige Vorschläge hierzu werden in Kap. 2432 (2) erörtert.

natürlich nur in bezug auf diese Merkmale beurteilt werden. Die restlichen m-m' Merkmale sind - von der Klassendiagnose abgesehen - ohne Bedeutung.

Eine monothetische Klassifikation kann auch dann zweckmäßig sein, wenn die Anzahl der zu klassifizierenden Objekte gemessen an der verfügbaren Computer-Kapazität sehr groß ist. Während eine polythetische Klassifikation relativ viel Speicherplatz benötigt, können auch sehr grosse Datenmengen in ihrer Gesamtheit monothetisch "sortiert" werden. Hinzu kommt, daß monothetisch-divisive Klassifikationsverfahren , die auf die Berechnung von inter-Objekt Ähnlichkeiten verzichten, sehr schnelle Verfahren sind, also auch in dieser Hinsicht nur geringe Kosten verursachen. Für große Datensätze ist es häufig zweckmäßig, ein monothetisch-divisives Klassifikationsverfahren als Vorstufe einer polythetischen Klassifikation zu verwenden.

Monothetische Klassen sind - zumindest in bezug auf die m' Merkmale - eindeutig und leicht interpretierbar. "The outstanding advantage of monothetic classifications is the ease with which, by reference to the attributes used for subdivision, new individuals can be allocated to an existing classification" (WEBB et al. 1967, S. 176). Sie eignen sich hervorragend zur "identification" und zur Erstellung von "diagnostic keys". In bestimmten Fällen, z.B. wenn die Anzahl der Objekte groß und die Anzahl der Merkmale klein ist oder wenn aus bestimmten Gründen die gebildeten Klassen hinsichtlich ausgewählter Merkmale völlig homogen sein müssen, ist nur eine monothetisch-divisive Klassifikation angebracht. Die Brauchbarkeit der Ergebnisse kann nur unter Bezug auf die jeweilige Zielsetzung beurteilt werden (vgl. beispielsweise die "extremely useful ecological results" von LAMBERT/WILLIAMS, 1966). Nachteilig ist, daß m' nicht groß sein kann. "The occasional criticism that monothetic systems produce misclassification is, however, invalid, since the criticism automatically assumes that a polythetic system is desired, and the argument is circular" (WILLIAMS/DALE, 1965, S. 38). Darauf machen auch SOKAL/SNEATH (1963) aufmerksam, denn sie schreiben: "Any monothetic system will always carry the risk of serious misclassification if we wish to make n a t u r a l phenetic groups" (S. 13, Hervorh. d.d. Verf.). Die Brauchbarkeit einer monothetischen

Klassifikation ist für FERNANDEZ DE LA VEGA (1970) auch dadurch eingeschränkt, daß der Datensatz zu sehr zersplittert wird und der "valeur prédictive" der Klassen gering ist, weil die Objekte einer Klasse nur im Hinblick auf sehr wenige Klassifikationsmerkmale übereinstimmen, der Informationsverlust also in der Regel groß ist.

Monothetisch-divisive Klassifikationsverfahren benutzen auf jeder Stufe nur ein einziges Merkmal, um Klassen zu bilden. Dagegen verwenden polythetische Verfahren zur Klassenbildung alle Klassifikationsmerkmale simultan. Grundlage polythetischer Verfahren ist der Grad der Ähnlichkeit bzw. Unähnlichkeit zwischen Objekten und/oder Klassen, der anhand aller Merkmale bestimmt wird. Polythetische Klassifikationsverfahren können hierarchisch, und zwar agglomerativ oder divisiv, oder nicht-hierarchisch sein. Sie können binäre oder metrische Klassifikationsmerkmale verarbeiten.

Polythetische Klassen sind in der Regel nicht völlig homogen, d.h., die sie bildenden Objekte sind im allgemeinen nicht identisch. Daher sind diese Klassen zur Identifikation und zur Konstruktion von "diagnostic keys" weniger gut geeignet als monothetische Klassen. Wegen ihres hohen Informationsgehalts - die einer Klasse zugeordneten Objekte sind durch die Ausprägungen von allen $m > m'$ Klassifikationsmerkmalen gekennzeichnet - sind polythetische Klassen für viele Zwekke brauchbar. Eine polythetische Klassifikation ist eine "natürliche" Klassifikation ("general classification") "useful for general purposes"(SNEATH, 1965). Die Informationen, die die Klassifikationsmerkmale liefern, werden durch eine polythetische Klassifikation besser verwertet als durch eine monothetische Klassifikation.

Ob im Einzelfall die Bildung monothetischer oder polythetischer Klassen vorzuziehen ist, kann nur im Hinblick auf das Ziel der Klassifikation entschieden werden. Dabei sind natürlich auch ökonomische Überlegungen von Bedeutung. In der Regel werden mit einer Klassifikation mehrere Ziele verfolgt; Ziele, die nur dann erreichbar sind, wenn alle verfügbaren Informationen ausgeschöpft werden, wenn die Anzahl der gebildeten Klassen nicht zu groß und die Klassenbesetzung nicht zu klein ist. Wenn nicht besondere Gründe für eine monothetische Klassifikation sprechen, ist es daher zweckmäßig, polythetische Klassen zu bilden. Dies gilt vor allem dann, wenn die Anzahl der zu verwertenden Klassifikationsmerkmale groß ist.

Die Bildung polythetischer Klassen hat den Vorteil, daß das Problem, bestimmte Merkmale für die Klassenbildung auszuwählen und die Reihenfolge ihrer Verwendung festzulegen, entfällt. Die Anzahl der Klassen ist nur indirekt von der Anzahl der Klassifikationsmerkmale abhängig. Hervorzuheben ist auch die größere Stabilität polythetischer Klassen (vgl. z.B. SILVESTRI et al., 1962; LAMBERT/DALE, 1964; vgl. auch MACNAUGHTON-SMITH, 1965). Das Ergebnis einer polythetischen Klassifikation ist weniger zersplittert als das einer monothetischen Klassifikation, das viele schwach oder gar nicht besetzte, also nicht informative Klassen enthalten kann. Die besondere Bedeutung polythetischer Klassifikationen liegt sicherlich im vergleichsweise hohen Informationsgehalt der Klassen, der ihnen, obwohl die Klassen durchweg nicht völlig homogen sind, einen großen "predictive value" verleiht (vgl. z.B. SNEATH,1957a, FERNANDEZ DE LA VEGA, 1970) und in der größeren Flexibilität bezüglich der jeweiligen Datenstruktur.

Weniger günstig sind polythetische Klassen im Hinblick auf die Klassendiagnose. Nicht-hierarchische iterative Klassifikationsverfahren, die voraussetzen, daß vor der Klassifikation die Anzahl der zu bildenden Klassen festgelegt wird, können zusätzlich zum Klassifikationsergebnis auch die Mittelwerte (Centroide), Standardabweichungen etc. für die m Klassifikationsmerkmale in den S Klassen ausweisen, so daß unmittelbar erkennbar ist, wie sehr und hinsichtlich welcher Merkmale sich die Klassen unterscheiden. Bei hierarchisch-agglomerativen Verfahren wird die Anzahl der Klassen erst dann bestimmt, wenn das Klassifikationsergebnis, die gesamte Hierarchie, in der Form eines Dendrogrammes vorliegt. Da ein Dendrogramm nur die Klassenzugehörigkeit der Objekte und den Klassenaufbau veranschaulicht und die Objekte, die eine (polythetische) Klasse bilden, ähnlich, aber nicht identisch sind, muß sich an die Klassifikation eine Klassendiagnose anschließen, die die zur Analyse der Klassen erforderlichen Informationen liefert. Für diese Klassendiagnose wird zusätzlich Rechenzeit benötigt.

Schwierigkeiten können sich ergeben, wenn nicht klassifizierte Objekte einer der gebildeten Klassen zugeordnet werden sollen, weil die Zuordnung vom Grad der Ähnlichkeit zwischen einem Objekt und einer Klasse abhängt. Es ist denkbar, daß einzelne Objekte nicht eindeutig einer Klasse zuzuordnen sind.

Nachteilig ist auch die rechnerische Komplexität polythetischer Verfahren, die bei größeren Datensätzen zu nicht unbeträchtlichen Aufwendungen für Computerzeit führen kann und der zum Teil sehr hohe Bedarf an Speicherkapazität. Hohe Ansprüche an die Computerkapazität stellen vor allem jene hierarchischen Verfahren, die zur Klassenbildung nicht nur eine Ähnlichkeitsmatrix für die n Objekte benötigen, sondern auch auf die Datenmatrix selbst zurückgreifen. Durch das Auslagern dieser Matrizen auf Magnetplatten oder -bänder wird zwar der Kapazitätsengpaß geöffnet, die Rechenzeit jedoch erheblich verlängert.

242 Iterative und nicht-iterative Verfahren

Im allgemeinen versuchen die neueren iterativen Klassifikationsverfahren eine gegebene Zerlegung eines Datensatzes in S disjunkte Klassen im Hinblick auf ein bestimmtes globales Maß für die Güte einer Partition zu verbessern.[1] Sie haben - im Gegensatz zu den nicht-iterativen Verfahren - den Vorteil, daß die Zuordnung von Objekten zu Klassen, die zu Beginn und während des Prozesses der Klassenbildung vorgenommen wird, nicht endgültig sein muß. Bereits zugeordnete Objekte werden ausgesondert und anderen Klassen zugewiesen, wenn sich dadurch der Wert des gewählten Gütekriteriums dem Optimalwert nähert.

---

1) Es gibt iterative Klassifikationsverfahren, die zwar auch eine Anfangszerlegung verbessern, jedoch auf die Berechnung eines globalen Gütekriteriums verzichten. Verfahren dieser Art liegt die Vorstellung (Hoffnung!) zugrunde, daß die im iterativen Prozeß der Klassenbildung erzeugten Partitionen gegen die optimale Partition konvergieren. Ein Beispiel dafür ist das Verfahren von MACQUEEN (1967), das bei Experimenten nur bescheidene Konvergenzeigenschaften zeigte. In der von SCHÄFFER (1972) modifizierten Version dieses Verfahrens ist die Berechnung des Kriteriums $|\underline{W}|/|\underline{T}|$ vorgesehen (vgl. SCHÄFFER, 1972, S. 33).

Die endgültige Partition ist jene, die durch Änderungen der Klassenzugehörigkeit von Objekten nicht mehr oder nur noch in einem zu vernachlässigendem Maße verbessert werden kann. Da die iterativen Verfahren von einer irgendwie erzeugten Startpartition in S Klassen ausgehen, haben sie den weiteren Vorteil, daß die Anzahl der zu klassifizierenden Objekte (n) größer sein kann, als bei jenen (nicht-iterativen) Verfahren, die die Berechnung von n(n-1)/2 Maßen für die Ähnlichkeit bzw. Unähnlichkeit von Objekten (Ähnlichkeitsmatrix) voraussetzen.

Hierarchisch-agglomerative Klassifikationsverfahren versuchen, nicht die Eigenschaften einer Partition, sondern eine "hierarchical route from individual elements to population" (LANCE/WILLIAMS, 1967b, S. 271) zu optimieren. Da sie auf jeder Fusionsstufe endgültig die Klassenzugehörigkeit von Objekten bestimmen und nicht die Möglichkeit bieten, die Zuordnung von Objekten zu Klassen wieder rückgängig zu machen, sind sie nicht-iterativ. Es ist aber durchaus möglich, das "global" möglicherweise suboptimale Ergebnis einer hierarchischen Klassifikation als Startpartition eines iterativen Verfahrens zu verwenden, um zu versuchen, dieses hinsichtlich eines adäquaten globalen Gütekriteriums zu verbessern.[1)] Hierarchisch-agglomerative Verfahren beruhen notwendigerweise auf einer Ähnlichkeitsmatrix für die n Objekte, sind also für größere Datensätze weniger geeignet als die iterativen Verfahren.[2)]

Die Gruppe der nicht-hierarchischen Klassifikationsverfahren wird von nicht-iterativen und iterativen Verfahren gebildet. Die nicht-

---

1) Die Kombination unterschiedlicher Verfahrenstypen bietet eine Reihe interessanter Möglichkeiten der Datenanalyse. Sehr große Datensätze können z.B. monothetisch-divisiv "vorsortiert" werden. Darauf aufbauend kann hierarchisch-agglomerativ klassifiziert und die Anzahl der zu bildenden Klassen bestimmt werden. Diese Informationen können wiederum Grundlage eines iterativen Verfahrens sein (vgl. Kap. 2432(126)).

2) Es gibt auch nicht-hierarchische Verfahren, die auf einer Ähnlichkeitsmatrix aufbauen, vgl. z.B. BONNER (1964), GOODALL (1964, 1966a, 1966d). BONNER hat auch ein iteratives "cluster adjustment program" entwickelt, von dessen Konvergenzeigenschaften er aber nicht sehr überzeugt zu sein scheint, denn er fordert auf: "Iterate this entire procedure as many times as desired, with the hope that stability will be eventually obtained" (BONNER, 1964, S. 26).

iterativen Verfahren sind von geringer praktischer Bedeutung. Sie werden offensichtlich nur selten benutzt. Nicht-iterativ ist beispielsweise das von HYVÄRINEN (1962) vorgeschlagene Verfahren, das als eines der ersten auf informationstheoretischen Maßen aufbaut.[1]

In der Praxis werden zur nicht-hierarchischen Klassifikation überwiegend iterative Verfahren eingesetzt. Die Entwicklung neuerer iterativer Verfahren ist dadurch gekennzeichnet, daß zum Teil nicht unwesentlich auf bereits existierende Verfahren zurückgegriffen wird. Bewährte Konstruktionsprinzipien und Strategien werden - teilweise mehr oder weniger modifiziert - übernommen und mit neuen Verfahrensteilen kombiniert. Hinsichtlich der globalen Gütekriterien ist der Einfluß der Arbeit von FRIEDMAN/RUBIN (1967)[2] nicht zu übersehen. Wesentliche Beiträge zur Entwicklung lieferten die Arbeiten von FORGY (1964, 1965), BALL/HALL (1965, vgl. auch 1967), BALL (1965), JANCEY (1966), RUBIN (1966, 1967), MACQUEEN (1967), KENDALL (1968), BEALE (1969a, 1969b), WOLFE (1969, 1970) und MCRAE (1970).[3] In einigen dieser Arbeiten werden gut ausgebaute iterative Verfahren vorgestellt. Das derzeit beste (nicht-hierarchische und iterative) Klassifikationsverfahren ist wohl das von MCRAE (1970), das aus dem "k-means" Verfahren von MACQUEEN (1967) und dem von FRIEDMAN/RUBIN (1967) entwikkelten Verfahren entstanden ist. Sehr brauchbare Verfahren sind die von BALL (1965) und FRIEDMAN/RUBIN (1967). BALL's Verfahren "ISODA" ist eine Weiterentwicklung von "ISODATA" (BALL/HALL, 1965). Das Verfahren von FRIEDMAN/RUBIN (1967) beruht auf dem "hill-climbing-algorithm" von FRIEDMAN (1967).[4]

Zu einem voll entwickelten iterativen Klassifikationsverfahren gehören:

(1) die Festlegung der Anzahl der zu bildenden Klassen (S)[5],

(2) die Vorgabe bzw. Konstruktion einer Startpartition bzw. von Kristallisationskernen für eine Startpartition (cluster centres),

(3) die Wahl eines Maßes für den Grad der Unähnlichkeit zwischen

---

1) Vgl. Kap. 2433.

2) Vgl. Kap. 233.

3) Vgl. BALL (1966, 1970), LANCE/WILLIAMS (1967b).

4) Dieses Verfahren scheint relativ langsam zu sein (vgl. z.B. MCRAE, 1970) siehe auch BALL/HALL (1967, S. 153).

5) S kann, muß aber nicht im Verlaufe der Klassenbildung variieren.

Objekten und/oder Klassen (Allokationskriterium)[1] und eines adäquaten globalen Gütekriteriums,

(4) eine Regel für die iterative Zuordnung von Objekten zu Klassen und schließlich

(5) eine Stopregel für die Beendigung der Iterationsprozedur.

Wesentlich ist für alle iterativen Klassifikationsverfahren, daß die Zuordnung von Objekten zu Klassen in jedem Iterationszyklus bzw. auf jeder Stufe eines Zyklus auf den Informationen aufbaut, die der jeweils vorhergehende Zyklus bzw. jeweilige Vorstufe liefert.[2] In der Regel setzt die Anwendung iterativer Klassifikationsverfahren die Definition eines Centroids und damit metrische oder zumindest metrisierte Merkmale voraus.[3] Es sei nochmals darauf hingewiesen, daß auch iterative Verfahren nicht gewährleisten, daß die gesuchte optimale Partition in S Klassen gefunden wird.

Eine Anfangspartition bzw. Kristallisationskerne können vorgegeben oder von den Klassifikationsverfahren selbst erzeugt werden. Im Verfahren von FORGY (1965): "The population is arbitrarily partitioned into k groups, and the mean of each is found" (LANCE/WILLIAMS, 1967b, S. 275). Die so konstruierte Anfangszerlegung ist abhängig von der Eingabereihenfolge der Daten. Diesen Nachteil vermeidet JANCEY (1966), indem "A small number of additional points,called class points, are introduced into known but arbitrary positions in this (multidimensional euclidean, Anm. d. Verf.) space" (JANCEY, 1966, S. 127). Die als Punkte im Raum gedachten Objekte werden dann dem nach der euklidischen Distanz nächsten "class point" zugeordnet. Nach der Zuordnung aller Objekte werden die Centroide der Klassen berechnet und als neue "class points" verwendet. Das Programm von BEALE (1969b) "...chooses co-ordinates for the centre of each cluster, and assigns each point (observation) to one and only one cluster..." (S. 92). Die Vorgehensweise ähnelt also der von JANCEY (1966). FRIEDMAN/RUBIN (1967) können "... with any given partition into g groups" (1967, S. 1164) starten, auch mit einer "random partition" (Vgl. RUBIN, 1967).

---

1) Wenn S nicht variiert wird, was die Regel ist, sind nur die Beziehungen zwischen einem einzelnen Objekt und einer bereits gebildeten Klasse bzw. einem Kristallisationspunkt von Interesse.

2) Dies ist die Grundlage für den wiederholten Versuch, eine Partition zu finden, die jeweils besser ist als die beste zuvor gefundene.

3) Vgl. aber RUBIN (1967).

Wird keine Zerlegung vorgegeben, beginnt das Verfahren mit nur einer Klasse, die der Datenstruktur entsprechend mit Hilfe von "empty sets" und bestimmter Gütekriterien (attraction, average object stability) aufgegliedert wird (RUBIN, 1967). Die Anzahl der maximal zu bildenden Klassen ist vorab festzulegen. Häufig werden auch Objekte als Kristallisationskerne für die zu bildenden Klassen ausgewählt. Dabei ist nicht auszuschließen, daß die Auswahl bestimmter Objekte (Eingabereihenfolge) das Klassifikationsergebnis erheblich beeinträchtigen kann. THORNDIKE (1953) wählt jene Objekte als Kristallisationspunkte, die jeweils am weitesten von anderen Objekten bzw. bereits gebildeten Kristallisationskernen entfernt sind. In ähnlicher Weise modifizierte SCHÄFFER (1972, S. 32) die von MACQUEEN (1967) vorgeschlagene Auswahlprozedur. BALL/HALL (1967) "Select a 'typical' set of response patterns to be used as initial 'cluster points'" (1967, S. 153).[1] Diese Vorgehensweise scheint ziemlich willkürlich zu sein. In den Verfahren von MCRAE (1970) und wohl auch von MACQUEEN (1967)[2] werden zufällig S Objekte ausgewählt, die als provisorische Klassenzentren dienen. Die Objekte werden der Eingabereihenfolge entsprechend dem jeweils nächstgelegenen Kristallisationskern (Centroid) zugewiesen. Nach der Zuordnung von jeweils einem Objekt wird das betreffende Centroid neu berechnet.

Die Initiierungsphase ist im allgemeinen nicht-iterativ. Globale Gütekriterien werden prinzipiell nicht benötigt, es sei denn, es würden mehrere Partitionen erzeugt, von denen die "beste" als Startpartition für die folgende Iterationsphase auszuwählen ist (vgl. MCRAE, 1970). Die Initiierungsphase endet, wenn alle Objekte einmal zugeordnet und alle Centroide berechnet sind. Da die Zuordnung von Objekten zu den jeweils nächstgelegenen Kristallisationspunkten/Centroiden in der Initiierungsphase endgültig ist, kann sich am Ende dieser Phase herausstellen, daß einzelne Objekte, die zu Beginn der Prozedur zugewiesen wurden, vom Centroid der eigenen Klasse weiter ent-

---

1) Vgl. dagegen BALL (1970) und die Modifikation in BALL (1965).

2) MACQUEEN (1967) unterstellt offensichtlich, daß die Eingabereihenfolge "zufällig"ist, denn nur so ist zu erklären, daß "...the first k points in the sample as initial means" (S. 289) gewählt werden. Vgl. auch MACQUEEN, 1967, S. 283 und SCHÄFFER, 1972.

fernt sind als vom Centroid einer anderen Klasse, also falsch zugeordnet wurden. Daher werden in der Regel nur die (provisorischen) Centroide der Klassen in die (meist aus mehreren Zyklen bestehende) Iterationsphase übernommen.

In der Iterationsphase werden nun die Objekte in der Eingabereihenfolge dem jeweils nächsten Centroid neu zugewiesen. Das Allokationskriterium kann dasselbe sein, das auch in der Initiierungsphase verwendet wurde (z.B. die euklidische Distanz), es kann aber auch - einem bestimmten globalen Gütekriterium entsprechend - eine andere Distanz gewählt werden (z.B. die MAHALANOBIS-Distanz). Bei der erneuten Zuordnung der Objekte wird sich die Klassenzugehörigkeit der Objekte gegenüber der Anfangspartition, aus der die Centroide stammen, zumindest teilweise ändern. Nach jeder einzelnen Zuweisung (vgl. MACQUEEN, 1967; BEALE, 1969b; MCRAE, 1970) oder wenn alle Objekte zugewiesen sind (vgl. FORGY, 1965; JANCEY, 1966; BALL/HALL, 1967) wird das betreffende Centroid bzw. werden alle Centroide neu berechnet. Ein Iterationszyklus (bzw. die Iterationsphase, vgl. MACQUEEN, 1967) ist beendet, wenn alle Objekte neu zugewiesen und die Centroide der dadurch neu entstehenden Klassen berechnet sind. Diese Centroide werden, wenn es für möglich gehalten wird, daß die im vorangegangenen Zyklus erzeugte Partition noch verbessert werden kann, in den nächsten Iterationszyklus übernommen, die Objekte werden neu zugewiesen, neue Centroide werden berechnet usf. Einer solchen Iterationsprozedur liegt die Vorstellung zugrunde, daß sich in jedem Iterationszyklus die Centroide in Richtung auf die "dichten Regionen" des m-dimensionalen Merkmalsraumes bewegen. Mit jedem Zyklus (bzw. nach jeder weiteren Zuordnung von Objekten) wird die Veränderung der Centroide geringer, "until equilibrium is finally reached" (JANCEY, 1966, S. 128).[1)]Wenn dieses Gleichgewicht (lokales Optimum) erreicht ist, endet die Iterationsphase. Die erzeugte Partition gilt als Approximation der optimalen Partition. MACQUEEN (1967, S. 282 ff.) versucht nachzuweisen, daß der Prozeß der "k-Mittelwerte" (k-means) befriedigende asymptotische Eigenschaften besitzt. Bei der praktischen Arbeit mit diesem Verfahren zeigte sich jedoch eine nur schwache Konvergenz, zumindest im Rahmen des noch mit vertretbaren Aufwand Erreichbaren. Es

1) "...the process is repeated; in practice it is found to converge rather quickly"(LANCE/WILLIAMS, 1967b, S. 275).

liegt nahe, den Versuch, in jedem Iterationszyklus eine Partition zu finden, die besser ist als die beste in den vorangegangenen Zyklen gefundene, durch ein globales Gütekriterium (vgl. FRIEDMAN/RUBIN, 1967) zu kontrollieren und zu steuern. In neueren Verfahren, wie z.B. von MCRAE (1970), wird daher am Ende eines jeden Iterationszyklus das gewählte globale Gütekriterium berechnet. Ist der Wert des Gütekriteriums besser als der Wert am Ende des vorangegangenen Zyklus, beginnt ein neuer Iterationszyklus, ist er gleich oder schlechter, wird die Iterationsphase beendet, ein (wahrscheinlich) lokales Optimum ist erreicht.

Die jeweilige Startpartition kann das Klassifikationsergebnis erheblich beeinträchtigen, weil "...class points might come to lie in positions such that within-group variance would have to increase before falling to a finally lower value" (JANCEY, 1966, S. 130). Entsprechendes gilt für das gewählte globale Gütekriterium. JANCEY (1966) schlägt daher vor zuzulassen, daß sich die "class points" (Centroide) von den "centres of gravity" zumindest kurzfristig entfernen, "thus giving them an opportunity of escaping from suboptimal positions" (LANCE/ WILLIAMS, 1967b, S. 275). Dagegen ist einzuwenden, daß es kaum möglich ist, den (die) einzuschlagenden Umweg(e) von "Centroiden" effizient zu steuern. Eine "trial and error" Prozedur kann wegen der Vielzahl von Variationsmöglichkeiten außerordentlich zeitaufwendig sein. Im Verfahren von FRIEDMAN/RUBIN (1967) ist es möglich, daß "... the criterion initially decreases, it may at some point during the process achieve a value higher than previously found" (S. 1164). Die Prozedur ist schnell, "but only occasionally helpful. Restarting from random partitions is of course slow, but provides more confidence in the result" (S. 1165).

Im Verfahren von MCRAE (1970) wird versucht, den Einfluß der Startpartition bzw. der Eingabereihenfolge auf die Klassenbildung dadurch zu minimieren, daß in der Initiierungsphase mehrere Partitionen erzeugt werden. Die bezüglich eines bestimmten globalen Gütekriteriums beste Partition liefert die provisorischen Centroide für die nachfolgende Iterationsphase. Dieses Vorgehen hat den Vorteil, daß die in der Initiierungsphase konstruierten Partitionen voneinander unabhängig sind. Wegen der guten Startpartition ist zu erwarten, daß das Gleichgewicht schneller erreicht wird. Im Prinzip kann die Iterationsphase auch versuchsweise mit einer weniger guten Zerlegung gestartet werden. Unter Umständen ist es auf diese Weise möglich zu erreichen, daß die Centroide nicht in den Anziehungsbereich "suboptimaler Zentren" geraten. Die "beste" Startpartition führt nicht zwangsläufig zu einer besseren Approximation der optimalen Partition als eine weniger gute Startpartition.

In einigen iterativen Verfahren wird S, die Anzahl der zu bildenden Klassen variiert. BEALE (1969b) empfiehlt: "to start with at least 3 more clusters than one is really interested in" (S. 93). Wenn für S+3 Klassen ein lokales Optimum erreicht ist, werden jene beiden Klassen, aus deren Fusion der geringste Zuwachs zur Summe der Fehlerquadrate (ΔE) resultiert, vereinigt und die Iterationsphase mit S+2 Klassen erneut gestartet. Die Prozedur endet mit S Klassen. Nach BEALE (1969b, S. 93) "... this amalgamation process gives a better than random starting solution. ... The solutions for all relevant numbers of clusters should then be good ones". Warum diese Vorgehensweise zu besseren Klassifikationsergebnissen führen soll, ist allerdings nicht einleuchtend.

Das Verfahren von MACQUEEN (1967) ist wesentlich flexibler. Mit Hilfe zweier Parameter C (für "coarsening") und R (für "refinement") wird die Fusion bzw. Teilung von Klassen gesteuert. Zu Beginn des Prozesses und nach der Zuordnung eines jeden Objekts wird der kleinste euklidische Abstand zwischen allen Paaren von Kristallisationskernen/Centroiden berechnet. Wenn dieser Abstand kleiner ist als die vorgegebene Distanz C, werden die betreffenden Kristallisationspunkte/Centroide zu einem Centroid zusammengefaßt. S vermindert sich um 1. Dann wird wieder die kleinste Distanz bestimmt usw. "until all the means are separated by an amount of C or more" (MACQUEEN, 1967, S. 289). Gleichzeitig wird bei der Zuordnung von Objekten zum nächstgelegenen Kristallisationskern/Centroid geprüft, ob der Abstand größer ist als R. Ist dies der Fall, wird das betreffende Objekt zu einem neuen Kristallisationspunkt und S erhöht sich um 1. Die Zahl der endgültig gebildeten Klassen ist abhängig von den vorgegebenen Werten für S, C und R. Gegen eine solche Vorgehensweise ist einzuwenden: "Die Vorgabe der Parameter C und R ist mangels theoretischer Anhaltspunkte schwierig und kann zu sachlich unbefriedigenden Klassenzahlen führen." (SCHÄFFER, 1972, S. 31). Das Gleiche gilt für die ähnlich operierenden Verfahren ISODATA (BALL/HALL, 1967) und ISODA (BALL,

1965). In ISODATA werden Klassen geteilt, "if the group's associated 'within-group variability' exceeds a threshold" (BALL/HALL, 1967, S. 153); Klassen werden vereinigt, wenn die Distanz der Centroide zweier Klassen kleiner ist als eine vorgegebene Distanz. Teilung und Fusion von Klassen werden also durch unterschiedliche Kriterien geregelt. ISODATA und ISODA enthalten noch weitere (vorzugebende) Parameter, die die Klassenbildung steuern (vgl. BALL, 1965, S. 548 und S. 555). Ohne Informationen über die Datenstruktur ist es kaum möglich, die Parameter zweckmäßig festzulegen. Das ist ein entscheidender Nachteil dieser Verfahren.

Ein interessanter Verbesserungsvorschlag kommt von RUBIN (1967): die Einrichtung einer "Restklasse" ("residue group"). Eine Analyse von Klassifikationsergebnissen zeigt nicht selten, daß es Objekte gibt, die nur schwer einer Klasse zuzuordnen sind, sei es, daß sie im Anziehungsbereich zweier oder mehrerer Klassen liegen, sei es, daß sie als "Ausreißer" erkannt werden. Besonders die letzteren können die Homogenität der gebildeten Klassen empfindlich stören, weil durch sie die Centroide dieser Klassen von den Dichtezentren entfernt werden. RUBIN (1967, S. 130 f.) schlägt vor, solche Objekte einer Restklasse zuzuweisen und die Objekte, die dieser Klasse angehören, im weiteren Prozeß der Klassenbildung zu ignorieren. "...the remaining partition would be stronger (i.e. would have a greater value)" (S. 130). Die Bildung von homogenen Klassen und einer sicherlich recht heterogenen Restklasse ist nicht sehr befriedigend. Andererseits ist aber die Erzeugung von Klassen, deren Homogenität durch einzelne Objekte nicht unwesentlich gemindert wird, auch keine sehr glückliche Lösung. Wenn die Zuweisung von Objekten zu einer Restklasse (bzw. zu Restklassen, die nur von einem Objekt gebildet werden) als Ausleseprozeß betrachtet wird, durch den ein (nicht zu großer) Teil der Objekte von der "eigentlichen" Klassifikation ausgeschlossen wird, scheint - zumindest in bestimmten Fällen - die Schaffung einer Restklasse gewisse Vorteile zu bieten. Nachteilig ist zweifellos, daß diese Restklasse einer sinnvollen Interpretation nicht zugänglich ist. Die Erzeugung der Restklasse selbst ist besonders problematisch. RUBIN (1967, S. 130) stößt dabei auf nur geringe Schwierigkeiten, weil das von ihm verwendete Gütekriterium, die "average object stability" in eine "total object stability" umgeformt werden kann. Für einzelne Objekte kann diese "total object stability" einen negativen Wert annehmen. Dies ist ein Zeichen dafür, daß das betreffende Objekt von keiner Klasse "angezogen" wird. Es ist daher der Restklasse zuzuordnen. "For other measures, it is currently unclear how to incorporate a residue group while avoiding the danger of having most objects move into the residue group, with only a few highly structured objects remaining (S. 131). WISHART (1970a) versucht dieses Problem dadurch zu lösen, daß er eine leere Klasse vorgibt und "To create a residue, we introduce a threshold parameter THRESH, and at relocation any object X whose highest similarity S(Q,X) is less than THRESH is placed in the residue" (S. 47). Die Objekte dieser Restklasse werden jedoch - im Gegensatz zu dem Vorschlag von RUBIN (1967) - nicht ignoriert, sondern können, wenn sich in folgenden Iterationszyklen die Eigenschaften der Klassen so ändern, daß S(Q,X) größer als THRESH wird, erneut einer Klasse zugewiesen werden. Mangels Informationen über die Ähnlichkeitsstruktur ist es schwierig, für THRESH einen bestimmten Wert festzulegen. Im Einzelfalle wird es sich wohl kaum vermeiden lassen, mit verschiedenen Werten zu experimentieren.

Die Iterationsphase endet, wenn das Gleichgewicht erreicht ist. Aus dem asymptotischen Verhalten der k-Mittelwerte folgert MACQUEEN (1967), daß es ausreicht, wenn die Objekte den Kristallisationskernen (Centroiden) insgesamt nur zweimal zugewiesen werden. Danach bricht das Verfahren ab. Da es keineswegs sicher ist, daß die Partitionen, die dieses und andere Verfahren (vgl. z.B. FORGY, 1965; JANCEY, 1966) erzeugen, gegen eine stabile Partition (lokales Optimum) konvergieren, ist es zweckmäßig, die Konvergenz laufend zu kontrollieren. Dies geschieht am besten in der Weise, daß überprüft wird, ob sich die Centroide der gebildeten Klassen von Zyklus zu Zyklus ändern. Ist dies nicht der Fall, so ist keine Verbesserung mehr möglich und die Iterationsphase kann beendet werden. Ändern sich die Centroide, dann gibt es folgende Möglichkeiten: der Prozeß oszilliert oder er liefert bessere Partitionen. Im letzteren Falle wird ein neuer Iterationszyklus gestartet. Ein oszillierender Prozeß ist unter Umständen nur schwer zu erkennen. Ein Indiz dafür ist ein sich verschlechterndes globales Gütekriterium. Verfahren, die mit einem globalen Gütekriterium operieren, brechen daher die Iterationsphase ab, wenn das Gütekriterium schlechter wird (vgl. z.B. MCRAE, 1970). Verfahren ohne Gütekriterium beenden die Iterationsphase, wenn eine vorgegebene maximale Anzahl von Zyklen erreicht ist (vgl. z.B. WISHART, 1970a).

Üblicherweise liefert die Iterationsphase die endgültigen Klassen. Da die Anzahl der gebildeten Klassen festliegt, enthalten die meisten Klassifikationsprogramme Programmteile für die Berechnung von Kenngrößen zur Interpretation und Beurteilung der Klassifikationsergebnisse (Klassendiagnose).

Das sehr komfortable Programm MIKCA von MCRAE (1970) enthält noch einen zusätzlichen "final sharpening process", der sich an die Iterationsphase anschließt. Dieser Prozeß unterscheidet sich von der vorausgehenden "k-means" Prozedur dadurch, daß die erneute Zuordnung von Objekten zu gebildeten Klassen nicht auf der Grundlage eines Abstandsmaßes erfolgt, sondern direkt auf dem globalen Gütekriterium beruht. Ein Objekt wird nur dann einer anderen Klassen zugeordnet, wenn sich dadurch der Wert des Gütekriteriums verbessert. Ein weiterer Unterschied besteht darin, daß die Objekte nicht in der Eingabereihenfolge, sondern klassenweise betrachtet werden. Zuerst wird geprüft, ob es vorteilhaft ist, Objekte der Klasse "eins" einer der anderen Klassen zuzuweisen. Danach werden die Objekte der Klasse "zwei" überprüft usf. Am Ende dieses Prozesses werden die Centroide neu bestimmt und die Ergebnisse nebst Klassendiagnose ausgegeben. Die Prozedur kann sehr zeitaufwendig sein. Die erreichbaren Verbesserungen sind in der Regel sehr gering.

Die hier erörterten iterativen nicht-hierarchischen Klassifikationsverfahren versuchen, die optimale Partition durch die Änderung der Klassenzugehörigkeit einzelner Objekte zu erreichen. Die Ergebnisse sind "single move local" Optima. Es kann bessere Partitionen geben, doch "we cannot get them via the path of single moves each of which is required to improve our partition" (RUBIN, 1967, S. 123; vgl. auch BEALE, 1971). Man könnte die Prozedur fortsetzen "and examine the effects of moving two objects at a time, then three etc. However if our data set numbers in the hundreds of objects, the time necessary to implement such a procedure makes this impossible in practice" (RUBIN, 1967, S. 123). Ein interessanter Hinweis stammt von BEALE (1971):

"We also have a facility for "block move", moving several points simultaneously from one cluster to another. This approximately doubles the computer time (which is not significant for small problems) and gives results that are generally a little better than relying only on single-point moves. But sometimes the block move solution is a little worse than the corresponding single-point-move-solution, as a result of an unfortunate starting point" (S. 359). Der zusätzliche Aufwand scheint sich also nicht zu lohnen.

Die iterativen Klassifikationsverfahren sind den nicht-iterativen hierarchischen Verfahren insofern überlegen, als sie bei der Zuordnung von Objekten zu Klassen auf Vor-Informationen aufbauen können. Die Zuordnung muß nicht endgültig sein. Wenn sich im Verlaufe der Klassenbildung die Eigenschaften der Klassen ändern, sind die Informationen über diese Änderungen Grundlage für die Neuzuweisung der Objekte. Die hierarchischen Verfahren haben demgegenüber neben anderem den Vorteil, daß den Ergebnissen zu entnehmen ist, ob überhaupt Klassen existieren (mit gewissen Einschränkungen). Es ist ferner ersichtlich, wieviele Klassen zweckmäßigerweise zu bilden sind und welche Objekte welcher Klasse angehören. Iterative Verfahren sind in einem gewissen Umfang abhängig von der Eingabereihenfolge der Daten; hierarchische Verfahren können bereits auf den unteren Stufen der Hierarchie einen falschen Weg einschlagen.

Es scheint vorteilhaft zu sein, die Vorzüge beider Verfahren zu kombinieren, indem die Ergebnisse einer hierarchischen Klassenbildung als Startpartition eines iterativen Verfahrens (bzw. eines "final sharpening process", vgl. MCRAE, 1970) verwendet werden.[1] Während NAGY (1969)[2] berichtet, daß der Start mit einem (suboptimalen) Ergebnis einer hierarchischen Klassifikation zu einer beschleunigten Konvergenz führt, kommt WISHART (1971) zu dem merkwürdigen Ergebnis, "that the procedure converged more rapidly, and to the optimal solution, from an extremely bad initial value than from a nearly optimal one" (CORMACK, 1971, S. 334).

---

1) Vgl. LANCE/WILLIAMS (1967b), WISHART (1970a), BEALE (1971). Vgl. auch Kap. 2432 (126).

2) Zitiert nach CORMACK (1971).

LANCE/WILLIAMS (1967b) schlagen vor, hierarchische und iterative Verfahren in der folgenden Weise zu verbinden. Aus einem großen Datensatz wird eine Zufallsstichprobe von angemessener Größe gezogen und hierarchisch klassifiziert. Die Centroide der gebildeten Klassen dienen als Kristallisationskerne "for the allocation of further elements" in einem iterativen Verfahren. Es ist möglich, daß diese Vorgehensweise nicht zum gewünschten Ergebnis - einer verbesserten Startpartion - führt. Auch wenn die Stichprobe groß ist, ist es nicht gewährleistet, daß aus jeder der im Datensatz vorhandenen Klassen Elemente in die Stichprobe gelangen. Einige möglicherweise bedeutende Klassen werden durch Elemente der Stichprobe nicht repräsentiert, so daß die Gefahr besteht, daß für das iterative Verfahren eine falsche Klassenanzahl vorgegeben wird. Bei kleiner Anzahl von Klassen ist diese Gefahr jedoch gering. Es können auch weniger bedeutende Klassen in der Stichprobe überrepräsentiert sein, so daß einige Nuklei in einer für die erneute Zuweisung von Objekten ungünstigen Stelle des Merkmalsraumes positioniert werden. Andererseits sind die Nachteile der Alternative, zufällig S Objekte als Kristallisationskerne auszuwählen, sicherlich nicht geringer. Für die Bestimmung von S gibt es in aller Regel keinerlei Anhaltspunkte aus dem Datenmaterial. Außerdem ist bei einer Auswahl von nur S Objekten die Wahrscheinlichkeit, daß diese Stichprobe einige Klassen nicht oder nur ungenügend oder zu stark repräsentiert, wesentlich größer als beim oben beschriebenen Vorgehen. Trotz der Nachteile, die auch mit einer hierarchischen "Vor"-Klassifikation verbunden sind, scheint dieser Weg eine Möglichkeit zu bieten, einige Mängel der iterativen Verfahren zu beheben.

Die iterativen Verfahren (insbesondere das Verfahren von MCRAE, 1970) sind im allgemeinen sehr leistungsfähige Verfahren für die Bildung von Klassen, die sich durch unterschiedliche Centroide aber gleiche Kovarianzmatrizen auszeichnen.[1)] Sie sind in erster Linie für metrische Merkmale gedacht. Wird die euklidische Distanz als Unähnlichkeitsmaß (Allokationskriterium) und Spur($\underline{W}$) als globales Gütekriterium verwendet, lassen sich auch metrisierte binäre Merkmale verar-

1) Damit zusammenhängende Probleme wurden bereits erörtert; vgl. z.B. Kap. 2311, 2321, 233 und die dort angegebene Literatur. Siehe auch SCLOVE (1971) und CHERNOFF (1972).

beiten.[1] Außer der Empfindlichkeit gegenüber nicht annähernd m-dimensional normalverteilten Merkmalen, die auf die Verwendung bestimmter Unähnlichkeitsmaße und Gütekriterien zurückzuführen ist, gibt es noch weitere Schwachstellen, die die Arbeit mit diesen Verfahren erschweren und die Klassifikationsergebnisse nicht unwesentlich beeinträchtigen können.

An erster Stelle ist hier die Bestimmung der Anzahl der zu bildenden Klassen (S) zu nennen. Zuweilen gibt es sachliche Gründe, die es rechtfertigen, eine bestimmte Klassenanzahl vorzugeben.[2] In aller Regel soll jedoch die Anzahl der Klassen aus dem Datenmaterial selbst abgeleitet und nicht diesem aufoktroyiert werden. Die Variation der Klassenanzahl im Verlaufe der Klassenbildung kann ein Ansatzpunkt zur Lösung dieses Problems sein, doch haben entsprechende Vorschläge (vgl. S. 223 f.) den Nachteil, daß Parameter vorgegeben werden müssen, die ebenso Kenntnisse der Datenstruktur voraussetzen, wie sie die Vorgabe von S verlangt. Das Problem wird also nur verlagert.

Verfahren, die versuchen, ein globales Gütekriterium zu optimieren, bieten grundsätzlich die Möglichkeit zur Konstruktion von Indikatoren für die "beste" Anzahl von Klassen, allerdings "post festum". Vorzugehen ist wie folgt. Man berechnet für alle Partitionen (p) in $K = 1,2,\ldots,n$ Klassen das gewählte globale Gütekriterium $g(p,K)$, z.B. $|\underline{T}|/|\underline{W}|$. Es sei $g(p,K-1) \leq g(p,K)$. Werden nun die Werte von $g(p,K)$ in Abhängigkeit von K graphisch dargestellt, so wird (kann) ersichtlich sein, daß der Übergang von K-1 zu K Klassen für ein bestimmtes K zu einer relativ großen Differenz $g(p,K) - g(p,K-1)$ führt. Diese Beobachtung läßt den Schluß zu, daß die Bildung von K Klassen der Datenstruktur besonders angemessen sein kann.[3] Abgesehen davon, daß die Werte für $g(p,K)$ in einem gewissen Umfang von der Eingabereihenfolge der Daten abhängig sind und die Partitionen in $K=1,2,\ldots,n$ Klassen voneinander unabhängig sind, ist diese Vorgehensweise auch für relativ kleine Datensätze unpraktikabel, weil der erforderliche Zeitaufwand zur Erzeugung von n Partitionen zu hoch ist. Wird die Untersuchung

---

1) WISHART (1970a) bietet wohl als einziger in seinem Programmpaket CLUSTAN IA eine Iterationsprozedur für binäre Merkmale an, die auf dem Entropiemaß (information statistic) beruht.

2) Experimente mit den "IRIS-Daten" von FISHER (1936) sind sicherlich nicht zuletzt aus diesem Grunde so beliebt.

3) Entsprechendes gilt für die Verwendung von Funktionen des jeweiligen globalen Gütekriteriums, vgl. FRIEDMAN/RUBIN (1967), MARRIOTT (1971), CALINSKI (1969).

auf maximal $n^* \ll n$ Partitionen begrenzt (vgl. z.B. MARRIOTT, 1971), muß n^* so hoch angesetzt werden, daß gewährleistet ist, daß die optimale Klassenanzahl kleiner oder höchstens gleich n^* ist. Bei z.B. 500 zu klassifizierenden Objekten ist die Festsetzung eines Wertes für n^* auch nicht unproblematisch. Wird n^* sicherheitshalber recht hoch angesetzt, so bildet wiederum die erforderliche Rechenzeit eine kaum zu überwindende Grenze. Das Problem der Bestimmung der besten Klassenanzahl ist also noch nicht oder zumindest noch nicht befriedigend gelöst. Das ist einer der ausschlaggebenden Gründe für die Bevorzugung hierarchischer Verfahren, die zur Festlegung von S wesentliche Entscheidungshilfen liefern.

hierarch. CA vorschalten zum Auffinden der „besten" Gruppenzahl

Eine weitere Schwachstelle der iterativen Verfahren ist ihre meist mehr oder weniger große Abhängigkeit von der Eingabereihenfolge der Daten.[1] Davon sind vor allem jene Verfahren betroffen, die nach jeder Zuweisung eines Objekts zu einem Kristallisationskern/Centroid das Centroid neu berechnen (vgl. MACQUEEN, 1967 und MCRAE, 1970). Durch eine ungünstige Reihenfolge, in der die ersten Objekte zugewiesen werden, können die Centroide in eine ungünstige Position gelenkt werden, die durch die Zuordnung weiterer Objekte nur unwesentlich verbessert werden kann. Ein Klassifikationsergebnis, das nur geringfügig von der optimalen Partition abweicht, ist nicht mehr erzielbar.[2]

Der erforderliche Rechenaufwand für die Klassifikation mit iterativen Verfahren ist von verschiedenen Faktoren abhängig: von der Anzahl der zu klassifizierenden Objekte, von der Anzahl der zu bildenden Klassen, von der Anzahl der erforderlichen Iterationszyklen, von der Anzahl der Klassifikationsmerkmale, von der Anzahl der erzeugten Startpartitionen, vom jeweils verwendeten Güte- und Allokationskriterium[3], von der Gestaltung des Rechenprogramms und anderen. Für das Programm MIKCA von MCRAE (1970) sind z.B. der "final sharpening process", die Anzahl der Iterationszyklen und die Anzahl der Klassifikationsmerkmale entscheidende zeitbestimmende Faktoren.

---

1) Vgl. BALL (1965), S. 548.

2) Hierarchische Verfahren sind, wenn metrische Merkmale verarbeitet werden, nicht von der Eingabereihenfolge der Daten abhängig.

3) Die Verwendung der Spur ($\underline{W}$) und des euklidischen Abstands ist am wenigsten zeitaufwendig; vgl. MCRAE (1970).

Der Zeitbedarf für den "final sharpening process", der sich an die ("k-means") Iterationsphase anschließt (vgl. S. 226), ist abhängig von der Anzahl der Objekte, deren mögliche Zugehörigkeit zu anderen Klassen überprüft wird. Dieser Zeitbedarf kann durch einen "timing parameter", welcher die Anzahl der zu überprüfenden Objekte festlegt, gesteuert werden. Die Anzahl dieser Objekte kann zwischen 0 und n variieren.

Prinzipiell nicht zu variieren und von größerem Einfluß ist dagegen der durch die Anzahl der Iterationszyklen und der Klassifikationsmerkmale bedingte Zeitaufwand. Das gilt auch für andere iterative Verfahren. Wie Experimente gezeigt haben, kann die Iterationsphase außerordentlich zeitaufwendig sein. Da die erforderliche Rechenzeit überproportional mit der Anzahl der Merkmale ansteigt, ist es oft notwendig, diese Anzahl zu begrenzen. Hierarchische Verfahren sind demgegenüber im Hinblick auf den Zeitbedarf in wesentlich geringerem Maße von der Anzahl der Klassifikationsmerkmale abhängig.[1] Ihr Engpaß bildet die erforderliche Kernspeicherkapazität. Ist die Anzahl der Klassifikationsmerkmale relativ groß (etwa größer als 20), so kann mit vertretbarem Aufwand nur noch hierarchisch klassifiziert werden, denn es ist auch zu berücksichtigen, daß ein hierarchisches Verfahren Partitionen in K = 1, 2,...,n Klassen liefert, während ein nicht-hierarchisches iteratives Verfahren nur eine Zerlegung in eine vorgegebene Anzahl von Klassen erzeugt. Allerdings darf für hierarchische Verfahren n nicht zu groß sein.

Es wurde bereits erwähnt, daß Klassifikationsverfahren, die die Klassenbildung mit bestimmten Maßen steuern, dazu tendieren, Klassen gleicher Größe zu bilden (vgl. Kap. 2321, 2322, 233). Das gilt auch für die hier erörterten iterativen Verfahren, denn "the technique of multidimensional group analysis depends upon the finding of centres of gravity, the influence exerted by any group will depend both on the number of individuals comprising the group and on the group density"(JANCEY 1966,S.129).

---

1) Zur hierarchischen Klassifikation von 50 Objekten mit 20 (binären) Merkmalen und dem Entropiezuwachs als Unähnlichkeitsmaß werden etwa 36 sec. CPU-Zeit (Siemens 4004/55) benötigt. Wegen der unterschiedlichen Leistung (Gütekriterium, Klassendiagnose, Anzahl der Klassen, Iterationszyklen etc.) ist ein Zeitvergleich mit iterativen Verfahren nur schwer möglich. Zum Vergleich einige Zeitangaben für das Programm MIKCA: für n = 91, m = 15 und S = 2 wurden 70 sec. CPU-Zeit, für n = 91, m = 17 und S = 5 wurden etwa 600 sec. CPU-Zeit und für n = 50, m = 15 und S = 5 wurden etwa 300 sec. CPU-Zeit benötigt (Gütekriterium: $|\underline{W}|$).

Eine Untersuchung von JANCEY ergab, daß "taxa represented by less than 10 individuals tended not to be represented by their own class point, but to be associated as a unit with one of the numerically superior groups (those with 40 or 50 members). Given approximate numerical parity, however, extremely sensitive discrimination of groups was achieved..."(1966, S. 129 f.).[1] Zum gleichen Ergebnis kommt auch MACQUEEN (1967): "Another general feature of the k-means procedure ... is a tendency for the means and the associated partition to avoid having the extreme of only one or two points in a set. In fact, there is an appreciable tendency for the frequency to be evently split over groups" (S. 290). Ausreißer und/oder relativ kleine Klassen lassen sich also mit Verfahren dieser Art nicht finden. Dies wurde auch durch eine Reihe von Experimenten, die FORST (1973) mit der von SCHÄFFER (1972)[2] modifizierten Version des Programms MIKCA von MCRAE (1970) durchführte, bestätigt. Wie diese Experimente zeigen, besitzt ein "zweidimensionaler" Ausreißer eine so starke Anziehungskraft, daß das Centroid der zugehörigen Klasse ausserhalb von Punkthaufen des zweidimensionalen Merkmalsraumes lokalisiert wird. Da Objekte, die keine Ausreißer sind, mit dem Ausreißer zu einer Klasse zusammengefaßt werden, wird neben homogenen Klassen eine relativ heterogene Klasse gebildet. Wegen der mangelhaften Übereinstimmung von Modellstruktur und tatsächlicher Ähnlichkeitsstruktur war dieses Ergebnis zu erwarten. Eine Verallgemeinerung dieser Ergebnisse ist jedoch nur bedingt zulässig, weil mit zunehmender Anzahl von Klassifikationsmerkmalen der Einfluß der ungleichen Klassenbesetzung abnimmt. Da sich bestimmte hierarchische Verfahren (wie z.B. "single linkage" und "centroid sorting") hervorragend eignen, Aus-

---

1) JANCEY (1966, S. 130) fährt fort: "Discrimination at this level is of no great utility from the taxonomic point of view, but serves to indicate the potential of the technique once the problem of numerical parity has been solved. It is hoped that by changing the parameter governing the iterative shift of class from group centre of gravity to some quantity less dependent on numbers of individuals, an improvement in the detection of poorly represented taxa may be achieved. Such a parameter could be the point of maximum density among the individuals assigned to a particular class point."

2) Vgl. die Bedienungsanleitung zu MIKCA (Iterative K-means Cluster Analysis Program), unveröff. Manuskript, Köln 1972.

reißer und Splittergruppen zu finden, ist es auch aus diesem Grunde zweckmäßig, solche hierarchische Verfahren mit iterativen Verfahren zu kombinieren.[1)] Auf diese Weise können z.B. Ausreißer erkannt und von der iterativen Klassenbildung ausgeschlossen werden (Restklassen).

Die vorangegangenen Überlegungen zeigen, daß die Leistungsfähigkeit der iterativen nicht-hierarchischen Klassifikationsverfahren durch einige Mängel nicht unwesentlich beeinträchtigt wird. Die Steuerung der Klassenbildung mittels globaler Gütekriterien ist für bestimmte Datenstrukturen von Vorteil, doch läßt sich dieser Vorteil nur durch die genannten Nachteile erkaufen. Hinzu kommt, daß die höher entwikkelten globalen Güte- und Allokationskriterien, auf welchen die Anpassungsfähigkeit dieser Verfahren an spezielle Datenstrukturen (wenn diese bekannt sind) beruht, nur für metrische Merkmale sinnvoll definiert sind. Für binäre Merkmale werden die Vorteile der iterativen Verfahren durch ihre Nachteile mehr als aufgewogen. Es scheint zweckmäßig zu sein, iterative und hierarchische Klassifikationsverfahren zu kombinieren. Wie noch zu zeigen ist, liefern hierarchische Verfahren wertvolle Informationen über die Datenstruktur, auf welchen ein iterativer Optimierungsprozeß aufbauen kann. Es ist bedauerlich, daß Leistungsvergleiche iterativer Verfahren mit konstruierten Datensätzen mangels verfügbarer Rechenprogramme nur in sehr begrenztem Umfang möglich sind. WISHART (1970a) bietet in seinem Programmpaket CLUSTAN IA zwar verschiedene Verfahren an, doch nur solche, die ohne globale Gütekriterien operieren.

---

1) Andere hierarchische Verfahren, wie z.B. das von WARD, sind weniger geeignet, Ausreißer zu separieren.

243 Hierarchische und nicht-hierarchische Verfahren

2431 Einführendes

Hierarchische Klassifikationsverfahren sind begrifflich durch ihr Endprodukt, eine Hierarchie von Klassen, gekennzeichnet. Die im vorangegangenen Kapitel erörterten iterativen Verfahren sind demgegenüber durch die Art des Prozesses der Klassenbildung charakterisiert. Da sie keine Hierarchie von Klassen erzeugen, sondern Partitionen in eine vorgegebene Anzahl von Klassen, gehören sie zur Gruppe der nicht-hierarchischen Verfahren. Während die neueren iterativen Klassifikationsverfahren versuchen, ein globales Maß für die Güte von Klassifikationsergebnissen zu optimieren, optimieren hierarchische Verfahren stufenweise "... the route by which groups are obtained" (LANCE/WILLIAMS, 1967a, S. 373). Im Hinblick auf die Optimierung werden die Klassifikationsverfahren daher auch in "globale" und "sequentielle" bzw. "partielle" Verfahren unterteilt.

Hierarchische Klassifikationsverfahren erzeugen eine Hierarchie von Klassen, d.h., eine Aufeinanderfolge von Partitionen des Datensatzes, welche in der Weise voneinander abhängig sind, daß die Klassen der Partition der r-ten Stufe aus den Klassen der Partition auf der Stufe (r-1) gebildet werden. Die Zahl der Klassen kann zwischen n (jedes Objekt bildet eine Klasse) und 1 (alle Objekte bilden eine Klasse) variieren. Es ist üblich, das Klassifikationsergebnis, die Hierarchie, graphisch in Form eines Dendrogramms (Stammbaumschema) darzustellen. Durch ein solches Dendrogramm wird auch der Prozeß der Klassenbildung veranschaulicht.

Eine Hierarchie von Klassen kann agglomerativ und divisiv erzeugt werden. Agglomerative Verfahren bilden Klassen durch sukzessive Fusionen von Objekten und/oder Klassen. Die Klassenbildung beginnt mit n Klassen, die von jeweils einem Objekt gebildet werden. Divisive Verfahren bilden Klassen durch sukzessive Teilungen des gesamten Datensatzes. Die Klassenbildung beginnt mit einer Klasse, der alle n Objekte angehören. Agglomerative Verfahren beginnen notwendigerweise mit der Berechnung einer Ähnlichkeits- oder Unähnlichkeitsmatrix.

Divisive Verfahren benötigen zur Klassenbildung keine Ähnlichkeitsmatrix, sie operieren direkt mit der Datenmatrix. Divisive Verfahren sind von vergleichsweise geringer praktischer Bedeutung. Während agglomerative Verfahren Partitionen mit polythetischen Klassen (vgl. Kap. 241) erzeugen, bildet die Mehrzahl der gebräuchlicnen divisiven Verfahren monothetische Klassen. Über die Effizienz divisiver Verfahren, die polythetische Klassen erzeugen, ist nur sehr wenig bekannt. Im folgenden wird in erster Linie die Leistungsfähigkeit agglomerativer Verfahren erörtert. Divisive Verfahren werden nur kurz erwähnt (vgl. Kap. 2432(2)). Es sei darauf hingewiesen, daß agglomerative und divisive Verfahren nur in sehr seltenen Sonderfällen übereinstimmende Klassen erzeugen. In aller Regel zeigen die Ergebnisse erhebliche Unterschiede.

Das Dendrogramm einer hierarchisch-agglomerativen Klassifikation von n=43 Objekten hat beispielsweise folgendes Aussehen:

Dendrogramm[1)]

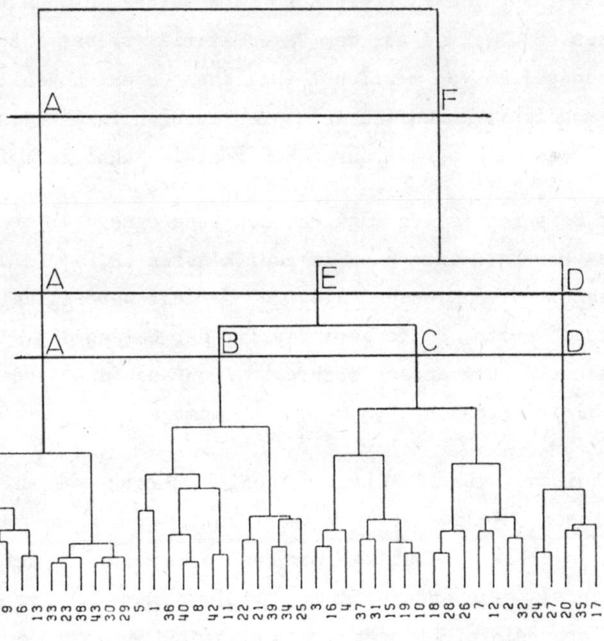

1) Dieses und folgende Dendrogramme wurden mit einem CALCOMP-Plotter des Rechenzentrums der Universität zu Köln gezeichnet. Zugrunde lag eine modifizierte Version des Programms PLINK von WISHART. PLINK ist Teil des Programmpakets CLUSTAN IA (vgl. WISHART, 1970a).

Die klassifizierten Objekte haben die Kennungen 1 bis 43. Auf den ersten Stufen der Hierarchie werden z.B. die Objekte 33 und 23, 43 und 30,40 und 8 fusioniert. Von allen n(n-1)/2 Objektpaaren sind diese Paare die "ähnlichsten" bzw. sind "am wenigsten weit voneinander entfernt" hinsichtlich des verwendeten Ähnlichkeits- bzw. Unähnlichkeitsmaßes. Die Objekte 33 und 23 sowie 43 und 30 bilden den Kern einer (Sub-)Klasse, die aus den Objekten 33, 23, 38, 43, 30 und 29 gebildet wird. Durch die Vereinigung dieser (Sub-)Klasse mit der Klasse (41, 14, 9, 6, 13) entsteht eine Klasse (A), die auf den folgenden Fusionsstufen nicht mehr verändert wird. Diese Klasse ist offensichtlich "wohlsepariert". Die Objekte, die sie bilden, haben nur eine sehr geringe Ähnlichkeit mit allen übrigen Objekten, daher werden sie erst auf der letzten Fusionsstufe mit den übrigen Objekten zu einer Klasse (vom Umfang n=43) vereinigt.
Mit abnehmender Anzahl der Klassen nimmt die Ähnlichkeit zwischen den Klassen ab. In der Regel ist die gesamte Hierarchie nur in soweit von Interesse, als sie Ähnlichkeiten bzw. Unähnlichkeiten zwischen Klassen unterschiedlichen Umfanges und damit den Fusionsprozeß veranschaulicht. Gesucht ist i.a. eine Partition des Datensatzes in eine feste Anzahl von Klassen (S), welche aus dem Datenmaterial selbst abzuleiten ist. Die Klassen sollen von möglichst ähnlichen Objekten gebildet und untereinander möglichst unähnlich sein. Zerlegungen in S Klassen ergeben sich, wenn das Dendrogramm durch horizontale Schnitte aufgeteilt wird.

In diesem Beispiel ist es möglich, das Dendrogramm an drei Stellen zu schneiden. Der Datensatz kann in zwei Klassen (A,F), in drei Klassen (A,E,D) und in vier Klassen (A,B,C,D) zerlegt werden. Je mehr Klassen gebildet werden, desto geringer ist der Umfang der Klassen. Mit der Klassenbesetzung ändern sich natürlich auch die Eigenschaften der Klassen. Kleine Klassen (A,B,C,D) sind homogener als große Klassen (E,F).

Die Entscheidung, wieviel Klassen gebildet werden sollen, ist in einem gewissen Umfang subjektiv. Für die Auswahl einer bestimmten Partition in S Klassen ist von vornherein keine Stufe der Hierarchie besser als eine andere. Klassen, die sich z.B. über mehrere Stufen der Hierarchie nicht oder nur geringfügig ändern oder Klassen, mit deren Fusion eine relativ starke Zunahme der Heterogenität verbunden ist, können jedoch als zumindest annähernd "natürliche" Klassen angesehen werden. In diesem Beispiel enthält der Datensatz wohl nicht mehr als vier und nicht weniger als zwei Klassen, so daß

$2 \leq S \leq 4$. Eine anschließende Klassendiagnose, die auch aus anderen Gründen unentbehrlich ist, bietet zusätzliche Entscheidungshilfen. Daß die Anzahl der zu bildenden Klassen nicht a priori festzulegen ist, ist ein erheblicher Vorteil der hierarchischen Verfahren (vgl. zu den iterativen Verfahren Kap. 242). Der Unsicherheitsbereich für die Anzahl der zu bildenden Klassen ist relativ klein. Wie noch zu zeigen ist, kann ein Dendrogramm auch sichtbar machen, daß ein Datensatz nicht klassifizierbar ist, daß die Voraussetzung, daß das Datenmaterial Klassen enthält, nicht gegeben ist.

Für die Beurteilung der Hierarchie von Klassen, einzelner Partitionen oder Klassen "it is usually desirable not only to know the sequence of the fusions, but also to define in some way a set of levels which can be associated with these fusions" (WILLIAM/LAMBERT/LANCE, 1966, S.431).

Ein Dendrogramm (Baum) ist gekennzeichnet durch Knotenpunkte (Knoten) und Verbindungslinien (Kanten).[1] Die Endknoten sind von der Gesamtheit (der Klasse vom Umfang n) bzw. von den einzelnen Objekten (n Klassen vom Umfang eins), die Knoten zwischen den Endknoten sind von Teilgesamtheiten (Subklassen) besetzt.[2] Die Knoten zwischen den Endknoten repräsentieren eine Folge von Fusionen von Objekten und/oder Subklassen. Die Länge der Verbindungslinien ist zunächst bedeutungslos.

Es liegt nahe, sich vorzustellen, daß die Endknoten, die von den einzelnen Objekten besetzt sind, eine Grundlinie bilden. Wird die Höhe des Dendrogramms über dieser Grundlinie in einer geeigneten Weise normiert, so kann die Länge der Verbindungslinien bzw. der Abstand von der Grundlinie zu den "Zwischen-"Knoten gemessen werden. Da diese Zwischen-Knoten auch Subklassen repräsentieren, "...which may itself possess features of intrinsic interest, it is again natural to wish to import additional information so that the vertical distance of any such node above the baseline shall be associated with some meaningful property of the sub-population which occupies that node. This is the concept of h i e r a r c h i c a l l e v e l s" (WILLIAMS/LAMBERT/LANCE, 1966, S. 432). Eine solche Eigenschaft wäre beispielsweise die Heterogenität der Subklassen oder die Klassenbesetzung.

---

1) Vgl. z.B. SACHS (1971).

2) Vgl. zu den Eigenschaften solcher "Bäume" HARTIGAN (1967), JOHNSON (1967), JARDINE/JARDINE/SIBSON (1967) und WILLIAMS/LAMBERT/LANCE (1966).

Das Dendrogramm bzw. die Hierarchie der Klassen wird auf der Grundlage von Ähnlichkeits- bzw. Unähnlichkeitsmaßen erzeugt. Da jeder Fusion von Objekten und/oder Klassen (also jedem Zwischen-Knoten) ein Wert des Fusionskriteriums zugeordnet werden kann, ist es vorteilhaft, wenn diese Werte zur numerischen Definition von "hierarchical levels", kurz Stufen genannt, verwendet werden können.[1)]

Die meisten der zur Klassenbildung verwendeten Maße sind K,L-Maße (vgl. Kap. 232) d.h., Maße, die die Ähnlichkeit bzw. den Unterschied zwischen zwei Klassen K und L definieren und direkt keine Informationen über die Heterogenität der durch die Fusion der Klassen K und L gebildeten Klasse M liefern. Es ist jedoch anzunehmen, daß die Heterogenität der Klasse M umso größer ist, desto geringer die Ähnlichkeit der Klassen K und L ist, und es ist - zumindest bezüglich der einzelnen Fusionen - sinnvoll, K,L-Maße als Maße der Heterogenität der Klasse M zu betrachten. Da K,L-Maße nicht über die Stufen der Hierarchie addierbar sind, ist es nicht möglich, aus ihnen Maße für die Heterogenität der Klassen einzelner Partitionen abzuleiten, "... the convention in the past has therefore been to take the (j,k) coefficient, technically only the measure of a single fusion, as the best available measure of the heterogeneity of (i) taken over the whole of the hierarchy up to that point" (WILLIAMS/LAMBERT/LANCE, 1966, S. 432).

Die KL,M-Maße Fehlerquadratzuwachs und Entropiezuwachs sind dagegen über die Fusionsstufen addierbar. Die Summe der Zuwächse bis zu einer bestimmten Stufe ist ein Maß der Heterogenität der Klassen dieser Stufe. Daher können die Summen der Zuwächse verwendet werden, um die Stufen der Hierarchie zu kennzeichnen. Zu jedem Zwischen-Knoten (jeder Subklasse) kann angegeben werden, welcher Grad der Heterogenität erreicht ist. Diese Heterogenitätsgrade definieren die Stufen der Hierarchie (des Dendrogramms).

Werden mit unterschiedlichen Verfahren und/oder Ähnlichkeits- bzw. Unähnlichkeitsmaßen Dendrogramme erzeugt, so ist es für den Vergleich der Klassifikationsergebnisse vorteilhaft, wenn die Dendrogramme nach einem einheitlichen Prinzip erzeugt wurden. Da Dendrogramme, deren Stufen durch Summen von Fehlerquadrat- bzw. Entropiezuwächsen gekennzeichnet

---

1) Vgl. WILLIAMS/LAMBERT/LANCE (1966), JARDINE/SIBSON (1968b).

sind, einen völlig anderen optischen Eindruck vermitteln als Dendrogramme, die durch K,L-Maße charakterisiert sind, ist es üblich, die Stufen nicht durch die Summen der Zuwächse, sondern durch die Zuwächse selbst zu kennzeichnen.

Allgemein wird senkrecht zur Grundlinie eines Dendrogramms eine Meßskala für ein das Dendrogramm kennzeichnendes Ähnlichkeits- bzw. Unähnlichkeitsmaß errichtet, an welchem die Stufenwerte abgelesen werden können:

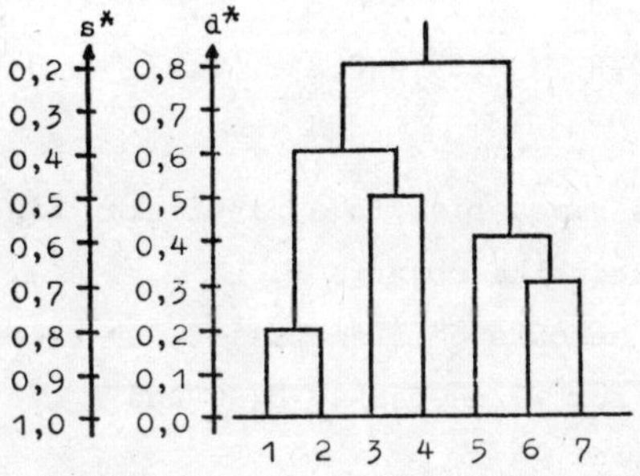

Das Ähnlichkeitsmaß s^* bzw. die Distanz d^* dient der numerischen Kennzeichnung der Stufen des Dendrogramms (die Stufenwerte sind aus den ursprünglichen Maßen s und d abgeleitet).[1] Die Klassen (1, 2, 3, 4) und (5, 6, 7) wurden z.B. auf bzw. unterhalb des Niveaus $d^* = 0{,}6$ gebildet. Mit abnehmender Anzahl von Klassen wächst d^* (streng) monoton. In einem Dendrogramm ist der Abstand (bzw. die Ähnlichkeit) zwischen zwei Objekten, zwischen einem Objekt und einer (Sub-)Klasse oder zwischen zwei (Sub-)Klassen definiert als der Wert von d^* (von s^*), der ihrer Vereinigung in eine (Sub-)Klasse zugeordnet ist. Der Abstand zwischen den Objekten 1 und 4 ist beispielsweise $d^*(1,4) = d^*(4,1) = 0{,}6$, da diese Objekte erst von diesem Niveau an einer Klasse angehören. Dieser Abstand entspricht also der Länge der Verbindungslinien zwischen den betreffenden Knoten. Aus einem Dendrogramm

1) Entsprechendes gilt für ΔE bzw. ΔH. In diesem Beispiel variieren das Ähnlichkeitsmaß und die Distanz im Intervall [0,1].

kann also eine Distanzmatrix (bzw. Ähnlichkeitsmatrix) abgeleitet werden,[1] die die Beziehungen zwischen Objekten und/oder (Sub-)Klassen, die das Dendrogramm veranschaulicht, exakt wiedergibt. Die Distanzmatrix ($\underline{D}^*$) hat z.B. folgendes Aussehen:

	1	2	3	4	5	6	7
1	0,0	0,2	0,6	0,6	0,8	0,8	0,8
2	0,2	0,0	0,6	0,6	0,8	0,8	0,8
3	0,6	0,6	0,0	0,5	0,8	0,8	0,8
4	0,6	0,6	0,5	0,0	0,8	0,8	0,8
5	0,8	0,8	0,8	0,8	0,0	0,4	0,4
6	0,8	0,8	0,8	0,8	0,4	0,0	0,3
7	0,8	0,8	0,8	0,8	0,4	0,3	0,0

$= \underline{D}^*$

Jedes Dendrogramm "... gives rise to a particular kind of distance, or m e t r i c, between the objects 1, 2, ..., n ..." (JOHNSON, 1967, S. 243). Diese "besondere" Distanz ist vor allem dadurch gekennzeichnet, daß sie für alle Objekte P, Q und R die "ultrametrische Ungleichung"

$$d^*(P,Q) \leq \max\left[d^*(P,R),\ d^*(R,Q)\right]$$ [2]

erfüllt (JOHNSON, 1967; JARDINE/JARDINE/SIBSON, 1967; HARTIGAN, 1967). "In other words a hierarchic dendrogram is characterised by an u l t r a m e t r i c" (JARDINE/SIBSON, 1968b). Die praktische Bedeutung eines (Abstands-) Maßes, welches die ultrametrische Ungleichung erfüllt, für die (hierarchisch-agglomerative) Klassenbildung erläutert JOHNSON (1967, S. 243 ff.) anhand der Distanzmatrix $\underline{D}^*$, aus der er das zugehörige Dendrogramm rekonstruiert. Das kleinste Element dieser Matrix - abgesehen von den Elementen der Hauptdiagonalen - ist $d^*(1,2) = 0{,}2$. Also werden auf der ersten Stufe die Objekte 1 und 2 zu einer (Sub-)Klasse vereinigt. Es fällt nun auf, daß die Objekte 1 und 2 von allen anderen Objekten (3, 4, 5, 6 und 7) gleich weit entfernt sind, d.h., wenn mit x eines der Objekte 3, 4, 5, 6 oder 7

---

1) JOHNSON (1967), HARTIGAN (1967).

2) Ein Ähnlichkeitskoeffizient s^* wird "ultrametrisch" genannt, wenn $d^* = (1-s^*)$ eine ultrametrische Distanz ist.

bezeichnet wird, gilt d*(1,x) = d*(2,x) für alle x. Graphisch läßt sich dies durch ein gleichschenkliges Dreieck veranschaulichen:

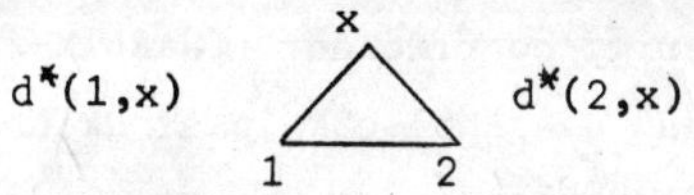

"Thus, in fact it makes sense to talk about the distance from x to the cluster (1,2)" (JOHNSON, 1967, S. 245). Das bedeutet, mit einem Maß, welches die ultrametrische Eigenschaft besitzt, kann ohne jeglichen Informationsverlust der Abstand zwischen den Klassen gemessen werden. In der Distanzmatrix können die Objekte 1 und 2 durch die Klasse (1,2) ersetzt werden:

	(1,2)	3	4	5	6	7
(1,2)	0,0	0,6	0,6	0,8	0,8	0,8
3	0,6	0,0	0,5	0,8	0,8	0,8
4	0,6	0,5	0,0	0,8	0,8	0,8
5	0,8	0,8	0,8	0,0	0,4	0,4
6	0,8	0,8	0,8	0,4	0,0	0,3
7	0,8	0,8	0,8	0,4	0,3	0,0

In entsprechender Weise werden auf den folgenden Stufen die (Sub-) Klassen (6,7), (5,6,7), (3,4) usw. gebildet. Das Dendrogramm wird exakt reproduziert, d.h., durch die Transformation von $\underline{D}^*$ in ein Dendrogramm wird die Ähnlichkeitsstruktur, die $\underline{D}^*$ repräsentiert, nicht verzerrt.[1)] "The key to the above process is being able to replace two (or more) objects by a cluster, and still being able to define the distance between such clusters and other objects or clusters. This property in turn depends on two essential facts: that d satisfies the ultrametric inequality, and that, at each stage, we cluster the minimum distances" (JOHNSON, 1967, S. 246). Dann und nur dann, wenn das verwendete Unähnlichkeitsmaß d eine "Ultrametric" ist, läßt sich die Distanzmatrix $\underline{D}$ umkehrbar eindeutig in ein Dendrogramm transformieren.

---

1) Nach HARTIGAN (1967) hat $\underline{D}^*$ eine "exact tree structure".

Die gebräuchlichen Unähnlichkeitsmaße[1] sind allenfalls Metriken, nicht aber Ultrametriken:[2] "A cluster method which transforms a dissimilarity coefficient into a hierarchic dendrogram may therefore be regarded as a method whereby the ultrametric inequality is 'imposed' on a dissimilarity coefficient" (JARDINE/SIBSON, 1968b, S. 178). Das bedeutet, daß die Ähnlichkeitsstruktur, die eine gegebene Distanzmatrix (D) repräsentiert, nicht eindeutig durch ein Dendrogramm abgebildet werden kann und daß aus einer gegebenen Distanzmatrix je nach der Art der "ultrametrischen Transformation (JARDINE/SIBON, 1968b) bzw. der "monotonic sorting strategy" (WILLIAMS/LANCE/DALE/CLIFFORD, 1971)[3] unterschiedliche Dendrogramme konstruiert werden können.

Die formale Kennzeichnung eines Dendrogramms durch eine Ultrametrik von JARDINE/JARDINE/SIBSON (1967), JOHNSON (1967) und HARTIGAN (1967)[4] ist Grundlage einer Reihe von Publikationen, in welchen Probleme der Transformation eines Unähnlichkeitsmaßes (Distanz) in eine Ultrametrik erörtert und Kriterien formuliert werden, "... which we may reasonably require any such transformation to satisfy" (JARDINE/SIBSON, 1968b, S. 178). Zu erwähnen sind hier die Veröffentlichungen von JARDINE/SIBSON (1968a), JARDINE (1969a, 1969b, 1970), SIBSON (1970, 1971), WILLIAMS/LANCE/DALE/CLIFFORD (1971).[5]

Nach JARDINE/SIBSON (1968b)[6] sollte eine "ultrametrische Transformation" oder "sorting-strategy" vor allem folgenden Bedingungen genügen: "(A) A unique result should be obtained from given data, that is,

---

1) Einschließlich der transformierten Koeffizienten, wie z.B. d=1-S.

2) "We know of no measure which is ultrametric over its whole range" (WILLIAMS/LANCE/DALE/CLIFFORD, 1971, S. 163).

3) Der Übergang von einer Distanzmatrix zu einem Dendrogramm wird auch "monotone fusion strategy" (BURR, 1970) oder allgemein "cluster analysis" genannt.

4) Vgl. auch CONSTANTINESCU (1966).

5) Siehe auch JARDINE/SIBSON (1971), DUCIMETIÈRE (1970), ROUX (1969, 1970), BENZECRI (1970) sowie HOLMAN (1972) und CORMACK (1971).

6) Vgl. auch JARDINE/JARDINE/SIBSON (1967), JARDINE (1969a) und SIBSON (1971).

the transformation should be w e l l - d e f i n e d. (B) Small changes in the data should produce small changes in the resultant dendrogram; that is, the transformation should be c o n t i n u - o u s . (C) If the dissimilarity coefficient is already ultrametric it should be unchanged by the transformation" (S. 178). JARDINE/ SIBSON bezeichnen mit "data" Unähnlichkeitsmaße (Distanzen) und nicht die Daten der gegebenen Datenmatrix. Ihre Untersuchungen beschränken sich auf die Transformation von $\underline{D}$ in $\underline{D}^*$. Probleme der Ermittlung einer Distanz- oder Ähnlichkeitsmatrix werden nicht erörtert. Ebenso bleiben jene hierarchischen Verfahren unerwähnt, die zur Konstruktion der Klassen auf die Datenmatrix selbst zurückgreifen müssen, wie z.B. das Verfahren, das mit dem Entropiezuwachs operiert.

JARDINE/SIBSON[1] verbinden mit den von ihnen aufgestellten Bedingungen für eine "ultrametric transformation" eine Kritik an den "standard strategies" der "Australischen Schule"[2]: "It can be shown that the majority of the cluster methods currently in use fail to satisfy these conditions" (JARDINE/SIBSON, 1968b, S. 178). Die Bedingungen "... determine uniquely the single-link method for obtaining a hierarchic dendrogram" (JARDINE, 1969a, S. 49).[3]

In einer Stellungnahme weisen WILLIAMS/LANCE/DALE/CLIFFORD (1971) darauf hin, daß es unbefriedigend ist, Bedingungen zu formulieren, die nur von einer Strategie erfüllt werden können. Zu den Kriterien führen sie aus: (A) "Our strategies will fail this test only when there are ambiguities (i.e. equal dissimilarities) which are arbitrarily resolved. We believe that in practice true ambiguities are rare; but the problem exists and requires further consideration" (S. 163). Dagegen ist einzuwenden, daß "ambiguities", wenn die Anzahl der binären Klassifikationsmerkmale klein ist, keineswegs selten sind, weil die Ähnlichkeitskoeffizienten nur wenige Werte annehmen können.[4]

1) JARDINE/JARDINE/SIBSON (1967), JARDINE (1969a, 1970), SIBSON (1971).

2) Vgl. LANCE/WILLIAMS (1967a).

3) Vgl. auch JOHNSON (1967).

4) Wenn - bei der Verarbeitung binärer Merkmale - übereinstimmende Ähnlichkeitskoeffizienten vorkommen, ist es bei Anwendung bestimmter Verfahren nicht zu vermeiden, daß die Eingabereihenfolge der Daten das Klassifikationsergebnis (wenn auch zum Teil nur geringfügig) beeinflußt. Durch die Einführung spezieller Differenzierungskriterien läßt sich jedoch eine Stabilität der Ergebnisse erzwingen (vgl. z.B. S. 278f.).

WILLIAMS et al. "... assume that the criterion cannot be interpreted as requiring that the order in which ambiguous fusions are taken is to be without effect; for we believe that this would be equivalent to a r e q u i r e m e n t that the strategy should be single-link, so that the demonstration that only single-link strategies fulfil it would be tautologous" (1971, S. 163). Sie schlagen vor zu versuchen, das Problem "... by reference to informations outside the ambiguity under consideration..." zu lösen (s. S. 163). Bezüglich des Kriteriums (B), "The transformation should be continuous", vertreten WILLIAMS et al. folgende Ansicht, "If the criterion is intended to be applied to small changes - i.e. to one or two entries - in the dissimilarity matrix, it appears to us to be artificial; apart from the trivial case of an error in calculation, we do not see how the situation could arise. If the criterion were to be applied to raw data, it would be unrealistic; an alteration of a single attribute-value for a single individual will affect every dissimilarity measure involving that individual, and may well make appreciable changes in the dendrogram. This is not unreasonable, since in effect the attribute-set has been modified" (S. 163). Das Kriterium (C), "If the dissimilarity coefficient is already ultrametric it should be unchanged by the transformation", wird schließlich wie folgt kommentiert: "We know of no measure which is ultrametric over its whole range; but in any case this again seems us to be equivalent to a requirement that the strategy shall be single-link, so that the relevant part of the later demonstration is tautologous" (S. 163).

Als Vertreter der "Australischen Schule" formulieren WILLIAMS/LANCE/DALE/CLIFFORD (1971) "... the essentially pragmatic criteria which we believe may in practice over-ride the mathematical criteria of the Cambridge school" (s.S. 164). "1. The grouping must be more intense than that implied by the original dissimilarity measures. This is to ensure that the analysis produces a small number of clearly-defined groups, even though the raw data may be more nearly continous." Obwohl dieses Kriterium nicht sehr präzise formuliert ist, wäre es sicherlich nicht sinngemäß, es so zu interpretieren, daß auch dann, wenn im Datenmaterial keine Klassen vorhanden sind, Klassen gebildet werden sollen. "2. The grouping must be relatively insensitive to outlying values, due either to aberrant individuals, or to errors or inaccuracies in the data. This ... is to ensure that a broad overall picture is obtained". Die Möglichkeit, "Ausreißer" zu erkennen, soll durch dieses Kriterium nicht ausgeschlossen werden. Das 3. Kriterium "The ultrametric transformation should not be necessarily, or even usually, invariant over the entire population" ist schließlich "... probably the most fundamental difference between the two schools, ...". Dieses Kriterium ist nur schwer interpretierbar. Ein ergänzendes Beispiel ist in der Tat "To a worker unfamiliar with the grasses ... not very helpful". Es ist möglich, daß dem 3. Kriterium folgende Überlegungen zugrunde liegen. Maße, die die Ähnlichkeits- bzw. Unähnlichkeitsbeziehungen zwischen allen n Objekten "in einem Dendrogramm" messen, besitzen die "ultrametrische Eigenschaft". Ultrametrische Maße, die es gestatten, den Grad der Ähnlichkeit bzw. Unähnlichkeit zwischen allen zu klassifizierenden Objekten aufgrund der Merkmalsausprägungen zu messen, gibt es offensichtlich nicht. D.h., es ist nicht möglich, eine Distanzmatrix zu erzeugen, die für alle n Objekte z.B. der auf S. 240 entspricht. Die ultrametrische Ungleichung kann jedoch für bestimmte Tripel (P, Q, R)[1] gültig sein. Während JARDINE und SIBSON die Ansicht vertreten , daß sich die Eigenschaften der "ultrametrischen Transformation" unabhängig vom jeweils verwendeten Ähnlichkeits- bzw. Unähnlichkeitsmaß für alle n Objekte und alle n-1 Fusionsstufen nicht ändern dürfen ("single-linkage" operiert durchgehend mit "inter-Objekt" Maßen; Ähnlichkeits- bzw. Unähnlichkeitsbeziehungen zwischen Klassen werden auf Beziehungen zwischen Objekten zurückgeführt)[2], vertreten WILLIAMS und Mitarbeiter die Ansicht, daß das wünschenswerte "more intense grouping" bedingt, daß der Grad der Ähnlichkeit bzw. Unähnlichkeit zwischen Objekten und Klassen und zwischen Klassen unter Berücksichtigung der sich ändernden Klassenstruktur (bzw. Heterogenität) erfaßt werden muß. Daraus folgt, daß zur Klassenbildung spezielle - von der jeweiligen Zielsetzung abhängige - "inter-class" Maße zu verwenden sind. Diese Maße können bewirken, daß die Verzerrung der ermittelten Inter-Objekt Maße durch die Transformation auf den ersten Fusionsstufen,

---

1) P, Q und R können Objekte und/oder Klassen sein.

2) Wie noch gezeigt wird, ist "single-linkage" ein nur unter bestimmten Voraussetzungen brauchbares Klassifikationsverfahren.

wo es noch relativ viele schwach besetzte Klassen gibt, geringer ist als auf den letzten Stufen, wo z.B. der Einfluß der Klassenbesetzung größer ist. Nach WILLIAMS/LANCE/DALE/CLIFFORD (1971) und anderen ist es nicht erforderlich, zur Klassenbildung (ausschließlich) eine Strategie, wie z.B. single-linkage zu verwenden, "... which seeks to preserve the basic dissimilarity measures..." (S. 164). Sie stehen mehr auf dem Standpunkt, daß "... any algorithm is acceptable 'if it works well'"[1] (S. 164). Im übrigen würde auch eine Beschränkung auf single-linkage dazu führen, daß relativ viele Datensätze praktisch nicht klassifizierbar sind (vgl. Kap. 2432 (121)).

SOKAL (1967) weist darauf hin, daß jedes Klassifikationsverfahren "... tends to bias the resulting clusters in certain ways" (S.3.06). Durch die "sorting strategy" (ultrametrische Transformation) wird der Ähnlichkeitsmatrix ($\underline{S}$) bzw. der Unähnlichkeitsmatrix ($\underline{D}$) eine bestimmte Struktur aufoktroyiert. Daher differieren $\underline{S}$ und $\underline{S}^*$ bzw. $\underline{D}$ und $\underline{D}^*$. Es liegt nahe, den Grad der Verzerrung zu messen. Die Arbeit von CORMACK (1971) enthält eine Zusammenstellung von "distortion measures" (s. Table 3, S. 338).

Ein häufig benutztes Maß ist der sogenannte "cophenetic correlation coefficient", der bereits 1962 von SOKAL und ROHLF zum Vergleich von Dendrogrammen entwickelt wurde.[2] Er wird nach folgender Formel berechnet:[3]

$$r_c = \frac{\Sigma\,(s_{ij} - \bar{s}_{ij})\,(s^*_{ij} - \bar{s}^*_{ij})}{\sqrt{\left[\Sigma(s_{ij} - \bar{s}_{ij})^2 \quad \Sigma(s^*_{ij} - \bar{s}^*_{ij})^2\right]}}$$

Die "cophenetic correlation" ist eine Produkt-Moment-Korrelation zwischen den Elementen (s_{ij}) einer Ähnlichkeitsmatrix ($\underline{S}$) und den Elementen (s^*_{ij}) der aus einem Dendrogramm abgeleiteten Matrix ($\underline{S}^*$).[4] Es genügt, wenn der Berechnung nur die $n(n-1)/2$ Elemente oberhalb

1) Ähnlich auch JARDINE (1970, S. 117).

2) Vgl. auch SOKAL/SNEATH (1963).

3) CORMACK (1971, S. 338).

4) Entsprechendes gilt für d_{ij} und d^*_{ij}.

bzw. unterhalb der Hauptdiagonalen zugrunde gelegt werden. Die "cophenetic correlation" nimmt mit zunehmender Verzerrung ab.[1] Ist $r_c=1$, so hat die Ähnlichkeitsmatrix (S̲) eine exakte hierarchische Struktur.

Nach JARDINE/SIBSON (1968b, S. 178) "A possible family of measures of the distortion imposed by a hierarchic dendrogram is given by

$$\hat{\Delta}_\mu(d,D^*(d)) = \left[\Sigma|d(a,b) - D^*(d)(a,b)|^{1/\mu}\right]^\mu / \left[\Sigma\, d(a,b)^{1/\mu}\right]^\mu$$

$$(0 < \mu \leq 1)\ ,$$

$$\hat{\Delta}_0(d,D^*(d)) = \left[\max|d(a,b) - D^*(d)(a,b)|\right]/\left[\max d(a,b)\right]$$

where summation and maximisation are taken over all pairs $(a,b)\varepsilon P\times P$; d is the dissimilarity coefficient; and $D^*(d)$ is the ultrametric characterising the hierarchic dendrogram obtained by some transformation of the dissimilarity coefficient."

Ein "distortion measure" ist auch die von HARTIGAN (1967, S. 1141) definierte "... distance between any two similarity matrices:

$$\rho(S_1,S_2) = \Sigma\, W(i,j)\left[S_1(i,j) - S_2(i,j)\right]^2 .$$

The symmetric weight function W is chosen to reflect the accuracy with which it is desired to approximate the various observed S(i,j); ...".

Mit Ausnahme des "cophenetic correlation coefficient" (r_c) wurden die vorgeschlagenen Maße (vgl. auch CORMACK, 1971, S. 338) nur selten oder auch gar nicht praktisch verwendet. Interesse an Maßen zur Beurteilung vollständiger Hierarchien - im Gegensatz zu Maßen zur Beurteilung einzelner Partitionen - bestand (und besteht) vornehmlich im Bereich der Biologie und Ökologie. Wenn nur bestimmte Partitionen gesucht sind, ist es wenig sinnvoll, den Grad der Verzerrung über alle Stufen der Hierarchie zu messen. Als Kriterium für die Auswahl eines Klassifikationsverfahrens scheint r_c auch nicht sonderlich geeignet zu sein. Nach SNEATH (1969a, S. 259): "It should be noted

---

1) Vgl. z.B. SOKAL/ROHLF (1962) und BOYCE (1969).

that the cophenetic correlation is not necessarily the ideal criterion for a clustering method. Thus it seems likely (in theory at least) that a set of O.T.U.'s (Objekte, Anm. d. Verf.) forming an elongated cluster might be better represented by Single Linkage than by Average Linkage, despite a higher value of r_c for the latter". Mit anderen Worten, ein Verfahren, für das r_c einen relativ hohen Wert annimmt, kann weniger "brauchbare" Ergebnisse liefern als ein Verfahren, für das r_c relativ klein ist.

ROHLF/FISHER (1968) haben versucht, mit Hilfe dieses Maßes "... the presence of hierarchic structure in one's data" zu testen. Da die hierarchische Struktur zumindest in einem bestimmten Umfang vom Verfahren (der "ultrametric transformation") erzeugt wird (und außerdem vom jeweiligen Ähnlichkeits- bzw. Unähnlichkeitsmaß abhängt), ist es jedoch nicht sehr aussagefähig, wenn einem solchen "Test" nur ein Verfahren zugrunde gelegt wird.

MINKOFF (1965), WISHART (1970b) und andere[1] haben bei Experimenten die Erfahrung gemacht, daß die Klassifikationsergebnisse stärker durch die verwendeten Ähnlichkeits- bzw. Unähnlichkeitsmaße als durch den "physical process of cluster formation" (WISHART, 1970b) beeinflußt werden. Die Verzerrung von Ähnlichkeitsbeziehungen zwischen zu klassifizierenden Objekten ist also nicht nur auf die Transformation von Ähnlichkeitsstrukturen (also von $\underline{D}$ in $\underline{D}^*$ bzw. von $\underline{S}$ in $\underline{S}^*$) begrenzt, sondern wird zum (möglicherweise überwiegenden) Teil durch die Erfassung der Ähnlichkeitsbeziehungen (also der Ermittlung von $\underline{D}$ bzw. $\underline{S}$) determiniert. Eine Möglichkeit, die "gesamte" Verzerrung beim Übergang von der Datenmatrix ($\underline{X}$) zum Dendrogramm (also zu $\underline{D}^*$ bzw. $\underline{S}^*$) zu messen, gibt es nicht. Die Auswahl "zweckdienlicher" Ähnlichkeits- bzw. Unähnlichkeitsmaße ist daher mit besonderer Sorgfalt vorzunehmen. Anhaltspunkte liefern die Eigenschaften der verschiedenen "inter-objekt" und "inter-class" Maße (vgl. Kap. 23).

---

1) Vgl. z.B. auch ROHLF/FISHER (1968).

2432 Hierarchische Verfahren

(1) Hierarchisch-agglomerative Verfahren

Hierarchisch-agglomerative Verfahren erzeugen eine Hierarchie von Klassen, die üblicherweise durch ein Dendrogramm veranschaulicht wird, in einem aus zwei Phasen bestehenden Prozeß. In der ersten Phase wird der Grad der Ähnlichkeit- bzw. Unähnlichkeit zwischen allen Paaren von Objekten gemessen. Die Meßergebnisse werden zu einer symmetrischen Ähnlichkeits- bzw. Unähnlichkeitsmatrix ($\underline{B}$) vom Typ $n * n$ zusammengefaßt.[1)] Diese Matrix repräsentiert die Ähnlichkeitsstruktur zwischen den zu klassifizierenden Objekten entsprechend dem gewählten "inter-object" Maß. In der zweiten Phase: "The hierarchy is then generated by subjecting these measures to a sorting-strategy, which depends essentially on the definition of a distance-measure between groups of elements" (LANCE/WILLIAMS, 1966a, S. 218).[2)] Da die Eigenschaften der am meisten verwendeten "inter-object" und "inter-class" Maße bereits diskutiert wurden, stehen bei den nun folgenden Ausführungen der Prozeß der Klassenbildung (der Erzeugung einer Hierarchie von Klassen) und die Leistungsfähigkeit der gebräuchlichsten Verfahren im Vordergrund der Betrachtung.

Obwohl die Mehrzahl der hierarchisch-agglomerativen Verfahren binäre und metrische (bzw. metrisierte) Klassifikationsmerkmale verarbeiten kann, wird die folgende Erörterung - von Ausnahmen abgesehen - auf die Klassifikation von Objekten anhand binärer Merkmale begrenzt. Aussagen und Überlegungen zur Leistungsfähigkeit der Verfahren gelten jedoch in der Regel auch dann, wenn anhand metrischer Merkmale klassifiziert wird.

---

1) Um Kernspeicherplatz zu sparen, werden in der Regel nur die Werte oberhalb der Hauptdiagonalen abgespeichert. Der Platz unterhalb der Hauptdiagonalen kann dann die Korrelationskoeffizienten für die m Klassifikationsmerkmale aufnehmen, falls $m \leq n$ ist.

2) Für "sorting-strategy" sind auch folgende Bezeichnungen gebräuchlich: monotonic sorting strategy, monotone fusion strategy, ultrametric transformation, sorting algorithm, sorting, hierarchical classification, (hierarchical) cluster analysis u.a.

Hierarchisch-agglomerative Klassifikationsverfahren starten den Prozeß der Klassenbildung mit n Klassen vom Umfang eins. Auf jeder der insgesamt (n-1) Fusionsstufen werden jene beiden Klassen zu einer Klasse vereinigt, die einander am ähnlichsten sind. Mit jeder Fusion wird die Anzahl der Klassen um eins reduziert. Auf der ersten Stufe werden also jene beiden Objekte zu einer Klasse vereinigt, die durch das größte Element einer Ähnlichkeitsmatrix bzw. kleinste Element einer Distanzmatrix gekennzeichnet sind. Da auch auf allen folgenden Fusionsstufen das jeweils größte bzw. kleinste Element der Matrix $\underline{B}$ das Fusionskriterium ist, muß vor der jeweils folgenden Fusion die Matrix $\underline{B}$ aktualisiert werden. Vor allem muß der Grad der Ähnlichkeit bzw. Unähnlichkeit zwischen der neu entstandenen Klasse und den bereits existierenden Klassen gemessen werden. Diesbezüglich gibt es große Unterschiede zwischen den einzelnen Verfahren. Es gibt Verfahren, die zur Neuberechnung der Ähnlichkeiten bzw. Unähnlichkeiten auf die Datenmatrix $\underline{X}$ zurückgreifen müssen und solche, die mittels einer Rekursionsformel die "inter-class" Maße aus den gegebenen "inter-object" Maßen ableiten, die Datenmatrix $\underline{X}$ nach der Berechnung der Matrix $\underline{B}$ also nicht mehr benötigen.[1)] Außerdem gibt es Verfahren, die alle Arten von Ähnlichkeits- bzw. Unähnlichkeitsmaßen verarbeiten können und Verfahren, die nur für spezielle Maße sinnvoll definiert sind.

Ein "ideales" hierarchisch-agglomeratives Klassifikationsverfahren sollte nach LANCE/WILLIAMS (1966b, S. 62) folgenden Bedingungen genügen:[2)] "(1) The value of the similarity coefficient should change monotonically with successive fusions. (2) The process should, so far as the data permit, fuse the population into clearly-separated groups, and not continually add single individuals (for genuine "chain" data, other methods are more appropriate). (3) The coefficient should define an objective level below which details of individual fusions may be disregarded as without interest." In bezug auf diese Kriterien gibt es ebenfalls beträchtliche Unterschiede zwischen den Verfahren.

Der Anschaulichkeit wegen und um zu zeigen, daß einige Verfahren durchaus "brauchbare" Ergebnisse liefern, werden die folgenden Aus-

1) LANCE/WILLIAMS (1967a) unterscheiden dementsprechend "non-combinatorial strategies" (mit Rückgriff auf die Datenmatrix) und "combinatorial strategies" (ohne Rückgriff auf die Datenmatrix).

2) Vgl. auch WILLIAMS/LAMBERT/LANCE (1966) und WILLIAMS/LANCE/DALE/CLIFFORD (1971).

führungen durch ein praktisches Beispiel aus der Unfallursachenstatistik ergänzt. 43 schwere Straßenverkehrsunfälle aus den Jahren 1968/69 werden mit verschiedenen Verfahren klassifiziert. Die Informationen über diese Unfälle entstammen der "HUK-Statistik".[1)]

Für jeden einer Versicherungsgesellschaft gemeldeten Straßenverkehrsunfall mit Toten und Schwerverletzten wurde ein umfangreicher Fragebogen (vgl. Anhang) ausgefüllt. Die weit überwiegende Mehrzahl der Fragen, die die Unfälle charakterisierten (Unfallmerkmale), war mit ja oder nein zu beantworten. Für die 43 Unfälle wurde ein nicht unerheblicher Teil der Fragen durchweg mit "nein" oder nur vereinzelt mit "ja" beantwortet. Es war daher erforderlich, eine Reihe von Fragen zu eliminieren bzw. zusammenzufassen. Unfallmerkmale mit mehr als zwei Ausprägungen wie z.B. die Geschwindigkeit des versicherten Kraftfahrzeugs sowie metrische Merkmale wurden in geeigneter Weise dichotomisiert. Unter Berücksichtigung der Merkmalskorrelationen und der relativen Häufigkeiten konnten 20 binäre Klassifikationsmerkmale ausgewählt werden, die durch folgende mit ja (=1) oder nein (=0) zu beantwortende Fragen gekennzeichnet sind:

1 Gab es Unfalltote?

2 Gab es mehr als einen Verletzten mit stationärer Behandlung?

3 War das Verkehrsopfer ein Fußgänger?

4 War(en) das (die) Verkehrsopfer Insasse(n) eines Kraftfahrzeugs?

5 War(en) das (die) Verkehrsopfer für den Unfall allein oder mitverantwortlich?

6 Geschah der Unfall auf der Autobahn oder auf sonstiger freier Strecke?

7 Geschah der Unfall an einem Samstag oder Sonntag?

8 Geschah der Unfall im November, Dezember,Januar oder Februar?

9 Geschah der Unfall zwischen 20^{00} Uhr und 6^{00} Uhr?

10 Wurde der Lenker des versicherten Fahrzeugs im Jahre 1940 oder früher geboren?

11 War der Führerschein des Lenkers nicht älter als drei Jahre?

12 Stand der Lenker unter Alkoholeinfluß?

---

1) Der Verband der Haftpflicht-, Unfall- und Kraftverkehrsversicherer in Hamburg (HUK-Verband) hat insgesamt etwa 63 000 Straßenverkehrsunfälle aus den Jahren 1968/69 erfaßt und ausgewertet. Die Statistik enthält nur Haftpflichtschäden; zu den Verkehrsopfern zählt z.B. nicht der Halter/Lenker des versicherten Kraftfahrzeugs.

13 Stand das versicherte Kraftfahrzeug oder war seine Geschwindigkeit niedriger als 50 km/h

14 War das versicherte Fahrzeug ein PKW/Kombi?

15 Gab es mitwirkende Straßenfaktoren?

16 Gab es mitwirkende Witterungsumstände?

17 War der Unfall ein Überholunfall?

18 Hat der Lenker des versicherten Fahrzeugs die Vorfahrt verletzt?

19 Ist der Lenker des versicherten Fahrzeugs nicht rechts gefahren?

20 Ist das versicherte Fahrzeug ohne vorangegangene Kollision von der Fahrbahn abgekommen?

Die Klassifikationsmerkmale sind schwach korreliert. Nur drei der insgesamt 190 φ-Koeffizienten sind größer als $|0,6|$. Eine ungleiche Blockbildung (vgl. Kap. 222) ist nicht gegeben. Die relativen Häufigkeiten liegen im Intervall $0,09 \leq p_i \leq 0,79$ $(i = 1,2,...,20)$. Die Anzahl der Klassifikationsmerkmale (m=20) ist relativ klein. Wenn der Datensatz keine "wohlseparierten" Klassen enthält, ist daher zu erwarten, daß die Klassifikationsergebnisse nicht sehr stabil sind. Veröffentlichten Klassifikationsergebnissen liegen in aller Regel wesentlich grössere Merkmalszahlen $(m > 70)$[1)] zugrunde; außerdem ist die Anzahl der zu klassifizierenden Objekte erheblich kleiner als die Anzahl der Merkmale, was wesentlich zur Stabilität der Ergebnisse beiträgt. In dem hier vorliegenden Beispiel ist die Anzahl der Objekte mehr als doppelt so groß wie die Anzahl der Merkmale. Das bedingt, daß die Ähnlichkeits- bzw. Unähnlichkeitsmaße nur relativ wenige Werte annehmen können und daß gleiche Ähnlichkeiten bzw. Unähnlichkeiten recht zahlreich sind.

(11) Entropieanalyse

Die Entropieanalyse (auch "Information Analysis" genannt)[2)] gehört zu

---

1) Vgl. z.B. WILLIAMS/LAMBERT/LANCE (1966), LANCE/WILLIAMS (1966b). WEBB/TRACEY/WILLIAMS/LANCE (1967) klassifizierten 18 Objekte mit 818 (!) Merkmalen mit Hilfe eines divisiven Verfahrens.

2) Gelegentlich wird das Verfahren auch "Centroid Sorting für Alternativmerkmale" genannt.

jenen Verfahren, die zur Berechnung von "inter-class" Maßen auf die Datenmatrix zurückgreifen müssen. Sie ist nur zur Klassifikation von Objekten geeignet, die durch Alternativmerkmale gekennzeichnet sind.[1] Als "inter-object" und "inter-class" Maß wird der Entropiezuwachs ("information statistic") verwendet, dessen Eigenschaften eingehend in Kap. 2312 und Kap. 2322 erörtert wurden.

Die ersten Ansätze zur Verwendung der Entropie als Kriterium der Klassenbildung gehen auf MACCACARO (1958), RESCIGNO/MACCACARO (1961), ROGERS/TANIMOTO (1960), RAJSKI (1961) und HYVÄRINEN (1962) zurück. Wesentliche Impulse gaben auch die Arbeiten von MÖLLER (1962a, b, 1963), CAPECCHI (1964) und MACNAUGHTON-SMITH (1965). Im Vordergrund des Interesses standen zunächst meist divisive Verfahren. WILLIAMS/LANCE (1965), WILLIAMS/LAMBERT/LANCE (1966) und LANCE/WILLIAMS (1966b) verwendeten als erste den Entropiezuwachs als Kriterium der Klassenbildung eines agglomerativen Klassifikationsverfahrens (Centroid Sorting).[2]

In der zweiten Hälfte der sechziger Jahre wurden zahlreiche Arbeiten über Eigenschaften und Einsatzmöglichkeiten der Entropie veröffentlicht, und es wurden auch verschiedene Klassifikationsverfahren vorgeschlagen, die mit der Entropie oder daraus abgeleiteten Maßen operieren. ESTABROOK (1967) beschäftigte sich beispielsweise mit Fragen der Merkmalsanalyse, ORLOCI (1968a, 1968b, 1969) untersuchte "information theory models" für die hierarchische und nicht-hierarchische Klassifikation und erörterte Einsatzmöglichkeiten und Eigenschaften der Entropie und anderer informationstheoretischer Maße, LANCE/WILLIAMS (1967c) beschrieben ein verallgemeinertes agglomeratives Verfahren für "mixed data" und ein divisiv-monothetisches Verfahren für Alternativmerkmale (1968b), ebenfalls divisiv und monothetisch ist ein von CAPECCHI/MÖLLER (1968) vorgeschlagenes Verfahren, WALLACE/BOULTON (1968a) und BOULTON/WALLACE (1970) haben ein "information measure" für die Güte einer Klassifikation und ein nicht-hierarchisches iteratives Klassifikationsverfahren entwickelt, das dieses auch

---

1) Eine Erweiterung auf Merkmale mit mehr als zwei Ausprägungen ist prinzipiell möglich.

2) Vgl. auch LANCE/WILLIAMS (1967a).

für die Verarbeitung von "mixed-data" geeignete Maß minimiert.[1] Die Aufzählung ließe sich fortsetzen.

Über die Leistungsfähigkeit und Brauchbarkeit einiger dieser Verfahren ist nichts oder nur wenig bekannt. Praktische Erfahrungen mit dem sehr anspruchsvollen Verfahren von BOULTON/WALLACE (1970) - das u.a. die Vorgabe der Anzahl der zu bildenden Klassen nicht erfordert - liegen offenbar nicht vor. EDYE/WILLIAMS/PRITCHARD (1970) berichteten über weniger gute Erfahrungen mit dem agglomerativen "mixed data" Verfahren von LANCE/WILLIAMS (1967c). FIELD (1969) kritisierte die Symmetrieeigenschaft der "information statistic". In einer vergleichenden Studie haben WATSON/WILLIAMS/LANCE (1966) 24 Objekte mit 20 Alternativmerkmalen klassifiziert, und zwar mittels zweier verschiedener Verfahren (single linkage und centroid sorting) und fünf Ähnlichkeits- bzw. Unähnlichkeitsmaßen (Korrelationskoeffizient, euklidische Distanz, Entropiezuwachs u.a.). Sie kommen zu dem Ergebnis, daß "all the methods point to essentially the same pattern of similarities among the genera, suggesting that 'good' taxonomic groups tend to emerge regardless of crudity and variation in the numerical approach" (S. 500). Ähnliche Erfahrungen wurden mit eigenen Studien gemacht. Unterschiede ergaben sich erwartungsgemäß dann, wenn die Klassen nicht wohlsepariert waren.

Die Entropieanalyse wird vor allem von WILLIAMS und Mitarbeitern anderen Verfahren vorgezogen. Eine Studie mit empirischem Datenmaterial (LAMBERT/WILLIAMS, 1966) ergab, daß "both theoretical considerations and empirical evidence suggest that information-analysis gives generally more acceptable results than association-analysis, ..." (S. 663). Die "association-analysis" ist ein sehr gebräuchliches divisives Klassifikationsverfahren (vgl. Kap. 2432(2)). Eine weitere Vergleichsuntersuchung mit empirischem Datenmaterial haben WILLIAMS/LAMBERT/LANCE (1966) durchgeführt. Zwei Datensätze (n=20, m=76 bzw. n=56, m=73) wurden mit zwei Verfahren (single linkage und centroid sorting) und fünf Ähnlichkeits- bzw. Unähnlichkeitsmaßen klassifiziert. Eine eingehende Analyse der Klassifikationsergebnisse zeigte, daß "the method combining centroid sorting with an information-statistic coefficient is ... greatly superior to the others in producing

1) Das Verfahren zeigt gewisse Ähnlichkeiten mit ISODATA von BALL/HALL (1967).

clear-cut and ecologically acceptable hierarchies; and this method called information analysis, is selected for further test" (S. 444). Auf die evidenten Nachteile anderer Verfahren und/oder Koeffizienten wird noch zurückzukommen sein. ORLOCI (1968a, 1968b, 1969) kritisiert, daß "the conventional techniques of classification frequently operate within the framework of different restrictive assumptions" (1969, S. 148), Annahmen, die in der Realität nur selten erfüllt sind. Als besondere Vorzüge der Information Analysis führt er an: "... their extreme flexibility in being easily applied to practical problems with no assumptions required about the data, the underlying probability distribution, the size, shape or orientation of the hyperclusters, or the properties of the sample space at hand", und er fährt fort: "It is exactly for these reasons that the techniques of information theory are so much favoured by an increasing number of taxonomists in the different fields" (1969, S. 149).

Die Entropieanalyse beginnt den Prozeß der Klassenbildung mit der Berechnung der n(n-1)/2 Entropiemaße

$$H_T(PQ) = 2(b+c) \text{ ld } 2$$

für alle Paare von Objekten P und Q, die oberhalb der Hauptdiagonalen einer Matrix $\underline{B}$ vom Typ n * n abgespeichert werden.

In der zweiten Phase werden Klassen gebildet nach folgender Strategie: (1) Jene Objekte und/oder Klassen, aus deren Vereinigung der geringste Entropiezuwachs resultiert, werden zu einer Klasse zusammengefaßt. Die Merkmalswerte der fusionierten Objekte werden merkmalsweise addiert, und das Centroid der entstandenen Klasse (repräsentiert durch einen Vektor der absoluten Häufigkeiten) wird bestimmt.[1] Zur Berechnung des Centroids muß auf die Datenmatrix zurückgegriffen werden. Bei numerischer Kennung der Objekte und Klassen erhält die neu gebildete Klasse die jeweils niedrigere Klassennummer der beiden vereinigten Objekte und/oder Klassen. Das Centroid der neugebildeten

1) Daraus leitet sich auch die Bezeichnung "Centroid Sorting für Alternativmerkmale" ab.

Klasse wird in der Spalte mit der niedrigeren Spalten(Klassen-)nummer der Datenmatrix abgespeichert. Die Datenmatrix wird also im Verlaufe der Klassenbildung zerstört. Sie kann nicht mehr als Grundlage anderer Verfahren dienen. (2) Die (gesamte) Entropie der neu gebildeten Klasse wird berechnet und gespeichert. Grundlagen dieser Berechnung sind die Entropien der beiden Subklassen sowie der aus der Fusion sich ergebende Entropiezuwachs. (3) Die Matrix B wird aktualisiert. Die Entropiezuwächse, die aus der Fusion der neu gebildeten Klasse mit allen anderen Objekten bzw. bereits bestehenden Klassen resultieren, werden nach der Formel

$$\Delta H_T(KL) = H_T(KL) - H_T(K) - H_T(L) \quad ,$$

K sei die neu gebildete Klasse und L symbolisiere die restlichen Objekte und/oder Klassen, neu berechnet. Zur Berechnung der Entropien $H_T(KL)$ werden die Centroide, die in der Datenmatrix gespeichert sind, verwendet. Da die neugebildete Klasse durch die niedrigere Klassennummer der beiden vereinigten Objekte und/oder Klassen gekennzeichnet ist, werden die Elemente der Matrix B, die dem Objekt bzw. der Klasse mit der niedrigeren Klassennummer zugeordnet sind, durch die entsprechenden neu berechneten Entropiezuwächse ersetzt. Jene Elemente der Matrix B, die dem Objekt bzw. der Klasse mit der höheren Klassennummer zugeordnet sind, werden durch einen so hohen Wert ersetzt, daß sie mit Sicherheit bei der Suchprozedur nach dem kleinsten Element dieser Matrix auf den folgenden Fusionsstufen nicht mehr gefunden werden können. Die Anzahl der Klassen wird um eins vermindert, und der Prozeß der Klassenbildung beginnt wieder bei (1), bis nach der (n-1)-ten Fusionsstufe alle Objekte einer Klasse angehören.

Auf jeder Fusionsstufe wird also das kleinste Element der Matrix B (Fusionskriterium) gesucht. Dabei können folgende Probleme auftreten.

Die Matrix B kann auf den einzelnen Fusionsstufen nicht nur ein "kleinstes" Element, sondern deren mehrere enthalten. Das ist insbesondere dann der Fall, wenn die Anzahl der Klassifikationsmerkmale relativ klein ist. Hier ist zu unterscheiden, ob es sich um unabhängige Übereinstimmungen der Art $\Delta H_T(KL) = \Delta H_T(MN)$ oder um abhängige

Übereinstimmungen der Art $\Delta H_T(KL) = \Delta H_T(KM)$ handelt.[1] Der Suchalgorithmus nach dem kleinsten Element ist in der Regel so geartet, daß das zuerst gefundene von mehreren kleinsten Elementen als das kleinste Element gilt und als Fusionskriterium dient. Durch unabhängige Übereinstimmungen wird die Reihenfolge, in welcher die Klassen sukzessive vereinigt werden, nicht beeinflußt, wohl aber durch abhängige Übereinstimmungen (es sei denn, diese hätten den Wert Null), denn durch jede Fusion werden die Eigenschaften der jeweils aufnehmenden Klasse verändert. Die willkürliche Wahl des ersten von mehreren kleinsten Elementen kann das Klassifikationsergebnis beeinflussen. Nach SIBSON (1971)[2] ist das Verfahren daher nicht "well-defined".

Hinzukommt, daß durch den relativ komplizierten Algorithmus in Verbindung mit der Verwendung von Logarithmen das Klassifikationsergebnis durch Rundungsfehler beeinflußt werden kann. Theoretisch gleiche Elemente sind wegen Rundungsfehlern praktisch nicht gleich. Es lassen sich Beispiele konstruieren, in welchen die Reihenfolge der Fusionen auf Rundungsfehler zurückgeführt werden kann. Da sich diese Fehler erst dann störend auswirken, wenn auf höheren Fusionsstufen von mehreren kleinsten Elementen einige wenige Elemente oder auch nur ein Element rundungsfehlerbehaftet sind, scheint es nicht erforderlich zu sein, Gegenmaßnahmen zu ergreifen. In aller Regel unterscheiden sich nämlich die Elemente der Matrix $\underline{B}$ auf höheren Fusionsstufen beträchtlich.[3]

Zur Klassifikation der Straßenverkehrsunfälle der HUK-Statistik wurde das Programm YGROUP von FORST/VOGEL (1972) verwendet. Der Output des Programms besteht unter anderem aus: einer Matrix mit "matching coefficients" zur Beurteilung der paarweisen Ähnlichkeiten der klassifizierten Objekte, einer Matrix mit Korrelationskoeffizienten für

---

1) Vgl. LANCE/WILLIAMS (1966b).

2) Vgl. auch JARDINE/SIBSON (1968b) sowie Kap. 2431.

3) Soll der Einfluß von Rundungsfehlern ausgeschaltet werden, so nützt es nichts, wenn mit doppelter Genauigkeit gerechnet wird. Es ist erforderlich, die Gleichheit bestimmter Elemente zu erzwingen. Die SIEMENS 4004/55 verfügt über ein simuliertes Ein- und Ausgabesystem (das durch die Dateinummer "16" angesprochen werden kann), mit Hilfe dessen durch einfache Schreib- und Leseanweisungen im "F"-Format der Einfluß von Rundungsfehlern ausgeschaltet werden kann.

die Klassifikationsmerkmale und dem Klassifikationsergebnis. Letzteres besteht wiederum aus drei Teilen: einem Stufenprotokoll, in welchem für jede Fusionsstufe angegeben wird, welche Klassen (bzw. Objekte) zu einer Klasse vereinigt werden, welcher Entropiezuwachs aus dieser Fusion resultiert und die kumulierten Entropiezuwächse bis zu dieser Fusionsstufe (auch in Prozent), einem Dendrogramm und (wahlweise) einem Struktogramm (Ausgabe über den Schnelldrucker). Dem Struktogramm ist für jede der K=1,2,...,n-1 Klassen zu entnehmen, wieviel Prozent der Entropie des Gesamtsystems auf die Entropie innerhalb der Klassen entfällt. Es ist als zusätzliche Entscheidungshilfe für die Anzahl der zu bildenden Klassen gedacht. Das Klassifikationsprogramm YGROUP wird ergänzt durch ein Diagnoseprogramm YDIAG von VOGEL/FORST (1972) für die Analyse der aus dem Dendrogramm abgeleiteten Klassen. Für die Zeichnung eines Dendrogramms auf einem Trommelplotter steht das Programm YPLONK (vgl. S. 235) zur Verfügung.[1)]

<u>Dendrogramm 1</u>[2)]

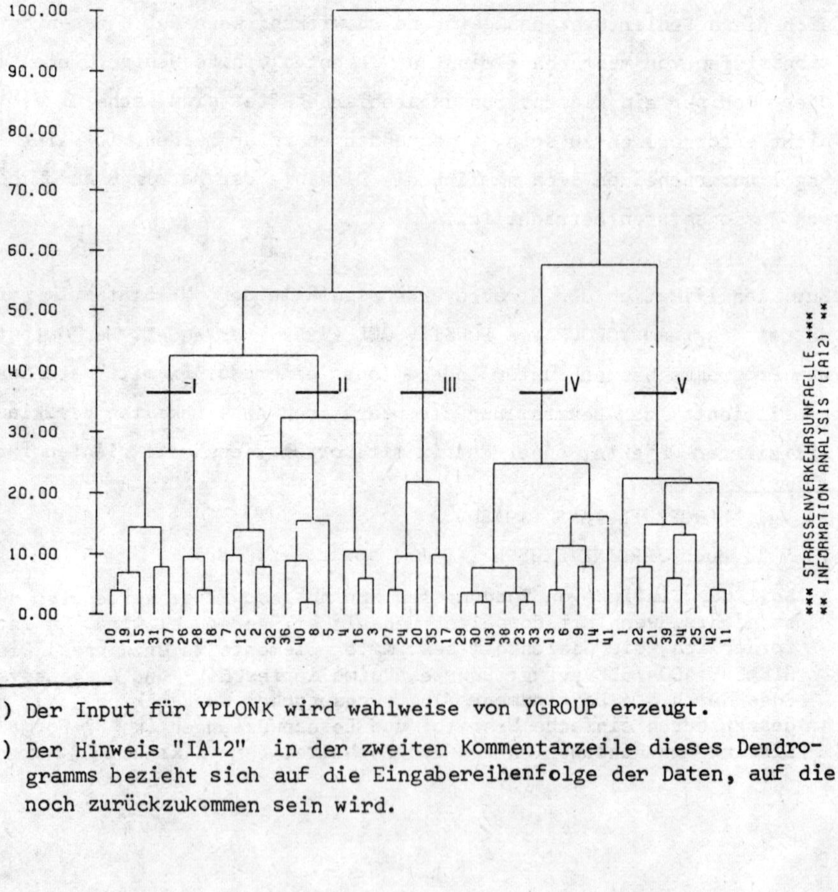

---

1) Der Input für YPLONK wird wahlweise von YGROUP erzeugt.

2) Der Hinweis "IA12" in der zweiten Kommentarzeile dieses Dendrogramms bezieht sich auf die Eingabereihenfolge der Daten, auf die noch zurückzukommen sein wird.

Das Ergebnis der Klassifikation der 43 Straßenverkehrsunfälle anhand der 20 binären Klassifikationsmerkmale wird durch Dendrogramm 1 veranschaulicht.

Auf der Meßskala ist der Entropiezuwachs in Prozent des größten Entropiezuwachses (ΔH = 70,6 nit) abzulesen, der aus der jeweiligen Fusion resultiert (normale Version des Dendrogramms). Da die Länge der Meßskala ohnehin begrenzt werden muß,[1] schien es zweckmäßig zu sein, auch die Entropiezuwächse zu normieren. Außerdem wird dadurch ein Vergleich von Dendrogrammen erleichtert. Wie bereits erwähnt, können die Stufen eines Dendrogramms auch durch die Summen der Entropiezuwächse gekennzeichnet werden. Die Summe der Zuwächse bis zu einer bestimmten Stufe ist bekanntlich ein Maß der Heterogenität der Klassen dieser Stufe.

<u>Dendrogramm 2</u> (kumulierte Version)

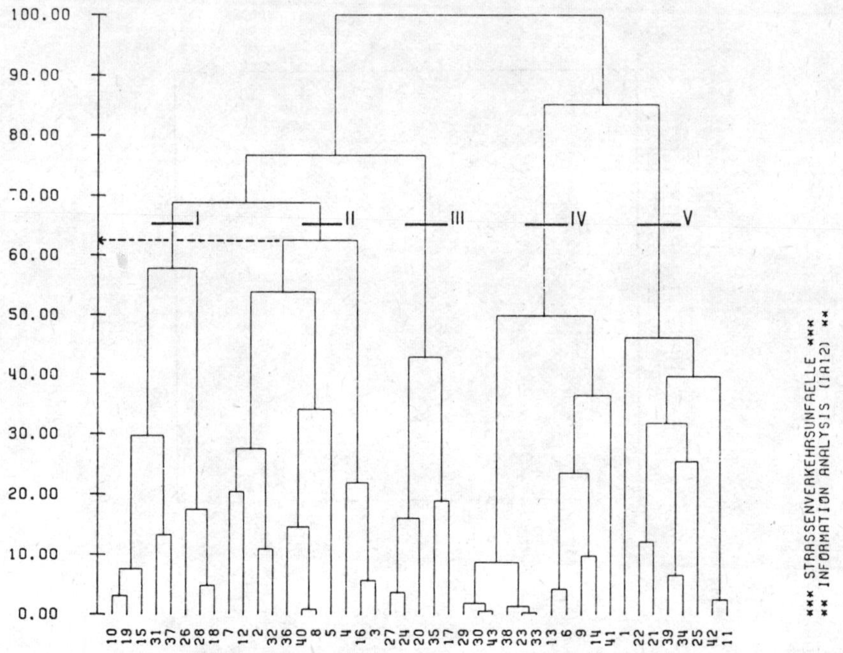

1) Länge der Meßskala im Original: 20 cm.

Auf der Meßskala des Dendrogramms 2 ist die Summe der Entropiezuwächse in Prozent der Entropie des Gesamtsystems (H_T = 477,2 nit) abzulesen (kumulierte Version des Dendrogramms). Bei einer Partition in fünf Klassen entfallen z.B. rd. 63% der gesamten Entropie auf die Entropie innerhalb dieser Klassen. Da beide Darstellungen auf eine einheitliche Höhe normiert sind, entspricht der optische Eindruck nicht der Realität. Gemessen an der normalen Version des Dendrogramms müßte die kumulierte Version fast sieben mal so hoch sein.

Aus der kumulierten Version des Dendrogramms läßt sich unmittelbar das folgende Struktogramm ableiten, in dem die Summe der Entropien innerhalb der Klassen (in Prozent der gesamten Entropie) als (diskrete) Funktion der Anzahl der Klassen dargestellt ist. Jeder Fusion (jeder Stufe des Dendrogramms) ist ein Funktionswert der Entropiesummenkurve zugeordnet.[1)]

Struktogramm 1

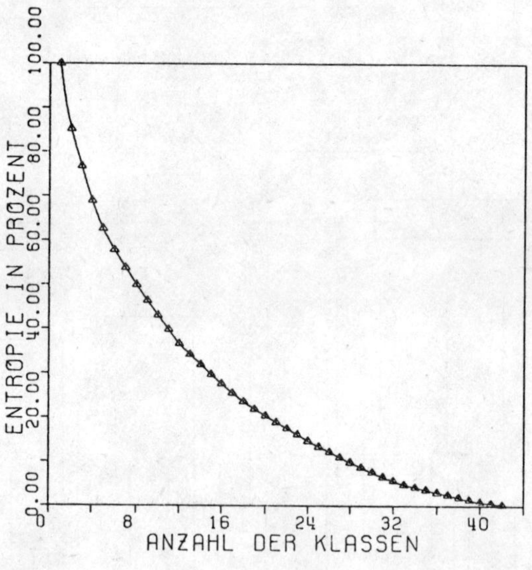

1) Die Entropiesummenkurve ist streng genommen eine Treppenfunktion. Die Funktionswerte werden nur der Anschaulichkeit wegen und zu Vergleichszwecken durch eine stetige Kurve verbunden.

Das Struktogramm liefert Informationen über die Klassenstruktur. Je stärker die Krümmung der Entropiesummenkurve ist, d.h., je stärker die Entropie innerhalb der Klassen mit zunehmender Anzahl von Klassen ab- und die Entropie zwischen den Klassen zunimmt, desto ausgeprägter ist die Klassenstruktur im klassifizierten Material. Für die Beurteilung der Klassenstruktur ist neben der Krümmung der Kurve der Kurvenverlauf im Bereich kleiner Klassenanzahlen von besonderer Bedeutung. Im übrigen sollte ein Struktogramm nicht unabhängig vom zugehörigen Dendrogramm beurteilt werden.

Es liegt nahe, das Klassifikationsergebnis der Unfall-Daten mit dem Klassifikationsergebnis von binären Zufallszahlen zu vergleichen, um zu beurteilen, ob sich die Unfallklassen wesentlich von jenen Klassen unterscheiden, die nur zufällig entstanden sind.

Zu diesem Zwecke wurden zunächst im Intervall (0,0;1,0) gleichverteilte Zufallszahlen erzeugt, die zu Matrizen vom Typ 20 * 43 (m * n) zusammengefaßt wurden. Diese Zufallszahlen wurden dichotomisiert. Um zu verhindern, daß die Vergleichsdaten bereits Klassen enthalten, die durch kleine relative Häufigkeiten bedingt sind, wurde allen Zufallszahlen, die kleiner oder gleich 0,5 waren, der Wert 1, den anderen der Wert 0 zugewiesen. Für die gesamte Datenmatrix ergab sich eine relative Häufigkeit von $p \doteq 0{,}5$. Die relativen Häufigkeiten der 20 fiktiven Klassifikationsmerkmale variierten im Intervall $0{,}33 \leq p_i \leq 0{,}63$ (i=1,2, ...,20). Weil Merkmalskorrelationen zumindest klassenverstärkend wirken und weil in empirischem Datenmaterial existente Klassen nicht zuletzt durch Korrelationen bedingt sind, Merkmalskorrelationen also zu den für die Klassifizierbarkeit empirischen Materials wesentlichen Eigenschaften zu zählen sind, schien es zweckmäßig zu sein, für den Vergleich möglichst unkorrelierte oder nur schwach korrelierte fiktive Klassifikationsmerkmale zu erzeugen.[1] Bei nur 20 fiktiven Merkmalen ist es möglich, daß sich "zufällig" Klassen bilden. Daher wurden insgesamt sechs verschiedene Datensätze mit je 43 fiktiven Objekten und 20 fiktiven Merkmalen klassifiziert. Es zeigte sich, daß die Ergebnisse nur geringfügig differierten. Wie aus Struktogramm 2 mit den Entropiesummenkurven für die sechs Klassifikationsergebnisse

---

1) Es läßt sich zeigen, daß die Klassenstruktur umso ausgeprägter ist, desto stärker die fiktiven Klassifikationsmerkmale korreliert sind.

hervorgeht, beträgt die Differenz bei 8 Klassen nur etwa 4% des jeweils größten Entropiezuwachses. Die etwas größeren Differenzen im Bereich von 12 bis 20 Klassen zeigen deutlich, daß bei nur 20 fiktiven Klassifikationsmerkmalen auch größere paarweise Ähnlichkeiten entstehen können. Mit zunehmender Merkmalsanzahl nimmt (ceteris paribus) dieser Effekt ab.

Struktogramm 2

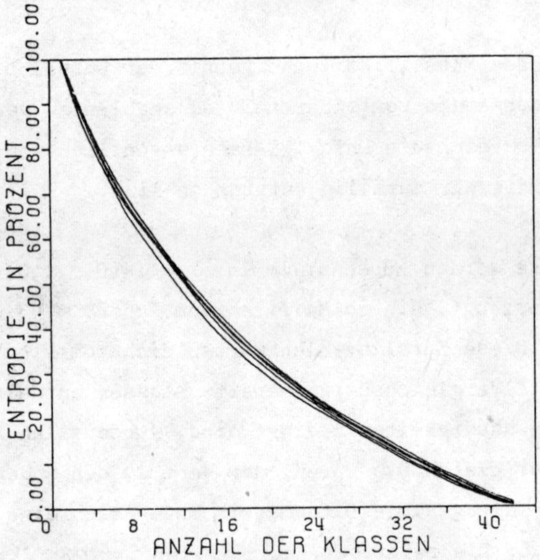

Eines der sechs Klassifikationsergebnisse veranschaulicht das folgende Dendrogramm 3 (normale Version). Es fällt auf, daß die ersten Fusionen erst im Bereich 10% bis 20% erfolgen. Auf dem 20%-Niveau gibt es keine Klasse, die aus mehr als nur zwei Objekten besteht; auf dem 30%-Niveau gibt es nur zwei Klassen, die von vier Objekten gebildet werden; auf dem 40%-Niveau gibt es noch elf relativ schwach besetzte Klassen. Klassen größeren Umfanges werden erst auf relativ hohem Niveau gebildet. Im Dendrogramm 1 (Unfalldaten) ist demgegenüber bereits auf dem 34%-Niveau eine ausgeprägte Klassenstruktur mit nur fünf vergleichsweise stark besetzten Klassen zu erkennen. Diese Konzentration wird im Dendrogramm 3 erst auf dem 60%-Niveau erreicht.

Dendrogramm 3

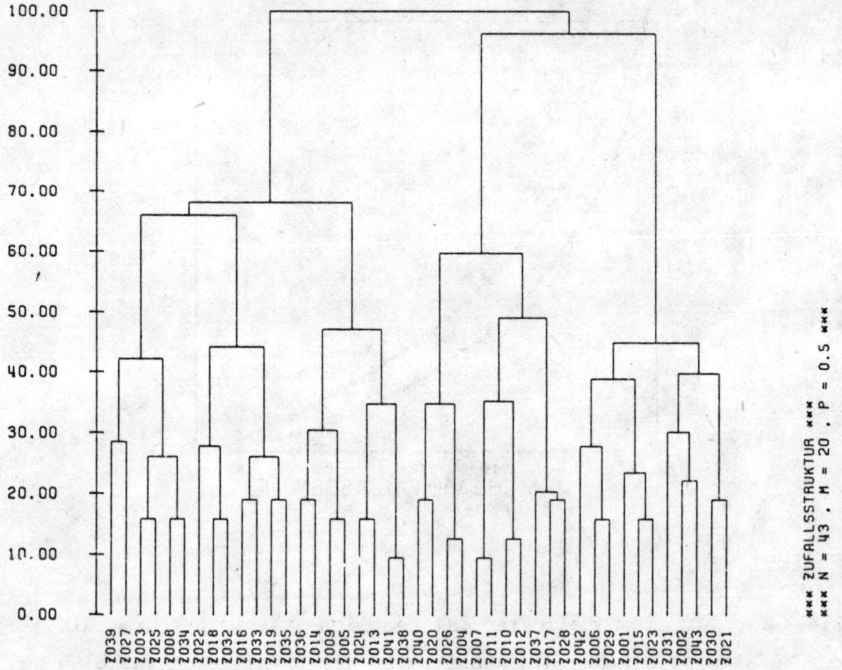

Insgesamt zeigt sich bei der Klassifikation der 0/1-Zufallszahlen, daß sich die Entropiezuwächse "gleichmäßiger" über die Fusionsstufen verteilen, was anzeigt, daß sich die gebildeten Klassen nicht sehr unterscheiden.

Für den Vergleich der Entropiesummenkurven wurde, um Zufallsschwankungen auszuschalten, aus den sechs Kurven für die 0/1-Zufallszahlen (Struktogramm 2) eine durchschnittliche Entropiesummenkurve gebildet. Sie ist im Struktogramm 3 durch das Symbol "Δ" gekennzeichnet. Die Entropiesummenkurve für die Unfalldaten ist durch ein "+" markiert.

Struktogramm 3

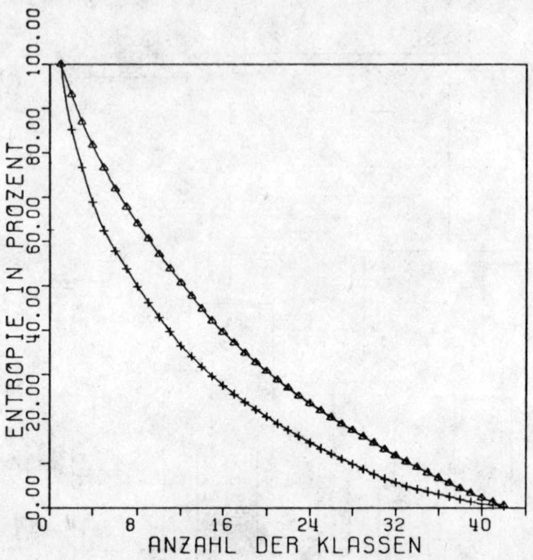

Die Kurve für die Unfalldaten ist deutlich stärker gekrümmt als die der Zufallszahlen. Die Klassenstruktur der Unfalldaten ist also wesentlich ausgeprägter als die der Zufallszahlen, für die die Entropie innerhalb der Klassen mit zunehmender Klassenanzahl nur langsam abnimmt. Bei einer Zerlegung der beiden Datensätze in jeweils fünf Klassen entfallen z.B. bei den Unfalldaten nur rd. 63% der gesamten Entropie auf die Entropie innerhalb der Klassen, bei den Zufallszahlen sind es dagegen etwa 78%. Bei einer Partition in drei Klassen, die das Klassifikationsergebnis der Zufallszahlen nahelegt (vgl. Dendrogramm 3), ist das Verhältnis der Entropie innerhalb der Klassen zur Entropie zwischen den Klassen mit 88% zu 12% bei den Zufallszahlen gegenüber 76% zu 24% bei den Unfalldaten für die Zufallszahlen erheblich ungünstiger. Die Annahme, daß in den Unfalldaten mehr als nur zufallsbedingte Klassen existieren, ist also berechtigt.

Werden die gleichverteilten Zufallszahlen so dichotomisiert, daß sich für die gesamten Matrizen der binären Zufallszahlen (vom Typ 20 * 43) relative Häufigkeiten von p ≐ 0,3 (Dendrogramm 4) bzw. p ≐ 0,2 (Dendrogramm 5) für die Merkmalsausprägung "1" ergeben, so zeigt eine

Dendrogramm 4[1)]

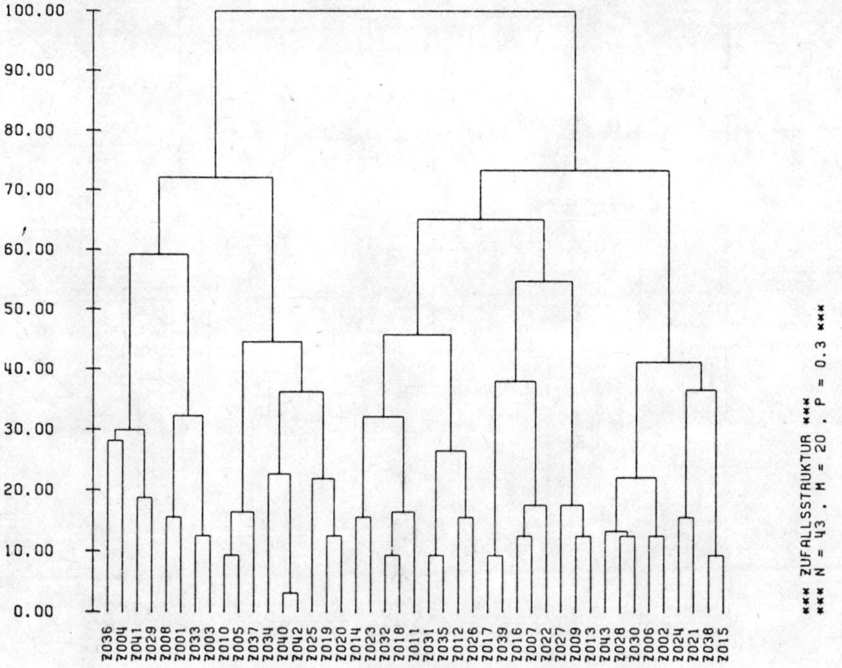

Klassifikation dieses Materials deutlich, wie sehr die Zufallsstruktur von der Größe der relativen Häufigkeiten (ceteris paribus) beeinflußt wird. Für den Fall $p \doteq 0{,}3$ variieren die relativen Häufigkeiten der 20 fiktiven Klassifikationsmerkmale im Intervall $0{,}21 \leq p_i \leq 0{,}42$, für $p \doteq 0{,}2$ im Intervall $0{,}12 \leq p_i \leq 0{,}30$.

Je kleiner (größer) die (durchschnittlichen) relativen Häufigkeiten sind, desto ausgeprägter ist die Klassenstruktur (vgl. auch Dendrogramm 3 für $p \doteq 0{,}5$), weil die Anzahl der Merkmalsübereinstimmungen

---

1) Normale Version des Dendrogramms.

Dendrogramm 5[1)]

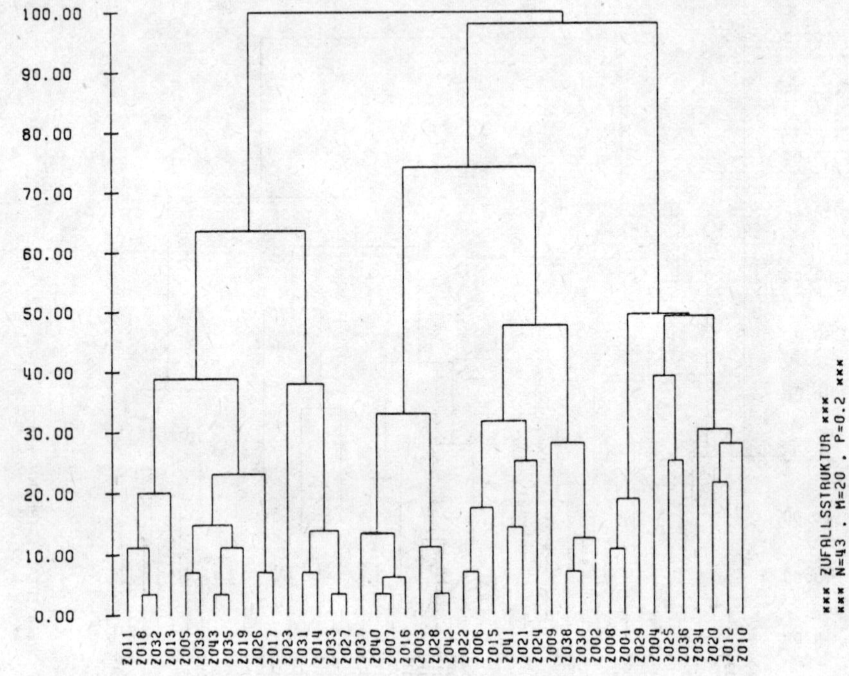

(0-0 bzw. 1-1) zunimmt. Dennoch zeigt ein Vergleich mit dem Dendrogramm 1 für die Unfalldaten, daß die Fusionen der letzten Stufen erst auf einem relativ hohen Niveau erfolgen, der jeweils resultierende Entropiezuwachs also vergleichsweise gering ist. Die Zufallsklassen unterscheiden sich erwartungsgemäß nicht sehr im Hinblick auf ihre "Eigenschaften".

Für $p \doteq 0{,}5$, $p \doteq 0{,}3$ und $p \doteq 0{,}2$ wurden jeweils sechs verschiedene Datensätze klassifiziert. Die durchschnittlichen Entropiesummenkurven für $p \doteq 0{,}5$ (Δ), $p \doteq 0{,}3$ ($\diamond$) und $p \doteq 0{,}2$ (+) zeigt das folgende Struktogramm. Es ist deutlich erkennbar, daß ceteris paribus mit $p \rightarrow 0$ die Klassenstruktur zunimmt.

1) Normale Version des Dendrogramms.

Struktogramm 4

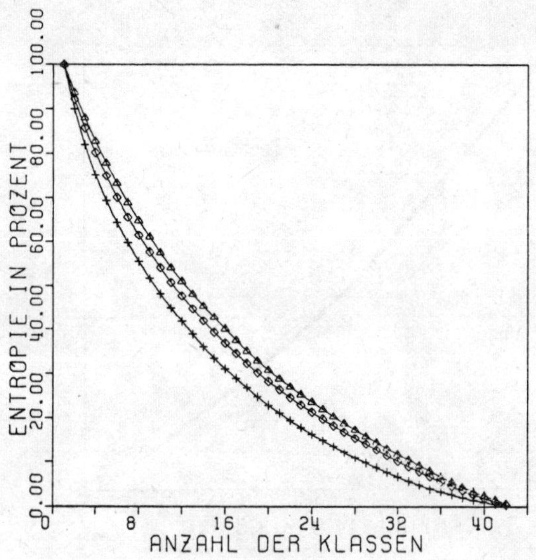

Die Klassenstruktur wird jedoch nicht nur von den Korrelationen und relativen Häufigkeiten der Klassifikationsmerkmale bestimmt, sondern auch von deren Anzahl. Um zu untersuchen, welchen Einfluß die Anzahl der Klassifikationsmerkmale auf das Klassifikationsergebnis ausübt, wurden wiederum Matrizen mit binären Zufallszahlen ($p \doteq 0{,}5$) erzeugt. Die Anzahl der fiktiven Objekte ($n = 43$) wurde nicht variiert; die Anzahl der fiktiven Klassifikationsmerkmale wurde von m=100 auf m=200 und schließlich auf m=400 erhöht. Für jedes m wurden sechs verschiedene Datensätze klassifiziert.

Das Struktogramm 5 zeigt, daß die Entropiesummenkurven der sechs Klassifikationsergebnisse bereits für m=100 Merkmale praktisch nicht mehr differieren.

Während bei nur 20 Merkmalen (vgl. Struktogramm 2) noch zufällig Klassen entstehen konnten, ist diese Möglichkeit für 100 Merkmale (ceteris paribus) so gut wie ausgeschlossen. Auch größere paarweise Ähnlichkeiten kommen nicht mehr vor.

Struktogramm 5

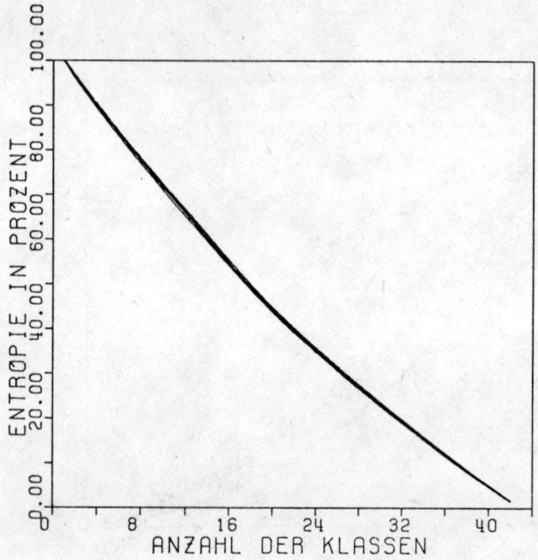

Die Gegenüberstellung der durchschnittlichen Entropiesummenkurven für m=100 (◇), m=200 (Δ) und m=400 (+) im folgenden Struktogramm 6 zeigt, daß sich die Kurven mit wachsendem m einer Gerade nähern.

Struktogramm 6

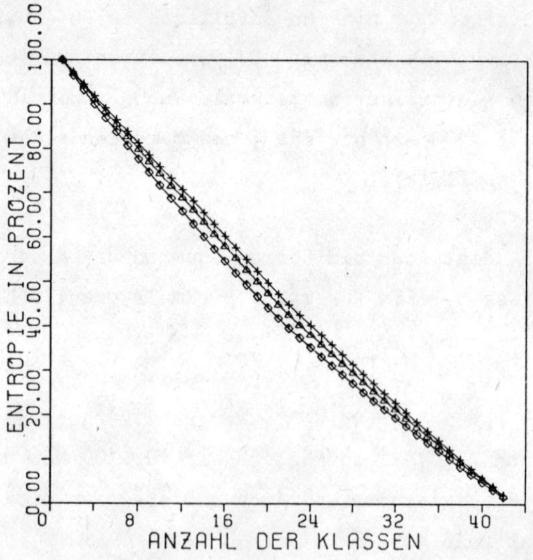

Die Entropie innerhalb der Klassen nimmt mit zunehmender Klassenanzahl fast gleichmäßig ab. Die Klassen unterscheiden sich praktisch nicht mehr im Hinblick auf ihre Eigenschaften. Eine Klassenstruktur ist nicht mehr gegeben. Das Material ist nicht klassifizierbar.

Das Ergebnis der Klassifikation eines nicht klassifizierbaren Datensatzes veranschaulicht das Dendrogramm 6 (normale Version des Dendrogramms).

Dendrogramm 6

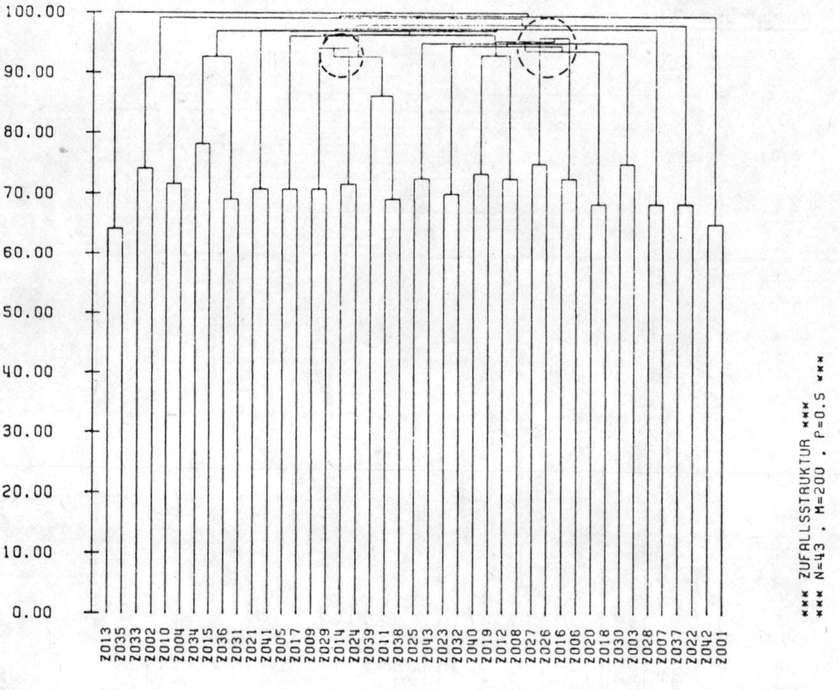

Die (fiktiven) Objekte sind einander so wenig ähnlich, daß die ersten Fusionen erst jenseits des 64%-Niveaus erfolgen. Klassen grösseren Umfangs werden nicht gebildet. Im oberen Teil des Dendrogramms zeigt sich eine Erscheinung, die bei der Verwendung des Entropiezuwachses als Fusionskriterium bisher noch nicht beobachtet wurde:

die Entropiezuwächse nehmen mit abnehmender Anzahl von Klassen nicht ausschließlich zu, sondern in einigen Fällen auch ab.[1)]

Diese Erscheinung wird im englisch-amerikanischen Sprachraum mit "reversal" bezeichnet. Da die (gesamte) Entropie innerhalb der Klasse mit abnehmender Klassenanzahl zwangsläufig monoton wächst (in der zugehörigen kumulierten Version des Dendrogramms gibt es keine Inversionen; vgl. Dendrogramm 7), und weil weder empirische Untersuchungen (vgl. z.B. WILLIAMS/LAMBERT/LANCE, 1966) noch theoretische Überlegungen Anlaß gaben anzunehmen, daß der Entropiezuwachs nicht monoton

Dendrogramm 7

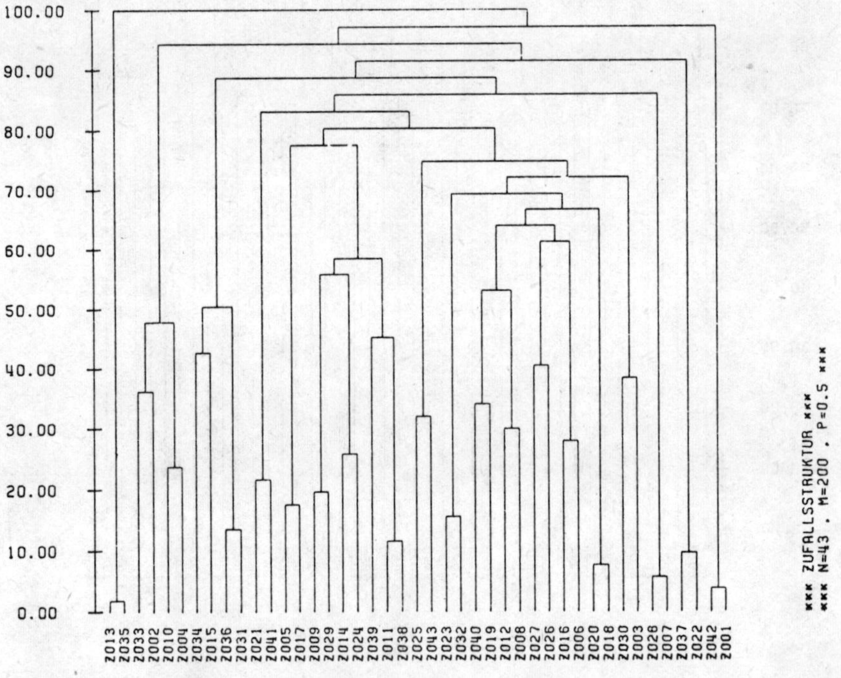

zunimmt, wurde vermutet, daß sich die gesamte Entropie und der Entropiezuwachs bezüglich der Monotonie nicht unterscheiden. "In fourteen different analysis there has been no monotonicity failure of ΔI; but we have not been able to obtain a formal proof" (LANCE/WILLIAMS, 1966b, S. 62).

1) Für das "Centroid Sorting" mit euklidischen Distanzen als Fusionskriterium ist diese Erscheinung charakteristisch.

Bei der Klassifikation empirischen Materials in eigenen Studien wurden ebenfalls keine Inversionen beobachtet, wohl aber bei der Klassifikation von binären Zufallszahlen, und hierbei insbesondere dann, wenn $m \geq 100$ und wenn die gesamte Entropie der Matrix mit 0/1 Zufallszahlen jeweils etwa gleich der maximalen Entropie war. In einer Serie von Experimenten wurde unter anderem folgendes beobachtet. Bei sechs Klassifikationen verschiedener Datensätze binärer Zufallszahlen mit jeweils $n = 43$ fiktiven Objekten und $m = 100$ fiktiven Merkmalen und, jeweils bezogen auf die gesamte Datenmatrix, einer relativen Häufigkeit von $p \doteq 0{,}5$ für die Ausprägung "1", ergaben sich insgesamt 19 Inversionen. Wurde nun ceteris paribus die relative Häufigkeit so variiert, daß sich jeweils für die ersten 20 Zeilen der Datenmatrix eine relative Häufigkeit von $p \doteq 0{,}5$ ergab und jeweils für Blöcke zu je 16 Zeilen die relative Häufigkeit von $p \doteq 0{,}4$ über $p \doteq 0{,}3$, $p \doteq 0{,}2$, $p \doteq 0{,}15$ auf $p \doteq 0{,}1$ abnahm, so verschwanden die Inversionen völlig. Nach den vorangegangenen Überlegungen über die Abhängigkeit des Klassifikationsergebnisses von p und m scheint es zulässig zu sein, Inversionen mit dem Fehlen einer Klassenstruktur im klassifizierten Material zu erklären. Inversionen sind danach bei der Information Analysis und der normalen Version des Dendrogramms Anzeichen dafür, daß das Material nicht klassifizierbar ist. Fehlt jegliche Struktur, so sind die gebildeten Klassen von nur geringem Umfang und unterscheiden sich fast gar nicht hinsichtlich ihrer Eigenschaften (vgl. Dendrogramm 6). Daraus folgt, daß sich auch auf den höheren Fusionsstufen die Entropiezuwächse nur geringfügig unterscheiden und daher sehr rundungsfehleranfällig sind.

Erfahrungen mit Zufallsexperimenten dieser Art lassen den Schluß zu, daß ein Teil der Inversionen auch durch Rundungsfehler bedingt sein kann. Da Inversionen bei empirischem (strukturiertem) Material offensichtlich nicht beobachtet werden können und überdies in der kumulierten Version des Dendrogramms ein Instrument gegeben ist, das, wenn Klassen vorhanden sind, eine eindeutige Partition des Datensatzes ermöglicht, können sie bei der Entropieanalyse vernachlässigt werden.

Das Ergebnis der Klassifikation eines (konstruierten) Datensatzes mit fünf extrem wohlseparierten Klassen, die von jeweils identischen Objekten gebildet werden, veranschaulicht das Dendrogramm 8.

Dendrogramm 8

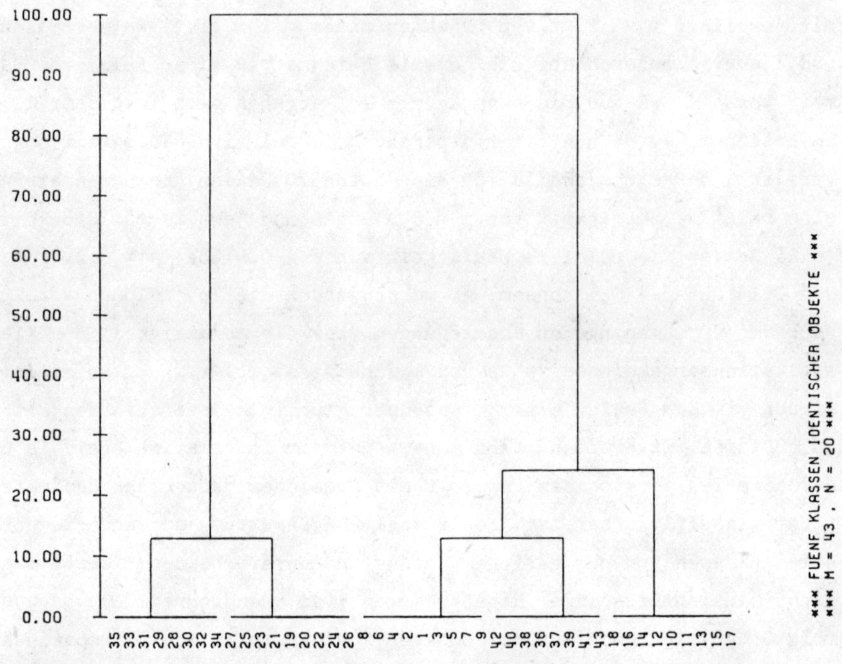

Bei der Konstruktion von fünf Klassen identischer Objekte anhand von zwanzig Klassifikationsmerkmalen läßt es sich nicht vermeiden, daß die Merkmale blockweise mit $\varphi = |1{,}0|$ korreliert sind, Merkmalskorrelationen können also für die Klassenstruktur von besonderer Bedeutung sein.

Die Entropiesummenkurven des Struktogramms 7 zeigen eindeutig den Strukturunterschied zwischen den binären Zufallszahlen "Δ" (n=43, m=20, p≐0,5), den Unfalldaten "+" und den fünf Klassen mit jeweils identischen Objekten "*".

Struktogramm 7

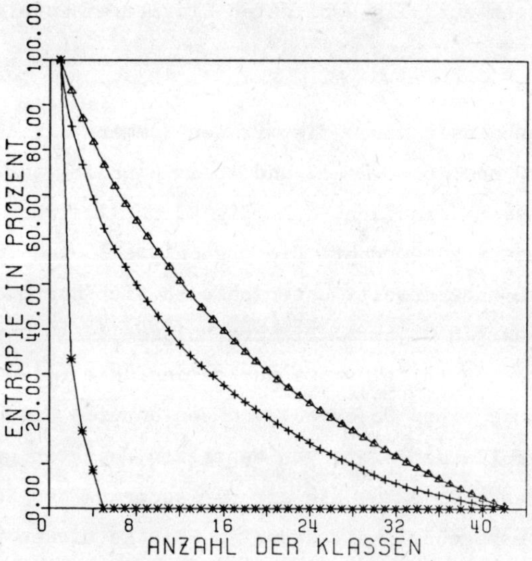

Die vorangegangenen Ausführungen haben gezeigt, daß die Klassenstruktur vor allem mit der durchschnittlichen relativen Häufigkeit p und der Anzahl der Klassifikationsmerkmale m variiert. Die Entscheidung, ob empirisches Datenmaterial Klassen enthält, ist häufig erst dann zu treffen, wenn Klassifikationsergebnisse eines adäquaten Vergleichmaterials zur Verfügung stehen.[1] Die Ausführungen haben auch gezeigt, daß das Struktogramm ein brauchbares Instrument der Datenstruktur-Analyse ist.

Wenn die Anzahl der Klassifikationsmerkmale relativ klein ist, gibt es in der Matrix B verhältnismäßig viele unabhängige und abhängige Übereinstimmungen (vgl. S. 256 f.). In einer Studie wurde untersucht, ob und wie sich durch abhängige Übereinstimmungen ($\Delta H_T(KL) = \Delta H_T(KM)$), und durch die Verwendung des Entropiezuwachses als Fusionskriterium eine Änderung der Eingabereihenfolge der Unfalldaten auf das Klassifikationsergebnis auswirkt. Die Untersuchung ließ es zweckmäßig er-

---

1) Dies gilt auch für nicht-hierarchische Verfahren.

scheinen, eine Partition der Unfälle in fünf Klassen dem Ergebnisvergleich zugrunde zu legen.[1] Der Vergleich erstreckte sich auf die Ergebnisse von zehn zufällig gebildeten Eingabereihenfolgen (Nr. 10 bis 19).

Von den zehn Ergebnissen waren die mit den Nummern 12, 15 und 18, die Ergebnisse 10 und 16 sowie 13 und 17 im Hinblick auf eine Partition in fünf Klassen identisch, d.h., die 43 Unfälle wurden jeweils den gleichen Klassen zugeordnet. Die Ergebnisse 10 und 16 einerseits und 12, 15 und 18 andererseits unterschieden sich nur durch die Zuordnung eines einzigen Objekts. Die Ergebnisse 11, 14 und 19 unterschieden sich, wenn auch teilweise nur geringfügig (11 und 13 nur durch die Zuordnung eines Objekts), von den anderen Ergebnissen. Obwohl der Kern der Klassen stets von denselben Objekten gebildet wurde, gab es fluktuierende Objekte, die mit der Änderung der Eingabereihenfolge ihre Klassenzugehörigkeit änderten. Einige dieser Objekte konnten mit anderen Verfahren als "Ausreißer" identifiziert werden (der Unfall mit der Nummer 1 ist z.B. ein Fußgängerunfall auf einer Autobahn), andere Objekte (bzw. Objektpaare) scheinen im Grenzbereich zweier Klassen zu liegen.

Es liegt nahe, den Grad der Ähnlichkeit der Klassifikationsergebnisse zu quantifizieren. Ein Maß der Übereinstimmung zweier Klassifikationsergebnisse hat RAND (1971) entwickelt. Es wird nach folgender Formel berechnet:

$$c(Y,Y') = \left[\binom{n}{2} - \left[0,5\ \{\sum_i (\sum_j n_{ij})^2 + \sum_j (\sum_i n_{ij})^2\} - \sum_i \sum_j n_{ij}^2\right]\right] / \binom{n}{2}.$$

Y, Y' sind zwei Klassifikationsergebnisse (Partitionen) mit S_Y bzw. $S_{Y'}$ Klassen, n ist die Anzahl der klassifizierten Objekte und n_{ij} ist die Anzahl der Objekte, die gleichzeitig in der i-ten Klasse der Partition Y und in der j-ten Klasse der Partition Y' sind ($i=1,2,\ldots,S_Y$;

1) Vgl. Dendrogramm 1 (S. 258) und Struktogramm 1 (S. 260). Eine Partition in 5 Klassen erscheint angebracht, weil eine Partition in 4 oder nur 3 Klassen die Heterogenität der Vereinigungsklasse beträchtlich erhöhen, eine Partition in sechs oder mehr Klassen dagegen recht schwach besetzte Klassen enthalten würde.

$j=1,2,\ldots,S_{Y'}$). Dem Vergleich wird die Zuordnung von Objektpaaren in eine Klasse bzw. in unterschiedliche Klassen zugrunde gelegt.[1)]

Das Konkordanzmaß c variiert zwischen 0 (wenn die eine Partition aus einer Klasse vom Umfang n und die andere aus n Klassen vom Umfang eins besteht) und 1 (wenn beide Partitionen identisch sind). c ist eine Funktion von S_Y, $S_{Y'}$, n, n_{ij} und den Besetzungszahlen der Klassen $n_{i.} = \sum_j n_{ij}$ und $n_{.j} = \sum_i n_{ij}$. Wegen seiner Abhängigkeit von der Anzahl der Klassen S_Y und $S_{Y'}$ ist c kaum geeignet, Partitionen mit unterschiedlicher Anzahl von Klassen ($S_Y \neq S_{Y'}$) zu vergleichen. Wenn aber $S_Y = S_{Y'} = S$, ist $c > 0$. Zur Beurteilung der Konkordanz zweier Partitionen ist es notwendig zu wissen, wie sehr der berechnete Wert c und der zugehörige Minimalwert c_{min} differieren, denn wenn c_{min} unbekannt ist, kann ein berechneter Wert c als (wenn auch schwache) Übereinstimmung interpretiert werden, auch wenn $c = c_{min}$, d.h. keine Ähnlichkeit der Ergebnisse gegeben ist. RAND (1971) ignoriert dieses Problem.

Eine Untergrenze für c läßt sich mit der oben angegebenen Formel berechnen, der eine Matrix $\underline{N}$ vom Typ $(S_Y, S_{Y'})$ mit den Elementen n_{ij} zugrunde liegt. Wenn $S_Y = S_{Y'} = S$ [2)] und alle Elemente außerhalb der Hauptdiagonale gleich Null sind, sind die Partitionen identisch und es ist $c = c_{max} = 1{,}0$.[3)] Die größtmögliche Unähnlichkeit zwischen den Partitionen ist gegeben, wenn die Elemente der Matrix $\underline{N}$ jenen theoretischen Werten entsprechen, die sich bei völliger "Unabhängigkeit" der Partitionen aus den Randsummen der Matrix $\underline{N}$ (den Besetzungszahlen der Klassen) ableiten lassen ($n'_{ij} = n_{i.} n_{.j}/n$). Der Wert des Konkordanzmaßes für Matrizen maximaler Unähnlichkeit ist die Untergrenze für c für gegebene $n_{i.}$, $n_{.j}$, n und S.

Für die Partitionen (in fünf Klassen) mit den Eingabereihenfolgen 11 und 12[4)] ergibt sich z.B. folgende Tabelle (in Klammern: theoretische

1) Prinzipiell könnten auch Objekttripel etc. zugrunde gelegt werden.

2) Die Überlegungen gelten entsprechend für $S_Y \neq S_{Y'}$.

3) Unter der Annahme gleicher Klassennummern in beiden Partitionen.

4) Vgl. Dendrogramm 1 auf S. 258.

Werte):

	Klassen-nummer	IA11 1	2	3	4	5	$n_{i.}$
	1	8 (1,49)	0 (1,49)	0 (0,93)	0 (1,86)	0 (2,23)	8
	2	0 (2,05)	8 (2,05)	0 (1,28)	0 (2,56)	3 (3,07)	11
IA12	3	0 (0.93)	0 (0.93)	5 (0,58)	0 (1,16)	0 (1,40)	5
	4	0 (2,05)	0 (2,05)	0 (1,28)	10 (2,56)	1 (3,07)	11
	5	0 (1,49)	0 (1,49)	0 (0.93)	0 (1,86)	8 (2,23)	8
	$n_{.j}$	8	8	5	10	12	43

Die Partitionen 11 und 12 unterscheiden sich in der Zuordnung von vier Objekten. Für die beobachteten Besetzungszahlen ist c = 0.924, für die theoretischen Werte ergibt sich ein c_{min} = 0,655, also ein erheblich kleinerer Wert. Unter Berücksichtigung des Umstandes, daß das Konkordanzmaß sehr empfindlich auf nur geringe Unterschiede in der Klassenzuordnung reagiert, zeigen die Partitionen 11 und 12 eine beachtliche Übereinstimmung. Mit $(c-c_{min})/(1-c_{min})$ kann c auf das Intervall $[0;1]$ normiert werden. Für dieses Beispiel ergibt sich: $c_n = (0.924 - 0.655) / (1- 0,655) \doteq 0.78$.

Für die zehn Partitionen in fünf Klassen aufgrund der zufällig geänderten Eingabereihenfolge variierten die Werte des Konkordanzmaßes im Intervall $0,82 \leq c \leq 1,0$. Für alle 45 Werte ergab sich eine durchschnittliche Konkordanz von $\bar{c} = 0.92$.

Die Ergebnisse der Information Analysis werden also in einem gewissen Umfang von der Eingabereihenfolge der Daten beeinflußt. Durchweg wird der Kern der Klassen von denselben Objekten gebildet. Ausreißer sowie Objekte, die im Einzugsbereich zweier Klassen liegen, ändern mit der Eingabereihenfolge auch ihre Klassenzugehörigkeit. Die Änderung der Eingabereihenfolge bewirkt zunächst, daß sich die Positionen der abhängigen Übereinstimmungen in der Matrix $\underline{B}$ ändert. Dadurch wird unmittelbar die Bildung von Klassen vom Umfang zwei beeinflußt.

Insbesondere bei binären Klassifikationsmerkmalen gibt es häufig Klassen vom Umfang zwei (oder auch größeren Umfanges), die, obwohl sie von Objekten mit unterschiedlichen Eigenschaften gebildet werden, gleichermaßen sinnvoll sind. Hierzu ein Beispiel: vier Objekte, (1), (2), (3) und (4) seien durch die folgenden Vektoren gekennzeichnet.

(1)	(2)	(3)	(4)
1	0	1	0
1	0	1	0
1	0	0	1
1	0	0	1

Die Klasse (1,3) ist ebenso sinnvoll, wie die Klasse (1,4). Das gleiche gilt für die Klassen (2,3) und (2,4). Die Entropiezuwächse, die aus diesen Fusionen resultieren, haben den gleichen Wert, daher ist die Kombination (1,3), (2,4) nicht der Kombination (1,4), (2,3) vorzuziehen. Dennoch haben die Klassen dieser beiden Kombinationen völlig unterschiedliche Eigenschaften, und es ist zu erwarten, daß diese Eigenschaften, die durch die Centroide der Klassen repräsentiert werden, die folgenden Fusionen beeinflussen. Es gibt ein mit der Entropieanalyse vergleichbares "metrisches" Verfahren (das Verfahren von WARD, vgl. Kap. 2432(126)), welches nur auf den unteren Stufen der Hierarchie auf derartige Änderungen der Klasseneigenschaften reagiert. Partitionen höherer Stufen, z.B. eine Partition in fünf oder weniger Klassen, werden davon nicht beeinflußt. Ob die Unempfindlichkeit dieses Verfahrens gegenüber Änderungen in den Eigenschaften von Subklassen, nur weil sie zu stabilen Partitionen führt, ausschließlich positiv zu beurteilen ist, ist fraglich. Es läßt sich auch der Standpunkt vertreten, daß mit WARD's Methode den Daten eine Struktur aufoktroyiert wird, die zumindest in dieser Stabilität nicht existiert, denn es ist anzunehmen, daß es in empirischem Datenmaterial (vor allem, wenn dieses durch Alternativmerkmale gekennzeichnet ist) z.B. stets Objekte gibt, die im Grenzbereich zweier oder mehrerer Klassen liegen, die also nicht eindeutig zuzuordnen sind. Offensichtlich ist der Entropiezuwachs empfindlicher gegenüber Änderungen der Klasseneigenschaften als das Fusionskriterium des Verfahrens von WARD, der Zuwachs zur Fehlerquadratsumme, der sich auf euklidische Centroid-Distanzen zurückführen läßt.

Es wäre sicherlich nicht berechtigt, die Abhängigkeit des Klassifikationsergebnisses von der Eingabereihenfolge der Daten, als nur positive Eigenschaft eines Verfahrens hervorzuheben. Es ist jedoch kaum zu bestreiten, daß eine Analyse unterschiedlicher Ergebnisse mit festem Kern tiefere Einsichten in die Struktur des klassifizierten Materials ermöglicht als die Analyse nur eines Ergebnisses. Vergleicht man die Ergebnisse der Information Analysis mit Ergebnissen des iterativen Verfahrens von MCRAE (1970), so zeigt sich, daß der hierarchisch-agglomerative Algorithmus der Information Analysis stabilisierend wirkt, was insofern plausibel erscheint, als die Zuordnung von Objekten zu Klassen jeweils endgültig ist. Experimente mit dem Verfahren von MCRAE (1970) lassen den Schluß zu, daß dieses iterative Verfahren empfindlicher auf Änderungen der Eingabereihenfolge reagiert als die Information Analysis. Im übrigen ließe sich eine Stabilität der Ergebnisse durchaus erzwingen, wenn diese für erforderlich gehalten wird.[1)]

In Anlehnung an entsprechende Vorschläge für metrische Merkmale schlagen LANCE/WILLIAMS (1966b) vor, der Berechnung der Entropiezuwächse gewichtete (gesamte) Entropien zugrunde zu legen. Für jedes Klassifikationsmerkmal (i=1,2,...,m) wäre zunächst der Beitrag zur Entropie des Gesamtsystems, also $H_T(S)_i$, zu bestimmen. Dieser Beitrag könnte als Gewicht verwendet werden. Die gewichtete Entropie für die K-te Klasse $H_T(K)_g$ wäre nach der Formel

$$H_T(K)_g = \sum_{i=1}^{m} \left[\{n \operatorname{ld} n - (n_{i1} \operatorname{ld} n_{i1} + n_{i2} \operatorname{ld} n_{i2})\} H_T(S)_i \right]$$

zu berechnen. LANCE/WILLIAMS (1966b, S. 64) betonen, "such a value would only be used for discrimination, and not accumulated as the I value (d.h. $H_T(K)$ in der hier verwendeten Symbolik; Anm. d. Verf.) for the group under study", d.h., die Summe der Entropiezuwächse über die Stufen der Hierarchie ist gleich der Entropie des Gesamtsystems.

---

1) Vgl. WILLIAMS/DALE (1965), LANCE/WILLIAMS (1966b), WILLIAMS/LANCE/DALE/CLIFFORD (1971). Siehe auch WILLIAMS/DALE/MACNAUGHTON-SMITH (1964).

Auf diese Weise wäre es möglich, zwischen abhängigen Übereinstimmungen zu differenzieren und ihren Einfluß auszuschalten.[1] Ob es zweckmäßig ist, die Stabilität der Ergebnisse der Information Analysis zu erzwingen und damit das Beziehungsgefüge der Ähnlichkeiten zu stören, ist jedoch fraglich. Ein stabilisierender Effekt wird auch durch eine Vergrößerung der Anzahl der Klassifikationsmerkmale erreicht.

Da die Variation der Eingabereihenfolge zu mehreren (für sich gesehen durchaus sinnvollen) Ergebnissen führte, ist zu entscheiden, welches dieser Ergebnisse die Klassenstruktur der Unfalldaten am besten repräsentiert. Den Dendrogrammen ist zu entnehmen, daß es berechtigt ist, Partitionen in fünf oder weniger Klassen auszuwählen. Angesichts der nur geringen Anzahl von klassifizierten Objekten scheint eine Partition in fünf Klassen der Datenstruktur besonders angemessen zu sein. Da es verschiedene dieser Partitionen gibt, liegt es nahe zu versuchen, mit Hilfe eines globalen Optimalitätsmaßes zu entscheiden, welche Partition auszuwählen ist. Als globales Optimalitätsmaß für eine Partition könnte z.B. der Anteil der Entropie innerhalb der Klassen an der Entropie des Gesamtsystems dienen. Ein Vergleich dieser Anteile zeigt aber, daß sich die Partitionen in dieser Hinsicht nicht nennenswert unterscheiden. Zwischen der "schlechtesten" und der "besten" Partition besteht nur eine Differenz von etwa einem Prozent. Auch hier zeigt sich wieder die besondere Schwierigkeit einer Klassifikation anhand von Alternativmerkmalen. Unterschiedliche Partitionen sind "global" nahezu gleich gut. Nach dem vorangegangenen Beispiel ist dieser Tatbestand nicht ungewöhnlich. Es scheint zweckmäßig, als repräsentative Partition jene zu wählen, die allen anderen Partitionen am ähnlichsten ist. Als Entscheidungshilfe kann RAND's Konkordanzmaß herangezogen werden. Kriterium ist die größte durchschnittliche Konkordanz. Mit $\bar{c}_{12} = 0{,}943$ hat die Partition in fünf Klassen, die dem Ergebnis mit der Nummer 12 entnommen ist, die größte durchschnittliche Übereinstimmung, ist also allen anderen Partitionen am ähnlichsten.[2] Diese Partition bzw. das

---

1) Ein Programm, das auch die Berechnung gewichteter Entropien vorsieht, steht (zur Zeit) noch nicht zur Verfügung. Auch WILLIAMS und Mitarbeiter haben die Entwicklung eines solchen Programms nur in Aussicht gestellt.

2) Wie bereits erwähnt, unterscheidet sich diese Partition nicht von den Partitionen mit den Nummern 15 und 18. In den Partitionen 10 und 16 ist lediglich der Unfall Nr. 12 der Klasse I und nicht der Klasse II zugeordnet.

zugehörige Dendrogramm (Dendrogramm 1 auf S. 258) repräsentiert die Klassenstruktur der Unfalldaten am besten. Sie soll daher kurz diagnostiziert werden.

Die Klassen sind wie folgt besetzt (vgl. Dendrogramm 1):

Klasse I: 8 Unfälle (10, 15, 18, 19, 26, 28, 31, 37),
Klasse II: 11 Unfälle (2, 3, 4, 5, 7, 8, 12, 16, 32, 36, 40),
Klasse III: 5 Unfälle (17, 20, 24, 27, 35),
Klasse IV: 11 Unfälle (6, 9, 13, 14, 23, 29, 30, 33, 38, 41, 43),
Klasse V: 8 Unfälle (1, 11, 21, 22, 25, 34, 39, 42).

Die Klassen sind unterschiedlich besetzt. Die Tendenz, Klassen gleicher Größe zu bilden, macht sich zumindest bei diesem Datensatz nicht bemerkbar.

Für die Diagnose der Klasseneigenschaften anhand binärer Klassifikationsmerkmale liefert das Anschlußprogramm YDIAG von VOGEL/FORST (1972) vor allem folgende Informationen:

(1) Summen der Merkmalsausprägungen "1" für das Gesamtsystem (S(i,0), i=1,2,...,20);
(2) Summen für die fünf Klassen (S(i,K), K=1,2,...,5);
(3) Quotienten S(i,K)/S(i,0);
(4) Relative Häufigkeiten für das Gesamtsystem (p(i,0));
(5) Relative Häufigkeiten für die fünf Klassen (p(i,K));
(6) Quotienten p(i,K)/p(i,0);
(7) Entropien für das Gesamtsystem ($H_T(S)_i$);
(8) Entropien für die fünf Klassen ($H_T(K)_i$);
(9) Entropien innerhalb der Klassen ($H_T(K)_{i,inn.}$);
(10) Entropien zwischen den Klassen ($H_T(K)_{i,zwi.}$)

und einige Maßgrößen aus der Entropiezerlegung.

Auf eine detaillierte Klassendiagnose soll hier verzichtet werden. Einen guten Einblick vermittelt bereits eine Analyse der relativen Häufigkeiten für die fünf Klassen. Die die Klassen kennzeichnenden Eigenschaften gehen aus der folgenden Tabelle hervor, die aus der

Matrix der relativen Häufigkeiten abgeleitet wurde. Es wird folgende Symbolik verwendet: 0.0 bedeutet p(i,K) = 0.0, 1.0 bedeutet p(i,K) = = 1.0. Wenn in einer Klasse alle Objekte außer einem durch die Ausprägung "0" gekennzeichnet sind, wird das Symbol 0, wenn nur ein Objekt einer Klasse durch eine "0" gekennzeichnet ist, wird das Symbol 1 verwendet. Die Diagnose beschränkt sich also auf die Analyse von Extremwerten. Die Klassifikationsmerkmale sind auf S. 251 f. ausführlich beschrieben.

Tabelle 1: KLassendiagnose

Merkmal	Nr.	Klasse I	II	III	IV	V
Tote	1	0	0.0	0	0	
mehr als ein Verletzter	2	0.0			0.0	0.0
Fußgänger	3	0.0	0.0	0.0	1.0	
Insasse(n)	4	1.0	1.0	1.0	0.0	
mitverantwortl.	5			0.0		
Autob./fr. Strecke	6				0.0	
Samstag/Sonntag	7	0			0.0	
Winter	8		1			
20^{oo} bis 6^{oo}	9	0.0		1.0	0.0	
geb. vor/in 1940	10	0.0				1
geringes Führerscheinalter	11		0.0	1		0.0
Alkoholeinfluß	12	0.0		1	0	0.0
niedrige Geschwindigkeit	13			0	1	0.0
Fahrzeugtyp (PKW)	14	1		1.0		1
Straßenfaktoren	15	0		1		
Witterungsumstände	16			0		0
Überholunfall	17	0	0.0	0.0	0.0	
Vorfahrtverletzung	18	0.0		0.0	0	0
nicht Rechts gefahren	19			0.0	0.0	0.0
Abkommen v. d. Fahrbahn	20	0.0	0.0	1.0	0	0.0

1.0 und 1 können als "ja", 0.0 und 0 können als "nein" interpretiert werden. Die Tabelle zeigt, daß jedes Merkmal einen Beitrag zur Trennung der Klassen leistet. Bemerkenswert ist unter anderem, daß die Verkehrsopfer der Klassen I, II und III ausschließlich Insassen von Kraftfahrzeugen waren (Merkmal Nr. 4). Die Unfälle der Klasse IV sind dagegen ausschließlich Fußgängerunfälle (Merkmal Nr. 3). Bei einer Partition in nur zwei Klassen würde die eine Klasse von den Subklassen I, II und III, die andere von den Subklassen IV und V gebildet (vgl. Dendrogramm 1, S. 258). Die Unfallarten (Merkmale Nr. 17, 18, 19, 20) sind nur eine Auswahl. Es fehlen z.B. Auffahrunfälle sowie Unfälle durch Abbiegen, Einbiegen, Wenden etc.

Die Unfälle der fünf Klassen können nun in Stichworten wie folgt typisiert werden. Die Typisierung stützt sich im wesentlichen auf die relativen Häufigkeiten der Klassifikationsmerkmale in den fünf Klassen. Die in Klammern angegebenen Zahlen sind absolute Häufigkeiten.

Klasse I (8 Unfälle)

Unfälle mit je einem Schwerverletzten (7) oder Toten (1);
keine Fußgänger als Opfer, sondern ausschließlich Insassen von Kraftfahrzeugen;
Unfälle überwiegend auf Autobahn oder freier Strecke (6);
nur ein Unfall am Samstag oder Sonntag;
kein Unfall in der Nacht;
kein Lenker in/vor 1940 geboren;
kein Lenker unter Alkoholeinfluß;
fast alle Fahrzeuge waren PKW (7);
fast keine mitwirkenden Straßenfaktoren (1);
nur ein Überholunfall;
keine Vorfahrtverletzung;
kein Abkommen von der Fahrbahn.

Klasse II (11 Unfälle)

Unfälle ohne getötete Verkehrsteilnehmer, aber mit mehreren (6) oder je einem Schwerverletzten (5);
keine Fußgänger als Opfer, sondern ausschließlich Insassen von Kraftfahrzeugen;
nur zwei Unfälle am Samstag oder Sonntag;

fast alle Unfälle im Winter (10);
Lenker überwiegend vor 1940 geboren (7);
Führerscheine der Lenker sämtlich älter als drei Jahre;
kein Überholunfall;
kein Abkommen von der Fahrbahn.

Klasse III (5 Unfälle)

Unfälle mit getötetem (1), mehr als einem Schwerverletzten (3) und einem schwerverletzten Verkehrsteilnehmer (1);
kein Fußgänger beteiligt, sondern ausschließlich Insassen von Kraftfahrzeugen;
alle Verkehrsopfer für Unfall nicht allein oder mitverantwortlich;[1)]
alle Unfälle zwischen 20^{oo} Uhr und 6^{oo} Uhr;
Führerscheine überwiegend nicht älter als drei Jahre (4);
Lenker überwiegend unter Alkoholeinfluß (4);
Geschwindigkeit überwiegend höher als 50 km/h (4);
alle Fahrzeuge PKW;
überwiegend mitwirkende Straßenfaktoren vorhanden(4);
fast keine mitwirkenden Witterungsumstände (1);
alle Fahrzeuge von der Fahrbahn abgekommen.

Die Klasse III ist eine "wohlseparierte" Klasse. Sie wird auch von anderen Verfahren gebildet.

Klasse IV (11 Unfälle)

Unfälle mit je einem Schwerverletzten (10) oder Toten (1);
alle Verkehrsopfer sind Fußgänger;
Verkehrsopfer überwiegend für Unfall allein oder mitverantwortlich (9);
kein Unfall auf Autobahn oder freier Strecke;
kein Unfall am Samstag oder Sonntag;
kein Unfall zwischen 20^{oo} Uhr und 6^{oo} Uhr;
Lenker überwiegend in/vor 1940 geboren (9);
fast kein Lenker unter Alkoholeinfluß (1);

1) Bei diesem Unfalltyp drängt sich der Verdacht auf, daß hier ein Erfassungsfehler vorliegt. Die übrigen Unfallmerkmale lassen es wahrscheinlich erscheinen, daß die Lenker für den Unfall zumindest mitverantwortlich waren.

Geschwindigkeit fast immer unter 50 km/h (10);
kein Überholunfall;
kein Verstoß gegen Rechtsfahrgebot.

Auch die Klasse der Fußgängerunfälle (IV) gehört zu den wohlseparierten Klassen.

Klasse V (8 Unfälle)

Unfälle mit je einem Schwerverletzten (4) oder Toten (4);
überwiegend Unfälle auf Autobahn oder freier Strecke (6);
fast alle Lenker vor/in 1940 geboren (7);
Führerscheine sämtlich älter als drei Jahre;
kein Lenker unter Alkoholeinfluß;
Geschwindigkeit stets höher als 50 km/h;
fast alle Fahrzeuge waren PKW (7);
fast keine mitwirkenden Witterungsumstände (1);
kein Verstoß gegen Rechtsfahrgebot;
kein Abkommen von der Fahrbahn.

Wie die Typisierung zeigt, sind die die Klassen kennzeichnenden (Unfall-)Merkmale innerhalb der Klassen (linear) hoch korreliert (vgl. auch Tabelle 1). Die Klassen sind nicht sehr heterogen. Trotz der Beschränkung auf besonders große bzw. kleine relative Häufigkeiten, können zur Typisierung der Unfälle bis zu 15 Merkmale (je Klasse) verwendet werden. Jedes Merkmal ist zumindest für eine Klasse, die Mehrzahl der Merkmale für mehrere Klassen kennzeichnend. Die Klassen sind sinnvoll, und könnten ohne Zweifel als Grundlage der Unfallursachenforschung dienen. Eine Klassifikation von Unfällen anhand einer größeren Anzahl von Unfallmerkmalen erscheint sehr vielversprechend, zumal durch eine Vergrößerung der Merkmalsanzahl die Stabilität des Klassifikationsergebnisses positiv beeinflußt wird.[1] Bei der Klassifikation einer größeren Anzahl von Unfällen könnte nicht nur eine so starke Zusammenfassung der Unfallmerkmale, wie sie hier erforderlich

---

1) Bei hierarchisch-agglomerativen Klassifikationsverfahren ist auch eine große Anzahl von Klassifikationsmerkmalen ohne Schwierigkeiten zu verarbeiten.

war, vermieden, und eine detailliertere Beschreibung der Klassen ermöglicht werden (vgl. den Fragebogen zur Unfallursachen-Statistik des HUK-Verbandes im Anhang zu dieser Arbeit), sondern es könnten auch neue, für die Unfallursachenforschung aufschlußreiche Klassen entdeckt werden.

Für weitergehende Analysen dieser Unfalltypen sind vor allem die Merkmalskombinationen von Interesse. Bemerkenswerte Kombinationen sind beispielsweise in der

Klasse I: ein Schwerverletzter - Insasse - Autobahn / freie Strecke - wochentags - tagsüber;

Klasse II: ein und mehrere Schwerverletzte(r) - Insasse(n) - Wochentag - Winter - ältere Lenker/Führerscheine;

Klasse III: Schwerverletzte/Tote - Insassen - nachts - Alkoholeinfluß - hohe Geschwindigkeit - PKW - Abkommen von der Fahrbahn;

Klasse IV: ein Schwerverletzter/Toter - Fußgänger - mit verantwortlich - Unfälle in Ortschaft - Wochentag - tagsüber - geringe Geschwindigkeit;

Klasse V: relativ viele Tote - Autobahn/freie Strecke - ältere Lenker/Führerscheine - hohe Geschwindigkeit - PKW.

Die Entropien des Gesamtsystems ($H_T(S)_i$) lassen sich zerlegen in die Entropien innerhalb der Klassen ($H_T(K)_{i,inn.}$) und die Entropien zwischen den Klassen ($H_T(K)_{i,zwi.}$).[1] Die Anteile $H_T(K)_{i,inn.}/H_T(S)_i$ bzw. $H_T(K)_{i,zwi.}/H_T(S)_i$ sind (globale) Indikatoren für die Güte einer Partition in Bezug auf das i-te Merkmal. Sie zeigen, welchen Beitrag jedes Merkmal zur Trennung der Klassen leistet. Aus der Rangordnung der Anteile läßt sich die Bedeutung der einzelnen Merkmale für die Klassifikation ablesen.

Bei K = 5 Klassen ist für das Gesamtsystem:[2]

$$H_T(S) = 477{,}2 \text{ nit}, \quad H_T(K)_{inn.} = 298{,}6 \text{ nit} = 62{,}6\% \quad \text{und}$$

---

1) $\sum_{i=1}^{m} H_T(S)_i = H_T(S)$ ist die Entropie des Gesamtsystems.

2) Logarithmen zur Basis e.

$$H_T(K)_{zwi.} = 178{,}6 \text{ nit} = 37{,}4\%.$$ [1]

Die Entropiezerlegung für die 20 Merkmale zeigt die folgende Tabelle.

Tabelle 2: Entropiezerlegung

Merkmal (i)	$H_T(S)_i$ nit	$H_T(K)_{i,inn.}$ nit	%	$H_T(K)_{i,zwi.}$ nit	%	Rang-Nr.
1	19,10	14,41	75,4	4,69	24,6	14
2	22,06	10,94	49,6	11,12	50,4	5
3	27,13	5,29	19,5	21,84	80,5	3
4	28,38	5,29	18,6	23,09	81,4	1
5	29,51	21,52	72,9	7,99	27,1	13
6	29,51	19,94	67,6	9,57	32,4	12
7	22,06	16,88	76,5	5,17	23,4	15
8	29,23	25,13	86,0	4,10	14,0	18
9	25,46	12,08	47,4	13,38	52,6	4
10	29,23	18,81	64,3	10,43	35,7	11
11	24,45	14,49	59,3	9,96	40,7	6
12	20,66	12,30	59,5	8,36	40,5	7
13	29,79	18,98	63,7	10,82	36,1	10
14	22,06	19,68	89,2	2,38	10,8	19
15	27,81	22,81	82,0	5,00	18,0	16
16	25,46	23,49	92,3	1,97	7,7	20
17	13,31	8,31	62,4	5,00	37,6	8
18	15,46	12,81	82,9	2,65	17,1	17
19	19,10	12,08	63,2	7,03	36,8	9
20	17,38	3,35	19,3	14,03	80,7	2

Wie die Rangordnung zeigt, sind die folgenden Merkmale für die Trennung der Klassen von besonderer Bedeutung: (4) Insasse(n), (20) Abkommen von der Fahrbahn, (3) Fußgänger, (9) Tageszeit, (2) Anzahl der Schwerverletzten (einer, mehrere), (11) Alter des Führerscheins und (12) Alkoholeinfluß; von nur geringer Bedeutung sind die Merkmale: (16) Witterungseinfluß, (14) Fahrzeugtyp, (8) Jahreszeit, (18) Vorfahrtverletzung und (15) mitwirkende Straßenfaktoren. Die Ergebnisse der Entropiezerlegung decken sich ziemlich genau mit den Ergebnissen der Klassendiagnose anhand der relativen Häufigkeiten (vgl. Tabelle 1). Es ist jedoch darauf hinzuweisen, daß sich die Bedeutung

---

1) Vgl. auch Dendrogramm 2 (S. 259) und Struktogramm 1 (S. 260).

der Klassifikationsmerkmale ändern kann, wenn Merkmalsanzahl und/oder -zusammensetzung variiert werden.

Die Information Analysis bildet polythetische Klassen (vgl. Kap. 241). Daher ist es nicht ohne weiteres möglich, Objekte, die nicht zum klassifizierten Datensatz gehören, einer der gebildeten Klassen zuzuordnen. Das Problem besteht darin, von mehreren Klassen jene zu finden, welcher ein neu zuzuordnendes Objekt am meisten ähnlich ist.

In Anlehnung an KULLBACK/LEIBLER (1951), KULLBACK (1959) und KULLBACK/KUPPERMAN/KU (1962) schlägt ORLOCI (1969) vor, die "discrimination information" als Maß der Ähnlichkeit zu verwenden.

Jede Klasse kann durch eine Häufigkeitsverteilung gekennzeichnet werden. Die relativen Häufigkeiten r_{iK} $(i = 1,2,\ldots,m)$ für die Klassen K $(K = 1,2,\ldots,S)$, die von n_K Objekten gebildet wird, seien wie folgt definiert

$$r_{iK} = \sum_{j=1}^{n_K} x_{ij} \Big/ \sum_{i=1}^{m} \sum_{j=1}^{n_K} x_{ij} \; ; \quad r_{iK} \geqq 0, \quad \sum_{i=1}^{m} r_{iK} = 1.$$

Für das neu zuzuordnende Objekt c sei

$$r_{ic} = x_{ic} \Big/ \sum_{i=1}^{m} x_{ic} \; ; \quad r_{ic} \geqq 0, \quad \sum_{i=1}^{m} r_{ic} = 1.$$

Die "discrimination information" ist durch

$$I(c;K) = \sum_{i=1}^{m} r_{ic} \ln \frac{r_{ic}}{r_{iK}}$$

gegeben. Das neu zuzuordnende Objekt c ist der Klasse zuzuweisen, für die I(c;K) ein Minimum ist.[1)]

1) 2I(c;K) ist asymptotisch χ^2-verteilt mit m-1 Freiheitsgraden. Mit der "discrimination information statistic" läßt sich die Nullhypothese testen, daß eine Zufallsstichprobe aus einer multinomialen Gesamtheit stammt, die durch die relativen Häufigkeiten $p_1, p_2, \ldots, p_m$ gekennzeichnet ist. Alternativhypothese ist, daß die Stichprobe aus irgendeiner anderen m-nomialen Gesamtheit stammt (KULLBACK, 1959, S. 112 ff.).

Als Zuordnungskriterien kann auch der bereits bekannte Entropiezuwachs verwendet werden. Für jedes der $j=1,2,...,n_n$ neu zuzuordnenden Objekte und jede der $K=1,2,...,S$ gebildeten Klassen ist

$$\Delta H_T(Kj) = H_T(Kj) - H_T(K)$$

zu berechnen. Das j-te Objekt ist der Klasse zuzuordnen, für die der Entropiezuwachs $\Delta H_T(Kj)$, $K = 1,2,...,S$ ein Minimum ist.

Mit der Aufnahme neuer Objekte ändern die Klassen ihre Eigenschaften. Im allgemeinen ist es wünschenswert, der Zuordnung neuer Objekte Klassen mit konstanten Eigenschaften - die durch das Kompaktheitsmaß $H_T(K)$ repräsentiert werden - zugrunde zu legen. Auch nach der Aufnahme des j-ten Objekts in die Klasse K bleibt dann $H_T(K)$ als Grundlage der Zuordnung weiterer Objekte unverändert. Bei der Verwendung des Entropiezuwachses $\Delta H_T(Kj)$ als Kriterium der Unähnlichkeit zwischen einem Objekt und einer Klasse ist auch die Klassenbesetzung ein die Unähnlichkeit mitbestimmender Faktor. Bestimmte Schwierigkeiten bei der Zuordnung von Objekten lassen sich vermeiden, wenn an Stelle des (totalen) Entropiezuwachses $\Delta H_T(Kj)$ der durchschnittliche Entropiezuwachs

$$\Delta\hat{H}(Kj) = H_T(Kj)/(n_K+1) - H_T(K)/n_K$$

als Zuordnungskriterium verwendet wird. Der durchschnittliche Entropiezuwachs scheint jedoch nur dann empfehlenswert, wenn die Klassenbesetzung stark differiert.[1)]

---

1) WILLIAMS, LANCE und Mitarbeiter haben versucht, mit dem durchschnittlichen Entropiezuwachs $\Delta H(KL) = 2H_T(KL)/n_{KL} - H_T(K)/n_K - H_T(L)/n_L$ als Fusionskriterium eine von der Klassenbesetzung unabhängige Version des Centroid Sorting für Alternativmerkmale zu entwickeln, die sogenannte "size-free-version" (vgl. Programm-Spezifikation CENTCLAS, LANCE/WILLIAMS, 1970c). In einem Briefwechsel über die Information Analysis, den ich im vergangenen Jahr (1972) mit Professor Williams führte, schrieb WILLIAMS unter anderem: "The algorithm proved completely useless in practice, since it was not monotone, and 'chained' badly; ...". Eigene Experimente mit der "size-free-version" bestätigten diese Erfahrungen. Zahlreiche Inversionen machten eine Klassenbildung unmöglich. Das Verfahren ist in dieser Form unbrauchbar.

Schließlich kann die Zuordnung von Objekten natürlich auch aufgrund des kleinsten euklidischen Abstands zwischen den Objekten und den Centroiden der K Klassen erfolgen. Die euklidische Distanz ist unabhängig von der Klassenbesetzung. Ein "metrisches" Zuordnungskriterium scheint jedoch hier weniger adaequat zu sein. Ein theoretisch und praktisch befriedigendes Verfahren für die Zuordnung von Objekten zu Klassen mit bekannten Eigenschaften unter Berücksichtigung der Streuung und der Merkmalskorrelationen innerhalb der Klassen scheint es für Alternativmerkmale nicht zu geben.[1)]

Wie eine Reihe von Vergleichsuntersuchungen zeigte, ist die Entropieanalyse zu den brauchbarsten hierarchisch-agglomerativen Klassifikationsverfahren zu zählen. Es erfüllt die wichtigsten Bedingungen, die LANCE/WILLIAMS (1966b, S. 62; vgl. auch S. 250 dieser Arbeit) an ein "ideales" hierarchisch-agglomeratives Klassifikationsverfahren stellen.[2)] Die Entropie innerhalb der Klassen und - von den erwähnten Extremfällen abgesehen - auch der Entropiezuwachs nehmen mit abnehmender Klassenanzahl monoton zu. Das Verfahren bildet, wenn der Datensatz Klassen enthält, "clearly-separated groups". Die Bildung kompakter Klassen wird nicht durch sukzessive Fusionen einzelner Objekte und bereits gebildeter Klassen ("chaining effect") gestört. Die Klassenbildung ist "relatively insensitive to outlying values". Ein Signifikanztest zur Bestimmung eines "...objective level below which details of individual fusions may be disregarded as without interest", den LANCE/WILLIAMS (1966b, S. 62) aus der Beziehung zwischen Entropie und χ^2 ableiten wollen, ist jedoch wahrscheinlichkeitstheoretisch nicht zu begründen.

Ein solches "objective level" können aber auch andere Verfahren/Maße nicht liefern. Die Information Analysis ist im Gegensatz zu anderen hierarchisch-agglomerativen Verfahren nur für Alternativmerkmale definiert. Weil eine Metrisierung der Merkmalsausprägungen nicht erforderlich ist, ist dieses Verfahren dem Merkmalstyp besonders adae-

---

1) Für die Zuordnung von Objekten anhand metrischer Merkmale können der MAHALANOBIS-Abstand oder Diskriminanzfunktionen verwendet werden. Die zugrunde liegenden Annahmen sind jedoch sehr restriktiv und in der Praxis kaum zu erfüllen.

2) Vgl. auch die "Australian Criteria" bei WILLIAMS/LANCE/DALE/CLIFFORD (1971, S. 164).

quat. Klassenbildung, Klassendiagnose und Zuordnung neuer Objekte zu Klassen mit bekannten Eigenschaften erfolgen nach einem einheitlichen Prinzip, bilden ein geschlossenes System der **Datenanalyse**. Spezielle Annahmen über die Daten, über zugrunde liegende Verteilungen, über die Größe und räumliche Anordnung von Punkthäufungen, über die Verhältnisse der Dispersionen innerhalb der Klassen zueinander etc. (vgl. ORLOCI, 1969) sind für die Anwendung dieses Verfahrens nicht erforderlich. Wie die Klassifikation der Verkehrsunfälle zeigte, liefert die Entropieanalyse durchaus brauchbare Klassen. Die Klassenbildung ist jedoch in einem gewissen Umfange von der Eingabereihenfolge der Daten abhängig. Die positiven Eigenschaften der Information Analysis werden bei der folgenden Analyse der Leistungsfähigkeit und der Klassifikationsergebnisse anderer Verfahren besonders deutlich.

Die Entropieanalyse ist - wie die anderen hierarchisch-agglomerativen Verfahren auch - ein sehr wirtschaftliches Klassifikationsverfahren, das wenig Rechenzeit erfordert.[1] Der Bedarf an Kernspeicherkapazität ist jedoch größer als bei den anderen hierarchischen Verfahren, weil zusätzlich zur Ähnlichkeitsmatrix $\underline{B}$ vom Typ $n * n$ auch die Datenmatrix $\underline{X}$ vom Typ $m * n$ abgespeichert und erhalten werden muß. Der Bedarf an Rechenzeit wächst überproportional mit der Anzahl der zu klassifizierenden Objekte. Das gilt auch für die übrigen hierarchischen Verfahren. Wegen des relativ komplizierten Algorithmus ist die von der Entropieanalyse benötigte Rechenzeit etwas stärker von der Anzahl der Klassifikationsmerkmale abhängig. Gemessen am Zeitbedarf der iterativen Verfahren ist die Anzahl der Klassifikationsmerkmale bei den hierarchischen Verfahren von wesentlich geringerer Bedeutung. Auch eine große Anzahl von Merkmalen läßt sich mit vertretbarem Aufwand verarbeiten (vgl. S. 267 ff.).

---

1) Für die Klassifikation der Straßenverkehrsunfälle (n=43, m=20), wurden etwa 35 sec. CPU-Zeit (auf einer SIEMENS 4004/55) benötigt (vgl. zum Output des Programms S. 257 f. dieser Arbeit).

(12) Rekursive Verfahren

Unter "rekursive" Verfahren werden jene hierarchisch-agglomerativen Klassifikationsverfahren subsumiert, die zur Klassenbildung nicht auf die Datenmatrix $\underline{X}$ zurückgreifen. Die "inter-class" Maße werden mittels einer Rekursionsformel unter Verwendung von Zusatzinformationen aus den "inter-object" Maßen abgeleitet.[1)]

Die Klassenbildung erfolgt im Prinzip so, wie sie für die Entropieanalyse beschrieben wurde (vgl. S. 255 f.).

In der ersten Phase wird die Matrix $\underline{B}$ mit Ähnlichkeits- bzw. Unähnlichkeitsmaßen für alle n(n-1)/2 Objektpaare berechnet. In der zweiten Phase werden Klassen gebildet nach folgender Strategie: (1) Jene Objekte und/oder Klassen, die einander am ähnlichsten bzw. am wenigsten unähnlich sind, werden zu einer Klasse zusammengefaßt. Die gebildete Klasse kann durch ihr Centroid ($\underline{p}' = [p_1, p_2, \ldots, p_m]$) repräsentiert werden. (2) Die Matrix $\underline{B}$ wird aktualisiert. Mit Hilfe einer Rekursionsformel wird aus den Elementen der Matrix $\underline{B}$ und den Besetzungszahlen der Klassen der Grad der Ähnlichkeit bzw. Unähnlichkeit zwischen der neu gebildeten Klasse und allen anderen Objekten bzw. bereits existierenden Klassen berechnet. Die entsprechenden Elemente der Matrix $\underline{B}$ werden durch die neuen Werte ersetzt. Die Elemente der Matrix $\underline{B}$, die dem Objekt bzw. der Klasse mit der höheren Klassennummer zugeordnet sind, werden inaktiviert. (3) Die Besetzungszahlen der Klassen werden auf den neuesten Stand gebracht, und die Anzahl der Klassen wird um eins vermindert. Der Prozeß der Klassenbildung beginnt wieder bei (1), bis nach (n-1) Fusionsstufen alle Objekte einer Klasse angehören. Auf jeder Fusionsstufe wird also das kleinste bzw. größte Element der (Un-) Ähnlichkeitsmatrix $\underline{B}$ gesucht.

LANCE/WILLIAMS (1966a, 1967a) haben eine Rekursionsformel entwickelt,[2)] mit Hilfe derer (bei entsprechender Wahl der Parameter) für alle gebräuchlichen hierarchisch-agglomerativen Klassifikationsverfahren - mit Ausnahme der Entropieanalyse - der Grad der Ähnlichkeit bzw. Unähnlichkeit zwischen Klassen ohne Rückgriff auf die

---

1) LANCE/WILLIAMS (1967a) nennen Verfahren dieses Typs "Combinatorial".

2) Siehe auch WISHART (1969c).

Datenmatrix aus den Elementen b_{ij} (i,j = 1,2,...,n) der Matrix B und der Klassenbesetzung berechnet werden kann. Der Grad der Ähnlichkeit bzw. Unähnlichkeit zwischen der Klasse K und einer Klasse LM, die durch die Fusion der Klassen L und M entstanden ist, ergibt sich aus:

$$b_{K(L,M)} = \alpha_L b_{KL} + \alpha_M b_{KM} + \beta b_{LM} + \gamma |b_{KL} - b_{KM}| .$$

Diese Rekursionsformel "... applies rigorously only to measures with the general properties of a Euclidean distance;" (LANCE/WILLIAMS, 1966a, S. 218). Die Parameter α_L, α_M, β und γ werden durch die jeweilige Fusionsstrategie determiniert. Sie sind in der folgenden Tabelle 3 zusammengestellt.

Mit den rekursiven Verfahren können metrische (bzw. metrisierte) und binäre Merkmale verarbeitet werden. Die Verwendung der Rekursionsformel hat den Vorteil, daß sie die Programmierung der gebräuchlichen hierarchisch-agglomerativen Klassifikationsverfahren wesentlich erleichtert. Allerdings können Rundungsfehler die Klassifikationsergebnisse beeinträchtigen. Im Programm YGROUP von FORST/VOGEL (1972), das alle in Tabelle 3 aufgeführten Strategien enthält, wurde der Einfluß von Rundungsfehlern mit Hilfe des simulierten Ein- und Ausgabesystems der SIEMENS 4004/55 (vgl. Anm. 3 S. 257) ausgeschaltet. Der Output dieses Programms für die rekursiven Verfahren besteht im wesentlichen aus: der Matrix B mit "matching coefficients" bzw. quadrierten euklidischen Distanzen, der Korrelationsmatrix für die m Klassifikationsmerkmale und dem Klassifikationsergebnis. Letzteres besteht aus dem Stufenprotokoll, in welchem für jede der (n-1) Fusionsstufen angegeben wird, welche Objekte und/oder Klassen zu einer Klasse vereinigt werden und welchen Wert das Fusionskriterium annimmt und dem Dendrogramm. Der Output zu WARD's Method entspricht dem der Information Analysis. Hier kann wahlweise auch ein Struktogramm ausgegeben werden. Als Maße für die Ähnlichkeit bzw. Unähnlichkeit von Objekten und/oder Klassen sind nur die wichtigsten vorgesehen, nämlich die quadrierte euklidische Distanz und der "matching coefficient", d.h. also $b_{KL} = d^2_{KL}$ bzw. $b_{KL} = S_{SM}$. Für binäre Merkmale ist $d^2_{KL} = (b+c) = m - (a+d)$.

<u>Tabelle 3:</u> Parameter für die Rekursionsformel von LANCE/WILLIAMS[1][2]

Strategie	α_L	α_M	β	γ
(1) Single Linkage (Nearest Neighbour)	$\frac{1}{2}$	$\frac{1}{2}$	0	$-\frac{1}{2}$
(2) Complete Linkage (Furthest Neighbour)	$\frac{1}{2}$	$\frac{1}{2}$	0	$\frac{1}{2}$
(3) Average Linkage (Group Average)	$\frac{n_L}{n_L + n_M}$	$\frac{n_M}{n_L + n_M}$	0	0
(4) Centroid Sorting	$\frac{n_L}{n_L + n_M}$	$\frac{n_M}{n_L + n_M}$	$-\frac{n_L n_M}{(n_L + n_M)^2}$	0
(5) Verfahren von GOWER	$\frac{1}{2}$	$\frac{1}{2}$	$-\frac{1}{4}$	0
(6) Verfahren von WARD	$\frac{n_K + n_L}{n_K + n_L + n_M}$	$\frac{n_K + n_M}{n_K + n_L + n_M}$	$-\frac{n_K}{n_K + n_L + n_M}$	0
(7) Verfahren von LANCE/WILLIAMS	$\frac{1 - \beta}{2}$	$\frac{1 - \beta}{2}$	$\beta < 1$	0

1) Für (quadrierte) euklidische Distanzen als Maße der Unähnlichkeit von Klassen, d.h. $b_{KL} = d_{KL}^2$ (= (b+c)). n_K, n_L und n_M sind die Besetzungszahlen der Klassen K, L und M.

2) Vgl. CORMACK (1971, S. 331), LANCE/WILLIAMS (1967a), WISHART (1969c, S. 168).

Es ist wünschenswert, daß das Fusionskriterium mit abnehmender Klassenanzahl monoton zu- bzw. abnimmt, weil Inversionen nicht zu einer eindeutigen Klassenbildung führen. Single Linkage und Complete Linkage sind definitionsgemäß monoton. Dies gilt jedoch nicht für die Strategien, für die $\gamma = 0$. LANCE/WILLIAMS (1966a, 1967b) weisen darauf hin, daß die Fusionskriterien nur bei jenen Verfahren monoton zu- bzw. abnehmen, für die $\alpha_L + \alpha_M + \beta \geq 1$ ist. GOWER's Methode und Centroid Sorting sind mithin Strategien, in welchen Inversionen zu erwarten sind.

(121) Single Linkage

Single Linkage ist eines der ältesten und einfachsten hierarchisch-agglomerativen Klassifikationsverfahren. Es gehört zu jenen sehr seltenen Verfahren, welche keine "minimum variance solution" liefern, d.h., die bei der Klassenbildung nicht versuchen, die intra-class Dispersion in irgendeiner Form zu minimieren. Wegen dieser Eigenschaft ist Single Linkage besonders dann für die Klassenbildung geeignet, wenn die Form der den Klassen zuzuordnenden m-dimensionalen Punkthäufungen ganz erheblich von der einer Hyperkugel oder Hyperellipse abweicht, wenn die Punkthäufungen etwa die Form von Bananen haben oder s-förmig sind. Voraussetzung ist allerdings, daß der Raum zwischen den Punkthäufungen nicht besetzt ist.

Der Prozeß der Klassenbildung beginnt wiederum mit n Klassen vom Umfang eins. Für die Bildung der Klassen ist entscheidend, daß "the distance between two groups is defined as the distance... between their closest elements, one in each group" (LANCE/WILLIAMS, 1967a, S. 374). Auf jeder Fusionsstufe werden jene beiden Klassen K und L vereinigt, die sich dadurch auszeichnen, daß der Abstand (die Ähnlichkeit) zwischen dem j-ten Objekt der Klasse K und dem k-ten Objekt der Klasse L der kleinste Abstand (die größte Ähnlichkeit) aller (inter-object) Abstände (Ähnlichkeiten) dieser Fussionsstufe ist: $d_{KL} = \text{Min}\ (d_{jk}),\ j \in K,\ k \in L$ ($S_{KL} = \text{Max}\ (S_{jk}),\ j \in K,\ k \in L$). Für die Fusion von Klassen genügt also eine einzige Beziehung zwischen zwei Objekten, ein "single link". Die so gebildeten Klassen einer Fusionsstufe mit $\text{Min}\ (d_{jk}) = s$ bzw. $\text{Max}\ (S_{jk}) = t$ bestehen aus Objekten, die jeweils zumindest einem Objekt, dem "nearest neighbour", ähnlich sind in dem Sinne, daß der Abstand kleiner oder höchstens gleich s bzw. die Ähnlichkeit größer oder mindestens gleich t ist. Die Klassen selbst sind durch größere Abstände als s bzw. geringere Ähnlichkeiten als t separiert. Weil die klassifizierten Objekte nur dem (den) nächsten Nachbarn ähnlich sein müssen, können zwei Objekte, obwohl sie einer Klasse angehören, einander weniger ähnlich sein, als Objekte verschiedener Klassen. Für den Prozeß der Klassenbildung ist die Tendenz kennzeichnend, einzelne Objekte sukzessive mit bereits existierenden Klassen zu fusionieren.

In der Klassifikationsliteratur wird häufig ein Unterschied gemacht zwischen Single Linkage und Nearest Neighbour. Single Linkage wurde als ursprünglich nicht-hierarchisches (nicht-iteratives) Klassifikationsverfahren von SNEATH (1957b) eingeführt. Anzahl und Umfang der Klassen wurden durch schrittweise Vergrößerung eines vorgegebenen Abstands bzw. Verkleinerung einer vorgegebenen Ähnlichkeit variiert. WILLIAMS/LAMBERT/LANCE (1966) haben das "single-link"-Prinzip zum hierarchischen Prozeß "Nearest Neighbour" verallgemeinert. Das gleiche Prinzip liegt den von MCQUITTY (1957, 1960, 1964) entwickelten Verfahren zugrunde. MCQUITTY unterschied bereits 1957 zwischen einer "elementary" und einer "hierarchical" Linkage Analysis. Sehr ähnliche Verfahren wurden auch von GENGERELLI (1963) und CATTELL/COULTER (1966) vorgeschlagen.

Single Linkage unterscheidet sich von anderen Verfahren auch dadurch, daß zur Bestimmung des Grades der Ähnlichkeit bzw. Unähnlichkeit zwischen Objekten (und Klassen) beliebige Maße (Distanzen oder Ähnlichkeitskoeffizienten) verwendet werden können. Die Klassifikationsergebnisse unterscheiden sich jedoch nicht, wenn die verwendeten Maße zu derselben Rangordnung von Ähnlichkeits- bzw. Unähnlichkeitsbeziehungen zwischen Objekten führen. Da für binäre Merkmale z.B. zwischen der quadrierten euklidischen Distanz, dem "matching coefficient" und dem Entropiezuwachs für die Objekte P und Q die Beziehung $d^2(P,Q) = m \cdot (1-S(P,Q)_{SM} = \Delta H_T(PQ)/2 \text{ ld } 2 = (b+c)$ besteht, sind die Ergebnisse für diese drei Maße identisch. Bei der Verwendung des "matching coefficient" oder anderen Ähnlichkeitskoeffizienten dieses Typs ist in der Rekursionsformel der Parameter $\gamma = -0{,}5$ durch $\gamma = +0{,}5$ zu ersetzen.

Da für die Klassenbildung nur die gewählten "inter-object" Maße, also die Elemente der Matrix B̲ benötigt werden, ist die Rekursionsformel entbehrlich. Sie führt nicht nur zu (vermeidbaren) Rundungsfehlern, sondern verlangsamt auch den Prozeß der Klassenbildung.

Die Leistungsfähigkeit des Verfahrens zeigt sich deutlich bei der Klassifikation der Straßenverkehrsunfälle, deren Ergebnis das Dendrogramm 9 veranschaulicht.

<u>Dendrogramm 9</u>

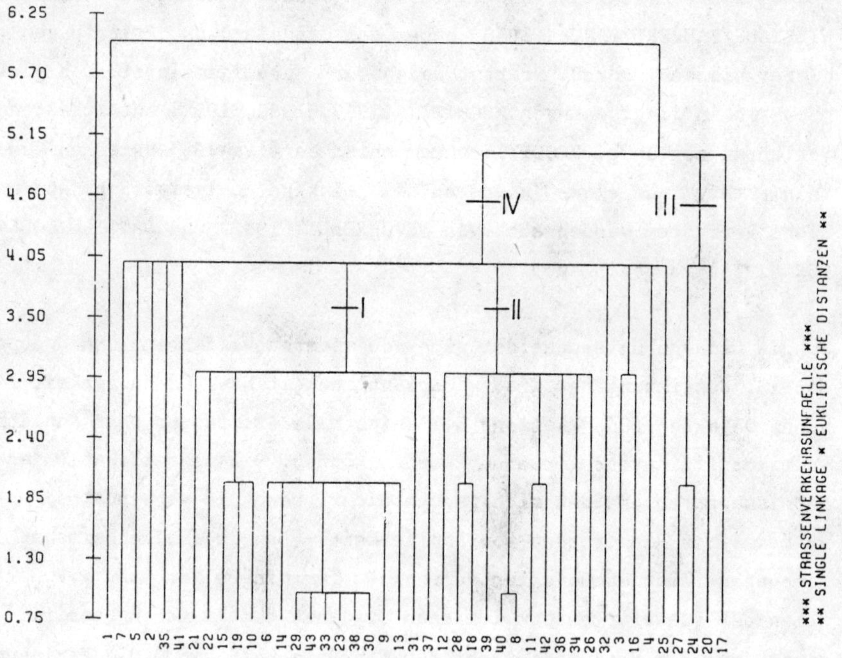

Als "inter-object" Maß wurde die quadrierte euklidische Distanz, also die Anzahl der Nicht-Übereinstimmungen (b+c) gewählt. Das Dendrogramm ist mit dem für "matching-coefficients" identisch.

Es fällt unmittelbar auf, daß es viele übereinstimmende Distanzen und nur sechs "hierarchical levels" ($d^2 = 1,0$; $d^2 = 2,0$; ...; $d^2 = 6,0$) gibt.[1]

Das ist eine für Alternativmerkmale typische Erscheinung. Für das Verfahren Single Linkage typisch sind die zahlreichen Klassen vom Umfang eins auf den unteren und mittleren Stufen der Hierarchie, welche keine Nuklei selbständiger Klassen bilden, sondern in bereits existierende Klassen aufgenommen werden. Klassen größeren Umfanges werden nur auf dem Niveau $d^2 = 2,0$ und $d^2 = 3,0$ gebildet.[2] Die Klasse des Niveaus $d^2 = 2,0$ (Unfälle mit den Kennungen: 6, 14, 29, 43, 33, 23, 38, 30, 9, 13) ist mit der Klasse IV: "Fußgängerunfälle" der Information Analysis nahezu identisch, es fehlt lediglich der Unfall mit der Nummer 41 (vgl. Dendrogramm 1). Auch die Unfälle 27, 24 und 20 (das ist der Kern der Klasse III der Information Analysis) sind deutlich von den anderen Unfällen separiert. Die Klassen des Niveaus $d^2 = 3,0$ unterscheiden sich wesentlich in ihrer Struktur. Klasse I besteht aus einem festen Kern, an den eine kleine Klasse (15, 19, 10) sowie einzelne Unfälle "angehängt" werden; Klasse II wird dagegen von einer Kette aneinander gereihter einzelner Unfälle bzw. Unfallpaare gebildet. Der Distanzmatrix $\underline{B}$ ist zu entnehmen, daß z.B. der Unfall 26 nur zum Unfall 18 eine Distanz von $d^2 = 3,0$ hat; der Abstand zu anderen Unfällen dieser Klasse ist erheblich größer, so ist z.B. $d^2(26,42) = d^2(26,8) = 10,0$.[3] Die Klasse II ist also eine sehr heterogene Klasse.

Obwohl Single Linkage aus den Unfalldaten keine brauchbaren Klassen bildet, ist das Klassifikationsergebnis nicht unverwendbar. Es liefert wertvolle Informationen über die Ähnlichkeitsstruktur. Der Unfall mit der Nummer 1 ist z.B. allen anderen Unfällen am wenigsten ähnlich. Da der Abstand zum nächsten Nachbarn immerhin $d^2 = 6,0$ beträgt, scheint

---

1) Entsprechend $S_{SM} = 0,95$; $S_{SM} = 0,90$; ...; $S_{SM} = 0,70$.

2) Auf den Niveaus $d^2 = 4,0$ und $d^2 = 5,0$ gehören fast alle Einheiten einer Klasse an.

3) Hingegen ist der Abstand zum Unfall 19 der Klasse I nur $d^2(26,19)=7,0$.

es berechtigt, diesen Unfall als "Ausreißer" zu bezeichnen. Am Rande der Punkthäufungen liegen auch die kleine Klasse III (27, 24, 20) und der Unfall 17. Einige der Unfälle, die einzeln in die Klasse IV aufgenommen werden, sind Glieder einer Kette von "nearest neighbours", die die Verbindung zwischen den Klassen I und II herstellt. Solche Verbindungsglieder (sogenannte "intermediates", "noise-data", "noise-points" oder "chaining-points", zu denen unter anderen die Unfälle 3, 4 und 16 gehören,[1] liegen im Grenzbereich zweier oder mehrerer Punkthäufungen.

Die durch "intermediates" bewirkte Verkettung ist eine für Single Linkage typische Erscheinung, die die Klassenbildung empfindlich stören kann.[2] Im allgemeinen gilt der Ketteneffekt als Defekt dieses Verfahrens. JARDINE/SIBSON (1968b) betonen jedoch mit Recht "... to call chaining a defect of the single-link method is rather misleading; the graph-theoretic description makes it clear that chaining is simply a description of what the method does". Da die Single Linkage Ergebnisse unbefriedigend sind, wenn (wie in diesem Beispiel[3]) "intermediates" vorhanden sind, hat es nicht an Versuchen gefehlt, den Ketteneffekt zu reduzieren.

"... to overcome any chaining that occurs between otherwise well separated clusters", haben SHEPHERD/WILLMOTT (1968) das "multiple linkage or k-linkage clustering" entwickelt.[4] Single und Complete Linkage sind "... special cases of k-linkage clustering, single linkage corresponding to k=1, and complete linkage corresponding to k=n, where n is the total number of O.T.U.s in the group or groups being considered" (S. 59).[5] Im k-linkage clustering wird ein Objekt

---

1) Das geht aus einer Analyse des Stufenprotokolls und der Distanzmatrix B hervor, auf deren Wiedergabe hier verzichtet wird. In der Information Analysis gehören diese Unfälle zu jenen, die mit der Änderung der Eingabereihenfolge auch ihre Klassenzugehörigkeit ändern.

2) Zur Quantifizierung des Ketteneffekts haben WILLIAMS/LAMBERT/LANCE (1966) einen "coefficient of chaining" definiert.

3) Vgl. auch HODSON/SNEATH/DORAN (1966), WILLIAMS/LAMBERT/LANCE (1966), WIRTH/ESTABROOK/ROGERS (1966), GILARDI/HILL/TURRI/SILVESTRI (196o), HILL/TURRI/GILARDI/SILVESTRI (1961).

4) Vgl. zur Anwendung in der Sozialgeographie WILLMOTT/GRIMSHAW (1969)

5) O.T.U. ist eine Abkürzung für "Operational Taxonomic Unit" (vgl. SOKAL/SNEATH, 1963). Ein "O.T.U." ist ein zu klassifizierendes Objekt.

nur dann in eine Klasse aufgenommen, wenn es mindestens k Objekten dieser Klasse ähnlicher als ein vorgegebener Grenzwert ist. Der Algorithmus ist jedoch "... not intended to produce a complete hierarchy at one pass, but is intended to provide a detailed analysis at one level of similarity only" (S. 60). Die zugrunde liegende Hierarchie wird mit einer Kombination aus Single Linkage und Average Linkage erzeugt. SHEPHERD/WILLMOTT (1968) sehen auch vor, eine Restklasse von Objekten zu bilden, "... which have not been accepted into any group" (S. 61).

Von WISHART (1969a) stammt der Vorschlag, "... to remove all noise data and then apply single linkage to the dense regions that are left". Die "hierarchical Mode Analysis" (WISHART, 1969a, 1969b, 1970a) steuert den Prozeß der Klassenbildung über zwei Parameter k und A(i). Mit der vorzugebenden "density threshold" k wird die Anzahl der Objekte, die eine "dichte Region" bilden festgelegt. A(i) ist z.B. der Durchschnitt der 2k kleinsten Distanzen des i-ten Objekts zu k nächsten Nachbarn (WISHART, 1970a), also ein "... measure of the density of the space in the immediate vicinity of each individual - small A(i) values are associated with points that lie in regions of high density" (WISHART, 1970a, S. 31). Aus den der Größe nach geordneten A(i)-Werten wird eine "distance threshold" r abgeleitet, die stufenweise vergrößert wird. Ist ein Objekt einem oder mehreren Objekten einer bereits existierenden "dichten Region" (Klasse) näher als r, so wird es dieser Klasse zugeordnet; ist es weiter als r von existierenden "dichten Regionen" entfernt, bildet es den Kern einer neuen Klasse; ist das Objekt nicht weiter als r von zwei oder mehreren Dichtezentren entfernt, werden die betreffenden Klassen vereinigt. Für k=1 degeneriert das Verfahren zu Single Linkage. Die "Mode Analysis" ist ein einfaches und praktikables Verfahren zur Entdeckung einer "multi-modality", vor allem für Alternativmerkmale.

Ein weiteres, in der Wirkung ähnliches Verfahren haben CARMICHAEL/GEORGE/JULIUS (1968) vorgeschlagen.

Wie die vorangegangenen Ausführungen gezeigt haben, ist Single Linkage ein nur unter der Bedingung praktisch brauchbares und leistungsfähiges Klassifikationsverfahren, daß das zu klassifizierende Material keine "intermediates" enthält. Die Klassen selbst können von beliebiger Form sein."From a series of empirical trials using artificial normally-distributed data, Forgey concluded 'that the method (single linkage) performed well with very distinct clusters of any shape, but as soon as a moderate amount of noise was added the results quickly became quite erratic'" (WISHART, 1969a, S. 296).

Wohlseparierte Klassen können auch mit diesem Verfahren gefunden werden (vgl. z.B. WATSON/WILLIAMS/LANCE, 1966). Für die Lösung praktischer Probleme nützt es wenig, wenn die Bedingungen, die JARDINE und SIBSON[1] an ein hierarchisch-agglomeratives Klassifikationsverfahren stellen, "... determine uniquely the single-link method for obtaining a hierarchic dendrogramm" (JARDINE, 1969, S. 49).[2] Vorteilhaft ist die "well-definedness" von Single Linkage; die Ergebnisse sind unabhängig von der Eingabereihenfolge der Daten (vgl. z.B. SIBSON, 1971). Für die allgemeine Datenstruktur-Analyse und für die Erkennung von Ausreißern ist Single Linkage geeignet; als Klassifikationsverfahren "the method is in theory lacking in power, since the structure of the groups as they form is not itself used in calculation; the analysis never rises above the information-level of a single individual" (WILLIAMS/LAMBERT/LANCE, 1966, S. 429).

(122) Complete Linkage

Während Single Linkage recht heterogene Klassen liefert, ist Complete Linkage eine "... relatively intense grouping strategy..."(LANCE/WILLIAMS, 1967a), welche vergleichsweise kompakte und homogene Klassen bildet. Complete Linkage gehört zur großen Klasse jener Verfahren, welche "... possess minimum-variance constraints..." (WISHART, 1969a). Dieses Klassifikationsverfahren "... is the exact antithesis of the foregoing (Single Linkage, Anm. d. Verf.), in that the distance bet-

---

1) JARDINE/SIBSON (1968b), JARDINE (1969), SIBSON (1971); Vgl. auch S. 242 ff. dieser Arbeit.

2) Vgl. WILLIAMS/LANCE/DALE/CLIFFORD (1971): "The Australian Criteria".

ween two groups is now defined as that between the most remote pair of elements, one in each group" (LANCE/WILLIAMS, 1967a, S. 374). Die Distanz bzw. Ähnlichkeit von Klassen wird also wie bei Single Linkage mit Hilfe von "inter-object" Maßen gemessen.

Jede Fusionsstufe ist durch einen bestimmten Wert der gewählten Distanz (s) bzw. des gewählten Ähnlichkeitsmaßes (t) gekennzeichnet. Ein Objekt wird nur dann in eine Klasse aufgenommen, wenn es von allen Objekten der betreffenden Klasse nicht weiter als s entfernt ist bzw. wenn der Grad der Ähnlichkeit zwischen diesem Objekt und allen Objekten der Klasse mindestens gleich t ist. Auf jeder Fusionsstufe werden für alle Paare von Klassen die Abstände (Ähnlichkeiten) der beiden am weitesten voneinander entfernten (unähnlichsten) Objekte bestimmt und jene beiden Klassen fusioniert, für die dieser Abstand (diese Ähnlichkeit) der kleinste (größte) ist; und das ist s (bzw. t). Ein "single link" genügt also nicht für eine Fusion. Die so gebildeten Klassen einer Fusionsstufe zeichnen sich folglich dadurch aus, daß die Objekte einer Klasse nicht nur dem "nearest neighbour", sondern allen Objekten dieser Klasse ähnlich sind. Da die Distanz (bzw. Ähnlichkeit) eines Objekts zum "furthest neighbour" einer Klasse höchstens gleich s (bzw. mindestens gleich t) ist, ist der Abstand (die Ähnlichkeit) zu allen übrigen Objekten dieser Klasse kleiner als s (bzw. größer als t).

Complete Linkage gehört wie Single Linkage zu den ältesten und einfachsten hierarchisch-agglomerativen Klassifikationsverfahren. Häufig wird zwischen Complete Linkage (SØRENSEN, 1948) und Furthest Neighbour (MACNAUGHTON-SMITH, 1965, siehe LANCE/WILLIAMS, 1966a, 1967a) unterschieden. Complete Linkage kann auch als nicht hierarchische Version von Furthest Neighbour betrachtet werden:[1)] "The hierarchy obtains all the possible groupings which can be derived by SØRENSEN's Method for any threshold value" (WISHART, 1969a, S. 285). SØRENSEN (1948) sah bereits vor, durchschnittliche Ähnlichkeitskoeffizienten (und andere Maße) als zusätzliche Entscheidungs-

---

1) Vgl. Single Linkage und Nearest Neighbour.

kriterien zu verwenden, wenn einzelne Objekte nicht eindeutig einer Klasse zuzuordnen waren.[1)]

Complete Linkage unterscheidet sich von Single Linkage vor allem durch das Fehlen des Ketteneffekts. Als "inter-object" Maße können wie bei Single Linkage beliebige Maße (Ähnlichkeitskoeffizienten oder Distanzen) verwendet werden. Die Klassifikationsergebnisse unterscheiden sich nicht, wenn die verwendeten Maße, ohne daß die Rangordnung der Ähnlichkeitsbeziehungen zwischen Objekten verändert wird, ineinander überführt werden können. Euklidische Distanz, "matching coefficient" und Entropiezuwachs führen also wie bei Single Linkage zum gleichen Ergebnis. Bei der Verwendung des "matching coefficients" oder anderer Ähnlichkeitskoeffizienten dieses Typs ist in der Rekursionsformel der Parameter $\gamma = +0{,}5$ durch $\gamma = -0{,}5$ zu ersetzen. Da für die Klassenbildung nur "inter-object" Maße benötigt werden, ist die Rekursionsformel im Grunde entbehrlich.

Dendrogramm 10

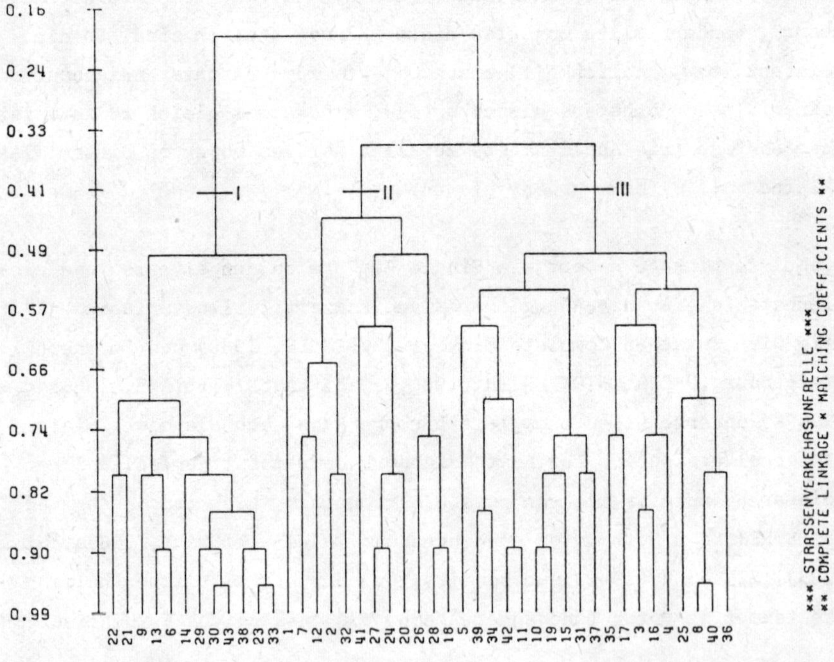

1) SØRENSEN's Methode konnte ursprünglich auch zu überlappenden Klassen führen.

Das Dendrogramm 10 veranschaulicht das Ergebnis der Klassifikation der Straßenverkehrsunfälle. Als "inter-object" Maß wurde der "matching coefficient" gewählt.

Aus einem Vergleich mit dem Dendrogramm 9 (Single Linkage) geht hervor, daß die Complete Linkage Klassen wesentlich kompakter sind als die Single Linkage Klassen. Auch die Anzahl der "hierarchical levels" ist erheblich größer. Die relativ große Zahl übereinstimmender Koeffizienten auf den unteren und mittleren Stufen der Hierarchie ist für Alternativmerkmale typisch. Auffallend ist, daß wiederum der Unfall 1 über viele Stufen der Hierarchie als selbständige Klasse erhalten wird (Ausreißer).

Wird der Datensatz in drei Klassen zerlegt (eine Partition in mehr als drei Klassen erscheint angesichts der nur geringen Unterschiede zwischen den Klassen nicht angebracht.[1]), so zeigt sich, daß die Klasse I nur von Fußgängerunfällen gebildet wird, während die Verkehrsopfer der Klassen II und III mit nur einer Ausnahme Insassen von Kraftfahrzeugen waren.[2] Aus der (hier nicht wiedergegebenen) Klassendiagnose geht hervor, daß sich die Klassen II und III bezüglich ihrer Eigenschaften nur geringfügig unterscheiden. Die Ergebnisse der Diagnose entsprechen ziemlich genau dem optischen Eindruck, den das Dendrogramm vermittelt. Beide Klassen sind relativ heterogen. Klasse II ist etwas homogener als Klasse III, was unter anderem auf die geringere Klassenbesetzung zurückzuführen ist.

Die Complete Linkage Klassen sind zwar homogener als die Single Linkage Klassen, jedoch erheblich heterogener als die Klassen, die die Entropieanalyse liefert. Das ist offensichtlich darauf zurückzuführen, daß im Gegensatz zur Information Analysis die Homogenität der Klassen kein Kriterium der Klassenbildung ist. In Complete Linkage wie auch in Single Linkage "... the peripheral members of clusters determine the order of subsequent clustering" (PROCTOR, 1966, S. 135).[3] "Complete linkage finds spherical clusters, but is liable to produce irregular results because the similarity criterion is determined for only two individuals and does not account for group structure" (WISHART, 1970a, S. 39).

1) Hinzu kommt, daß nur noch eine Partition in vier Klassen und eine in sieben Klassen zur Wahl stehen.

2) Vgl. Klasse IV im Dendrogramm 1 (Entropieanalyse).

3) "Any cluster obtained using both methods is likely to be a well defined group" (PROCTOR, 1966, S. 135).

In einer Studie wurde untersucht, ob und inwieweit die Eingabereihenfolge der Daten das Klassifikationsergebnis beeinflußt. Es zeigte sich, daß die Ergebnisse nicht unabhängig von der Eingabereihenfolge sind. Complete Linkage ist "ill-defined" (JARDINE/SIBSON, 1968b). Die Klassifikationsergebnisse waren bei weitem weniger stabil als die der Entropieanalyse. In einem Fall bildete der Unfall 1 eine von nur drei Klassen. Die "Fußgängerunfälle" (Klasse I im Dendrogramm 10) wurden jedoch bis auf einzelne Unfälle durchweg zu einer (Sub-) Klasse zusammengefaßt, was darauf schließen läßt, daß zumindest der Kern dieser Klasse wohlsepariert ist. Dem Dendrogramm 10 wurde aus Vergleichsgründen die Eingabereihenfolge mit der Nummer 12 zugrunde gelegt (vgl. S. 279 f.).

(123) Average Linkage

Average Linkage ist eines jener Klassifikationsverfahren, die unter der Bezeichnung "group methods" bekannt wurden. Die "group methods" gehören zu den ersten Verfahren, mit denen versucht wurde, bei der Klassenbildung auch die Homogenität der Klassen (group structure) zu berücksichtigen. "Group methods" wurden zuerst von den Entomologen SOKAL und MICHENER (1958) eingeführt, unabhängig von diesen aber auch von MCQUITTY (1964, 1966b, 1967) vorgeschlagen.

Es ist üblich, "variable-group methods" und "pair-group methods" zu unterscheiden (vgl. z.B. SOKAL/MICHENER, 1958; SOKAL/ROHLF, 1962; SOKAL/SNEATH, 1963; BOYCE, 1965, 1969; PROCTOR, 1966; SOKAL/MICHENER, 1967). Die "variable-group methods" können auf jeder Fusionsstufe mehrere Klassen zu einer Klasse vereinigen, die "pair-group methods" fusionieren jeweils nur zwei Klassen. "The two types of approaches yield similar results and since computer programming of the pair-groups techniques has proven simpler, it has been generally adopted for clustering by machine" (SOKAL/MICHENER, 1967, S. 65; vgl. auch SOKAL/ROHLF, 1962). Die "variable-group methods" können mithin vernachlässigt werden.

Die "pair-group methods"[1] werden wiederum unterteilt und zwar in "weighted methods" und "unweighted methods" (vgl. z.B. SOKAL/MICHENER, 1958; SOKAL/SNEATH, 1963; BOYCE, 1965, 1969; WISHART, 1970a).

1) Wie auch die "variable-group methods".

Die von SOKAL/MICHENER (1958) eingeführten Unterscheidungskriterien "weighted" und "unweighted" waren Ursache einer nicht unbeträchtlichen terminologischen Konfusion.[1] Die wichtigsten "pair-group methods" bestimmen den Grad der Ähnlichkeit bzw. Unähnlichkeit von Klassen mit Hilfe von Mittelwerten. Die Mittelwerte können gewogen oder ungewogen sein. Einige Autoren nennen daher Verfahren, die mit gewogenen Mittelwerten operieren, "weighted", die mit ungewogenen Mittelwerten operieren, "unweighted". SOKAL/MICHENER (1958) beurteilten dagegen die Gewichtung unter "taxonomischen" Gesichtspunkten, mit dem Ergebnis, daß ein Verfahren, welches gewogene Mittelwerte verwendet, "unweighted" und ein Verfahren, welches ungewogene Mittelwerte verwendet, "weighted" genannt wurde. In der Literatur gibt es nun Anhänger der einen wie der anderen Terminologie, und es ist oft nicht oder nur schwer festzustellen, welche Bedeutung die jeweils verwendeten Begriffe haben.

Im Hinblick auf den Mittelwert ist Average Linkage eine "unweighted pair-group method". Die Unähnlichkeit zweier Klassen K und P wird, wenn als "inter-object" Maß die quadrierte euklidische Distanz d^2_{kp} ($k \varepsilon K$, $p \varepsilon P$) verwendet wird, durch

$$dd_{KP} = \frac{\sum_{k=1}^{n_K} \sum_{p=1}^{n_P} g_k g_p d^2_{kp}}{\sum_{k=1}^{n_K} \sum_{p=1}^{n_P} g_k g_p}$$

bestimmt, wobei $g_k = g_p = 1$ für $k = 1,2,\dots,n_K$ und $p = 1,2,\dots,n_P$,[2] d.h.,

$$dd_{KP} = \frac{1}{n_K\, n_P} \sum_{k=1}^{n_K} \sum_{p=1}^{n_P} d^2_{kp} \quad .$$

1) Vgl. auch GOWER (1967b).

2) Vgl. zur durchschnittlichen Distanz S. 137 ff. und S. 172 ff.

P sei die Vereinigungsklasse der Klassen L und M mit $n_P = n_L + n_M$ Objekten. Die Parameter der Rekursionsformel ergeben sich aus:[1]

$$dd_{KP} = \frac{n_L}{n_P} \cdot \frac{1}{n_K n_L} \sum_{k=1}^{n_K} \sum_{l=1}^{n_L} d_{kl}^2 + \frac{n_M}{n_P} \cdot \frac{1}{n_K n_M} \sum_{k=1}^{n_K} \sum_{m=1}^{n_M} d_{km}^2$$

$$= \frac{n_L}{n_P} dd_{KL} + \frac{n_M}{n_P} dd_{KM} \quad .$$

Für Average Linkage ist also $\alpha_L = n_L/n_P$, $\alpha_M = n_M/n_P$ und $\beta = \gamma = 0$.[2]

Auf jeder Fusionsstufe werden jeweils die Klassen vereinigt, für die der Durchschnitt des gewählten Ähnlichkeits- bzw. Unähnlichkeitsmaßes am größten bzw. kleinsten ist. Als "inter-object" Maße können - für binäre und metrische Klassifikationsmerkmale - beliebige Maße verwendet werden, vorausgesetzt, daß der Mittelwert eine sinnvolle Grösse ist. Das Fusionskriterium ist wegen $\alpha_L + \alpha_M = 1$ monoton über alle Stufen der Hierarchie.

Die Klassifikation der Straßenverkehrsunfälle lieferte folgendes Ergebnis. Als "inter-object" Maß wurde wiederum der "matching coefficient" gewählt. Wie bei Single und Complete Linkage ist das Dendrogramm mit dem für quadrierte euklidische Distanzen identisch.

Bei einer Partition in fünf Klassen bildet wieder der Unfall mit der Nummer 1 eine Klasse für sich (Klasse V), was die Vermutung bestätigt, daß dieser Unfall ein Ausreißer ist. Bemerkenswert ist die Bildung der Klasse I (17, 35, 20, 24, 27), die deutlich von den übrigen Klassen separiert ist. Diese Klasse ist mit der Klasse III der Entropieanalyse identisch, ein Anzeichen dafür, daß diese Klasse wohlsepariert ist. Klasse II enthält 13 der 14 Fußgängerunfälle, ist also mit Klasse IV der Entropieanalyse (vgl. Dendrogramm 1) vergleichbar. Der Unfall 41 ist jedoch den anderen Unfällen dieser

---

1) LANCE/WILLIAMS (1967a, S. 375). Nach LANCE/WILLIAMS (1966a) wird Average Linkage auch "Group average" genannt.

2) Für die "gewogene" Version ist $\alpha_L = \alpha_M = 0{,}5$ und $\beta = \gamma = 0$ (siehe CORMACK, 1971, S. 331).

Dendrogramm 11

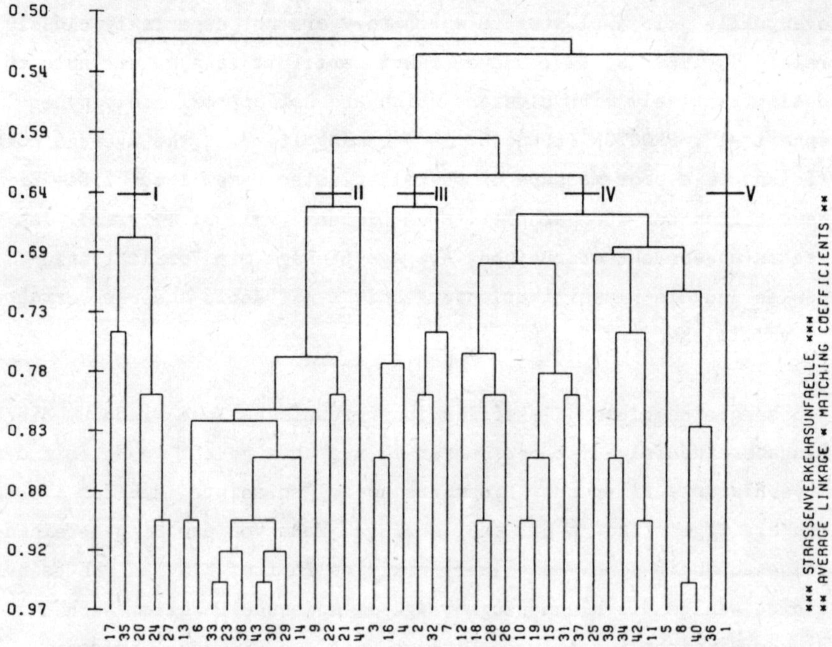

Klasse II nicht sehr ähnlich. Er wird erst auf dem Niveau 0,65 in die Klasse II aufgenommen. Die 6 Unfälle der Klasse III wurden in der Information Analysis der Klasse II zugeordnet. Mit 18 Unfällen ist Klasse IV vergleichsweise stark besetzt (etwa 42% aller Unfälle). Die Unfälle stammen aus den Klassen I, II und V der Entropieanalyse. Klasse IV ist (nicht zuletzt wegen der starken Klassenbesetzung) relativ heterogen. Dennoch sind die Klassen homogener als die Complete Linkage und vor allem die Single Linkage Klassen. Ein Ketteneffekt ist nicht zu beobachten. Das Verfahren scheint zumindest Single und Complete Linkage überlegen zu sein (so auch GORONZY, 1969, SNEATH, 1969 a, u.a.). "Average Linkage tends to find spherical clusters, and is reasonably well behaved" (WISHART, 1970a, S. 39). IVIMEY-COOK beobachtete jedoch: "Pair-group clustering by average linkage can lead to the centroid of a cluster moving away from other O.T.U.'s which are similar to one of the individuals in the cluster but not sufficiently similar to join it. Such O.T.U.'s are liable to become completely isolated and may eventually join a cluster to which they are not especially closely related" (1969, S. 84), und er fährt fort: "it is also not able to deal effectively with clusters which are not approximately hyperspherical". PROCTOR (1966, S. 140) bemängelt: "... the average coefficient is a poor measure of overall cluster resemblance". Die Eigenschaften der durchschnittlichen Distanz (vgl. S. 172 ff.), lassen es angebracht erscheinen, Average Linkage mit Vorsicht anzuwenden und die Klassifikationsergebnisse mit denen anderer Verfahren zu vergleichen.

Ein Vergleich dieses Klassifikationsergebnisses, dem wiederum die Eingabereihenfolge mit der Nummer 12 zugrunde gelegt wurde, mit den Ergebnissen variierender Eingabereihenfolgen zeigte, daß die Average Linkage Ergebnisse in nur sehr geringem Maße von der Eingabereihenfolge abhängig sind. Bei einer Partition in fünf Klassen gab es nur einige wenige die Klassenzugehörigkeit ändernde Unfälle. Auch in dieser Hinsicht ist Average Linkage Complete Linkage überlegen.

(124) Centroid Sorting

Centroid Sorting gehört ebenfalls zu den "pair-group methods" von SOKAL/MICHENER (1958). Es hat "... its origins in the characterization of the data matrix as points in Euclidean space"(CORMACK, 1971). Grundlage dieses Verfahrens ist die Vorstellung, daß die m-dimensionalen Punkthäufungen im Merkmalsraum durch ihre Centroide oder Schwerpunkte hinreichend gekennzeichnet sind. Das Centroid einer Klasse wird als geeigneter Repräsentant dieser Klasse angesehen und häufig wie ein fiktives Objekt behandelt. Dem zugrunde liegenden geometrischen Modell entsprechend wird die Unähnlichkeit von Klassen meist durch (quadrierte) euklidische Centroidabstände gemessen. Unähnlichkeitsbeziehungen zwischen Klassen können jedoch auch durch andere Maße erfaßt werden (vgl. z.B. LANCE/WILLIAMS, 1967a; vgl. auch "Centroid Sorting für Alternativmerkmale", S. 252 ff.). Centroid Sorting ist primär für die Verarbeitung metrischer Merkmale geeignet.[1)]

Der Prozeß der Klassenbildung beginnt mit der Berechnung der n(n-1)/2 quadrierten euklidischen Distanzen für alle Paare von Objekten (Distanzmatrix). Auf jeder Fusionsstufe werden die Objekte und/oder Klassen vereinigt, deren (Centroid-) Abstand am kleinsten ist. Werden die Distanzen zwischen den Centroiden der Klassen mit Hilfe der Rekursionsformel bestimmt, ist es nicht erforderlich, die Centroide der Klassen selbst zu berechnen. Wenn als Unähnlichkeitsmaß nicht die quadrierte euklidische Distanz gewählt wird, sind die Parameter der Rekursionsformel entsprechend zu korrigieren. Für bestimmte Maße (vgl. z.B. LANCE/WILLIAMS, 1967a) lassen sich die Beziehungen zwischen den Klassen nicht mit Hilfe der Rekursionsformel bestimmen. Zur Berechnung der Centroide ist dann ein Rückgriff auf die Datenmatrix, die zusätzlich zur Distanzmatrix abgespeichert und erhalten werden muß, unvermeidbar. Im übrigen entspricht der Prozeß der Klassenbildung dem der Entropieanalyse (vgl. S. 255 f.).

Centroid Sorting ist mit Average Linkage vergleichbar. Der wesentliche Unterschied zwischen diesen Verfahren liegt in der Erfassung der Heterogenität der Klassen, also im verwendeten "intra-class" Maß. Während der quadrierte euklidische Centroidabstand die Heterogenität einer Klasse über die arithmetischen Mittelwerte der Merkmale, die das Centroid der Klasse bilden, erfaßt, verwertet die durchschnittliche Distanz die Informationen über die Variabilität der Klassen zweifach, nämlich über die Centroide und die Varianzen innerhalb der Klassen: $dd_{KP} = d_{KP}^2 + S_K^2 + S_P^2$. Wenn die Centroide von Klassen gleich weit voneinander entfernt sind, wird Average Linkage also zuerst die kompakten (homogenen) Klassen vereinigen und erst danach die weniger kompakten (heterogenen) Klassen; "... as clusters become more diffuse, the average coefficient method appears to overestimate the dissimilarity between clusters to an increasingly greater extent. For these reasons the centroid method, which is independend of cluster density, is preferable to the average coefficient method" (PROCTOR, 1966, S. 138).

---

1) Hier hat Centroid Sorting die Bedeutung von "Centroid Sorting mit (quadrierten) euklidischen Distanzen".

Centroid Sorting mag in dieser Hinsicht Average Linkage überlegen sein. Ein wesentlicher Mangel des Centroid Sorting mit (Distanzen) ist jedoch die Tendenz, Inversionen zu bilden. Dieser Mangel kann die Brauchbarkeit dieses Verfahrens erheblich beeinträchtigen, und scheint die Vorteile bezüglich der Unähnlichkeitsmessung mehr als aufzuwiegen.[1)]

Warum bei Centroid Sorting Inversionen vorkommen und was sie bedeuten, läßt sich wie folgt erklären. P, Q und S seien drei Klassen, und es sei $d^2_{PQ} < d^2_{PS}, d^2_{QS}$. Unter dieser Bedingung werden zunächst die Klassen P und Q vereinigt. Dann werden das Centroid der Vereinigungsklasse R ($\underline{c}_R$) und der Abstand $d^2_{S\underline{c}_R}$ bestimmt. Eine Inversion nach der Fusion von P und Q bedeutet,
daß der Abstand $d^2_{S\underline{c}_R}$ kleiner ist als d^2_{PQ}. Dies wird jedoch nur dann der Fall sein, wenn d^2_{PS} und d^2_{QS} nicht wesentlich größer als d^2_{PQ} sind, und das wiederum zeigt an, daß "... a cluster formed immediately before a reversal is not a clearly separated group" (PROCTOR, 1966, S. 139).

Wie sehr Inversionen die Klassenbildung stören, zeigt sich deutlich bei der Klassifikation der Verkehrsunfälle, deren Ergebnisse das Dendrogramm 12 veranschaulicht.

Die Inversionen in diesem Dendrogramm sind für Centroid Sorting mit quadrierten euklidischen Distanzen typisch (vgl. die Untersuchungen von WILLIAMS/LAMBERT/LANCE, 1966). Ebenso typisch ist der Ketteneffekt, der jedoch beim Centroid Sorting weniger stark ausgeprägt ist als bei Single Linkage. Das Zusammentreffen von Inversionen und Verkettung kann - wie in diesem Beispiel - die Auswahl einer brauchbaren Partition völlig verhindern. Hinzu kommt, daß Klassen größeren Umfanges relativ heterogen sind. Average Linkage liefert zweifelsohne ein brauchbareres Klassifikationsergebnis (vgl. Dendrogramm 11). Dennoch ist bemerkenswert, daß wiederum 11 der 14 Fußgängerunfälle zu einer Klasse zusammengefaßt wurden. Auffallend ist auch, daß der Unfall 1 erst auf der letzten Fusionsstufe in eine Klasse aufgenommen wird.

---

1) Anderer Ansicht ist GOWER (1969b, S. 366): "This property ... is very unlikely to give trouble...".

Dendrogramm 12

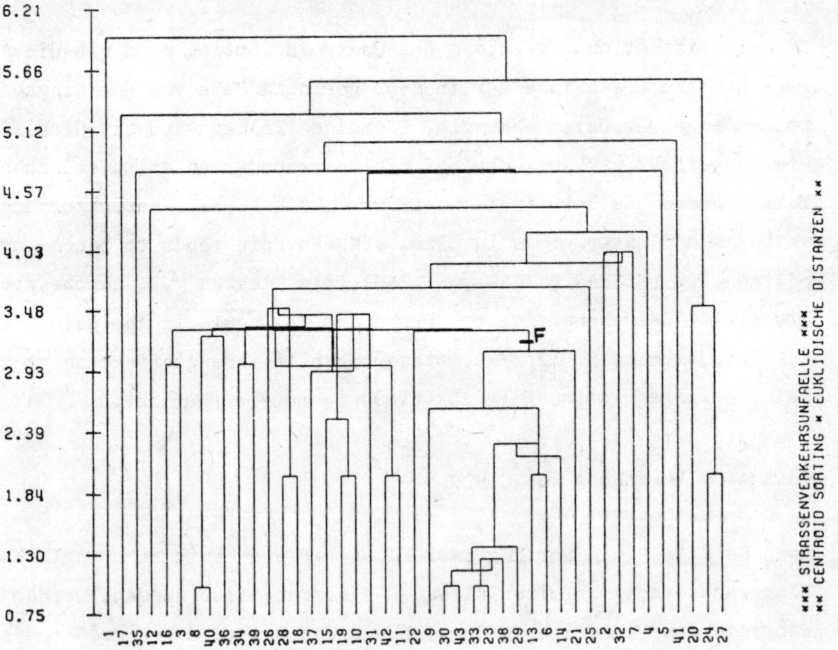

Experimente haben gezeigt, daß Centroid Sorting für die allgemeine Datenstruktur-Analyse (für die Erkennung von Ausreißern) durchaus geeignet ist. Als Klassifikationsverfahren hat es erhebliche Mängel, es sei denn, die m-dimensionalen Punkthäufungen hätten zumindest annähernd die Form von Hyperkugeln und seien wohlsepariert. Bei solchen Modellstrukturen arbeiten jedoch auch andere Verfahren zufriedenstellend.[1] Die Auffassung von PROCTOR (1966, S. 140): "The centroid method is advocated not as the ideal clustering method but simply as an improvement on the average coefficient method", kann keineswegs geteilt werden. Für binäre Klassifikationsmerkmale ist die Entropieanalyse dem Centroid Sorting eindeutig überlegen (vgl. Dendrogramm 1). Verfahren, die strengere Anforderungen an die Homo-

1) Vgl. z.B. WATSON/WILLIAMS/LANCE (1966).

genität der zu bildenden Klassen stellen - wie die Entropieanalyse und WARD's Methode - sind in aller Regel leistungsfähiger als Centroid Sorting.[1)]

Die Klassifikationsergebnisse des Centroid Sorting sind wie die Average Linkage Ergebnisse nur in sehr geringem Maße von der Eingabereihenfolge der Daten abhängig. In beiden Fällen wird ein Stabilisierungseffekt wirksam, der auf die Verwendung von arithmetischen Mittelwerten als Lokalisationsparameter von Klassen zurückzuführen ist: "As a cluster grows in size, its centroid tends to become stabilized..." (WISHART, 1969a, S. 286), die Klassen "... become progressively less sensitive to errors and accidents in the data"(LANCE/WILLIAMS, 1966c, S. 12/3/2). Dieser Stabilisierungseffekt zeigt sich beim Verfahren von WARD (vgl. (126)) besonders deutlich.

(125) Das Verfahren von GOWER

Wenn beim Centroid Sorting zwei Klassen P und Q mit sehr ungleicher Klassenbesetzung zu einer Klasse R zusammengefaßt werden, werden das Centroid der Vereinigungsklasse R und das Centroid der größeren Klasse nur geringfügig differieren. Die größere Klasse hat bei der Klassenbildung ein so starkes Gewicht, daß die "... characteristic properties of the smaller group are virtually lost" (LANCE/WILLIAMS, 1967a, S. 375).[2)] Eine derartige ungleiche Gewichtung der Klassen wird häufig als Mangel des Centroid Sorting empfunden.

Zur Beseitigung dieses Mangels hat GOWER (1967b, S. 626) vorgeschlagen: "... to give each cluster unit weight, regardless of the number of individuals in it", d.h. also, willkürlich $n_P = n_Q$ zu setzen.[3)4)]

---

1) "Although the resultant spherical shape of a cluster exhibits the minimum - variance property, the centroid criterion probably imposes a weaker constraint than most of the other methods discussed here" (WISHART, 1969a, S. 286).

2) "It is for this reason that SOKAL and MICHENER, 1958, described it as a "weighted" strategy" (LANCE/WILLIAMS, 1967a, S. 375).

3) Siehe auch GOWER (1969b).

4) Ein ähnlicher Vorschlag stammt von KENDRICK/PROCTOR (1964).

Durch diese Festsetzung ergeben sich als Parameter der Rekursionsformel: $\alpha_L = \alpha_M = 1/2$, $\beta = -1/4$, $\gamma = 0$. Die geometrische Bedeutung dieser Gewichtsverlagerung zugunsten der kleineren Klasse erläutern LANCE/WILLIAMS (1967a) in Anlehnung an GOWER (1967b) wie folgt:[1] "In the Euclidean model, the new group is sited at the midpoint of the shortest side of the triangle defined by P, Q, S; d_{RS} lies along the median of this triangle, and it is for this reason that GOWER ... proposed the name "median"..." (S. 375).

Die praktischen Erfahrungen mit der Methode von GOWER sind begrenzt. Auch in der Literatur finden sich keine Anwendungsbeispiele. Die Leistungsfähigkeit dieses Verfahrens läßt sich jedoch bereits anhand des Klassifikationsergebnisses der Verkehrsunfälle beurteilen (vgl. Dendrogramm 13).

<u>Dendrogramm 13</u>

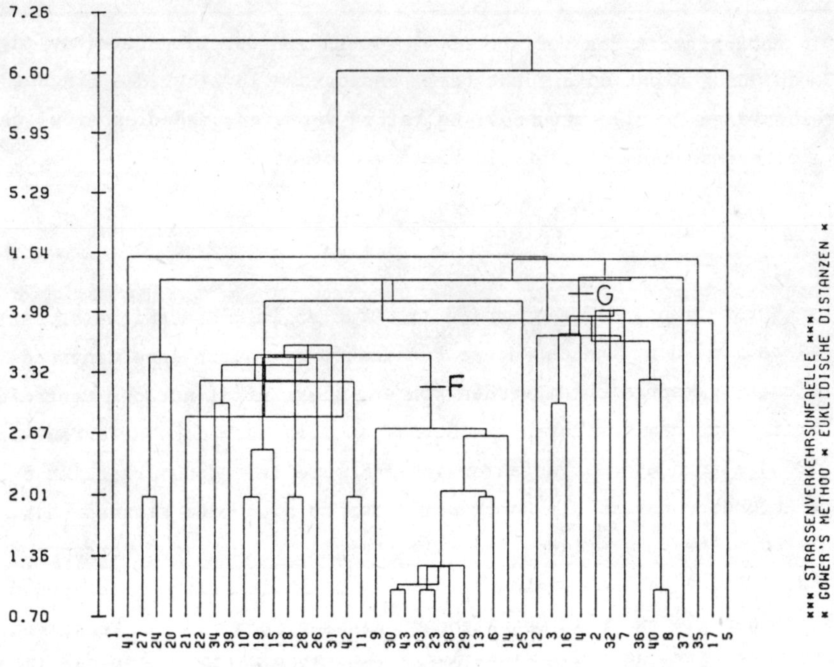

---

1) Die Symbolik wurde geändert. R ist die Vereinigungsklasse von P und Q, S ist eine weitere Klasse.

Die zahlreichen Inversionen (die wegen $\alpha_L+\alpha_M+\beta<1$ zu erwarten waren) scheinen für die Methode von GOWER typisch zu sein. Eigentümlich ist auch die starke Separation der Unfälle 1 und 5. Das Dendrogramm erweckt den Eindruck, als sei der Datensatz nicht klassifizierbar. Bis auf die Unfälle 1 und 5 gehören alle Unfälle einer Klasse an. Der Kern dieser Klasse wird jedoch wiederum von Fußgängerunfällen (F) gebildet (vgl. Centroid Sorting: Dendrogramm 12). Überraschend ist die Übereinstimmung der durch ein "G" gekennzeichneten Klasse mit der Klasse II der Entropieanalyse (Dendrogramm 1).

Centroid Sorting und das Verfahren von GOWER,die beide nur geringe Anforderungen an die Homogenität der zu bildenden Klassen stellen, sind - auch der Inversionen wegen - zu den weniger leistungsfähigen Verfahren zu zählen. Daran ändert auch die Tatsache nichts, daß es Ähnlichkeitsstrukturen gibt, die auch mit diesen Verfahren erfaßt werden können, denn wohlseparierte Punkthäufungen lassen sich mit nahezu allen Verfahren (und Maßen) auffinden.

Die Abhängigkeit des Verfahrens von GOWER von der Eingabereihenfolge der Daten wurde nicht untersucht (dem Dendrogramm 13 liegt die Eingabereihenfolge Nr. 12 zugrunde). Es ist zu vermuten, daß diesbezüglich kein Unterschied zum Centroid Sorting besteht.

(126) Das Verfahren von WARD

Die Vorstellung, daß Klassen Punkthäufungen im m-dimensionalen Merkmalsraum bilden, und daß diese Punkthäufungen durch ihre Centroide hinreichend gekennzeichnet werden können, liegt nicht nur dem Centroid Sorting und dem Verfahren von GOWER, sondern auch dem Verfahren von WARD (1963) zugrunde. Das Verfahren von WARD stellt jedoch erheblich strengere Anforderungen an die Homogenität der zu bildenden Klassen (d.h. an die Form der Punktwolken) als alle übrigen "rekursiven" Verfahren. WISHART (1969c) hat nachgewiesen, daß die Unähnlichkeitsbeziehungen zwischen Klassen sowie zwischen Objekten und Klassen auch für das Verfahren von WARD mit Hilfe der Rekursionsformel von LANCE/WILLIAMS (1966a, 1967b) erfaßt werden können, wenn als "inter-object" Maß die quadrierte euklidische Distanz verwendet wird. Das Verfahren von WARD ist primär für die Verarbeitung metrischer Merkmale gedacht.

WARD (1963) hat vorgeschlagen,[1] den "loss of information", der aus der Fusion zweier Klassen resultiert, mit Hilfe der "error sum of squares"

$$E_K = \sum_{k=1}^{n_K} \sum_{i=1}^{m} (x_{ikK} - \bar{x}_{iK})^2$$

bzw.
$$E_K = n_K \sum_{i=1}^{m} p_{iK} q_{iK}$$

zu messen. E_K ist die Summe der n_K quadrierten euklidischen Distanzen der Objekte einer Klasse K zum Centroid dieser Klasse. Die Fehlerquadratsumme E_K ist ein (metrisches) Maß für die Heterogenität einer Klasse K (vgl. S. 133 f.). Sie ist mit der totalen Entropie $H_T(K)$, dem (nicht-metrischen) Heterogenitätsmaß der Entropieanalyse vergleichbar. Die Fehlerquadratsumme des Gesamtsystems E_T läßt sich in die Fehlerquadratsumme innerhalb der Klassen E_W und die Fehlerquadratsumme zwischen den Klassen E_B zerlegen ($E_T = E_W + E_B$). Nach WARD (1963) sind die Klassen so zu bilden, daß E_W möglichst klein und E_B möglichst groß ist. "The k-partition ... resulting at any level of the dendrogram may be regarded as an approximation to the k-partition minimizing the total within-group" sum of squares (CORMACK, 1971, S. 332).

Der Prozeß der Klassenbildung beginnt mit der Berechnung der quadrierten euklidischen Distanzen für alle Paare von Objekten (Distanzmatrix). Auf jeder Fusionsstufe werden jene beiden Klassen K und L vereinigt, aus deren Fusion der geringste Zuwachs zur Fehlerquadratsumme

$$\Delta E_{KL} = E_{KL} - E_K - E_L$$

1) Das gleiche Verfahren wurde unabhängig von WARD auch von ORLOCI (1967b) vorgeschlagen.

resultiert. Der Fehlerquadratzuwachs ΔE_{KL} ist auch als gewichteter euklidischer Centroidabstand darstellbar:

$$\Delta E_{KL} = \frac{n_K n_L}{n_K + n_L} d_{KL}^2 \quad .$$

Daraus folgt, daß zur Berechnung des Fehlerquadratzuwachses auf den einzelnen Fusionsstufen lediglich die aktualisierten Distanzen und Besetzungszahlen der Klassen zur Verfügung stehen müssen. Bei Verwendung der Rekursionsformel ist die Berechnung der Heterogenitätsmaße (E_{KL}, E_K, E_L) für zu bildende bzw. für bereits existierende Klassen, die einen Rückgriff auf die Datenmatrix erfordert, also nicht notwendig.[1)]

Das Verfahren von WARD ist das (para-)metrische Pendant der Information Analysis. Beide Verfahren versuchen, die "intra-class" Dispersion zu minimieren. Sie unterscheiden sich durch das Fusionskriterium. Der Fehlerquadratzuwachs basiert auf der Varianz, einem metrischen Streuungsmaß; dem Entropiezuwachs liegt ein "absolutes" Dispersionsmaß, die mittlere Entropie, zugrunde (vgl. S. 154 f.). Wie bereits erwähnt, scheint für binäre Klassifikationsmerkmale der Entropiezuwachs das adäquate Fusionskriterium und die Entropieanalyse das adäquate Klassifikationsverfahren zu sein. Wie noch zu zeigen ist, gehört jedoch das Verfahren von WARD nicht nur für metrische, sondern auch für binäre Merkmale zu den leistungsfähigsten Klassifikationsverfahren.

Wird zur Klassenbildung nicht die Rekursionsformel verwendet, so unterscheidet sich der Prozeß der Klassenbildung nicht von dem der Entropieanalyse. Die Ausführungen zur Klassenbildung bei der Entropieanalyse (S. 255 ff.) gelten dann entsprechend.

Da der Fehlerquadratzuwachs ΔE wie der Entropiezuwachs, über die $r = 1,2,\ldots,n-1$ Fusionsstufen addierbar ist, entspricht auch das Klassifikationsergebnis des Verfahrens von WARD formal dem der Entropieanalyse. Die Hierarchie der Klassen kann durch die "normale" oder durch die "kumulierte" Version des Dendrogramms (vgl.

---

1) Bei Verwendung der Rekursionsformel benötigt das Verfahren von WARD also weniger Kernspeicherplatz als die Entropieanalyse.

S. 259 f.) veranschaulicht werden. Ebenso ist es möglich, das Dendrogramm durch ein Struktogramm zu ergänzen.[1] Für den Output des Klassifikationsprogramms YGROUP von FORST/VOGEL (1972) gilt das zur Entropieanalyse Gesagte entsprechend.

Die Leistungsfähigkeit des Verfahrens von WARD wird wiederum anhand des Klassifikationsergebnisses der Straßenverkehrsunfälle erörtert, welches das folgende Dendrogramm 14 veranschaulicht. Dem Dendrogramm wurde die Eingabereihenfolge mit der Nummer 12 zugrunde gelegt. Auf der Meßskala ist der Fehlerquadratzuwachs in Prozent des größten Fehlerquadratzuwachses ($\Delta E = 22{,}7$) abzulesen, der aus der jeweiligen Fusion resultiert (normale Version des Dendrogramms).

Dendrogramm 14

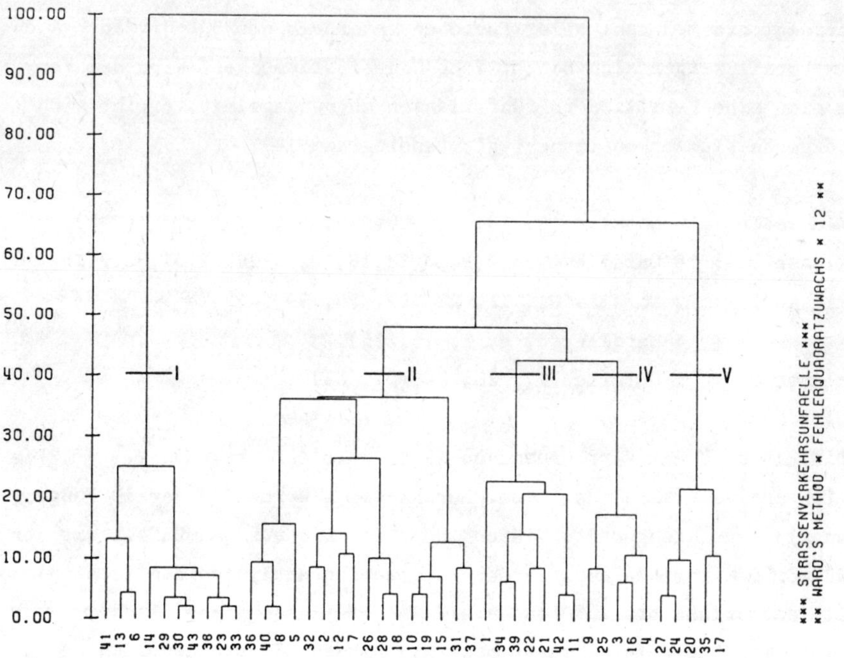

1) In dieser Hinsicht unterscheidet sich das Verfahren von WARD (1963) erheblich von den übrigen rekursiven Verfahren.

Dieses Dendrogramm unterscheidet sich erheblich von den Dendrogrammen 9 - 13 für die übrigen rekursiven Verfahren, denn es gibt weder Inversionen[1] noch einen Ketteneffekt. Auch sind die gebildeten Klassen erwartungsgemäß wesentlich kompakter. Ausreißer werden bereits relativ frühzeitig in eine der Klassen aufgenommen (vgl. z.B. den Unfall mit der Nummer 1). Wie bereits bei der Erörterung des Fehlerquadratzuwachses erwähnt wurde (vgl. S. 146 ff. und S. 177 ff.), ist das Verfahren von WARD nicht geeignet, Ausreißer zu separieren. Ein Vergleich des Dendrogramms 14 mit den Dendrogrammen 9 bis 13 zeigt bereits hinreichend, daß das Verfahren von WARD den anderen rekursiven Verfahren überlegen ist.

In der Leistungsfähigkeit und Klassifikationsintensität ist das Verfahren von WARD nur mit der Information Analysis vergleichbar. Der Unterschied zwischen den Dendrogrammen 1 (Entropieanalyse, S. 258)und 14 ist auf den ersten Blick gering. In beiden Dendrogrammen erfolgt die Mehrzahl aller Fusionen unterhalb des 30%-Niveaus. Auch im Detail zeigen sich beachtliche Übereinstimmungen. Wird dem Vergleich eine Partition in fünf Klassen zugrundegelegt, ergibt sich folgende Klassenbesetzung (vgl. Dendrogramm 14):

Klasse I : 10 Unfälle (6, 13, 14, 23, 29, 30, 33, 38, 41, 43),
Klasse II : 16 Unfälle (2,5,7,8,10,12,15,18,19,26,28,31,32,36,37,40),
Klasse III: 7 Unfälle (1, 11, 21, 22, 34, 39, 42),
Klasse IV : 5 Unfälle (3, 4, 9, 16, 25),
Klasse V : 5 Unfälle (17, 20, 24, 27, 35).

Die Klasse V des Verfahrens von WARD und die Klasse III der Information Analysis sind identisch. Zur Klasse I wurden 10 der 14 Fußgängerunfälle zusammengefaßt. Diese Klasse ist bis auf den Unfall mit der Nummer 9 mit der Klasse IV der Information Analysis identisch. Klasse III entspricht bis auf den Unfall 25 der Klasse V der Entropieanalyse. Die relativ stark besetzte Klasse II, die deutlich in Subklassen zerfällt, wird von Unfällen gebildet, die die Information Analysis den Klassen I und II zuordnete. Die Klasse II des Verfahrens von WARD ist - nicht zuletzt wegen der starken Klassenbesetzung -

---

1) Der Fehlerquadratzuwachs steigt monoton mit abnehmender Anzahl von Klassen ($\alpha_L + \alpha_M + \beta = 1$).

eine relativ heterogene Klasse. Auffallend ist die Separation der Klasse I (Fußgängerunfälle). Da alle Verfahren eine Klasse bildeten, die nur Fußgängerunfälle enthält, kann diese Klasse als "wohlsepariert" bezeichnet werden. Auch die Klasse V (27, 24, 20, 35, 17) ist eine wohlseparierte Klasse.

Der Grad der Übereinstimmung zweier Partitionen läßt sich mit dem Konkordanzmaß von RAND (1971) messen (vgl. S. 274 ff.). Zwischen den Partitionen in fünf Klassen (mit der Eingabereihenfolge 12) des Verfahrens von WARD (WARD12) und der Information Analysis (IA12) bestehen folgende Ähnlichkeitsbeziehungen (in Klammern: theoretische Werte):[1)]

	Klassen-nummer	WARD12 1	2	3	4	5	$n_{i.}$
	1	0 (1,86)	8 (2,98)	0 (1,30)	0 (0,93)	0 (0,93)	8
	2	0 (2,56)	8 (4,09)	0 (1,79)	3 (1,28)	0 (1,28)	11
IA12	3	0 (1,16)	0 (1,86)	0 (0,81)	0 (0,58)	5 (0,58)	5
	4	10 (2,56)	0 (4,09)	0 (1,79)	1 (1,28)	0 (1,28)	11
	5	0 (1,86)	0 (2,98)	7 (1,30)	1 (0,93)	0 (0,93)	8
	$n_{.j}$	10	16	7	5	5	43

Für die beobachteten Klassenbesetzungen ergibt sich eine Konkordanz von c(WARD12, IA12) = 0,876 bei einem Mimimalwert von c_{min} = 0,637 (zum Vergleich: c(IA12, IA11) = 0,924). Zwischen den beiden Partitionen besteht also eine bemerkenswerte Übereinstimmung.

Auf der Meßskala der kumulierten Version des Dendrogramms ist die Summe der Fehlerquadratzuwächse in Prozent der Fehlerquadratsumme des Gesamtsystems (E_T = 160,42) abzulesen. Bei einer Partition in fünf Klassen entfallen rund 64% der gesamten Fehlerquadratsumme auf

1) Die Partitionen WARD12 und IA12 stimmen hinsichtlich der Klassennumerierung nicht überein.

Dendrogramm 15 (kumulierte Version)

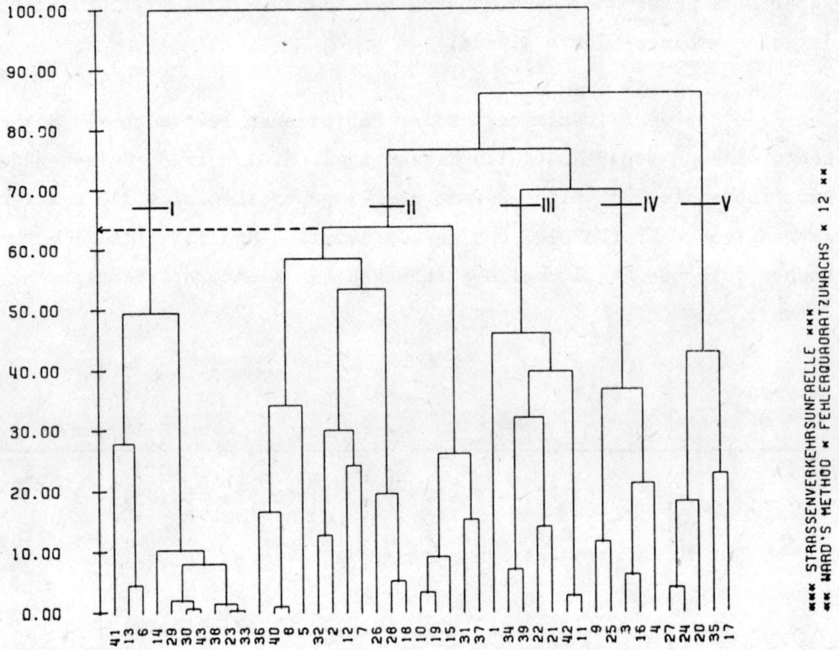

die Summe der Fehlerquadrate innerhalb dieser Klassen. Auch bezüglich der "intra-class" Dispersion ist die Übereinstimmung zwischen dem Verfahren von WARD und der Information Analysis beachtlich. Bei der Information Analysis entfielen rd. 63% der gesamten Entropie auf die Entropie innerhalb der fünf Klassen (vgl. Dendrogramm 2 auf S. 259).

Angesichts dieser Übereinstimmungen ist es kaum verwunderlich, daß die Fehlerquadratsummenkurve des Struktogramms 8 und die Entropiesummenkurve des Struktogramms 1 (vgl. S. 260) nahezu deckungsgleich sind. Auch die Fehlerquadratsummenkurve zeigt, daß es kaum zweckmäßig ist, mehr als fünf Klassen zu bilden.

Struktogramm 8

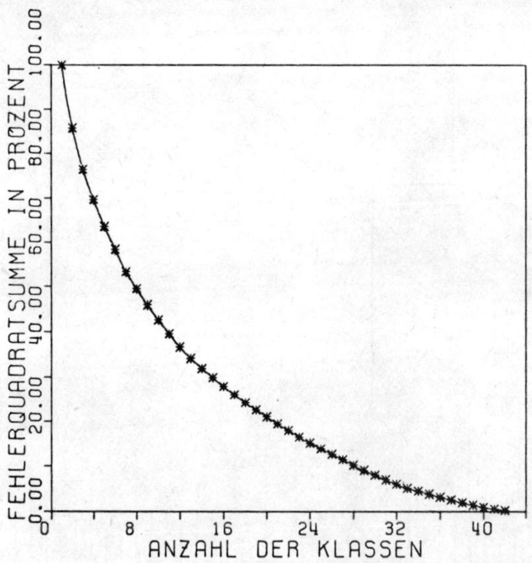

Es ist naheliegend, auch für das Verfahren von WARD das Klassifikationsergebnis der Verkehrsunfälle mit einem Klassifikationsergebnis von binären Zufallszahlen zu vergleichen, um beurteilen zu können, ob und wie sehr sich die Unfallklassen von den Klassen unterscheiden, die nur zufällig entstanden sind. Die Ergebnisse einer Studie, die in etwa mit der für die Entropieanalyse übereinstimmte (vgl. S. 261 ff.), können jedoch hier nicht vollständig wiedergegeben werden. Einige wenige repräsentative Beispiele genügen aber bereits , um Unterschiede und Gemeinsamkeiten zwischen dem Verfahren von WARD und der Entropieanalyse aufzuzeigen. Der Versuchsaufbau (Erzeugung von Matrizen mit binären Zufallszahlen, relative Häufigkeiten für die gesamte Datenmatrizen und die fiktiven Klassifikationsmerkmale, Anzahl der klassifizierten Datensätze etc.) entsprach dem für die Information Analysis (siehe S. 261 ff.). Für den Vergleich ausgewählt wurden nur zwei Dendrogramme, und zwar eines der sechs Dendrogramme für n=43, m=20 und p ≐ 0,5 (Dendrogramm 16) und eines der sechs Dendrogramme für n=43, m=200 und p ≐ 0,5 (Dendrogramm 17). Die relative

Dendrogramm 16 (normale Version)

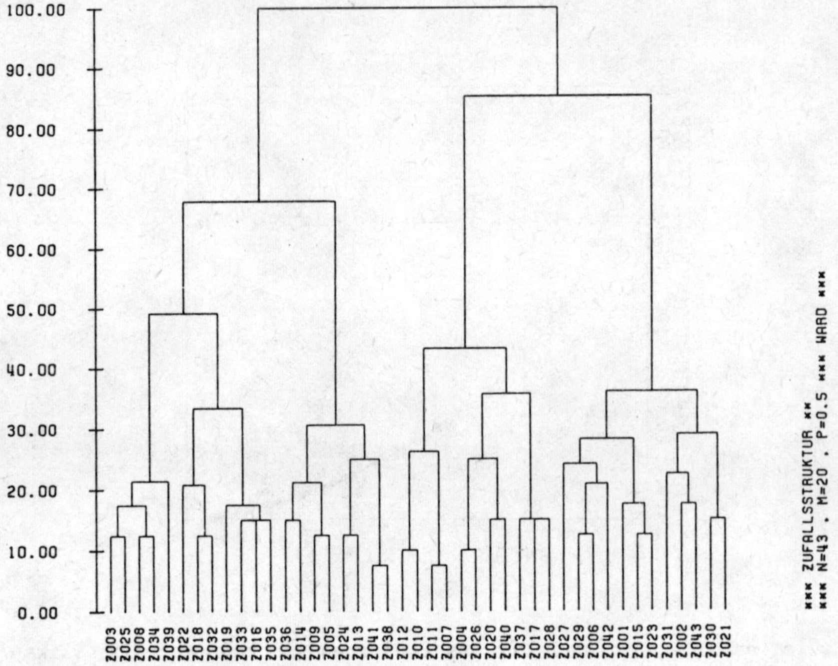

Häufigkeit p ≐ 0,5 ist die für die gesamte Datenmatrix. Die relativen Häufigkeiten für die fiktiven Klassifikationsmerkmale variieren entsprechend um p = 0,5. Die Dendrogramme werden durch die zugehörigen Fehlerquadratsummenkurven ergänzt (vgl. Struktogramm 9, S. 326). Die Dendrogramme 16 und 3 (Entropieanalyse) für n = 43, m = 20 und p ≐ 0,5 einerseits sowie 17 und 6 (Entropieanalyse) für n = 43, m = 200 und p ≐ 0,5 andererseits sind unmittelbar miteinander vergleichbar. Da diesen Dendrogrammen jeweils die gleichen Zufallszahlen zugrunde liegen, wird ein Vergleich nicht durch zufällige Abweichungen gestört.

In den Dendrogrammen 16 und 3 (S. 263) liegt das Gros der ersten Fusionen im Bereich 10% bis 20%, in beiden werden drei Klassen größeren Umfanges - die bis auf ein Objekt identisch sind - deutlich separiert.

Im Gegensatz zur Information Analysis zeigt das Verfahren von WARD aber eine sehr ausgeprägte Tendenz, Klassen größeren Umfanges bereits im unteren Teil der Hierarchie (im Bereich geringer Fehlerquadratzuwächse) zu bilden. Daß es beim Verfahren von WARD auf dem 40%-Niveau nur noch 6 Klassen gibt, die mit 5, 7, 8, 4, 7 und sogar 12 fiktiven Objekten besetzt sind, während es bei der Entropieanalyse auf diesem Niveau noch 11 Klassen gibt, von denen 9 Klassen von nur 4 oder weniger Objekten gebildet werden, ist ein deutliches Anzeichen für die tendenziell stärkere Klassifikationsintensität des Verfahrens von WARD.

Das Ergebnis der Klassifikation der Zufallszahlen (Dendrogramm 16) und das Klassifikationsergebnis für die Unfalldaten (Dendrogramm 14) unterscheiden sich bei näherem Hinsehen beträchtlich, doch sind die Unterschiede geringer als zwischen den entsprechenden Ergebnissen der Entropieanalyse. Im Dendrogramm 14 liegen rund 74% aller Fusionen unterhalb des 20%-Niveaus und rund 52% der Fusionen unterhalb des 10%-Niveaus und auf dem 36%-Niveau gibt es nur noch fünf relativ stark besetzte Klassen. Im Dendrogramm 16 (Zufallsstruktur) liegen dagegen nur etwa 52% aller Fusionen unterhalb des 20%-Niveaus und nur 5% unterhalb des 10%-Niveaus und fünf Klassen gibt es erst auf dem 43%-Niveau. Bei den Zufallszahlen werden zwei Klassen erst auf dem 85%-Niveau, bei den Unfalldaten bereits auf dem 66%-Niveau gebildet. Da die Klassenstruktur der Unfalldaten augenscheinlich wesentlich ausgeprägter ist als die der Zufallszahlen, ist die Annahme, daß in den Unfalldaten mehr als nur zufallsbedingte Klassen existieren, berechtigt. Die unterschiedlichen Klassenstrukturen kommen auch im Struktogramm 9 (siehe S. 326), welches die Fehlerquadratsummenkurve für die Unfalldaten sowie für die Zufallsstrukturen mit m=20 und m=200 enthält, klar zum Ausdruck.

Die oben erwähnte Tendenz des Verfahrens von WARD, die Klassenbildung stärker in den Bereich relativ geringer Fehlerquadratzuwächse zu verlagern, die Klassen kompakter erscheinen zu lassen als sie sind, zeigt sich bei einem Vergleich der Dendrogramme 17 und 6 (S. 269, Information Analysis) für n=43, m=200 und $p \doteq 0,5$ besonders deutlich.

Dendrogramm 17 (normale Version)

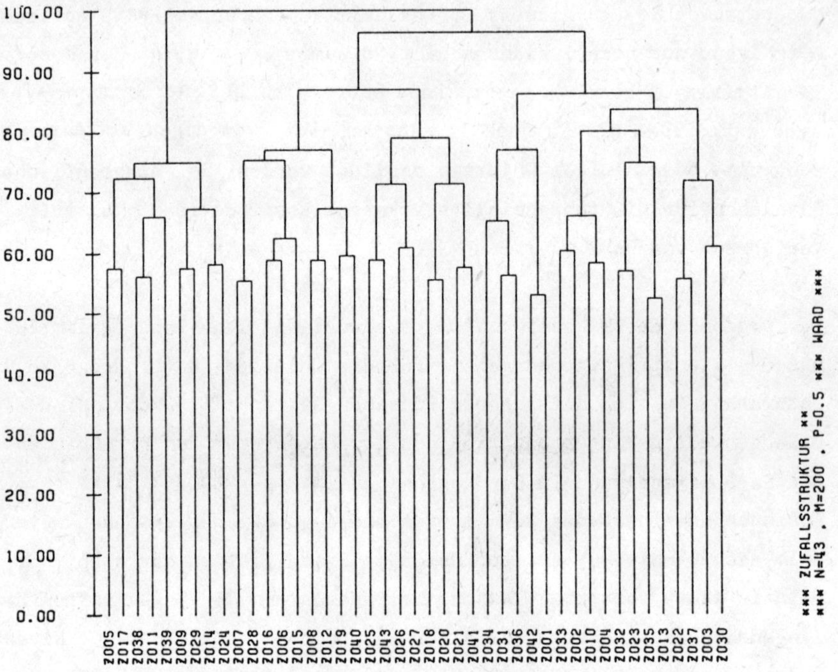

Dabei ist es von geringerer Bedeutung, daß im Dendrogramm 17 ein erheblicher Teil der Fusionen im Bereich von 50% bis 60% liegt, während im Dendrogramm 6 alle Fusionen oberhalb des 64%-Niveaus liegen. Entscheidender ist vielmehr, daß aus dem Dendrogramm 6 (S. 269) klar hervorgeht, daß der Datensatz nicht klassifizierbar ist, Dendrogramm 17 hingegen anzuzeigen scheint, daß zwei oder drei Klassen größeren Umfanges existieren. Da es nahezu ausgeschlossen ist, daß in diesem Datenmaterial mit m=200 fiktiven Klassifikationsmerkmalen Klassen vorhanden sind, wird die bereits früher geäußerte Vermutung (vgl. S. 277), daß das Verfahren von WARD dazu tendiert, den Daten eine (Modell-)Struktur aufzuoktroyieren, bestätigt. WARDS Verfahren kann auch dann Klassen bilden, wenn keine vorhanden sind bzw. Klassen erzeugen, deren Kompaktheit keineswegs dem optischen Eindruck entspricht, den das Dendrogramm vermittelt. Eine Reihe von Experimenten mit empirischen und konstruiertem Datenmaterial, mit binären und auch mit metrischen Merkmalen führte zu derselben Schlußfolgerung. Daß die Information Analysis nicht oder nur in einem sehr geringen Maße dazu tendiert, den Daten eine bestimmte Struktur aufzuzwingen, ist - neben dem Merkmalstyp - ein weiterer Grund, der Entropieanalyse gegenüber dem Verfahren von WARD den Vorzug zu geben.

Bei der Klassifikation von Zufallszahlen mit dem Verfahren von WARD wurden keine Inversionen beobachtet.

In gleicher Weise wie die Entropieanalyse (vgl. S. 273 ff.) wurde auch das Verfahren von WARD daraufhin untersucht, ob die Klassifikationsergebnisse von der Eingabereihenfolge der Daten abhängig sind. Der Untersuchung wurde eine Partition in fünf Klassen zugrunde gelegt (vgl. Dendrogramm 14). Es zeigte sich, daß die Variation der Eingabereihenfolge lediglich auf den unteren Stufen der Hierarchie die Klassenzugehörigkeit von Objekten beeinflußte. Auf den höheren Stufen der Hierarchie wurde der bereits beim Centroid Sorting erwähnte Stabilisierungseffekt der Centroide (verstärkt durch die grössere Homogenität der Klassen) wirksam. Die Klassen der ausgewählten Partition wurden von den Änderungen der Eingabereihenfolge nicht berührt. Es gab keine die Klassenzugehörigkeit ändernden Objekte. Obwohl stabile, von der Eingabereihenfolge der Daten unabhängige Klassifikationsergebnisse zweifellos wünschenswert sind, darf nicht übersehen werden, daß das Verfahren von WARD offensichtlich gegenüber Änderungen in den Eigenschaften der Subklassen unempfindlich ist, und das bedeutet, daß dieses Verfahren Klassen bildet, die keineswegs so stabil sind wie es scheint (vgl. S. 277). Die Unabhängigkeit des Verfahrens von WARD von der Eingabereihenfolge der Daten ist ein weiteres Anzeichen für die Tendenz, den Daten eine bestimmte Struktur aufzuzwingen.

Die Strukturunterschiede zwischen den Unfalldaten (✱) und den binären Zufallszahlen (m=200:Δ; m=20:+) veranschaulichen die Fehlerquadratsummenkurven des Struktogramms 9. Mit m → ∞ nähert sich auch die Fehlerquadratsummenkurve einer Geraden (ceteris paribus).

Struktogramm 9

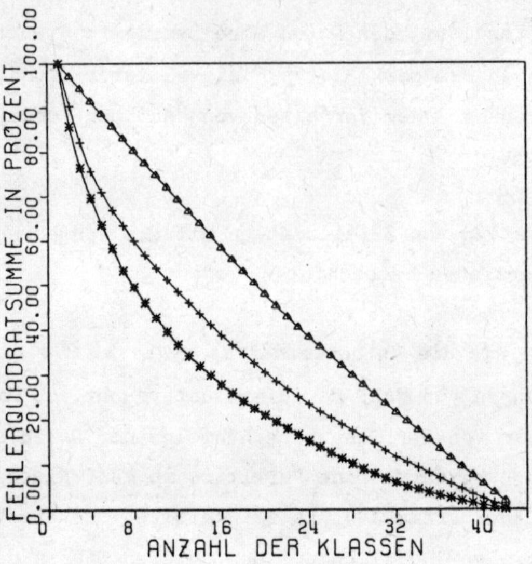

Die Verarbeitung binärer Klassifikationsmerkmale mit dem Verfahren von WARD impliziert eine Metrisierung. Die Merkmale werden wie metrische Merkmale behandelt. Es ist daher angebracht, auch bei der Klassendiagnose davon auszugehen, daß die Merkmale metrisiert sind. Für die Diagnose der Klasseneigenschaften anhand metrischer Klassifikationsmerkmale liefert das Anschlußprogramm YDIAG von VOGEL/FORST (1972) vor allem folgende Informationen (für i=1,2,...,m Klassifikationsmerkmale und K=1,2,...,S Klassen):

(1) Mittelwerte für das Gesamtsystem;
(2) Standardabweichungen für das Gesamtsystem;
(3) Summen der Fehlerquadrate für das Gesamtsystem;
(4) Mittelwerte für die S Klassen;
(5) Standardabweichungen für die S Klassen;
(6) Summen der Fehlerquadrate für die S Klassen;
(7) Summen der Fehlerquadrate innerhalb der Klassen;
(8) Summen der Fehlerquadrate zwischen den Klassen.

Auf eine detaillierte Klassendiagnose muß auch hier verzichtet werden. Um einen Vergleich mit dem Ergebnis der Entropieanalyse zu ermöglichen, werden der Diagnose der fünf Klassen (vgl. Dendrogramm 14) nur die Mittelwerte für die Klassen ($\bar{x}_{iK} = p_{iK}$, i=1,2,...,20; K=1,2,...,5) zugrunde gelegt. Wie bei der Information Analysis werden in der folgenden Tabelle 4 nur die Extremwerte aufgeführt.[1)]

Eine ausführliche Beschreibung der Klassifikationsmerkmale findet sich auf S. 251 f. (vgl. auch Tabelle 1, S. 281).

Tabelle 4: Klassendiagnose

Merkmal	Nr.	Klasse I	II	III	IV	V
Tote	1	0	0		0.0	0
mehr als ein Verletzter	2	0.0		0.0	0	
Fußgänger	3	1.0	0.0		0	0.0
Insasse(n)	4	0.0	1.0			1.0
mitverantwortlich	5	1			0	0.0
Autob./fr. Strecke	6	0.0		1	0.0	
Samstag/Sonntag	7	0.0	0			
Winter	8				1	
20.00 bis 6.00	9	0.0		0	0	1.0
geb. vor/in 1940	10			1	1	
ger. Führerscheinalter	11			0.0	0.0	1
Alkoholeinfluß	12	0		0.0	0.0	1
niedrige Geschwindigk.	13	1		0.0	1	0
Fahrzeugtyp (PKW)	14			1	1.0	1.0
Straßenfaktoren	15					1
Witterungsumstände	16			0	0	0
Überholunfall	17	0.0	0		0.0	0.0
Vorfahrtverletzung	18	0.0	0.0	0.0	1.0	0.0
nicht Rechts gefahren	19	0.0		0.0	0.0	0.0
Abkommen v. d. Fahrb.	20	0	0.0	0.0	0.0	1.0

1) Symbolik: 0.0 $\hat{=}$ $p_{iK} = 0.0$, 0 $\hat{=}$ $p_{iK} \approx 0.0$,
1.0 $\hat{=}$ $p_{iK} = 1.0$, 1 $\hat{=}$ $p_{iK} \approx 1.0$ (vgl. S. 281).

1.0 und 1 können wieder als "ja", 0.0 und 0 als "nein" interpretiert werden.

Wie bei der Information Analysis leistet auch hier jedes Merkmal einen Beitrag zur Trennung der Klassen. Die Klasse I enthält nur Fußgängerunfälle, die Verkehrsopfer der Klassen II und V waren ausschließlich Insassen von Kraftfahrzeugen. Klasse IV enthält nur Unfälle mit Vorfahrtverletzung, Klasse V nur Unfälle mit Abkommen des Fahrzeugs von der Fahrbahn.

Da die Unfallklassen, die mit dem Verfahren von WARD gebildet wurden, recht gut mit denen der Entropieanalyse übereinstimmen, kann sich eine Typisierung dieser Unfallklassen an die Typisierung der Klassen anlehnen, die die Information Analysis lieferte (vgl. S. 282 ff.).

Klasse I (10 Unfälle)

Diese Klasse ist bis auf den Unfall Nr. 9, der der Klasse IV zugeordnet wurde,mit der Klasse IV der Information Analysis identisch. Durch die Ausgliederung des Unfalls 9 sind nun 9 der 10 Verkehrsopfer der Klasse I für den Unfall "allein oder mitverantwortlich" (Merkmal 5). Im übrigen gibt es keine bemerkenswerten Unterschiede zwischen den Klassen I des Verfahrens von WARD und IV der Entropieanalyse.

Klasse II (16 Unfälle)

Klasse II ist eine relativ stark besetzte und recht heterogene Klasse, die von Unfällen gebildet wird, die die Entropieanalyse den Klassen I und II zuordnete. Sie läßt sich wie folgt typisieren (in Klammern: absolute Häufigkeiten):
Unfälle mit getötetem (1), mehr als einem Schwerverletzten (5) und einem Schwerverletzten (10) Verkehrsteilnehmer;
keine Fußgänger als Opfer, sondern ausschließlich Insassen von Kraftfahrzeugen;

viele Unfälle auf Autobahn oder freier Strecke (11);
nur ein Überholunfall;
keine Vorfahrtverletzung;
kein Abkommen von der Fahrbahn.

Klasse III (7 Unfälle)

Bis auf den Unfall Nr. 25 ist diese Klasse mit der Klasse V der Information Analysis identisch. Der Unfall 25 wurde der Klasse IV zugeordnet. Durch die Ausgliederung dieses Unfalls wird die Klasse III von Unfällen gebildet, die überwiegend auf der Autobahn oder auf freier Strecke (6) und tagsüber (6) geschahen (Merkmale 6 und 9). Durch die Zuordnung des Unfalls 25 zu einer anderen Klasse ergaben sich keine weiteren bemerkenswerten Änderungen der Eigenschaften der Klasse V der Entropieanalyse.

Klasse IV (5 Unfälle)

Diese Klasse ist mit keiner der Information Analysis Klassen vergleichbar. Klasse IV ist sehr homogen. Zur Typisierung dieser Klasse können 17 Klassifikationsmerkmale verwendet werden:
Unfälle ohne getötete Verkehrsteilnehmer;
überwiegend Unfälle mit nur einem Schwerverletzten (4);
nur bei einem Unfall war das Verkehrsopfer ein Fußgänger;
nur ein Verkehrsopfer allein oder mitverantwortlich;
kein Unfall auf Autobahn oder freier Strecke;
fast alle Unfälle im Winter;
fast alle Unfälle tagsüber (4);
fast alle Lenker vor/in 1940 geboren (4);
Führerscheine der Lenker sämtlich älter als drei Jahre;
kein Lenker unter Alkoholeinfluß;
Geschwindigkeit fast immer unter 50km/h (4);
alle Fahrzeuge PKW;
fast keine mitwirkenden Witterungsumstände (1);
nur Unfälle mit Vorfahrtverletzung.

Klasse V (5 Unfälle)

Klasse V des Verfahrens von WARD ist mit Klasse III der Entropieanalyse identisch (vgl. S. 283).

Wie diese Typisierung zeigt, liefert auch das Verfahren von WARD durchaus brauchbare Unfallklassen. Die Mehrzahl der Merkmale ist für mehrere Klassen kennzeichnend. Die Bildung der sehr homogenen Klasse IV, die die Information Analysis nicht bildet, wird durch die Bildung der stark besetzten und recht heterogenen Klasse II aufgewogen. Für die Entscheidung, ob die Klassen des Verfahrens von WARD oder die der Information Analysis z.B. für die Unfallursachenforschung "brauchbarer" sind, ist eine detailliertere Analyse der Klassifikationsergebnisse erforderlich. Eine solche Entscheidung ist auch von der Bedeutung der einzelnen Merkmale für die Klassifikation, die sich aus der Entropiezerlegung (Tabelle 2, S. 286) bzw. Zerlegung der Fehlerquadratsummen (Tabelle 5, S. 331) ablesen läßt, abhängig. Die hier nur sehr gekürzt wiedergegebene Klassendiagnose läßt eine Entscheidung zugunsten des einen oder anderen Verfahrens nicht zu. Beide Verfahren erfüllen auch weitestgehend die Bedingungen, die LANCE/WILLIAMS (1966b) an ein "ideales" hierarchisch-agglomeratives Klassifikationsverfahren stellen. Bei der Klassifikation von Einheiten anhand binärer Merkmale muß man sich nicht selten damit abfinden, daß es mehrere gleichermaßen brauchbare Klassifikationsergebnisse gibt.

Es liegt nahe zu versuchen, mit Hilfe eines globalen Gütekriteriums (vgl. Kap. 233) die Entscheidung für eines der Verfahren herbeizuführen. Daß globale Gütekriterien für eine derartige Entscheidung nicht sonderlich geeignet sind, wurde bereits erwähnt. Da beide Verfahren versuchen, die "intra-class" Dispersion zu minimieren, können als globale Kriterien für die Güte der Partitionen die Fehlerquadratsummen (FQS) verwendet werden. Für die Partitionen in fünf Klassen ergibt sich:

(1) Verfahren von WARD: FQS = 160,4; $FQS_{inn.}$ = 102,1; $FQS_{zwi.}$ = 58,3; und $FQS_{inn.}$/FQS = 63,65% ;

(2) Information Analysis: FQS = 160,4; $FQS_{inn.}$ = 100,3; $FQS_{zwi.}$ = 60,1 und $FQS_{inn.}$/FQS = 62,53%.

Daran gemessen ist die Information Analysis geringfügig besser als das Verfahren von WARD, und das ist insofern besonders bemerkenswert, als gerade das Verfahren von WARD versucht, die Fehlerquadratsumme innerhalb der Klassen ($FQS_{inn.}$) zu minimieren.

Aus der Zerlegung der Fehlerquadratsummen für die Klassifikationsmerkmale geht hervor, daß sich die Bedeutung der Klassifikationsmerkmale für die Klassenbildung gegenüber der Entropieanalyse geändert hat.

Tabelle 5: Zerlegung der Fehlerquadratsummen

Merkmal (i)	FQS_i	$FQS_{i,inn.}$	$FQS_{i,zwi.}$	$\frac{FQS_{i,zwi}}{FQS_i}$ in %	Rang Nr.
1	5,86	4,35	1,51	25,8	14
2	7,12	5,44	1,68	23,6	16
3	9,44	2,51	6,93	73,4	3
4	10,05	2,91	7,14	71,0	4
5	10,61	6,85	3,76	35,4	9
6	10,61	5,50	5,11	48,2	5
7	7,12	5,05	2,07	29,1	11
8	10,47	9,65	0,82	7,8	19
9	8,65	5,10	3,55	41,0	6
10	10,47	7,90	2,57	24,6	15
11	8,19	5,90	2,29	28,0	12
12	6,51	4,14	2,37	36,4	8
13	10,74	6,44	4,30	40,0	7
14	7,12	6,40	0,72	10,1	18
15	9,77	8,47	1,30	13,3	17
16	8,65	8,00	0,65	7,5	20
17	3,63	2,65	0,98	27,0	13
18	4,42	0,00	4,42	100,0	1
19	5,86	3,94	1,92	32,8	10
20	5,16	0,90	4,26	82,6	2

Für die Trennung der Klassen von besonderer Bedeutung sind die Merkmale: (18) Vorfahrtverletzung, (20) Abkommen von der Fahrbahn, (3) Fußgänger, (4) Insasse(n), (6) Autobahn/freie Strecke, (9) Tageszeit und (13) Geschwindigkeit; von nur geringer Bedeutung sind die Merkmale: (16) Witterungsumstände, (8) Jahreszeit, (14) Fahrzeugtyp, (15) Straßenfaktoren und (2) Anzahl der Schwerverletzten (einer, mehrere).[1)]

Das Verfahren von WARD bildet wie die Entropieanalyse und die übrigen rekursiven Verfahren polythetische Klassen (vgl. Kap. 241). Als Kriterium für die Zuordnung neuer Objekte zu bereits gebildeten Klassen kann bei binären Klassifikationsmerkmalen der euklidische Centroidabstand oder der Fehlerquadratzuwachs verwendet werden. Wenn die sehr restriktiven Annahmen erfüllt sind, können als Kriterium für die Zuordnung neuer Objekte anhand metrischer Merkmale auch der MAHALANOBIS-Abstand oder Diskriminanzfunktionen verwendet werden.

Das Verfahren von WARD gehört nicht nur für binäre Klassifikationsmerkmale, sondern auch für metrische Merkmale zu den leistungsfähigsten und auch wirtschaftlichsten Klassifikationsverfahren. Wie umfangreiche Untersuchungen mit metrischen Merkmalen gezeigt haben (vgl. FORST, 1973), scheint das Verfahren von WARD bei gleichen Gütekriterien (Spur($\underline{W}$), euklidische Distanz) auch dem iterativen Verfahren von MCRAE (1970) überlegen zu sein. Der wesentliche Vorteil des Verfahrens von WARD liegt darin, daß die Anzahl der zu bildenden Klassen nicht a priori festzulegen ist. WARDs Verfahren ist außerdem - vor allem bei großer Anzahl von Klassifikationsmerkmalen - ein sehr ökonomisches Verfahren.

In einer Studie wurde untersucht, ob sich nicht die Vorzüge beider Verfahren dadurch nutzen lassen, daß die Ergebnisse des Verfahrens von WARD als Input des Verfahrens von MCRAE verwendet werden. WARDs Verfahren liefert eine Partition in S Klassen (also die Anzahl der Klassen und die Klassenzugehörigkeit der Objekte) und die Centroide dieser Klassen. Mit dem Verfahren von MCRAE wird im Hinblick auf bestimmte globale Gütekriterien (Spur ($\underline{W}$) bzw. det $\underline{W}$) und Abstände (euklidische Distanz bzw. MAHALANOBIS-Distanz) versucht, die vorgegebene Partition zu "verbessern". Das Programm MIKCA von MCRAE (1970) wurde für diese Studie entsprechend modifiziert.

---

1) Vgl. hierzu die Ergebnisse der Entropiezerlegung S. 286 f.

Das Verfahren von MCRAE (1970) besteht aus drei Phasen (vgl. Kap. 242). In der Initiierungsphase (1) wird eine Anfangspartition erzeugt, die in der Iterationsphase (2) bezüglich des gewählten globalen Gütekriteriums verbessert wird. An die Iterationsphase kann sich ein "final sharpening process" (3) anschließen. Wird eine Startpartition vorgegeben entfällt die Initiierungsphase (1). Die Optimierungsprozedur kann entweder aus der Iterationsphase und dem "final sharpening process" (2+3) oder aber nur aus dem "final sharpening process" (3) bestehen.[1)]

Grundlage der Studie war eine Klassifikation von 91 Einheiten (Städte) anhand 5 metrischer (standardisierter) Merkmale. Aus dem Klassifikationsergebnis des Verfahrens von WARD wurde eine Partition in zwei deutlich separierte Klassen mit n_1 = 60 und n_2 = 31 Einheiten ausgewählt. Die Ergebnisse der Studie, die in der folgenden Tabelle zusammengestellt sind, werden nur hinsichtlich der Veränderungen dieser Klassenbesetzung und der Änderung der Klassenzugehörigkeit von Einheiten beurteilt. In der zweiten Spalte der Tabelle 6 ist angegeben, welche Phasen des Verfahrens von MCRAE dem jeweiligen Ergebnis zugrunde lagen: (1) = Initiierungsphase, (2) = Iterationsphase, (3) = = "final sharpening process".

Tabelle 6: Vergleich von Ergebnissen des Verfahrens von MCRAE (1970)

Nr.	Phase(n)	Distanz	Gütekriterium	Anzahl der Objekte in Klasse 1	Klasse 2
1	(3)	entfällt	Spur ($\underline{W}$)	60	31
2	(3)	entfällt	det $\underline{W}$	87	4
3	(2)+(3)	euklidische Distanz	Spur ($\underline{W}$)	60	31
4	(2)+(3)	MAHALANOBIS-Distanz	det $\underline{W}$	87	4
5	(1)+(2)+(3)	euklidische Distanz	Spur ($\underline{W}$)	60	31
6	(1)+(2)+(3)	MAHALANOBIS-Distanz	det $\underline{W}$	64	27

1) Vgl. zum "final sharpening process" S. 226 dieser Arbeit.

Die Ergebnisse sind in verschiedener Hinsicht bemerkenswert. Zunächst fällt auf, daß die Ergebnisse 1, 3 und 5 bezüglich der Klassenbesetzung mit dem Ergebnis von WARD übereinstimmen. Gegenüber dem Ergebnis von WARD hat sich in den Ergebnissen 1, 3 und 5 jeweils nur die Klassenzugehörigkeit zweier Objekte geändert (die Partitionen 1, 3 und 5 sind identisch; Spur ($\underline{W}$) $\doteq 0{,}33 \cdot 10^8$). Die gute Übereinstimmung der Ergebnisse 1, 3 und 5 mit dem Ergebnis von WARD ist nicht sehr überraschend, weil auch das Verfahren von WARD versucht, die "intra-class" Dispersion ohne Berücksichtigung von Merkmalskorrelationen zu minimieren. Überraschend ist dagegen, daß bei vorgegebener Anfangspartition der "final sharpening process" dasselbe leistet wie die Kombination von Iterationsphasen und "final sharpening process" (vgl. die Ergebnisse 1 und 3 sowie insbesondere die Ergebnisse 2 und 4).

Daß die Berücksichtigung von Merkmalskorrelationen (det $\underline{W}$, MAHALANOBIS-Distanz) einen erheblichen Einfluß auf das Klassifikationsergebnis haben kann, ist bekannt. Wenn mit det $\underline{W}$ als Gütekriterium in Verbindung mit dem MAHALANOBIS-Abstand gegenüber dem Ergebnis von WARD 6 Objekte ihre Klassenzugehörigkeit ändern (im Ergebnis Nr. 6), so ist diese Änderung nicht ungewöhnlich. Unerwartet groß ist dagegen der Unterschied zwischen dem Ergebnis von WARD bzw. dem Ergebnis 6 einerseits und den (identischen) Ergebnissen 2 und 4 andererseits. Die Ergebnisse 2 und 4 scheinen von der vorgegebenen Startpartition völlig unabhängig zu sein. Einer detaillierteren Analyse zufolge scheinen jedoch die Ergebnisse 2 und 4, die die Stadtstaaten zu einer Klasse zusammenfassen, sachlich ebenso befriedigend wie das Ergebnis 6 und das Ergebnis des Verfahrens von WARD. Bezüglich des globalen Gütekriteriums sind die Ergebnisse 2 und 4 mit det $\underline{W} \doteq 0{,}19 \cdot 10^{15}$ "besser" als das Ergebnis 6 mit det $\underline{W} \doteq 0{,}21 \cdot 10^{15}$.

Die Vermutung, daß das Verfahren von MCRAE bei Vorgabe einer Startpartition die gegebenen Centroide nur unwesentlich ändert und die Partition nur hinsichtlich der Objekte, die im Grenzbereich der Klassen liegen, korrigiert, wurde nur für übereinstimmende Gütekriterien (euklidische Distanz, Spur ($\underline{W}$)) bestätigt. Ein Wechsel der Gütekriterien (MAHALANOBIS-Abstand, det $\underline{W}$), d.h., eine Berücksichtigung der Merkmalskorrelationen innerhalb der (vorgegebenen) Klassen, kann hingegen trotz der stabilisierenden Wirkung der gebebenen Centroide zu völlig unterschiedlichen Klassifikationsergebnissen führen. Ob die Verwendung des MAHALANOBIS-Abstands in Verbindung mit der Determinante der Summenmatrix $\underline{W} = \underline{W}_1 + \underline{W}_2$ angesichts der so unterschiedlichen Klassenbesetzung gerechtfertigt ist, ist jedoch zu bezweifeln, denn eine Ausschaltung der Merkmalskorrelationen innerhalb der Klassen ist nur dann gewährleistet, wenn die Matrizen $\underline{W}_1$ und $\underline{W}_2$ übereinstimmen (vgl. Kap. 233). Obwohl die Ergebnisse dieser Studie nur zum Teil den Erwartungen entsprachen, scheint die Kombination eines nicht-iterativen und eines iterativen Verfahrens vielversprechend.

Anschließend werden zusammenfassend Vor- und Nachteile des Verfahrens von WARD und der Information Analysis gegenübergestellt. Die Entropieanalyse setzt keine Metrisierung der Klassifikationsmerkmale voraus und ist daher dem Merkmalstyp adäquater als das Verfahren von WARD. Die Gefahr, daß den Daten eine (Modell-)Struktur aufoktroyiert wird, ist bei der Information Analysis erheblich geringer als beim Verfahren von WARD. Hinsichtlich bestimmter globaler Gütekriterien (Entropie, Fehlerquadratsumme) scheinen beide Verfahren nahezu übereinstimmende Ergebnisse zu liefern. Methodisch ist die Entropieanalyse dem Verfahren von WARD vorzuziehen. WARDs Verfahren ist jedoch das wirtschaftlichere Verfahren. Der Bedarf an Kernspeicherkapazität ist geringer als der der Information Analysis. Ebenso ist der erforderliche Zeitbedarf geringer. Wegen des relativ komplizierten Algorithmus der Entropieanalyse differiert der Zeitbedarf dieser Verfahren umso mehr, desto größer die Anzahl der Klassifikationsmerkmale ist. Die in einem gewissen Umfange mit der Eingabereihenfolge variierenden Ergebnisse der Information Analysis ermöglichen zwar Rückschlüsse auf die Datenstruktur, die das Verfahren von WARD nicht zuläßt, doch sind Erkenntnisse dieser Art mit zusätzlichem und unter Umständen recht hohem Zeitaufwand verbunden. WARDs Verfahren liefert zwar stabile Ergebnisse, doch wird den Daten eine Struktur aufoktroyiert, die in dieser Stabilität häufig nicht existiert.

(127) Das Verfahren von LANCE/WILLIAMS

Die Flexible Strategy von LANCE/WILLIAMS (1966a, 1967a) ist das letzte der rekursiven Verfahren, das hier zu erörtern ist. Es wurde in Verbindung mit der Rekursionsformel entwickelt und unterscheidet sich von allen anderen Verfahren dadurch, daß die gebildeten Klassen durch die Strategie definiert werden, und zwar unabhängig davon, ob im zu klassifizierenden Datensatz Klassen enthalten sind oder nicht. Über die Eigenschaften der gebildeten Klassen ist nahezu nichts bekannt, weil das Fusionskriterium nicht interpretierbar ist. Für die Klassenbildung ist das verwendete "inter-object" Maß fast ohne Bedeutung. Das Verfahren "... ist applicable to any measure in which increase from zero to a positive quantity implies increasing dissimilarity" (WILLIAMS/CLIFFORD/LANCE, 1971, S. 158).

Der Grad der Unähnlichkeit zwischen Klassen bzw. Objekten und Klassen wird mit Hilfe der Rekursionsformel bestimmt. Das Verfahren ist durch folgende Parameter der Rekursionsformel definiert: $\alpha_L + \alpha_M + \beta = 1$, $\alpha_L = \alpha_M$, $\beta < 1$, $\gamma = 0$ (LANCE/WILLIAMS, 1967a). Mit quadrierten euklidischen Distanzen als "inter-object" Maße und mit $\alpha_L = \alpha_M = \alpha$ ist also $d^2_{K(L,M)} = \alpha\, (d^2_{KL} + d^2_{KM}) + \beta\, d^2_{LM}$. Die Größen $d^2_{..}$ sind aber nicht mehr als quadrierte euklidische Distanzen interpretierbar.

Für β können beliebige Werte < 1 vorgegeben werden. Die Werte für α ergeben sich aus $\alpha = (1-\beta)/2$. Es ist üblich, β nur im Bereich $-1 \leq \beta < +1$ zu variieren. Eine eindeutige und zweckdienliche Festlegung des Wertes für β ist mangels theoretischer Anhaltspunkte offenbar nicht möglich (vgl. LANCE/WILLIAMS, 1967a; WILLIAMS/CLIFFORD/LANCE, 1971). Die Klassifikationsergebnisse werden durch die Parameter α und β völlig determiniert. "... this defines a set of strategies such that, as β falls from positive to large negative values, the hierarchy changes from an almost completely "chained" system to one with increasingly intense clustering. The extent of clustering is thus not an inherent property of the data; a given set of data *may now*, by varying the parameters, *be made to appear as sharply clustered as a user may desire*" (LANCE/WILLIAMS, 1966a, Hervorhebung d.d. Verfasser). Nach dieser Charakterisierung scheint die Flexible

Strategy ein Klassifikationsverfahren zu sein, welches nur zur Datenmanipulation geeignet ist. Ein Vergleich von Dendrogrammen für unterschiedliche β kann jedoch beachtliche Informationen über die Datenstruktur liefern.

In welchem Ausmaße Klassifikationsergebnisse mit dem Parameter β variieren, zeigt sich sehr anschaulich bei der Klassifikation der Unfalldaten. Hier können nur die Dendrogramme für β = 0,98 (18), β = 0,0 (19) und β = -1,0 (20) wiedergegeben werden.

Dendrogramm 18

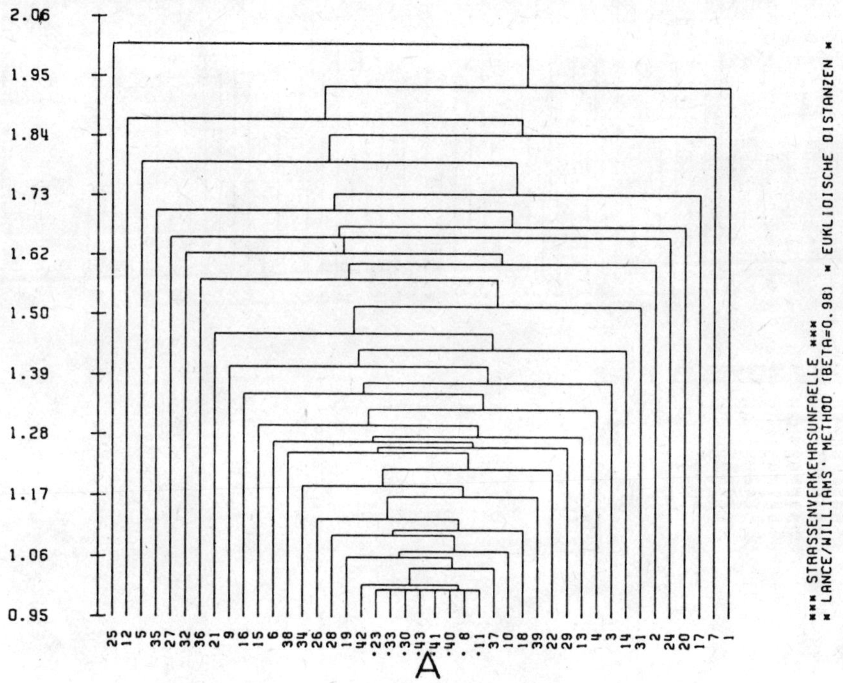

Für β=0,98 wird nur eine einzige interpretierbare Klasse (A) mit acht Unfällen gebildet, an die alle übrigen Unfälle einzeln angehängt werden (extremer Ketteneffekt). Die Klasse A ist relativ heterogen, obwohl sie nach dem Dendrogramm 18 recht homogen zu sein scheint. Sie enthält 5 Fußgängerunfälle und 3 Unfälle, an denen keine Fußgänger beteiligt waren. Alle anderen Verfahren haben diese Fußgängerunfälle deutlich von jenen Unfällen getrennt, an denen keine Fußgänger beteiligt waren. Wie sich eine Variation von β auf die Zuordnung der Unfälle dieser Klasse auswirkt, zeigen die Dendrogramme 19 und 20. Die Unfälle der Klasse A sind durch Punkte gekennzeichnet.

Dendrogramm 19

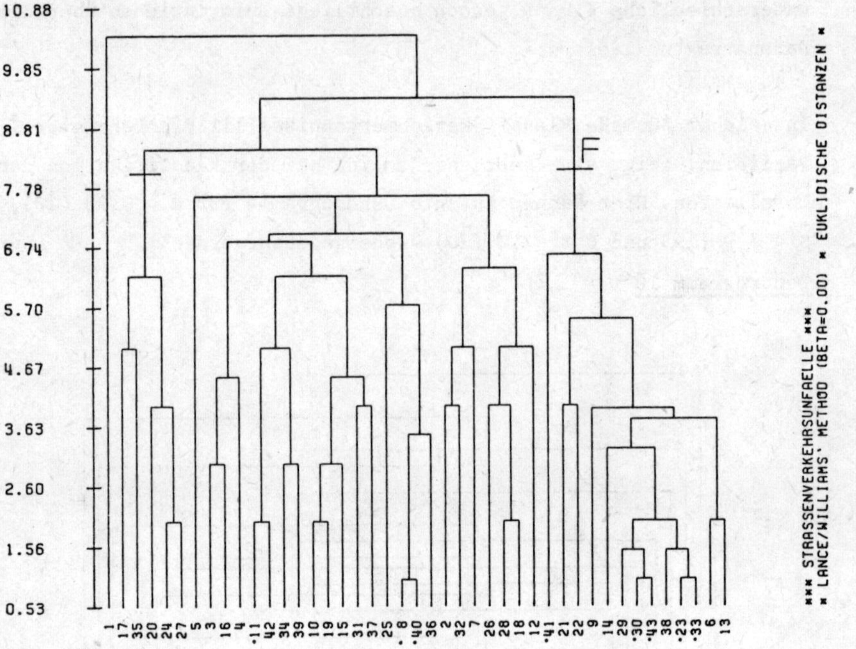

Dendrogramm 20

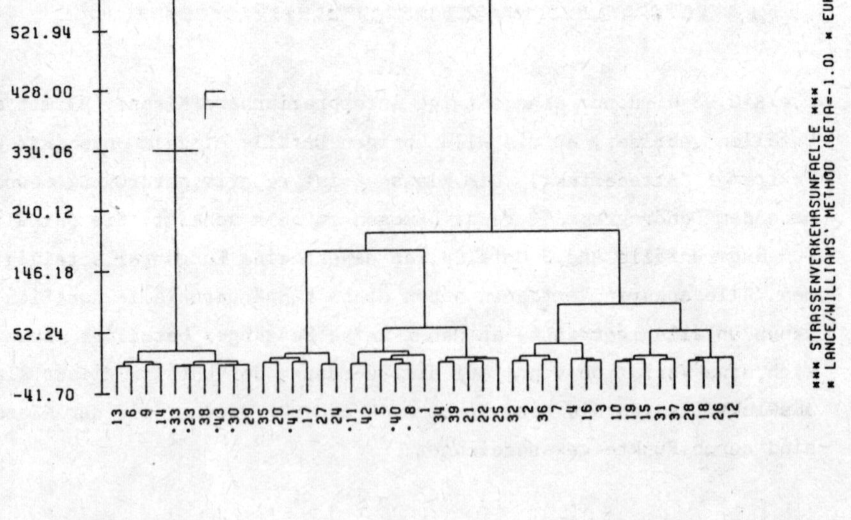

Nach der Entropieanalyse (vgl. S. 280 ff.), Average Linkage (vgl. S. 306 ff.) und dem Verfahren von WARD (vgl. S. 318 f.) ist die Klasse, die aus den Unfällen 17, 20, 24, 27 und 35 besteht (an diesen Unfällen waren keine Fußgänger beteiligt), wohlsepariert. Das Verfahren von LANCE/WILLIAMS bildet diese Klasse nur für $\beta=0{,}0$ (vgl. Dendrogramm 19). Im Dendrogramm 18 ist diese Klasse nicht zu identifizieren, im Dendrogramm 20 ist sie um den Fußgängerunfall 41 erweitert.

Bemerkenswert ist, daß im Dendrogramm 19 (für $\beta=0{,}0$) die mit F gekennzeichnete Klasse 13 der insgesamt 14 Fußgängerunfälle enthält. Der 14. Fußgängerunfall, der mit der Nummer 1, ist als Ausreißer zu erkennen (im Dendrogramm 18 ist der Unfall mit der Nummer 25 allen anderen Unfällen am wenigsten ähnlich).

Im Dendrogramm 20, in welchem die Klassen außergewöhnlich kompakt erscheinen, wird die Klasse der Fußgängerunfälle (F) nur noch von 10 Fußgängerunfällen gebildet. Der Ausreißer (1) ist nicht mehr erkennbar (vgl. auch Nr. 25).

Es zeigt sich also, daß sich mit der Variation des Parameters β Anzahl und Eigenschaften der gebildeten Klassen beträchtlich ändern. Klassifikationsergebnisse für $0{,}0 \geqq \beta \geqq -0{,}2$ sind noch am ehesten mit denen anderer Verfahren vergleichbar.

Da weder eine theoretisch befriedigende Möglichkeit existiert, den Wert des Parameters β a priori zu bestimmen, noch eine praktikable Möglichkeit, aus der Vielzahl der erzeugbaren Dendrogramme jenes auszuwählen, welches die für die jeweilige Zielsetzung brauchbarste Partition des Datensatzes enthält, kann die Flexible Strategy für die Bildung von Klassen nicht empfohlen werden (vgl. aber EL-GAZZAR/WATSON/WILLIAMS/LANCE, 1968).

(2) Hierarchisch-divisive Verfahren

Hierarchisch-divisive Verfahren, die eine Hierarchie von Klassen durch sukzessive Teilungen eines Datensatzes erzeugen, sind von geringerer praktischer Bedeutung als hierarchisch-agglomerative Verfahren. Nur der Vollständigkeit wegen werden im folgenden einige wenige divisive Verfahren kurz skizziert.

Divisive Verfahren können monothetische bzw. polythetische Klassen bilden (vgl. Kap. 241). Das wohl bekannteste monothetisch-divisive Verfahren ist die "association analysis" von WILLIAMS/LAMBERT (1959, 1960, 1961a), die für die Klassifikation von Einheiten anhand binärer Merkmale entwickelt wurde.

Die Klassenbildung beginnt mit einer Klasse vom Umfang n, die bezüglich eines einzigen Merkmals so in zwei Teilklassen zerlegt wird, daß die Objekte der einen Klasse sämtlich die Merkmalsausprägung "1", die Objekte der anderen Klasse sämtlich die Merkmalsausprägung "0" besitzen. "The variance of the division-attribute is henceforth zero in all sub-populations, and the attribute selected for a division is to be that which is expected to reduce the variance of all other attributes to the greatest possible extent within the resulting sub-populations" (LANCE/WILLIAMS, 1965, S.246). Das Divisions-Merkmal ist jenes, für das

$$\sum_{j \neq k} n\varphi^2_{jk} = \sum_{j \neq k} \chi^2_{jk} \quad \text{bzw.} \quad \sum_{j \neq k} |\varphi_{jk}| \quad ^{1)}$$

ein Maximum ist (LANCE/WILLIAMS, 1965; LAMBERT/WILLIAMS, 1966).[2)]

Nach der ersten Division werden die gebildeten Klassen in entsprechender Weise weiter aufgeteilt (für die zweite Division stehen nur noch m-1 Merkmale zur Auswahl des Divisions-Merkmals zur Verfügung). "The process continues until a stopping rule is satisfied, for example until a predetermined number of sub-groups has been found or until a stated degree of homogenity obtains in each sub-group" (LANCE/WILLIAMS, 1966c).

---

1) φ_{jk} ist der Assoziationskoeffizient für die binären Merkmale j und k.

2) LANCE/WILLIAMS (1968b) haben in Anlehnung an MACNAUGHTON-SMITH (1965) auch vorgeschlagen, die Größe $\Sigma\chi^2_{jk}$ durch ein Entropiemaß zu ersetzen. Die Gesamtheit (G) wird bezüglich jedes Klassifikationsmerkmals dichotomisiert. Die entstehenden Klassen (G_1 und G_2) zeichnen sich dadurch aus, daß alle Objekte von G_1 für das trennende Merkmal die Ausprägung "1" und alle Objekte von G_2 die Ausprägung "0" besitzen. Für jede dieser Zerlegungen wird die Entropiereduktion

$$\Delta H = H_T(G) - H_T(G_1) - H_T(G_2)$$

berechnet und jenes Merkmal als Divisionsmerkmal ausgewählt, für das die Entropiereduktion ein Maximum ist. Mit der Auswahl des Divisionsmerkmals ist auch die Zerlegung bestimmt.

In der Regel werden nicht alle m Klassifikationsmerkmale als Divisions-Merkmale verwendet (vgl. Kap. 241). Die Auswahl der Divisionsmerkmale und die Festlegung der Reihenfolge, in der sie verwendet werden, determinieren das Klassifikationsergebnis. Das Ergebnis wird auch vom Divisionskriterium beeinflußt. "Although $\Sigma\chi^2$ undeniable provides the maximum-information split, it has the disadvantage (for some purposes) of fragmenting the analysis by initially splitting off outliers from the population. The less-efficient $\Sigma\,|r|$ tends in practice to provide a more even split, and therefore to preserve inherent similarities in the early stages of the analysis. ... in our experience, $\Sigma\,|r|$ still provides the best general-purpose solution" (LANCE/WILLIAMS, 1965, S. 247; vgl. auch GOWER, 1967b).[1]

Im Gegensatz zu den agglomerativen Verfahren benötigen divisive Verfahren eine Stopregel. Der Prozeß der fortlaufenden Zweiteilung von Klassen muß abgebrochen werden, wenn eine weitere Aufteilung nicht mehr sinnvoll erscheint. Verschiedene Arten von Stopregeln werden von LAMBERT/WILLIAMS (1966) erörtert. "No completely satisfactory stopping rule is known" (LANCE/WILLIAMS, 1965). Eine häufig verwendete Stopregel erläutert MACNAUGHTON-SMITH (1965). Der Prozeß ist abzubrechen, d.h. die gebildeten Klassen sind Endklassen, wenn die maximale $\Sigma\,\chi^2_{jk}$ einer Stufe kleiner ist als $\chi^2_{(m-1);0,95}$. Ist $\Sigma\,\chi^2_{jk}$ größer oder gleich $\chi^2_{(m-1);0,95}$, wird die Aufteilung fortgesetzt. MACNAUGHTON-SMITH (1965, S. 22 f.) weist ausdrücklich darauf hin, daß "This stopping rule is completely arbitrary, and is not in any sense a significance test". Ihre "... justification is empirical". Die Stopregel wird von CORMACK (1971) mit Recht kritisiert.

GOWER (1967b), der verschiedene Klassifikationsverfahren miteinander vergleicht, hat erhebliche Einwendungen gegen die Association Analysis. Anwendungsbeispiele aus dem Bereich der Ökologie und auch Vergleiche mit anderen Verfahren enthalten unter anderem die Arbeiten von WILLIAMS/LAMBERT (1961a), LANGE/STENHOUSE/OFFLER (1965), LAMBERT/WILLIAMS (1966) und WEBB/TRACEY/WILLIAMS/LANCE (1967).

CRAWFORD/WISHART (1967, 1968) haben ein monothetisch-divisives Verfahren, die "group analysis" (vgl. WISHART, 1970a), vorgeschlagen,

---

1) In der hier verwendeten Symbolik ist r gleich φ.

deren Ergebnisse durch eine spezielle Iterationsprozedur verbessert werden können. Die "group analysis" gilt als sehr schnelles Verfahren.

Ein ebenfalls monothetisch-divisives Verfahren haben MÖLLER und CAPECCHI entwickelt (MÖLLER, 1962a, 1962b, 1963; CAPECCHI, 1964; CAPECCHI/MÖLLER, 1968). Es ist nur für Alternativmerkmale geeignet und basiert auf dem mittleren Transinformationsgehalt zweier Merkmale i und j: $H(i;j)$ (vgl. S. 116 ff.). Wie bei der Association Analysis muß festgelegt werden, welche Merkmale in welcher Reihenfolge Divisions-Merkmale werden. Um jenes Klassifikationsmerkmal zu bestimmen, welches "... has the greatest content of information with respect to the others" (CAPECCHI/MÖLLER, 1968, S. 66), wird (für jede Stufe) ein Index berechnet, den CAPECCHI (1964) "sélectivité" oder "indice de sélectivité" nennt. Er wird wie folgt aus dem "informationstheoretischen Kontingenzkoeffizienten"[1] (BIHN, 1967, S. 77) konstruiert (CAPECCHI/MÖLLER, 1968, S. 65; CAPECCHI, 1964, S. 296). Zunächst sind für die Merkmale i und j die Mittelwerte

$$I_a(i) = \frac{1}{m-1} \sum_j \frac{H(i;j)}{H(i)} \quad \text{und} \quad I_b(i) = \frac{1}{m-1} \sum_j \frac{H(i;j)}{H(j)} \qquad (i \neq j)$$

zu berechnen. Die "sélectivité" des Merkmals i ist das geometrische Mittel dieser Indices:

$$I(i) = \sqrt{I_a(i)\; I_b(i)} \quad .$$

Der Index $I(i)$ variiert zwischen 0 und 1. Der Datensatz wird nach dem Merkmal, für welches der Index $I(i)$ am größten ist, in zwei Klassen aufgeteilt, und zwar so, daß die eine Klasse nur Objekte mit der Ausprägung "1", die andere nur Objekte mit der Ausprägung "0" für dieses Merkmal enthält. Danach wird ein Homogenitätsmaß (vgl. CAPECCHI/MÖLLER, 1968, S. 66) für die beiden Klassen berechnet und dieses mit einem vorgegebenen Maß der Homogenität verglichen. Erreichen die beiden Klassen nicht die geforderte Homogenität, wird die Aufteilung auf der Basis

---

1) Der Kontingenzkoeffizient $C(i|j) = H(i;j)/H(i)$ gibt an, welcher Informations- (bzw. Entropie-) Anteil des Merkmals i in j enthalten ist.

von Transinformationen für mehr als zwei Merkmale[1] so lange fortgesetzt, bis die geforderte Homogenität der Klassen erreicht ist.

Das Verfahren von MÖLLER und CAPECCHI scheint nur für kleinere Merkmalsanzahlen ($m \leq 10$) geeignet zu sein. Ein anschauliches Beispiel aus der Soziologie mit sieben Klassifikationsmerkmalen enthält die Arbeit von CAPECCHI/MÖLLER (1968, S. 67 ff.).

Monothetische Klassen sind eindeutig und leicht interpretierbar. Sie haben den Vorteil, daß es einfach ist, neue Objekte bereits existierenden Klassen hinzuzufügen. Im Hinblick auf die Divisions-Merkmale sind die Klassen völlig homogen (vgl. Kap. 241).

Polythetisch-divisive Klassifikationsverfahren sind vergleichsweise selten. EDWARDS und CAVALLI-SFORZA haben 1965 ein solches Verfahren vorgeschlagen. Der Datensatz ist sukzessive so in jeweils zwei Subklassen aufzuteilen, daß die "...between-clusters sum of squares ... is a maximum"; die "technique is as simple in practice as it is in theory" (S. 364). Für alle $2^{n-1}-1$ möglichen Zerlegungen eines Datensatzes in zwei Klassen (vgl. S. 35 ff.). sind die "inter-class" Fehlerquadratsummen zu berechnen, und es ist jene Partition auszuwählen, die die "inter-class" Fehlerquadratsumme maximiert (bzw. die "intra-class" Fehlerquadratsumme minimiert). Das Verfahren findet mit Sicherheit die "minimum-variance partition", hat jedoch den entscheidenden Nachteil, daß es außerordentlich zeitaufwendig ist. Es ist nur für sehr kleine Datensätze geeignet: "... up to 16 points can be treated in a reasonable time. Thereafter a sequential method is necessary to avoid testing all the splits, and this has also been developed" (S. 366).

Weitere Ausführungen zur "sequential method" fehlen. GOWER (1967b) weist u.a. darauf hin, daß das Verfahren von EDWARDS und CAVALLI-SFORZA zu jenen Verfahren gehört, die "... depend on sample sizes when determining a cluster" (S. 629). Nach SCOTT/SYMONS (1971a) ist es möglich, die Anzahl der zu untersuchenden Zerlegungen auf $(2^m-2)\binom{n}{m}$ zu reduzieren.

1) Für drei Merkmale i, j und k ist z.B. H(i,j;k) die Transinformation, welche die Merkmale i und j mit k gemeinsam haben.

Ein praktikabler Vorschlag für ein polythetisch-divisives Klassifikationsverfahren stammt von MACNAUGHTON-SMITH/WILLIAMS/DALE/MOCKETT (1964). Das Verfahren wird "dissimilarity analysis" genannt, weil zur Konstruktion von jeweils zwei Subklassen ein Maß für die Unähnlichkeit von Objekten und Klassen benötigt wird. Es gibt verschiedene Möglichkeiten, diese Unähnlichkeit zu messen. Für binäre Merkmale hat MACNAUGHTON-SMITH (1965) ein Unähnlichkeitsmaß angegeben, welches auf der Entropie beruht. Die beiden Subklassen werden auf folgende Weise gebildet. Jenes Objekt, welches allen anderen Objekten des Datensatzes am wenigsten ähnlich ist, bildet den Kern einer Klasse B. Die n-1 restlichen Objekte gehören zur Klasse A. Von A wird nun sukzessive jeweils ein Objekt (X) nach B transferiert, und zwar so lange, als in A Objekte sind, die dem Rest der Klasse A (also A-X) unähnlicher sind als der Klasse B: $d(X,(A-X)) - d(X,B) > 0$. Kann kein solches Objekt mehr gefunden werden, ist der Aufbau der Klasse B abgeschlossen "... an we embark in the same way on the sub-division of each of the two resulting groups. The whole process is terminated in accordance with any suitable stopping-rule" (MACNAUGHTON-SMITH/WILLIAMS/DALE/MOCKETT, 1964, S. 1035; vgl. auch MACNAUGHTON-SMITH, 1965). Ob sich die "dissimilarity analysis" praktisch bewährt hat, ist nicht bekannt.

2433 Nicht-hierarchische Verfahren

Zu den nicht-hierarchischen Klassifikationsverfahren ist nur noch wenig zu sagen. Die meisten nicht-hierarchischen Verfahren sind iterative Verfahren, und diese wurden bereits in Kap. 242 erörtert. Es gibt zwar nicht-hierarchische Verfahren, die nicht-iterativ sind, doch haben diese in der Praxis nur geringe Bedeutung erlangt. Da ihre Leistungsfähigkeit auch durchwegs geringer zu sein scheint, als die der hierarchischen und iterativen Verfahren, werden nur zur Abrundung der Darstellung abschließend zwei dieser Verfahren kurz beschrieben. Beide Verfahren wurden zur Klassifikation von Einheiten anhand binärer Merkmale entwickelt.

Das Verfahren von HYVÄRINEN (1962) basiert als eines der ersten auf informationstheoretischen Maßen. Die Klassenbildung beginnt mit einer Klasse vom Umfang n, aus welcher das "most-typical" Objekt, das ist jenes, welches allen anderen Objekten am ähnlichsten ist, ausgewählt wird.[1] Dieses Objekt ist der Kern (the model) der ersten Klasse. Danach wird der Grad der Ähnlichkeit zwischen diesem Objekt und allen anderen Objekten bestimmt. Jene Objekte, deren Ähnlichkeit einen vorzugebenden Wert übersteigt, werden dem "model", also der ersten Klasse zugeordnet. Die so gebildete erste Klasse wird nicht mehr verändert und von der weiteren Betrachtung ausgeschlossen. Das "most-typical" Objekt der nach Bildung der ersten Klasse vom Umfang n_1 noch verbleibenden $(n-n_1)$ Objekte bildet den Kern der zweiten Klasse, dem wiederum die Objekte zugeordnet werden, die den vorgegebenen Ähnlichkeitswert übersteigen. In der gleichen Weise werden weitere Klassen initialisiert und agglomeriert, bis alle Objekte zugeordnet sind. Größe, Eigenschaften und Anzahl der gebildeten Klassen werden durch den vorzugebenden Ähnlichkeitswert determiniert, der (vgl. HYVÄRINEN, 1962, S. 87 f.) mangels theoretischer Anhaltspunkte nur schwer a priori festzulegen ist. Das Verfahren von HYVÄRINEN (1962) gehört auch zu jenen Verfahren, die "possess minimum variance constraints" (WISHART, 1969a). LANCE/WILLIAMS (1967b) kritisieren die verwendeten Entropiemaße. Das Verfahren von HYVÄRINEN ist prinzipiell auch für die Verarbeitung von Merkmalen mit mehr als zwei Ausprägungen geeignet. Ob dieses Verfahren in der Praxis verwendet wurde, ist nicht bekannt.

BONNER (1964) hat unter anderem folgendes Verfahren (Clustering Program I) vorgeschlagen. Zunächst wird eine Ähnlichkeitsmatrix vom Typ $n * n$ erzeugt. Die Elemente dieser Matrix werden für einen vorzugebenden Wert dichotomisiert. Ergebnis ist eine Ähnlichkeitsmatrix, deren Elemente entweder 0 oder 1 sind. Eine 1 bedeutet, daß die betreffenden Objekte ähnlich sind, eine 0, daß sie unähnlich sind. Nun wird diese Ähnlichkeitsmatrix wie eine Datenmatrix mit n Objekten und n Merkmalen behandelt und ihre Ähnlichkeitsmatrix bestimmt. "Essentially this is taking the similarity matrix of a similarity matrix; since the result is another similarity matrix, the procedure can be iterated as many times as desired." (BONNER, 1964, S. 23). "Fascinating sequences of matrices result, ..., whose mathematical properties might repay investigation. In practice they seem to converge quickly but not always to non-overlapping clusters, but I know of no convergence theorem" (CORMACK, 1971, S. 344). Ergebnis dieser Prozedur ist eine Matrix,

1) Vgl. "dissimilarity analysis".

aus der abzulesen ist, welche Objekte jeweils eine Klasse bilden. Wenn Objekte mehr als einer Klasse angehören, kann das Clustering Programm II benutzt werden, um "... a set of clusters where no object is in more than one cluster..." zu bilden. Über die Leistungsfähigkeit der Verfahren von BONNER ist nichts bekannt.

3 Zusammenfassung

1. Die Aufgabe der hier erörterten Klassifikationsverfahren besteht darin, eine Menge von n Objekten, die durch m Merkmale charakterisiert sind, so in disjunkte Teilmengen, die Klassen genannt werden, zu zerlegen, daß die eine Klasse bildenden Objekte einander hinsichtlich aller m Merkmale in einem bestimmten Sinne möglichst ähnlich sind. Gleichzeitig sollen die verschiedenen Klassen zugehörenden Objekte einander möglichst unähnlich sein.

   Die Bildung von Klassen beruht auf der häufig nicht überprüfbaren Voraussetzung, daß im zu klassifizierenden Datensatz ein System von Ähnlichkeiten existiert, das durch geeignete Verfahren erkannt werden kann.

   In der Regel ist die Anzahl der zu bildenden Klassen a priori unbekannt; ebenso ist unbekannt, welche Objekte die einzelnen Klassen bilden und durch welche Eigenschaften sich die Klassen auszeichnen.

   Mit der Klassifikation können verschiedene Ziele verfolgt werden. Klassifikationsergebnisse variieren mit dem jeweiligen Ziel. Die Brauchbarkeit von Klassifikationsergebnissen kann daher nur im Hinblick auf die jeweilige Zielsetzung beurteilt werden.

   Klassifikationsverfahren untersuchen nur einen sehr kleinen Teil der möglichen Zerlegungen eines Datensatzes. Sie gewährleisten daher nicht, daß die optimale Partition - gleichgültig wie sie definiert ist - erzeugt wird.

2. Bei der Klassifikation wird die Menge der zu klassifizierenden Objekte wie eine Gesamtheit behandelt. Verallgemeinerungen von Klassifikationsergebnissen von Stichproben auf übergeordnete Gesamtheiten sind nur mit Einschränkungen möglich.

   Ausreißer, d.h. untypische Objekte, können die Klassenbildung beeinträchtigen.

3. Die Klassifikationsmerkmale sind so auszuwählen, daß sie die Objekte im Hinblick auf das angestrebte Ziel der Klassifikation hinreichend kennzeichnen und eine sachlich zumindest annähernd gleiche Bedeutung haben; sie sind gegebenenfalls so zu transformieren, daß sie alle von einem Typ sind.

   Klassifikationsergebnisse können nur in Bezug auf die Klassifikationsmerkmale beurteilt werden. Ändern sich Zusammensetzung und/oder Anzahl der Merkmale, so ändern sich in der Regel auch die Klassifikationsergebnisse.

4. Klassifikationsergebnisse werden entscheidend durch das verwendete Ähnlichkeits- bzw. Unähnlichkeitsmaß für Objekte und/oder Klassen determiniert. Es gibt für binäre und metrische Merkmale eine Vielzahl von Maßen. Keines dieser Maße kann von vornherein als das beste bezeichnet werden.

   Die Auswahl eines der jeweiligen Zielsetzung adaequaten Ähnlichkeits- bzw. Unähnlichkeitsmaßes ist abhängig von der Annahme über die Art der vorhandenen Ähnlichkeitsstruktur. Die Wahl wird bestimmt vom Merkmalstyp, von der Art der Ähnlichkeit bzw. Unähnlichkeit, die im Einzelfalle von Interesse ist und von den speziellen Eigenschaften der vorgeschlagenen Maße.

5. Die Klassifikation soll möglichst homogene Klassen liefern. Je geringer die Unterschiede zwischen den Objekten einer Klasse sind, desto homogener ist die Klasse.

   Im allgemeinen unterscheiden sich die gebildeten Klassen hinsichtlich ihrer Homogenität. Maße für die Güte einer Partition, sogenannte globale Gütekriterien, geben an, wie groß die mittlere Homogenität der Klassen einer Partition ist.

   Für binäre und metrische Merkmale wurde eine Reihe globaler Gütekriterien vorgeschlagen. Die gebräuchlichen Kriterien für metrische Merkmale sind entscheidend davon abhängig, ob sich die Datenstruktur durch Mittelwerte, Varianzen und Kovarianzen hinreichend beschreiben läßt.

6. Es ist üblich, iterative und hierarchische Klassifikationsverfahren zu unterscheiden.

   Die neueren iterativen Verfahren versuchen, globale Gütekriterien zu optimieren. Hierarchisch-agglomerative bzw. hierarchisch-divisive Verfahren versuchen, in aufeinanderfolgenden Stufen die Fusionen bzw. Zerlegungen von (Sub-) Klassen zu optimieren.

7. Iterative Verfahren, wie z.B. das Verfahren von MCRAE (1970), sind in erster Linie für metrische Merkmale gedacht. Sie sind sehr leistungsfähig, wenn die Datenstruktur nicht allzu sehr von einer Modellstruktur abweicht, wenn die Klassen durch unterschiedliche Centroide, jedoch gleiche Kovarianzmatrizen gekennzeichnet sind. Sie stellen relativ strenge Anforderungen an die Homogenität der zu bildenden Klassen.

   Iterative Verfahren haben den Vorteil, daß die Zuordnung von Objekten zu Klassen rückgängig gemacht werden kann, wenn sich im Verlaufe der Klassenbildung die Eigenschaften der Klassen ändern. Sie haben den Nachteil, daß die Anzahl der zu bildenden Klassen a priori vorzugeben ist. Die Klassifikationsergebnisse sind i.a. nicht unabhängig von der Eingabereihenfolge der Daten.

   Der erforderliche Rechenaufwand ist von verschiedenen Faktoren abhängig, von der Anzahl der zu klassifizierenden Objekte, der zu bildenden Klassen, der erforderlichen Iterationszyklen und anderen; besonders stark ist die Abhängigkeit von der Anzahl der Klassifikationsmerkmale. Der Bedarf an Kernspeicherplatz ist abhängig vom Umfang der Datenmatrix.

8. Hierarchische Verfahren erzeugen eine Hierarchie von Klassen, die durch ein Dendrogramm veranschaulicht wird. Sie können metrische und binäre Merkmale verarbeiten. Hierarchisch-agglomerative Verfahren sind im allgemeinen leistungsfähiger als hierarchisch-divisive Verfahren.

Hierarchisch-agglomerative Verfahren steuern die Klassenbildung über Ähnlichkeits- bzw. Unähnlichkeitsmaße für Objekte und Klassen.

Diese Verfahren haben den Vorteil, daß die Anzahl der zu bildenden Klassen nicht a priori festzulegen ist. Sie haben den Nachteil, daß die Zuordnung von Objekten zu Klassen bzw. die Fusion von Klassen endgültig ist. Auch wenn sich im Verlaufe der Klassenbildung die Eigenschaften der Klassen ändern, kann eine Zuordnung bzw. Fusion nicht rückgängig gemacht werden.

Es gibt mehrere hierarchisch-agglomerative Klassifikationsverfahren. Ihre Leistungsfähigkeit ist in geringerem Maße von der Datenstruktur abhängig als die der iterativen Verfahren.

Zu den leistungsfähigsten Verfahren gehören die Entropieanalyse und das Verfahren von WARD (1963). Die Entropieanalyse ist nur für binäre Merkmale definiert und diesem Merkmalstyp adaequater als das Verfahren von WARD. Beide Verfahren stellen relativ strenge Anforderungen an die Homogenität der zu bildenden Klassen. Im Hinblick auf bestimmte globale Gütekriterien scheinen beide Verfahren nahezu übereinstimmende Ergebnisse zu liefern. Das Verfahren von WARD tendiert dazu, den Daten eine (Modell-) Struktur aufzuoktroyieren. Die Ergebnisse der Entropieanalyse sind in einem gewissen Umfange abhängig von der Eingabereihenfolge der Daten. Beide Verfahren haben den Vorteil, daß die Klassifikationsergebnisse durch ein Struktogramm ergänzt werden können. Dieses Struktogramm erleichtert die Entscheidung über die Anzahl der zu bildenden Klassen. Das Verfahren von WARD ist das wirtschaftlichere Verfahren; es stellt sowohl im Hinblick auf die Kernspeicherkapazität als auch hinsichtlich des erforderlichen Zeitbedarfs geringere Anforderungen als die Entropieanalyse.

Das Verfahren von GOWER (1967) und das Centroid Sorting sind zu den weniger leistungsfähigen Verfahren zu zählen. Sie stellen nur geringe Anforderungen an die Homogenität der zu bildenden Klassen und tendieren dazu, Inversionen zu bilden. Zur Erkennung von Ausreißern ist Centroid Sorting das geeignete Verfahren.

Zu den weniger leistungsfähigen Verfahren gehört auch das Verfahren von LANCE/WILLIAMS (1966, 1967). Die Klassifikationsergebnisse werden durch einen vorzugebenden Parameter determiniert. Eine eindeutige und zielentsprechende Festlegung des Parameters ist mangels theoretischer Anhaltspunkte nicht möglich. Eine willkürliche Vorgabe des Parameters kann zu sachlich sehr unbefriedigenden Klassifikationsergebnissen führen.

Single Linkage, Complete Linkage und Average Linkage können beliebige Inter-Objekt-Maße verarbeiten.

Single Linkage ist ein nur unter besonderen Bedingungen brauchbares und leistungsfähiges Klassifikationsverfahren. Es gehört zu jenen Verfahren, die nicht versuchen, die Dispersion innerhalb der Klassen zu minimieren. Unter gewissen Voraussetzungen kann es gerade wegen dieser Eigenschaft nützlich sein. Die ausgeprägte Tendenz zur Verkettung von Objekten und/oder Klassen kann die Klassenbildung empfindlich stören.

Complete Linkage liefert relativ heterogene Klassen; auch sind die Klassifikationsergebnisse - zumindest bei binären Merkmalen - abhängig von der Eingabereihenfolge der Daten. Das Verfahren ist daher für die Klassenbildung nicht sehr geeignet.

Average Linkage nimmt hinsichtlich der Homogenität der Klassen eine Mittelstellung ein. Wegen der Eigenschaften des Fusionskriteriums kann es nur mit Einschränkungen zu den leistungsfähigeren Verfahren gerechnet werden.

Ein Vergleich von Klassifikationsergebnissen, die mit verschiedenen Verfahren erzielt wurden, kann wertvolle Informationen über die Datenstruktur liefern.

Alle hierarchischen Verfahren sind sehr wirtschaftliche Verfahren, die - im Gegensatz zu den iterativen Verfahren - auch eine große Anzahl von Klassifikationsmerkmalen mit noch vertretbarem Rechenaufwand verarbeiten können. Der Bedarf an Rechenzeit wächst überproportional mit der Anzahl der zu klassifizierenden Objekte. Engpaß ist die erforderliche Kernspeicherkapazität für die Daten- und die Ähnlichkeits- bzw. Distanzmatrix.

9. Wenn es für die Entscheidung über die Anzahl der zu bildenden Klassen keine sachlichen Anhaltspunkte gibt, sind hierarchische Verfahren in aller Regel den iterativen Verfahren vorzuziehen.

   Bei sehr zahlreichen Klassifikationsmerkmalen und wenn für die Anzahl der zu bildenden Klassen kein sehr kleines Intervall vorgegeben werden kann, sind die hierarchischen Klassifikationsverfahren auch wesentlich wirtschaftlicher als die iterativen Verfahren.

   Es erscheint vielversprechend, die Vorteile iterativer und hierarchischer Verfahren durch eine geeignete Kombination dieser Verfahrenstypen zu nutzen.

10. Die Untersuchungen haben gezeigt, daß Klassifikationsverfahren sehr brauchbare Instrumente der mehrdimensionalen Datenanalyse sind.

Anhang

AUSWERTUNG DER KFZ-HAFTPFLICHTSCHÄDEN MIT PERSONENSCHADEN

Fragebogen zur Unfallursachen-Statistik des HUK-Verbandes

Fälle mit Unfallort im Ausland nicht melden

Kennziffer des VU | Aktenzeichen (Bitte links beginnen) | Monat der Schadenanlage | Dieser Fall fällt auch unter die Meldepflicht eines anderen KH-VR

I ☐☐☐ ☐☐☐☐☐☐☐☐☐☐☐☐☐☐☐ ☐☐ ☐ ja ☐ nein

Zahl der Verkehrsopfer insgesamt ohne Halter/Lenker des vers. Kraftfahrzeuges.

001 ☐☐ Tote

002 ☐☐ Verletzte mit stationärer Behandlung

außerdem
003 ☐☐ Verletzte Pkw-Insassen mit ambulanter Behandlung
004 ☐☐ sonstige Verletzte mit ambulanter Behandlung

ACHTUNG! Die weiteren Fragen nur beantworten, wenn Verkehrsopfer der Gruppe 001 oder 002 angehören.

Art und Zahl der Verkehrsopfer der Gruppen 001 und 002 zusammen

005 ☐☐ Fußgänger
006 ☐☐ Radfahrer
007 ☐☐ Insasse/Beifahrer des vers. Kfz.
008 ☐☐ Insasse/Beifahrer anderer Kfz.
009 ☐☐ Lenker anderer Kfz.
010 ☐☐ Sonstige Verkehrsopfer

Zahl der Verkehrsopfer 001 und 002, soweit Fußgänger (nach Lebensjahren)

011 ☐☐ bis 5. Lebensjahr
012 ☐☐ 6.–17. Lebensjahr
013 ☐☐ 18.–24. Lebensjahr
014 ☐☐ 25.–44. Lebensjahr
015 ☐☐ 45.–59. Lebensjahr
016 ☐☐ 60. Lebensjahr und älter

Zahl der Verkehrsopfer 001 und 002, soweit Radfahrer (nach Lebensjahren)

017 ☐☐ bis 10. Lebensjahr
018 ☐☐ 11.–17. Lebensjahr
019 ☐☐ 18.–24. Lebensjahr
020 ☐☐ 25.–44. Lebensjahr
021 ☐☐ 45.–59. Lebensjahr
022 ☐☐ 60. Lebensjahr und älter

Verhalten der Verkehrsopfer 001 u. 002, soweit Fußgänger, Radfahrer oder Kfz.-Lenker

023 ☐☐ für den Unfall allein oder mitverantwortlich
024 ☐☐ für den Unfall nicht verantwortlich

Soweit 023 zutrifft

025 ☐☐ unter Alkoholeinfluß
026 ☐☐ sonstige mitwirkende körperl. oder psychische Mangel

Allgemeine Angaben zum Unfall

Unfallort

027 ☐ Autobahn
028 ☐ sonstige freie Strecke
029 ☐ Ort über 100 000 Einwohner
030 ☐ Ort über 5 000 bis 100 000 Einwohner
031 ☐ Ort bis 5 000 Einwohner
032 ☐ Ort unbekannt
033 ☐ Einbahnstr./Verkehr nur in einer Richtung
034 ☐ im Bereich eines Fußgängerüberwegs
035 ☐ außerhalb des öffentl. Verkehrs-Grundes
036 ☐ nicht 033 bis 035
037 ☐ unbekannt

Unfallzeit

038 ☐☐ Tag (01 bis 31)
039 ☐ Unfalltag unbekannt
040 ☐☐ Monat (01 bis 12)
041 ☐☐ Jahr (z. B. 69)
042 ☐☐ Uhrzeit (00–23, angebr. Stunde)

Lenker des versicherten Fahrzeugs

043 Geburtsjahr ☐☐ (z. B. 07)
044 ☐ männlich
045 ☐ weiblich
046 ☐ Ausländer ☐☐
047 Jahr der Ausstellung der Fahrerlaubnis
048 ☐ besaß nicht die erforderl. Fahrerlaubnis
049 ☐ Fahrschüler
050 ☐ für Kfz. keine Fahrererlaubnis erforderlich
051 ☐ war nicht berechtigter Fahrer
052 ☐ Lenker unter Alkoholeinfluß
053 Falls Blutprobe: ☐,☐☐ ‰
054 ☐ übermüdet
055 ☐ unter Medikamenteneinfluß
056 ☐ mitwirk. körperl. oder psych. Mängel

Angaben zur Geschwindigkeit des versich. Kfz.

057 ☐ Fahrzeug stand
058 ☐ bis 25 km/h
059 ☐ über 25 bis 50 km/h
060 ☐ über 50 bis 80 km/h
061 ☐ über 80 bis 100 km/h
062 ☐ über 100 km/h

Versichertes Fahrzeug

063 ☐ Moped
064 ☐ Krad, Roller
065 ☐ Sport-Pkw
066 ☐ sonstiger Pkw, Kombi
067 ☐ Bus
068 ☐ Lieferwagen
069 ☐ Lkw
070 ☐ Zugmaschine
071 ☐ Landw. Arb.-Masch. (auch gezogen)
072 ☐ sonstiges Kfz
073 ☐ Kfz-Anhänger

Mitwirkende Mängel des versicherten Fahrzeuges

074 ☐ Bereifung
075 ☐ Bremsen
076 ☐ Bremslicht
077 ☐ Vorderbeleuchtung
078 ☐ Rückbeleuchtung
079 ☐ Blinkanlage
080 ☐ Rückspiegel/Innenspiegel
081 ☐ Lenkung
082 ☐ Zugvorrichtung, Anhänger-Kupplung
083 ☐ Scheiben beschlagen oder zugefroren
084 ☐ Scheibenwischer defekt
085 ☐ Fahrzeug hinterließ Ölspur
086 ☐ sonstige Mängel des vers. Fahrzeugs
087 ☐ keine Mängel bekannt

Ladung des vers. Fahrzeuges, soweit für den Unfall (mit) ursächlich

088 ☐ seitlich herausragend
089 ☐ nach hinten herausragend
090 ☐ nach vorn herausragend
091 ☐ schlecht gesichert
092 ☐ Ladung verloren
093 ☐ Übergewicht
094 ☐ Überbesetzung
095 ☐ verbaute Sicht
096 ☐ sonstige Mängel der Ladung
097 ☐ keine Mängel bekannt

Mitwirkende Straßenfaktoren

098 ☐ Enge
099 ☐ gewölbte Fahrbahn
100 ☐ Kurve
101 ☐ Gefälle
102 ☐ Rutschasphalt, Blaubasalt, o. ä.
103 ☐ schadhafte Fahrbahndecke
104 ☐ unbefestigter Rand
105 ☐ Baum, Begrenzungsstein u. ä.
106 ☐ örtlich bedingte Sichtbehinderung
107 ☐ Verschmutzung (Laub, Lehm o. ä.)
108 ☐ Ölspur (nicht vom versicherten Fahrz.)
109 ☐ Gegenstand auf der Fahrbahn
110 ☐ Wild, sonstiges Tier
111 ☐ Baustelle
112 ☐ Vorunfall
113 ☐ keine Faktoren bekannt

Mitwirkende Mängel der Beschilderung

114 ☐ Beschilderung falsch
115 ☐ Beschilderung unzweckmaßig
116 ☐ Beschilderung fehlt, obwohl notwendig
117 ☐ keine Mängel bekannt

Mitwirkende Mängel der Verkehrs-Regelung oder -Einrichtung

118 ☐ Mängel der Ampelregelung
119 ☐ mißverständliche Handzeichen der Polizei
120 ☐ Mängel der Straßenbeleuchtung
121 ☐ sonstige Mangel
122 ☐ keine Mängel bekannt

Mitwirkende Witterungsumstände

123 ☐ Glatteis
124 ☐ feste Schneedecke
125 ☐ Schneetreiben
126 ☐ Schneematsch
127 ☐ Regen
128 ☐ regennasse Straße
129 ☐ Wasserlache
130 ☐ Uberschwemmung
131 ☐ Hagel
132 ☐ Sturm, Unwetter
133 ☐ starker Seitenwind
134 ☐ Nebel
135 ☐ blendende Sonne
136 ☐ sonst. mitw. Witterungsumstände
137 ☐ keine Umstände bekannt

II **Zutreffenden Hauptabschnitt (siehe Stichwortverzeichnis) ankreuzen !**

☐ **❸ Überholunfall**
Lenker des versicherten Kfz hat einen in gleicher Richtung in Bewegung befindlichen Verkehrsteilnehmer überholt*

☐ **❹ Vorfahrtverletzung/Vorrangverletzung**
Lenker des versicherten Kfz hat Vorfahrt oder Vorrang eines Fahrzeuges an Kreuzung oder Einmündung verletzt

☐ **❺ Auffahren des versicherten Kfz auf vorderes Fahrzeug (nicht Radfahrer)**
im gleichgerichteten Verkehr (auch falls nur aufgeschoben)

☐ **❻ Unfall infolge Nichteinhaltens des Rechtsfahrgebots durch den Lenker des versicherten Kfz (außer 3–5)**
(mit Beteiligung eines anderen Verkehrsteilnehmers)

☐ **❼ Abkommen des versicherten Kfz von der Fahrbahn ohne vorangegangene Kollision (außer 3–6)**

☐ **❽ Unfall durch Einbiegen, Abbiegen, Wenden oder Spurwechsel (außer 3–7)**

☐ **❾ Sonstiger Unfall, soweit nicht 3–8**

III **Alle zutreffenden Einzelpositionen des Stichwortverzeichnisses ankreuzen !**

.01 ☐	.11 ☐	.21 ☐	.31 ☐	.41 ☐	.51 ☐	.61 ☐	
.02 ☐	.12 ☐	.22 ☐	.32 ☐	.42 ☐	.52 ☐	.62 ☐	
.03 ☐	.13 ☐	.23 ☐	.33 ☐	.43 ☐	.53 ☐	.63 ☐	
.04 ☐	.14 ☐	.24 ☐	.34 ☐	.44 ☐	.54 ☐		
.05 ☐	.15 ☐	.25 ☐	.35 ☐	.45 ☐	.55 ☐		
.06 ☐	.16 ☐	.26 ☐	.36 ☐	.46 ☐	.56 ☐		(Sachbearbeiter)
.07 ☐	.17 ☐	.27 ☐	.37 ☐	.47 ☐	.57 ☐		
.08 ☐	.18 ☐	.28 ☐	.38 ☐	.48 ☐	.58 ☐		(Gelocht)
.09 ☐	.19 ☐	.29 ☐	.39 ☐	.49 ☐	.59 ☐		
.10 ☐	.20 ☐	.30 ☐	.40 ☐	.50 ☐	.60 ☐		(Geprüft)

HINWEISE FÜR DEN SACHBEARBEITER

1. Gegenstand der Erhebung sind nur Personenschäden, die sich im Inland ereignet haben.

2. Bitte füllen Sie den Fragebogen 9 Monate nach Registrierung des Schadens aus. Falls es sich in einem Schadenfall lediglich um ambulant behandelte Verletzte handelt, ist der kleine Fragebogen auszufüllen.

3. Auch für Schadenfälle mit mehreren Verkehrsopfern ist nur ein Fragebogen zu benutzen.

4. In Teil I des Fragebogens sind allgemeine Angaben zu machen, in Teil II und III nur Angaben zu einem der Hauptabschnitte 3 bis 9 des Stichwortverzeichnisses. Die Kennziffer des in Betracht kommenden Hauptabschnittes (z. B. 3 für Überholunfälle, falls der Lenker des bei Ihrem VU versicherten Kfz überholt hat, oder 9, falls er überholt wurde) ist dem Stichwortverzeichnis zu entnehmen und in Teil II des Fragebogens anzukreuzen.

Die Hauptabschnitte 3 bis 9 des Stichwortverzeichnisses enthalten typische Unfallabläufe in ausführlicher Detaillierung; Hauptabschnitt 9 faßt alle übrigen Unfallabläufe summarisch zusammen. 9 kommt nur in Betracht, wenn keiner der Hauptabschnitte 3 bis 8 einschlägig ist.

In Teil III des Fragebogens sind alle zutreffenden Positionen des einschlägigen Hauptabschnittes anzukreuzen.

Soweit in Teil I Zahlen erbeten sind – Anzahl der Toten und Verletzten, Ergebnis der Blutprobe usw. –, machen Sie bitte diese Angaben.

5. Im Interesse der angestrebten Aussagekraft bitten wir, den Fragebogen so vollständig auszufüllen, wie es der Aktenstand gestattet.

6. In den Unterabschnitten, die eine Einzelposition wie „unbekannt" oder „kein Fehler bekannt" enthalten*), muß, falls keine sonstige Position des Unterabschnittes angekreuzt werden kann, diese Position angekreuzt werden.

7. Fragen, die ein Werturteil oder eine Schätzung enthalten, bitten wir unter Berücksichtigung der Aktenlage und Ihrer Berufserfahrung nach bestem Wissen zu beantworten.

8. Bei den Angaben über Tote und Verletzte sind der Halter und der Lenker des bei Ihnen versicherten Fahrzeugs in keinem Fall einzubeziehen.

9. Technische Mängel des versicherten Fahrzeugs, seiner Ladung, Mängel der Straßenbeschilderung oder der Verkehrsregelung sowie Straßen- und Witterungsverhältnisse wollen Sie bitte nur angeben, wenn Sie solchen Faktoren im Einzelfall eine Mitwirkung am Zustandekommen des Unfalles beimessen.

10. Um deutliche Ausfüllung, insbesondere auch der Kopfleisten mit dem Aktenzeichen, wird gebeten.

11. Im Interesse der vollständigen Erfassung der Personenschäden bitten wir, jeden Fall zu melden, auch wenn die Akten nur lückenhafte Angaben gestatten. Jedoch sollen Schäden, die sich im Ausland ereignet haben, in keinem Fall gemeldet werden.

12. In Zweifelsfallen setzen Sie sich bitte mit uns in Verbindung.

13. Wir danken Ihnen im voraus für die Unterstützung unserer Aktion, die die Voraussetzung dafür schaffen soll, die Unfallverhütungsmaßnahmen zu verbessern und damit Menschenleben zu retten und die Zahl der Verletzten zu vermindern.

HUK-Verband

*) siehe z. B. Pos. 419 und 437

Unfallursachen-Statistik des HUK-Verbandes

Stichwortverzeichnis

❸ Überholunfall

Lenker des versicherten Kfz hat einen in gleicher Richtung in Bewegung befindlichen Verkehrsteilnehmer überholt

Lenker des versicherten Kfz

Zum Überholen angesetzt
301 trotz Überholverbotszeichen
302 unter Überschreitung einer Verbotslinie
303 vor unübersichtlicher Kuppe
304 vor unübersichtlicher Kurve
305 an sonstiger unübersichtlicher Stelle
306 vor/in Kreuzung/Einmündung
307 auf zu schmaler Straße
308 unter Gefährdung des Gegenverkehrs
309 trotz and. entgegenstehender Umstände
310 unzulässig rechts
311 unzulässig links
312 zu spät nach links abgesetzt
313 zu spät Zeichen gegeben
314 als Zweiter (Doppelüberholer)
315 als Kolonnenspringer
316 kein Fehler beim Ansetzen

Beim Überholen
317 ungenügender Seitenabstand rechts
318 zu weit nach links geraten
319 ins Schleudern geraten
320 zu geringe Mehrgeschwindigkeit
321 Überholten geschnitten
322 sonstiger Fehler
323 kein Fehler beim Überholen

Überholter Verkehrsteilnehmer

324 Fußgänger
325 Radfahrer
326 Moped
327 Krad, Roller
328 Pkw, Kombi
329 Bus
330 Lieferwagen
331 Lkw
332 Zugmaschine
333 Landw. Arb.-Masch. (auch gezogen)
334 anderer oder unbekannter Verk.-Teiln.

Verhalten des Überholten

nach links gezogen. Grund:
335 wollte abbiegen
336 mußte etwas ausweichen
337 geschleudert
338 aus sonstigen Gründen
339 grundlos

Sonstiges Verhalten
340 nicht Raum gegeben
341 beschleunigt, obwohl eingeholt
342 sonstiger Fehler
343 kein Fehler bekannt

Verhalten eines entgegenk. Verk.-Teilnehmers

344 zu schnell
345 geschleudert
346 sonstiger Fehler
347 kein Fehler bekannt
348 mitwirkende techn. Mängel seines Fz.

❹ Vorfahrtverletzung/Vorrangverletzung

Lenker des versicherten Kfz hat Vorfahrt oder Vorrang eines Fahrzeuges an Kreuzung oder Einmündung verletzt

Örtlichkeit

401 Kreuzung
402 Einmündung
403 Bahnübergang
404 sonstige Örtlichkeit
405 unbekannt

Vorfahrtlage für Lenker des versicherten Kfz

406 Haltgebotzeichen
407 Zeichen Vorfahrt achten
408 rechts vor links für anderes Fz.
409 Kreisverkehr mit Vorfahrt f. anderes Fz.
410 abknickende Vorfahrt für anderes Fz.
411 Ampel
412 Handzeichen der Polizei
413 Hoheitsvorfahrt für anderes Fz.
414 sonstig oder unbekannt

Lenker des versicherten Kfz

kam gegenüber Bevorrechtigtem
415 von links
416 von rechts
417 von vorn
418 von hinten
419 unbekannt

wollte
420 geradeaus weiterfahren
421 nach links einbiegen
422 nach rechts einbiegen
423 sonstig oder unbekannt

Verhalten des Lenkers des versicherten Kfz

424 bei Haltgebotzeichen nicht gehalten
425 bei Gelb noch in Kr./E. eingefahren
426 bei Rot noch in Kr./E. eingefahren
427 bei Gelb schon angefahren
428 zu schnell an Kr./E. herangefahren
429 nicht rechtzeitig Umschau gehalten
430 hielt sich für bevorrechtigt
431 prüfte die Vorfahrtlage nicht
432 bemerkte Bevorrechtigten zu spät
433 verschätzte sich
434 hätte sich hineintasten müssen
435 im Schienenbereich gehalten
436 sonstiger Fehler
437 kein Fehler bekannt

Bevorrechtigter

438 Radfahrer
439 Moped
440 Krad, Roller
441 Pkw, Kombi, Lieferwagen
442 Bus
443 Lkw
444 Zugmaschine, landw. Arb.-Maschine
445 Eisenbahn
446 Straßenbahn
447 anderer Bevorrechtigter od. unbekannt

Bevorrechtigter kam gegenüber dem vers. Kfz

448 von links
449 von rechts
450 von vorn
451 von hinten
452 unbekannt

Bevorrechtigter wollte

453 geradeaus weiterfahren
454 nach links einbiegen
455 nach rechts einbiegen
456 rückwärts fahren
457 unbekannt

Verhalten des Bevorrechtigten

458 nicht vorschriftsmäßig rechts gefahren
459 örtliche Geschw.-Begrenzung überschr.
460 Geschw. nach den Umständen zu hoch
461 mitwirkende techn. Mangel seines Fz.
462 sonstiger Fehler
463 kein Fehler bekannt

❺ Auffahren des versicherten Kfz auf vorderes Fahrzeug (nicht Radfahrer)

im gleichgerichteten Verkehr
(auch falls nur aufgeschoben)

Verkehrsvorgang

aufgefahren oder aufgeschoben auf
501 abgestelltes Fz. beim Parken
502 abgestelltes Fz. beim Vorbeifahren
503 am fließ. Verk. teiln., fahr., stoppendes oder bereits zum Stillstand gek. Fz.
504 bereits verunfalltes Fz.
505 weiteres Fz. fährt auf vers. Fz. auf

Verhalten des Auffahrenden

Abstand zu gering wegen
506 Geschwindigkeit
507 Mängeln des versicherten Fz.
508 Straßenverhältnissen (z. B. Glatteis)
509 Sichtbehinderung durch Witterung – Einzelheiten dazu unter I angeben –
510 örtliche Unübersichtlichkeit
511 sonstige sichtbehindernde Umstände

Sonstiges Verhalten
512 will geblendet worden sein
513 war unaufmerksam
514 lenkte sein Kfz ungeschickt
515 anderer Fehler
516 kein Fehler bekannt

Fahrzeug des Vordermanns

517 Anhänger
518 Moped
519 Krad, Roller
520 Pkw, Kombi
521 Bus
522 Lieferwagen
523 Lkw
524 Zugmaschine
525 Landw. Arb.-Maschine (auch gezogen)
526 anderes Fz. oder unbekannt

Verhalten des Vordermanns

bremste oder hielt wegen
527 Ampel
528 Handzeichen der Polizei
529 Fußgänger
530 Verkehrsstockung
531 war selbst aufgefahren
532 war verunfallt und ungen. abgesichert
533 aus anderen Gründen

Sonstiges Verhalten
534 wechselte die Spur
535 Wendemanöver
536 Ladungsmängel
537 Beleuchtungsmängel
538 anderer Fehler
539 kein Fehler bekannt

❻ Unfall infolge Nichteinhaltens des Rechtfahrgebots durch den Lenker des versicherten Kfz (außer 3–5)
(mit Beteiligung eines anderen Verkehrsteilnehmers)

Verkehrssituation

601 in Kurve
602 vor Kuppe
603 an unübersichtlicher Stelle
604 beim Überholtwerden
605 in anderer Situation

Verhalten des Lenkers des versicherten Kfz

zu weit links gefahren
606 berechtigt
607 unberechtigt
608 Markierungslinie überschritten

zu weit nach links geraten. Grund:
609 technische Mängel des versicherten Kfz
610 Straßen- und Witterungsverhältnisse
– Einzelheiten dazu unter I angeben –
611 hatte Herrschaft über Fz. verloren
612 wahrscheinlich eingeschlafen

Folge
613 Entgegenk. berührt/abgedrängt
614 Nachfolgenden berührt/abgedrängt
615 Sonstige Folge

Am Unfallherg. beteil. anderer Verk.-Teilnehm.

616 Fußgänger
617 Radfahrer
618 Moped
619 Krad, Roller
620 Pkw, Kombi
621 Bus
622 Lieferwagen
623 Lkw
624 Zugmaschine
625 Landw. Arb.-Maschine (auch gezogen)
626 anderer Verk.-Teiln. oder unbekannt

Verhalten des beteil. anderen Verk.-Teilnehm.

zu weit links gefahren
627 berechtigt
628 unberechtigt
629 Markierungslinie überschritten

zu weit links geraten. Grund:
630 technische Mängel seines Fz.
631 Straßen- und Witterungsverhältnisse
632 Herrschaft über das Fz. verloren
633 wahrscheinlich eingeschlafen

Sonstiges Verhalten
634 zu schnell gefahren
635 Beleuchtung nicht in Ordnung
636 sonstiger Mangel oder Fehler
637 kein Mangel oder Fehler

❼ Abkommen des versicherten Kfz von der Fahrbahn ohne vorangegangene Kollision (außer 3–6)

Unfall ereignete sich

701 auf gerader Strecke
702 in Kurve
703 im Gefälle
704 sonstige Örtlichkeit
705 Örtlichkeit unbekannt

Von der Fahrbahn abgekommen

706 nach links
707 nach rechts
708 unbekannt

Grund des Abkommens von der Fahrbahn

709 Mängel des versicherten Fz.
710 Straßen- und Witterungsverhältnisse
– Einzelheiten dazu unter I angeben –

Ausweichmanöver wegen
711 Fußgänger
712 Radfahrer
713 Kfz
714 sonstige oder unbekannte Verk.-Teiln.
715 Vieh
716 Wild
717 sonstiges Tier
718 Vorunfall
719 sonstiges Hindernis

Sonstiger Grund
720 hatte Herrschaft über Fz. verloren
721 wahrscheinlich eingeschlafen

Verhalten eines beteiligten Verk.-Teilnehmers

722 fehlerhaft
723 kein Fehler bekannt

❽ Unfall durch Einbiegen, Abbiegen, Wenden oder Spurwechsel (außer 3–7)

Verkehrsvorgang für Lenker des versichert. Kfz

801 Einfahren in Einfahrt nach rechts
802 nach links
803 Verlassen einer Ausfahrt nach rechts
804 nach links
805 Ausfahren in unbekannte Richtung
806 sonstiges Abbiegen nach rechts
807 nach links
808 Wenden
809 Spurwechsel beim Starten
810 sonstiger Spurwechsel

Verhalten des Lenkers des versicherten Kfz

811 Richtungsänderung nicht angezeigt
812 nicht rechtzeitig angezeigt
813 in falscher Richtung angezeigt
814 nicht nach links eingeordnet
815 nicht nach rechts eingeordnet
816 Linksbogen zu eng genommen
817 Rechtsbogen zu weit genommen
818 nach Rechtseinbiegen zu weit links
819 nach Rechtseinbiegen zu weit rechts

wollte
820 Fußgänger ausweichen
821 Radfahrer ausweichen
822 anderem Verk.-Teilnehmer ausweichen
823 anderes Ausweichmanöver

Mangelnde Rücksicht auf
824 nachfolgenden Verkehr
825 entgegenkommenden Verkehr
826 Querverkehr von links
827 Querverkehr von rechts
828 sonstigen Verkehr
829 abgestellte Fahrzeuge
830 sonstige Hindernisse
831 sonstiger Fehler
832 kein Fehler bekannt

Beteiligter anderer Verkehrsteilnehmer

833 Fußgänger
834 Radfahrer
835 Moped
836 Krad, Roller
837 Pkw, Kombi
838 Bus
839 Lieferwagen
840 Lkw
841 Zugmaschine
842 Landw. Arb.-Maschine (auch gezogen)
843 Straßenbahn
844 anderer oder unbekannter Verk.-Teiln.

Verhalten des beteiligten anderen Verk.-Teiln.
845 mangelnde Rücksicht seinerseits
846 zu schnell
847 sonstiger Fehler
848 kein Fehler bekannt

---

❾ Sonstiger Unfall, soweit nicht 3–8

Lenker des versicherten Kfz in Unfall verwickelt

901 durch eigenes Rückwärtsfahren
902 durch Öffnen der Tür seines Kfz

Durch Zusammenstoß mit
903 Wild
904 Haustieren
905 sonstigen Tieren
906 sonstigen Hindernissen

In den Fällen 3–8
907 als Überholter
908 als Vorfahrtberechtigter
909 bei Auffahrunfall
910 lediglich als Vordermann
911 weil anderes Fz. nicht rechts fuhr
912 durch Richtungsänd. eines and. Fz.
913 d. Abkom. eines and. Fz. v. d. Fahrbahn
914 durch Rückwärtsf. eines anderen Fz.
915 Öffnen der Tür eines anderen Fz.
916 sonstiger Unfallhergang
917 Unfallhergang unbekannt

Verhalten des Lenkers des versicherten Kfz

918 unaufmerksam
919 mang. Rücksicht auf and. Verk.-Teiln.
920 sonstige Fehler
921 kein Fehler bekannt

Beteiligter anderer Verkehrsteilnehmer

Fußgänger
922 im Bereich eines Überwegs
923 im Bereich einer Kreuzg./Einmündg.
924 anderweitig auf der Fahrbahn
925 auf Straßeninsel
926 außerhalb der Fahrbahn oder unbek.

Radfahrer
927 auf der Fahrbahn
928 auf Radweg
929 an anderer Stelle oder unbekannt

anderes Fahrzeug
930 Moped
931 Krad, Roller
932 Sport-Pkw
933 sonstiger Pkw, Kombi
934 Bus
935 Lieferwagen
936 Lkw
937 Zugmaschine
938 Landw. Arb.-Maschine (auch gezogen)
939 sonstiges Kfz
940 Kfz-Anhänger
941 Straßenbahn
942 anderes oder unbekanntes Fz.

Verhalten des beteiligten anderen Verk.-Teiln.

943 unaufmerksam
944 mangelnde Rücksicht auf vers. Fz.
945 sonstige Fehler
946 kein Fehler bekannt

Literaturverzeichnis und Bibliographie

ACZEL,J.: ON DIFFERENT CHARACTERIZATIONS OF ENTROPIES. IN: PROBABILITY AND INFORMATION THEORY, PROCEEDINGS OF THE INTERNATIONAL SYMPOSIUM AT MCMASTER UNIVERSITY, CANADA, APRIL 1968, HRSG.: BEHARA,M./KRICKEBERG,K./WOLFOWITZ,J., BERLIN, HEIDELBERG, NEW YORK 1969, S.1-11.

ADAM,A.: ENTROPIE UND STREUUNG. METRIKA, 1(1958), S.99-110.

ADANSON,M.: FAMILLES DES PLANTES. PARIS 1763.

AINSWORTH,G.G./SNEATH,P.H.A. (HRSG.): MICROBIAL CLASSIFICATION. TWELFTH SYMPOSIUM OF THE SOCIETY FOR GENERAL MICROBIOLOGY, HOLD AT THE ROYAL INSTITUTE, LONDON, APRIL 1962, CAMBRIDGE 1962.

ALLAIS,D.C.: THE SELECTION OF MEASUREMENTS FOR PREDICTION. STANFORD ELEC. LAB., SYSTEM THEORY DIV. REPORT, STANFORD, NOV.1964.

ALLEN,T.M.: A FACTOR ANALYSIS OF ACCIDENT RECORDS. HIGHWAY RESEARCH RECORD, 79(1965), S.17-25.

ANDERBERG,M.R.: CLUSTER ANALYSIS FOR APPLICATIONS. NEW YORK--LONDON 1973.

ANDERSON,T.W.: CLASSIFICATION BY MULTIVARIATE ANALYSIS. PSYCHOMETRIKA, 16(1951), S.31-50.

ANDERSON,T.W.: AN INTRODUCTION TO MULTIVARIATE STATISTICAL ANALYSIS. NEW YORK 1958A.

ANDERSON,T.W.: AN INTRODUCTION TO MATHEMATICAL STATISTICS. NEW YORK, LONDON 1958B.

ANDERSON,T.W.: CLASSIFICATION AND DISCRIMINATION. IN: INTERNATIONAL ENCYCLOPEDIA OF THE SOCIAL SCIENCES, NEW YORK 1968, S.553-559.

ANDREWS,F./MORGAN,J./SONQUIST,J.: MULTIPLE CLASSIFICATION ANALYSIS. MICHIGAN 1967.

ANDREWS,H.C.: INTRODUCTION TO MATHEMATICAL TECHNIQUES IN PATTERN RECOGNITION. NEW YORK, LONDON, SYDNEY, TORONTO 1972.

ASLIB-PROCEEDINGS, 14(1962), S.223-262. CLASSIFICATION: AN INTERDISCIPLINARY PROBLEM. PROCEEDINGS OF AN ASLIB CONFERENCE, LONDON 1962 (ASSOCIATION OF SPECIAL LIBRARIES AND INFORMATION BUREAUX).

ATTNEAVE,F.: INFORMATIONSTHEORIE IN DER PSYCHOLOGIE. 2.AUFL. BERN, STUTTGART 1969.

AUSTIN,M.P./GREIG-SMITH,P.: THE APPLICATION OF QUANTITATIVE METHODS TO VEGETATION SURVEY. JOURNAL OF ECOLOGY, 56(1968), S.827-844.

AUSTIN,M.P./ORLOCI,L.: GEOMETRIC MODELS IN ECOLOGY II. JOURNAL OF ECOLOGY, 54(1966), S.217-227.

AVERY,B.W.: CLASSIFICATION OF SOILS. ASLIB-PROCEEDINGS, 14(1962), S.234-238.

AZORIN,F.: TRADE-OFFS IN TAXONOMY. CONTRIBUTED PAPERS, 39TH SESSION OF THE INT. STAT. INST., WIEN 1973, VOL.1, S.34-43.

BAILEY,D.E.: CLUSTER ANALYSIS. COLORADO 1970.

BAILEY,N.T.J.: THE MATHEMATICAL APPROACH TO BIOLOGY AND MEDICINE. NEW YORK 1967.

BAKER,F.B.: NUMERICAL TAXONOMY FOR EDUCATIONAL RESEARCHERS. REVIEW OF EDUCATION RESEARCH, 42(1972), S.345-358.

BAKER,F.B.: STABILITY OF TWO HIERARCHICAL GROUPING TECHNIQUES, CASE I: SENSITIVITY TO DATA ERRORS. JOURN. AM. STAT. ASS., 69(1974), S.440-445.

BALAKRISHNAN,V./SANGHVI,L.D.: DISTANCE BETWEEN POPULATIONS ON THE BASIS OF ATTRIBUTE DATA. BIOMETRICS, 24(1968), S.859-865.

BALL,G.H.: DATA ANALYSIS IN THE SOCIAL SCIENCES: WHAT ABOUT THE DETAILS? AM. FED. INFORMATION PROCESSING SOC. CONFERENCE, 27(1965), S.533-559.

BALL,G.H.: A COMPARISON OF SOME CLUSTER-SEEKING TECHNIQUES. STANFORD RESEARCH INSTITUTE, TECHNICAL REPORT NO. RADC-TR-66-514, NOV.1966.

BALL,G.H.: A COMPARISON OF TWO TECHNIQUES FOR FINDING THE MINIMUM SUM-SQUARED ERROR PARTITION. IN: LORR,M. U.A. (HRSG.), CONFERENCE ON CLUSTER ANALYSIS OF MULTIVARIATE DATA, NEW ORLEANS, LA., FINAL REPORT, WASHINGTON 1967, S.7.01-7.47.

BALL,G.H.: CLASSIFICATION ANALYSIS. STANFORD RESEARCH INSTITUTE, MENLO PARK, CALIFORNIA NOV.1970.

BALL,G.H./FRIEDMAN,H.P.: ON THE STATUS OF APPLICATIONS OF CLUSTERING TECHNIQUES TO BEHAVIORAL SCIENCE DATA. PROC. SOCIAL STATISTICS SECTION, AM. STAT. ASS., WASHINGTON 1968, S.34-39.

BALL,G.H./HALL,D.J.: ISODATA, A NOVEL METHOD OF DATA ANALYSIS AND PATTERN CLASSIFICATION. STANFORD RESEARCH INSTITUTE, MENLO PARK, CALIFORNIA 1965.

BALL,G.H./HALL,D.J.: A CLUSTERING TECHNIQUE FOR SUMMARIZING MULTIVARIATE DATA. BEHAVIORAL SCIENCE, 12(1967), S.153-155.

BALL,G.H./HALL,D.J.: SOME IMPLICATIONS OF INTERACTIVE GRAPHIC COMPUTER SYSTEMS FOR DATA ANALYSIS AND STATISTICS. TECHNOMETRICS, 12(1970), S.17-31.

BANNISTER,P.: AN EVALUATION OF SOME PROCEDURES USED IN SIMPLE ORDINATIONS. JOURNAL OF ECOLOGY, 56(1968), S.27-34.

BARGMANN,R.E./GRANEY,R.: AN ALGORITHM FOR TESTING AND IDENTIFYING VIRTUAL CLUSTERS. TECHNICAL REPORT NO.42, UNIVERSITY OF GEORGIA, 1970.

BARON,D.N./FRASER,P.M.: MEDICAL APPLICATIONS OF TAXONOMIC METHODS. BRIT. MED. BULL., 24(1968), S.236-240.

BARON,W.: METHODOLOGISCHE PROBLEME DER BEGRIFFE KLASSIFIKATION UND SYSTEMATIK SOWIE ENTWICKLUNG UND ENTSTEHUNG IN DER BIOLOGIE. IN: SYSTEM UND KLASSIFIKATION IN WISSENSCHAFT UND DOKUMENTATION, HRSG.: DIEMER,A., MEISENHEIM AM GLAN 1968, S.15-31.

BASFORD,N.L./BUTLER,J.E./LEONE,CH.A./ROHLF,F.J.: IMMUNOLOGIC COMPARISONS OF SELECTED COLEOPTERA WITH ANALYSES OF RELATIONSHIPS USING NUMERICAL TAXONOMIC METHODS. SYSTEMATIC ZOOLOGY, 17(1968), S.388-406.

BASHARIN,G.P.: ON A STATISTICAL ESTIMATE FOR THE ENTROPY OF A SEQUENCE OF INDEPENDENT RANDOM VARIABLES. THEORY PROBAB. APPLIC., 4(1959), S.333-336.

BASS,B.M.: ITERATIVE INVERSE FACTOR ANALYSIS - A RAPID METHOD FOR CLUSTERING. PSYCHOMETRIKA, 22(1957), S.105-107.

BAUMANN,U.: PSYCHOLOGISCHE TAXOMETRIE. BERN, STUTTGART, WIEN 1971.

BEALE,E.M.L.: CLUSTER ANALYSIS. SCIENTIFIC CONTROL SYSTEMS, TRANS. ON MEDICAL COMPUTER DEVELOPMENT, A STUDY OF THE SCOTTISH SCENE, PREPARED BY J.M.BODENHAM, LONDON 1969A.

BEALE,E.M.L.: EUCLIDEAN CLUSTER ANALYSIS. BULL. INT. STAT. INST., 43(1969B), S.92-94.

BEALE,E.M.L.: DISKUSSIONSBEITRAG ZU: CORMACK,R.M.: A REVIEW OF CLASSIFICATION. JOURNAL ROYAL STAT. SOC., 134(1971), S.358-359.

BEATON,A.: AN INTERBATTERY FACTOR ANALYTIC APPROACH TO CLIQUE ANALYSIS. SOCIOMETRY, 29(1966), S.135-145.

BEDAU,K.-D.: INFORMATIONSTHEORETISCH BEGRUENDETE MESSUNG VON EINKOMMENSDISPARITAETEN. STATISTISCHE HEFTE, 13(1972), S.270-290.

BEERS,R.J./FISHER,J./MEGRAW,S./LOCKHART,W.R.: A COMPARISON OF METHODS FOR COMPUTER TAXONOMY. JOURNAL GEN. MICROBIOL., 28(1962), S.641-652.

BEERS,R.J./LOCKHART,W.R.: EXPERIMENTAL METHODS IN COMPUTER TAXONOMY. JOURNAL GEN. MICROBIOL., 28(1962), S.633-640.

BELLACICCO,A.: ASPETTI E PROBLEMI DELLA CLASSIFICAZIONE BOOLEANA. ASSOCIAZIONE ITALIANA DI RICERCA OPERATIVA, GIORNATE DI LAVORO 1973, PADOVA

BELLACICCO,A.: EMPIRICAL CLUSTERING AND THEORY CONSTRUCTION. SUMMER SCHOOL ON PHILOSOPHY OF SCIENCE, CHIAVARI, 3/15. SEPT.1973.

BELLACICCO,A./NERVEGNA,E.: A SPLIT CLUSTERING PROCEDURE IN TAXONOMY. IN: COMPSTAT 1974, HRSG.: BRUCKMANN,G. U.A., WIEN 1974.

BENZECRI,J.P.: PROBLEMES ET METHODES DE LA TAXINOMIE. REV. STAT. APPL., 18(1970), S.73-78.

BENZECRI,J.P.: SUR LES ALGORITHMES DE CLASSIFICATION. REV. STAT. APPL., 19(1971), S.17-26.

BENZECRI,J.P.: DESCRIPTION MATHEMATIQUE DES CLASSIFICATIONS. REV. STAT. APPL., 20(1972), S.23-56.

BENZECRI,J.P. ET COLLABORATEURS: L'ANALYSE DES DONNEES. I. LA TAXINOMIE, II. L' ANALYSE DES CORRESPONDANCES. PARIS-BRUXELLES-MONTREAL 1973.

BERRY,B.J.L.: GROUPING AND REGIONALIZING: AN APPROACH TO THE PROBLEM USING MULTIVARIATE ANALYSIS. IN: QUANTITATIVE GEOGRAPHY, HRSG: GARRISON,W.L./MARBLE,D.F., EVANSTON, ILL. 1967, S.219-251.

BIDWELL,O.W./HOLE,F.D.: NUMERICAL TAXONOMY AND SOIL CLASSIFICATION. SOIL SCIENCE, 97(1964), S.58-62.

BIECHELER,M.B.: UN EXAMPLE D'APPLICATION: L'ALCOOLEMIE DES CONDUCTEURS DANS UNE QUINZAINE DE DEPARTEMENTS. REV. STAT. APPL., 18(1970), S.59-69.

BIERVERT,B./DIERKES,M./WALZEL,A.: AUTOMATISCHER SPLIT ZUR OPTIMALEN KOMBINATION ERKLAERENDER FAKTOREN. KOELNER ZEITSCHRIFT FUER SOZIOLOGIE UND SOZIAL-PSYCHOLOGIE, 21(1969), S.304-323.

BIHN,W.R.: DIE INFORMATIONSTHEORETISCHE MESSUNG VON STRUKTURSYSTEMEN DES INTERNATIONALEN HANDELS. IN: SCHRIFTENREIHE DES INSTITUTS FUER INTERNATIONAL VERGLEICHENDE WIRTSCHAFTS- UND SOZIALSTATISTIK AN DER UNIVERSITAET HEIDELBERG, BAND 5, FREIBURG I. BR. 1967.

BIJNEN,E.J.: CLUSTER ANALYSIS. SURVEY AND EVALUATION OF TECHNIQUES. TILBURG 1973.

BIRNBAUM,A./MAXWELL,A.E.: CLASSIFICATION PROCEDURES BASED ON BAYES'S FORMULA. APPL. STAT., 9(1960), S.152-168.

BLACKWELDER,R.E.: A CRITIQUE OF NUMERICAL TAXONOMY. SYSTEMATIC ZOOLOGY, 16(1967A), S.64-72.

BLACKWELDER,R.E.: TAXONOMY, A TEXT AND REFERENCE BOOK. NEW YORK, LONDON, SYDNEY 1967B.

BLYTH,C.R.: NOTE ON ESTIMATING INFORMATION. ANNALS OF MATHEMATICAL STATISTICS, 30(1959), S.71-79.

BOCHNIK,H.J./LEGEWIE,H.: MULTIFAKTORIELLE KLINISCHE FORSCHUNG. FORUM DER PSYCHIATRIE, 8(1964).

BOCHNIK,H.J./LEGEWIE,H./OTTO,P./WUESTER,G.: TAT, TAETER, ZURECHNUNGSFAEHIGKEIT. MULTIFAKTORIELLE ANALYSEN PSYCHIATRISCH-KRIMINOLOGISCHER ERFAHRUNGEN. FORUM DER PSYCHIATRIE, 9(1965).

BOCK,H.H.: AUTOMATISCHE KLASSIFIKATION. IN: STATISTISCHE METHODEN II, HRSG.: WALTER, E., BERLIN, HEIDELBERG, NEW YORK 1970, S.36-80.

BOCK,H.H.: MATHEMATISCHE METHODEN ZUR AUTOMATISCHEN KLASSIFIKATION. VORTRAG, 17.KOLLOQUIUM DER BIOMETRISCHEN GESELLSCHAFT, DEUTSCHE REGION, FREIBURG I.BR., 1.-3.APRIL 1971.

BOCK,H.H,: AUTOMATISCHE KLASSIFIKATION. GOETTINGEN 1974.

BOGGIS,J.G./HELD,I.: CLUSTER ANALYSIS - A NEW TOOL IN ELECTRICITY. JOURNAL OF THE MARKET RESEARCH SOCIETY, 13(1971), S.49-66.

BOLSHEV,L.N.: CLUSTER ANALYSIS. BULL. INT. STAT. INST., 43(1969), S.411-425.

BONHAM-CARTER,G.F.: FORTRAN IV PROGRAM FOR Q-MODE CLUSTER ANALYSIS OF NONQUANTITATIVE DATA USING IBM 7090/7094 COMPUTERS. COMPUTER CONTRIBUTION 17, THE UNIVERSITY OF KANSAS, LAWRENCE 1967.

BONNER,R.E.: A 'LOGICAL PATTERN' RECOGNITION PROGRAM. IBM JOURNAL RES. DEVELOPMENT, 6(1962), S.353-360.

BONNER,R.E.: ON SOME CLUSTERING TECHNIQUES. IBM JOURNAL RES. DEVELOPMENT, 8(1964), S.22-32.

BONNER,R.E.: CLUSTER ANALYSIS. ANN. NEW YORK ACAD. SCI., 128(1966), S.972-983.

BORKO,H.(HRSG.): COMPUTER APPLICATIONS IN THE BEHAVIORAL SCIENCES 1962.

BORKO,H.: THE CONSTRUCTION OF AN EMPIRICALLY BASED MATHEMATICALLY DERIVED CLASSIFICATION SYSTEM. PROC. SPRING JOINT COMPUTER CONFERENCE, 21(1962), S.279-289.

BORKO,H./BERNICK,M.: AUTOMATIC DOCUMENT CLASSIFICATION I. J.ASSOC.COMPUT.MACHINERY, 10(1963), S.151-162.

BORKO,H./BERNICK,M.: AUTOMATIC DOCUMENT CLASSIFICATION II. J.ASSOC.COMPUT.MACHINERY, 11(1964), S.138-151.

BOUDON,R.: LE MODELE DES CLASSES LATENTES. REVUE FRANCAISE DE SOCIOLOGIE, 3(1962), S.259-289.

BOULTON,D.M./WALLACE,C.S.: THE INFORMATION CONTENT OF A MULTISTATE DISTRIBUTION. JOURNAL OF THEORETICAL BIOLOGY, 23(1969), S.269-278.

BOULTON,D.M./WALLACE,C.S.: A PROGRAM FOR NUMERICAL CLASSIFICATION. COMPUTER JOURNAL, 13(1970), S.63-69.

BOYCE,A.J.: THE VALUE OF SOME METHODS OF NUMERICAL TAXONOMY WITH REFERENCE TO HOMINOID CLASSIFICATION. IN: PHENETIC AND PHYLOGENETIC CLASSIFICATION, HRSG.: HEYWOOD,V.H./MCNEILL,J., SYST. ASSOC. PUBL., 6(1964), S.47-65.

BOYCE,A.J.: THE METHODS OF QUANTITATIVE TAXONOMY WITH SPECIAL REFERENCE TO FUNCTIONAL ANALYSIS. PH.D.THESIS, UNIVERSITY OF OXFORD 1965.

BOYCE,A.J.: MAPPING DIVERSITY: A COMPARATIVE STUDY OF SOME NUMERICAL METHODS. IN: NUMERICAL TAXONOMY, HRSG.: COLE,A.J., LONDON, NEW YORK 1969, S.1-31.

BOYLE,J.A.: CONSTRUCTION OF A MODEL FOR COMPUTER ASSISTED DIAGNOSIS: APPLICATION TO THE PROBLEM OF NONTOXIC GOITRE. QUART. JOURN. MED., 35(1966), S.565 FF.

BOYLE,J.A./GREIG,W.R. ET AL.: THE USE OF CLUSTER ANALYSIS IN THE CLASSIFICATION OF DISEASES. QUART. JOURN. MED., 35(1966), S.140 FF.

BRADLEY,R.A.: BUCHBESPRECHUNG:'MACNAUGHTON-SMITH, SOME STATISTICAL AND OTHER NUMERICAL TECHNIQUES FOR CLASSIFYING INDIVIDUALS'. BIOMETRICS, 22(1966), S.638-639.

BRAY,J.R./CURTIS,J.T.: AN ORDINATION OF THE UPLAND FOREST COMMUNITIES OF SOUTHERN WISCONSIN. ECOL. MONOGR., 27(1957), S.325.

BRIDGES,C.C.: HIERARCHICAL CLUSTER ANALYSIS. PSYCHOLOGICAL REPORTS, 18(1966), S.851-854.

BRISBANE,P.G./ROVIRA,A.D.: A COMPARISON OF METHODS FOR CLASSIFYING RHIZOSPHERE BACTERIA. JOURNAL GEN. MICROBIOL., 26(1961), S.379-392.

BROMLEY,D.B.: RANK ORDER CLUSTER ANALYSIS. BRITISH JOURNAL MATHEMATICAL AND STATISTICAL PSYCHOLOGY, 19(1966) S.105-132.

BROWN,R.: EXPLANATION IN SOCIAL SCIENCE. LONDON 1963.

BRUCKMANN,G./FERSCHL,F./SCHMETTERER,L.,(HRSG.): COMPSTAT 1974, PROCEEDINGS IN COMPUTIONAL STATISTICS. WIEN 1974.

BUMANN,W.: SYSTEM UND KLASSIFIKATION IN DER SPRACHTHEORIE. IN: SYSTEM UND KLASSIFIKATION IN WISSENSCHAFT UND DOKUMENTATION, HRSG.: DIEMER,A., MEISENHEIM AM GLAN 1968, S.42-54.

BURR,E.J.: CLUSTER SORTING WITH MIXED CHARACTER TYPES: I. STANDARDIZATION OF CHARACTER VALUES. AUSTRALIAN COMPUTER JOURNAL, 1(1968), S.97-99.

BURR,E.J.: CLUSTER SORTING WITH MIXED CHARACTER TYPES: II. FUSION STRATEGIES. AUSTRALIAN COMPUTER JOURNAL, 2(1970), S.98-103.

BUTLER,G.A.: A VECTOR FIELD APPROACH TO CLUSTER ANALYSIS. PATTERN RECOGNITION, 1(1969), S.291-299.

CAIN,A.J.: TAXONOMIC CONCEPTS. IBIS, 101(1959), S.302-318.

CAIN,A.J.: ZOOLOGICAL CLASSIFICATION. ASLIB-PROCEEDINGS, 14(1962), S.226-230.

CAIN,A.J./HARRISON,G.A.: AN ANALYSIS OF THE TAXONOMIST'S JUDGEMENT OF AFFINITY. PROC. ZOOL. SOC. LONDON, 131(1958), S.85-98.

CAIN,A.J./HARRISON,G.A.: PHYLETIC WEIGHTING. PROC. ZOOL. SOC. LONDON, 135(1960), S.1-31.

CALINSKI,T.: ON THE APPLICATION OF CLUSTER ANALYSIS TO EXPERIMENTAL RESULTS. BULL. INT. STAT. INST., 42(1969), S.101-103.

CALLOUD,J.M.: DEUX ALGORITHMES DE CLASSIFICATION SUR DES TABLEAUX DE CONTINGENCE OU DE CORRESPONDENCE. REV. STAT. APPL., 18(1970), S.41-45.

CAMIN,J.H./SOKAL,R.R.: A METHOD FOR DEDUCING BRANCHING SEQUENCES IN PHYLOGENY. EVOLUTION, 19(1965), S.311-326.

CAPECCHI,V.: UNE METHODE DE CLASSIFICATION FONDEE SUR L'ENTROPIE. REVUE FRANCAISE DE SOCIOLOGIE, 5(1964), S.290-307.

CAPECCHI,V.: ON THE DEFINITION OF TYPOLOGY AND CLASSIFICATION IN SOCIOLOGY. QUALITY AND QUANTITY, 2(1968), S.9-30.

CAPECCHI,V./MOELLER,F.: SOME APPLICATIONS OF THE ENTROPY TO THE PROBLEMS OF CLASSIFICATION. QUALITY AND QUANTITY, 2(1968), S.63-84.

CARMICHAEL,J.W./GEORGE,J.A./JULIUS,R.S.: FINDING NATURAL CLUSTERS. SYSTEMATIC ZOOLOGY, 17(1968), S.144-150.

CARVELL,H.T./SVARTVIK,J.: COMPUTATIONAL EXPERIMENTS IN GRAMMATICAL CLASSIFICATION. THE HAGUE, PARIS 1969.

CASSETTI,E.: CLASSIFICATORY AND REGIONAL ANALYSIS BY DISCRIMINANT ITERATIONS. OFFICE OF NAVAL RESEARCH, GEOGRAPHY BRANCH, TECHNICAL REPORT 12, ONR TASK NO. 389-135, 1964.

CATTELL,R.B.: A NOTE ON CORRELATION CLUSTERS AND CLUSTER SEARCH METHODS. PSYCHOMETRIKA, 9(1944), S.169-184.

CATTELL,R.B.: THE PRINCIPAL TRAIT CLUSTERS FOR DESCRIBING PERSONALITY. PSYCHOLOGICAL BULLETIN, 42(1945), S.129-161.

CATTELL,R.B.: RP AND OTHER COEFFICIENTS OF PATTERN SIMILARITY. PSYCHOMETRIKA, 14(1949), S.279-298.

CATTELL,R.B., (HRSG.): HANDBOOK OF MULTIVARIATE EXPERIMENTAL PSYCHOLOGY. CHICAGO 1966.

CATTELL,R.B./COULTER,M.A.: PRINCIPLES OF BEHAVIOURAL TAXONOMY AND THE MATHEMATICAL BASIS OF THE TAXONOMIC COMPUTER PROGRAM. BRIT. JOURN. MATH. STATIST. PSYCHOL., 19(1966), S.237-269.

CATTELL,R.B./COULTER,M.A./TSUJIOKA,B.: THE TAXONOMETRIC RECOGNITION OF TYPES AND FUNCTIONAL EMERGENTS. IN: HANDBOOK OF MULTIVARIATE EXPERIMENTAL PSYCHOLOGY, HRSG.: CATTELL,R.B.,1966, S.288-329

CHEETHAM,A.H./HAZEL,J.E.: BINARY (PRESENCE-ABSENCE) SIMILARITY COEFFICIENTS. JOURNAL PALEONTOLOGY, 43(1969), S.1130-1136.

CHERNOFF,H.: METRIC CONSIDERATIONS IN CLUSTER ANALYSIS. PROC. SIXTH BERKELEY SYMPOSIUM ON MATH. STAT. AND PROBABILITY, VOL.I, 1972, S.621-629.

CHERRY,C., (HRSG.): INFORMATION THEORY. LONDON 1961.

CHRISTAL,R.E./WARD,J.H.JR.: THE MAXOF CLUSTERING MODEL. IN: CONFERENCE ON CLUSTER ANALYSIS OF MULTIVARIATE DATA, HRSG.: LORR,M. U.A., WASHINGTON, D.C., 1967, S.11.01-11.45.

CLEMENTS ,F.E.: USE OF CLUSTER ANALYSIS WITH ANTHROPOLOGICAL DATA. AMERICAN ANTHROPOLOGIST, 56(1954),S.180-199.

CLIFFORD,H.T.: AN INDEX FOR USE IN QUANTITATIVE TAXONOMIC PROBLEMS. NEW PHYTOLOGIST, 54(1955), S.132-137.

COCHRAN,W.G./HOPKINS,C.E.: SOME CLASSIFICATION PROBLEMS WITH MULTIVARIATE QUALITATIVE DATA. BIOMETRICS, 17(1961), S.10-32.

COHEN,J.: A COEFFICIENT OF AGREEMENT FOR NOMINAL SCALES. EDUC. AND PSYCHOL. MEASUREMENT, 20(1960), S.37-46.

COLE,A.J., (HRSG.): NUMERICAL TAXONOMY. PROCEEDINGS OF THE COLLOQUIUM IN NUMERICAL TAXONOMY HELD IN THE UNIVERSITY OF ST.ANDREWS, SEPT.1968, LONDON, NEW YORK 1969.

COLE,A.J./WISHART,D.: AN IMPROVED ALGORITHM FOR THE JARDINE--SIBSON METHOD OF GENERATING OVERLAPPING CLUSTERS. COMPUTER JOURNAL, 13(1970), S.156-163.

COLE,L.C.: THE MEASUREMENT OF INTERSPECIFIC ASSOCIATION. ECOLOGY, 30(1949), S.411-424.

COLE,L.C.: THE MEASUREMENT OF PARTIAL INTERSPECIFIC ASSOCIATION. ECOLOGY, 38(1957), S.226-233.

COLEMAN,J./MACRAE,D.,JR.: ELECTRONIC PROCESSING OF SOCIOMETRIC DATA FOR GROUPS UP TO A THOUSAND IN SIZE. AMER. SOC. REV., 25(1960), S.722-726.

COLLESS,D.H.: AN EXAMINATION OF CERTAIN CONCEPTS IN PHENETIC TAXONOMY. SYSTEMATIC ZOOLOGY, 16(1967), S.6-27.

COLMAN,G.: THE APPLICATION OF COMPUTERS TO THE CLASSIFICATION OF STREPTOCOCCI. JOURNAL GEN. MICROBIOL., 50(1968), S.149-158.

CONSTANTINESCU,P.: THE CLASSIFICATION OF A SET OF ELEMENTS WITH RESPECT TO A SET OF PROPERTIES. COMPUTER JOURNAL, 8(1966), S.352-357.

CONSTANTINESCU,P.: A METHOD OF CLUSTER ANALYSIS. BRIT. JOURN. MATH. STAT. PSYCHOL., 20(1967), S.93-106.

COOMBS,C.H./RAIFFA,H./THRALL,R.M.: SOME VIEWS ON MATHEMATICAL MODELS AND MEASUREMENT THEORY. PSYCHOLOGICAL REVIEW, 61(1954), S.132-144.

COOPER,P.W.: HYPERPLANES, HYPERSPHERES, AND HYPERQUADRATICS AS DECISION BOUNDERIES. IN: COMPUTER AND INFORMATION SCIENCES, HRSG.: TON,J.T./WILCOX,R.H., WASHINGTON D.C. 1964, S.111-138.

COOPER,W.W./MAJONE,G.: A DESCRIPTION AND SOME SUGGESTED EXTENSIONS FOR METHODS OF CLUSTER ANALYSIS. RESEARCH REPORT NO.162, MANAGEMENT SCIENCE INSTITUTE, CARNEGIE-MELLON UNIVERSITY, PITTSBURGH 1968.

CORMACK,R.M.: A REVIEW OF CLASSIFICATION. JOURNAL ROYAL STAT. SOC., SER.A, 134(1971), S.321-367.

COVER,T.M./HART,P.E.: NEAREST NEIGHBOR PATTERN CLASSIFICATION. IEEE TRANS. ON INFORMATION THEORY, IT-13(1967), S.21-27.

COWAN,S.T.: INTRODUCTION: THE PHILOSOPHY OF CLASSIFICATION. JOURNAL GEN. MICROBIOL., 12(1955), S.314-319.

COX,D.R.: NOTE ON GROUPING. JOURN. AM. STAT. ASS., 52(1957), S.543-547.

CRAWFORD,R.M.M./WISHART,D.: A RAPID MULTIVARIATE METHOD FOR THE DETECTION AND CLASSIFICATION OF GROUPS OF ECOLOGICALLY RELATED SPECIES. JOURNAL OF ECOLOGY, 55(1967), S.505-524.

CRAWFORD,R.M.M./WISHART,D.: A RAPID CLASSIFICATION AND ORDINATION METHOD AND ITS APPLICATION TO VEGETATION MAPPING. JOURNAL OF ECOLOGY, 56(1968), S.385-404.

CRONBACH,L.J./GLESER,G.C.: ASSESSING SIMILARITY BETWEEN PROFILES. PSYCHOL. BULL., 50(1953), S.456-473.

CROVELLO,T.J.: THE EFFECT OF ALTERATION OF TECHNIQUE AT TWO STAGES IN A NUMERICAL TAXONOMIC STUDY. UNIV. OF KANSAS BULLETIN, 47(1968), S.761-786.

CROW,B.A.: A GRAPH THEORETICAL APPROACH TO CLUSTERING. MODERNIZATION AND RAPID ACCUMULATION PROJECT, TECHNICAL REPORT NO.1, UNIVERSITY OF KANSAS, 1968.

CUNNINGHAM,K.M./OGILVIE,J.C.: EVALUATION OF HIERARCHICAL GROUPING TECHNIQUES: A PRELIMINARY STUDY. THE COMPUTER JOURNAL, 15(1972), S.209-213.

CURETON,E.E./CURETON,L.W./DURFEE,R.C.: A METHOD OF CLUSTER ANALYSIS. MULTIVARIATE BEHAVIORAL RESEARCH, 5(1970), S.101-116.

CZEKANOWSKI,J.: "COEFFICIENT OF RACIAL LIKENESS" UND "DURCHSCHNITTLICHE DIFFERENZ". ANTHROP. ANZEIGER, 9(1932), S.227-249.

DAGNELIE,P.: CONTRIBUTION A L'ETUDE DES COMMUNAUTES VEGETALES PAR L'ANALYSE FACTORIELLE. BULLETIN DU SERVICE DE LA CARTE PHYTOGEOGRAPHIQUE, SER.B, 5(1960), S.7-71 UND S.93-195.

DAGNELIE,P.: L'ETUDE DES COMMUNAUTES VEGETALES PAR L'ANALYSE STATISTIQUE DES LIAISONS ENTRE LES ESPECES ET LES VARIABLES ECOLOGIQUES: PRINCIPES FONDAMENTAUX. BIOMETRICS, 21(1965), S.345-361.

DAGNELIE,P.: A PROPOS DES DIFFERENTES METHODES DE CLASSIFICATION NUMERIQUE. REV. STAT. APPL., 14(1966), S.55-75.

DALE,A.G./DALE,N.: SOME CLUMPING EXPERIMENTS FOR ASSOCIATIVE DOCUMENT RETRIEVAL. AMERICAN DOCUMENTATION, 1965, S.5-9.

DALE,M.B.: ON PROPERTY STRUCTURE, NUMERICAL TAXONOMY AND DATA HANDLING. IN: MODERN METHODS IN PLANT TAXONOMY, HRSG.:HEYWOOD,V.H., LONDON 1968, S.185-197.

DALY,H.V.: PHENETIC CLASSIFICATION AND TYPOLOGY. SYSTEMATIC ZOOLOGY, 10(1961), S.176-179

DAVENPORT,M./STUDDERT-KENNEDY,G.: THE STATISTICAL ANALYSIS OF AESTHETIC JUDGMENT: AN EXPLORATION. APPLIED STATISTICS, 21(1972), S.324-333

DAVIS,J.C.: STATISTICS AND DATA ANALYSIS IN GEOLOGY (WITH FORTRAN PROGRAMS BY R.J.SAMPSON). NEW YORK, LONDON, SYDNEY, TORONTO 1973.

DAY,N.E.: DIVISIVE CLUSTER ANALYSIS AND A TEST FOR MULTIVARIATE NORMALITY. BULL. INT. STAT. INST., 42(1969), S.110-112.

DAY,N.E.: A MODEL FOR MULTIVARIATE DICHOTOMOUS DATA (ABSTRACT). SEVENTH INTERNATIONAL BIOMETRIC CONFERENCE, HANNOVER 1970.

DEMIRMEN,F.: MULTIVARIATE PROCEDURES AND FORTRAN IV PROGRAM FOR EVALUATION AND IMPROVEMENT OF CLASSIFICATIONS. COMPUTER CONTRIBUTION 31, THE UNIVERSITY OF KANSAS, LAWRENCE 1969.

DEMPSTER,A.P.: AN OVERVIEW OF MULTIVARIATE DATA ANALYSIS. JOURNAL OF MULTIVARIATE ANALYSIS, 1(1971), S.316-346.

DEUTSCH,K.W.: ON THEORIES, TAXONOMIES, AND MODELS AS COMMUNICATION CODES FOR ORGANIZING INFORMATION. BEHAVIORAL SCIENCE, 11(1966), S.1-17.

DICE,L.R.:MEASURES OF THE AMOUNT OF ECOLOGIC ASSOCIATION BETWEEN SPECIES. ECOLOGY, 26(1945), S.297-302.

DIDAY,E.: UNE NOUVELLE METHODE EN CLASSIFICATION AUTOMATIQUE ET RECONNAISSANCE DES FORMES: LA METHODE DES NUEES DYNAMIQUES. REV. STAT. APPL., 19(1971), S.19-33.

DIEMER,A., (HRSG.): SYSTEM UND KLASSIFIKATION IN WISSENSCHAFT UND DOKUMENTATION. MEISENHEIM 1968.

DRIVER,H.E.: SURVEY OF NUMERICAL CLASSIFICATION IN ANTHROPOLOGY. IN: THE USE OF COMPUTERS IN ANTHROPOLOGY, HRSG.: DELL HYMES, THE HAGUE 1965, S.301-344.

DUBIN,R.: TYPOLOGY OF EMPIRICAL ATTRIBUTES: MULTIDIMENSIONAL TYPOLOGY ANALYSIS. TR-5, UNIVERSITY OF CALIFORNIA, IRVINE 1971.

DUBIN,R./CHAMPOUX,J.E.: TYPOLOGY OF EMPIRICAL ATTRIBUTES: DISSIMILARITY LINKAGE ANALYSIS. TR-3, UNIVERSITY OF CALIFORNIA, IRVINE 1970.

DUCIMETIERE,P.: LES METHODES DE LA CLASSIFICATION NUMERIQUE. REV. STAT. APPL., 18(1970), S.5-25.

DUCKER,S.C./WILLIAMS,W.T./LANCE,G.N.: NUMERICAL CLASSIFICATION OF THE PACIFIC FORMS OF CHLORODESMIS (CHLOROPHYTA), AUSTRALIAN JOURNAL OF BOTANY, 13(1965), S.489-499.

DUMAS,F.M.: A NOTE ON THE COEFFICIENT OF PROFILE SIMILARITY. JOURNAL OF CLINICAL PSYCHOLOGY, 6(1950), S.300-301.

DUNN-RANKIN,P.: HIERARCHICAL TRIANGULAR CLUSTERING. BEHAVIORAL SCIENCE, 17(1972), S.553-557.

EADES,D.C.: THE INAPPROPRIATENESS OF THE CORRELATION COEFFICIENT AS A MEASURE OF TAXONOMIC RESEMBLANCE. SYSTEMATIC ZOOLOGY, 14(1965), S.98-100.

EDWARDS,A.W.F./CAVALLI-SFORZA,L.L.: RECONSTRUCTION OF EVOLUTIONARY TREES. IN: PHENETIC AND PHYLOGENETIC CLASSIFICATION, HRSG.: HEYWOOD,V.H./MCNEILL,J., SYST. ASSOC. PUBL., 6(1964), S.67-76.

EDWARDS,A.W.F./CAVALLI-SFORZA,L.L.: A METHOD FOR CLUSTER ANALYSIS. BIOMETRICS, 21(1965), S.362-375.

EDYE,L.A./WILLIAMS,W.T./PRITCHARD,A.J.: A NUMERICAL ANALYSIS OF VARIATION PATTERN IN AUSTRALIAN INTRODUCTIONS OF GLYCINE WIGHTII. AUSTRALIAN JOURNAL AGRICULTURAL RESEARCH, 21(1970), S.57-69.

EHRLICH,P.R.: SYSTEMATICS IN 1970: SOME UNPOPULAR PREDICTIONS. SYSTEMATIC ZOOLOGY, 10(1961), S.157-158.

EHRLICH,P.R.: SOME AXIOMS OF TAXONOMY. SYSTEMATIC ZOOLOGY, 13(1964), S.109-123.

EHRLICH,P.R./EHRLICH,A.H.: PHENETIC RELATIONSHIPS OF BUTTERFLIES. SYSTEMATIC ZOOLOGY, 16(1967), S.301-317.

EKMAN,G.: A GRAPHICAL SOLUTION FOR THE DETERMINATION OF AN OPTIMAL STRATIFICATION OR GROUPING, WITH AN EXAMPLE CONCERNING A PROBLEM OF MAXIMIZING SALES REVENUES. REV. INT. STAT. INST., 37(1969), S.186-193.

EL-GAZZAR,A./WATSON,L./WILLIAMS,W.T./LANCE,G.N.: THE TAXONOMY OF SALVIA: A TEST OF TWO RADICALLY DIFFERENT NUMERICAL METHODS. JOURNAL LINNEAN SOCIETY (BOTANY), 60(1968), S.237-250.

ELLEGARD,A.: STATISTICAL MEASUREMENT OF LINGUISTIC RELATIONSHIPS. LANGUAGE, 35(1959), S.131-156.

EMDEN,M.H.VAN: ON THE HIERARCHICAL DECOMPOSITION OF COMPLEXITY. AMSTERDAM 1969.

ENGELMAN,L./HARTIGAN,J.A.: PERCENTAGE POINTS OF A TEST FOR CLUSTERS. JOUR. AM. STAT. ASS., 64(1969), S.1647-1648.

ESTABROOK,G.F.: A MATHEMATICAL MODEL IN GRAPH THEORY FOR BIOLOGICAL CLASSIFICATION. JOURNAL OF THEORETICAL BIOLOGY, 12(1966), S.297-310.

ESTABROOK,G.F.: AN INFORMATION THEORY MODEL FOR CHARACTER ANALYSIS. TAXON, 16(1967), S.86-97.

ESTABROOK,G.F.: A GENERAL SOLUTION IN PARTIAL ORDERS FOR THE CAMIN-SOKAL MODEL IN PHYLOGENY. JOURNAL OF THEORETICAL BIOLOGY, 21(1968), S.421-438.

ESTABROOK,G.F./ROGERS,D.J.: A GENERAL METHOD OF TAXONOMIC DESCRIPTION FOR A COMPUTED SIMILARITY MEASURE. BIOSCIENCE, 16(1966), S.789-793.

FARRIS,J.S.: ON THE COPHENETIC CORRELATION COEFFICIENT. SYSTEMATIC ZOOLOGY, 18(1969), S.279-285.

FEINSTEIN,A.: FOUNDATIONS OF INFORMATION THEORY. NEW YORK, TORONTO, LONDON 1958.

FEN,SING-NAN: THE THEORETICAL IMPLICATIONS OF MULTIVARIATE ANALYSIS IN THE BEHAVIORAL SCIENCES. BEHAVIORAL SCIENCE, 13(1968), S.138-142.

FERNANDEZ DE LA VEGA,W.: TECHNIQUES DE CLASSIFICATION AUTOMATIQUE UTILISANT UN INDICE DE RESSEMBLANCE. REVUE FRANCAISE DE SOCIOLOGIE, 8(1967), S.506-520.

FERNANDEZ DE LA VEGA,W.: QUELQUES ASPECTS DU PROBLEME DE LA DETERMINATION AUTOMATIQUE DES CLASSIFICATIONS. QUALITY AND QUANTITY, 4(1970), S.117-152.

FERNANDEZ DE LA VEGA,W./RENAUD,M./REGNIER,S.: TECHNIQUES DE CLASSIFICATION AUTOMATIQUE. RAPPORT L3, CENTRE DE CALCUL DE LA MAISON DES SCIENCES DE L'HOMME, PARIS 1965.

FESTINGER,L.: THE TREATMENT OF QUALITATIVE DATA BY "SCALE ANALYSIS". PSYCHOL. BULL., 44(1947), S.149-161.

FIELD,J.G.: THE USE OF THE INFORMATION STATISTIC IN THE NUMERICAL CLASSIFICATION OF HETEROGENEOUS SYSTEMS. JOURNAL OF ECOLOGY, 57(1969), S.565-569.

FISCHLER,M./MATTSON,R.L./FIRSCHEIN,O./HEALY,L.D.: AN APPROACH TO GENERAL PATTERN RECOGNITION. IRE TRANS. ON INFORMATION THEORY, IT-8(1962), S.S64-S73.

FISHER,D.R./ROHLF,F.J.: ROBUSTNESS OF NUMERICAL TAXONOMIC METHODS AND ERRORS IN HOMOLOGY. SYSTEMATIC ZOOLOGY, 18(1969), S.33-36.

FISHER,L./VAN NESS,W.: ADMISSABLE CLUSTERING PROCEDURES. BIOMETRICA, 58(1971), S.91-104.

FISHER,R.A.: THE USE OF MULTIPLE MEASUREMENTS IN TAXONOMIC PROBLEMS. ANNALS OF EUGENICS, 7(1936), S.179-188.

FISHER,R.A.: THE STATISTICAL UTILISATION OF MULTIPLE MEASUREMENTS. ANNALS OF EUGENICS, 8(1938), S.376-386.

FISHER,W.D.: ON GROUPING FOR MAXIMUM HOMOGENEITY. JOUR. AM. STAT. ASS., 53(1958), S.789-798.

FISHER,W.D.: SIMPLIFICATION OF ECONOMIC MODELS. ECONOMETRIKA, 34(1966), S.563-584.

FISHER,W.D.: CLUSTERING AND AGGREGATION IN ECONOMICS. BALTIMORE 1969.

FLAKE,R.H./TURNER,B.L.: NUMERICAL CLASSIFICATION FOR TAXONOMIC PROBLEMS. JOURNAL OF THEORETICAL BIOLOGY, 20(1968), S.260-270.

FLEISS,J.L./ZUBIN,J.: ON THE METHODS AND THEORY OF CLUSTERING. MULTIVARIATE BEHAVIORAL RESEARCH, 4(1969), S.235-250.

FLOODGATE,G.D.: SOME REMARKS ON THE THEORETICAL ASPECTS OF BACTERIAL TAXONOMY. BACT. REV., 26(1962), S.277-291.

FORGY,E.W.: DETECTING NATURAL CLUSTERS OF INDIVIDUALS. WESTERN PSYCHOLOGICAL ASSOCIATION, SANTA MONIKA 1963.

FORGY,E.W.: EVALUATION OF SEVERAL METHODS FOR DETECTING SAMPLE MIXTURES FROM DIFFERENT N-DIMENSIONAL POPULATIONS. AMERICAN PSYCHOLOGICAL ASSOCIATION MEETINGS, LOS ANGELES, CALIF. SEPT. 1964.

FORGY,E.W.: CLUSTER ANALYSIS OF MULTIVARIATE DATA: EFFICIENCY VS. INTERPRETABILITY OF CLASSIFICATIONS. AAAS-BIOMETRIC SOCIETY (WNAR), RIVERSIDE, CALIF. 1965, ABSTRACT IN BIOMETRICS, 21(1965), S.768-769.

FORGY,E.W.: CLASSIFICATION SO AS TO RELATE TO OUTSIDE VARIABLES. IN: LORR,M. U.A. (HRSG.), CONFERENCE ON CLUSTER ANALYSIS OF MULTIVARIATE DATA, NEW ORLEANS, LA., FINAL REPORT, WASHINGTON, D.C. 1967, S.13.01-13.12.

FORST,H.T.: ZUR KLASSIFIZIERUNG VON STAEDTEN NACH WIRTSCHAFTS- UND SOZIALSTATISTISCHEN STRUKTURMERKMALEN. WUERZBURG 1974.

FORST,H.T./VOGEL,F.: YGROUP: EIN FORTRAN IV-PROGRAMM ZUR HIERARCHISCHEN KLASSIFIZIERUNG VON MERKMALSTRAEGERN UND MERKMALEN. UNVEROEFFENTLICHTES MANUSKRIPT, KOELN SEPT. 1972.

FORTIER,J.J./SOLOMON,H.: CLUSTERING PROCEDURES. IN: MULTIVARIATE ANALYSIS, HRSG.: KRISHNAIAH,P.R., NEW YORK, LONDON 1966, S.493-506.

FRASER,P.M./BARON,D.N.: TAXONOMIC PROCEDURES APPLIED TO LIVER DISEASE. PROC. ROY. SOC. MED., 61(1968), S.23-26.

FRIEDMAN,H.P./RUBIN,J.: ON SOME INVARIANT CRITERIA FOR GROUPING DATA. JOURN. AM. STAT. ASS., 62(1967), S.1159-1178.

FRIEDMAN,H.P./RUBIN,J.: THE LOGIC OF STATISTICAL METHODS. IN: THE BORDERLINE SYNDROME, HRSG.: GRINKER,D. U.A., NEW YORK 1968, S.53-72.

GARDIN,J.-C.: DISKUSSIONSBEITRAG. IN: THE USE OF COMPUTERS IN ANTHROPOLOGY, HRSG.: DELL HYMES, THE HAGUE 1965, S.393-397.

GARNER,W.R./HAKE,H.W.: THE AMOUNT OF INFORMATION IN ABSOLUTE JUDGEMENTS. PSYCHOLOGICAL REVIEW, 58(1951), S.446-459.

GARNER,W.R./MCGILL,W.J.: THE RELATION BETWEEN INFORMATION AND VARIANCE ANALYSIS. PSYCHOMETRIKA, 21(1956), S.219-228.

GASKING,D.: CLUSTERS. AUSTRALIAN JOURNAL OF PHILOSOPHY, 38(1960), S.1-36.

GENGERELLI,J.A.: A METHOD FOR DETECTING SUBGROUPS IN A POPULATION AND SPECIFYING THEIR MEMBERSHIP. JOURNAL OF PSYCHOLOGY, 55(1963), S.457-468.

GILARDI,E./HILL,L.R./TURRI,M./SILVESTRI,L.G.: QUANTITATIVE METHODS IN THE SYSTEMATICS OF ACTINOMYCETALES I. GIORN. MICROBIOL., 8(1960), S.203-218.

GILMOUR,J.S.L.: TAXONOMY AND PHILOSOPHY. IN: THE NEW SYSTEMATICS, HRSG.: HUXLEY,J, OXFORD 1940.

GILMOUR,J.S.L.: THE MATHEMATICAL ASSESSMENT OF TAXONOMIC SIMILARITY, INCLUDING THE USE OF COMPUTERS. TAXON, 10(1961), S.97-101.

GILMOUR,J.S.L.: INTRODUCTION (ASLIB-CONFERENCE). ASLIB-PROCEEDINGS, 14(1962), S.223-225.

GILMOUR,J.S.L./WALTERS,S.M.: PHILOSOPHY AND CLASSIFICATION. IN: VISTAS IN BOTANY, HRSG.: TURRILL,W.B., OXFORD 1964, S.1-22.

GITMAN,I./LEVINE,M.D .: AN ALGORITHM FOR DETECTING UNIMODAL FUZZY SETS AND ITS APPLICATION AS A CLUSTERING TECHNIQUE. IEEE TRANS. COMP., C19(1969), S.583-593.

GLESER,G.C.: LOGICAL CONSTRUCTS UNDERLYING VARIOUS METHODS OF GROUPING PERSONS. TRANSACTIONS OF THE SIXTH RESEARCH CONFERENCE ON COOPERATIVE CHEMOTHERAPY, STUDIES IN PSYCHIATRY AND BROAD RESEARCH APPROACHES TO MENTAL ILLNESS, VETERANS ADMINISTRATION, WASHINGTON, D.C. 1961.

GNANADESIKAN,R./WILK,M.B.: DATA ANALYTIC METHODS IN MULTIVARIATE STATISTICAL ANALYSIS. IN: MULTIVAIATE ANALYSIS, HRSG.: KRISHNAIAH,P.R., NEW YORK 1969, S.593-638.

GOLDSTEIN,S.G./LINDEN,J.D.: A COMPARISON OF MULTIVARIATE GROUPING TECHNIQUES COMMONLY USED WITH PROFILE DATA. MULTIVARIATE BEHAVIORAL RESEARCH, 4(1969), S.103-114.

GOLOMB,S.W.: A MATHEMATICAL THEORY OF DISCRETE CLASSIFICATION. IN: INFORMATION THEORY, HRSG.: CHERRY,C, LONDON 1961, S.404-425.

GOOD,I.J.: CATEGORIZATION OF CLASSIFICATION. IN: MATHEMATICS AND COMPUTER SCIENCE IN BIOLOGY AND MEDICINE, PROCEEDINGS OF CONFERENCE HELD BY MEDICAL RESEARCH COUNCIL IN ASSOCIATION WITH THE HEALTH DEPARTMENTS, OXFORD, JULY 1964, LONDON 1965, S.115-125.

GOODALL,D.W.: OBJECTIVE METHODS FOR THE CLASSIFICATION OF VEGETATION I: THE USE OF POSITIVE INTERSPECIFIC CORRELATION. AUSTRALIAN JOURNAL OF BOTANY, 1(1953A), S.39-63.

GOODALL,D.W.: OBJECTIVE METHODS FOR THE CLASSIFICATION OF VEGETATION II: FIDELITY AND INDICATOR VALUE. AUSTRALIAN JOURNAL OF BOTANY, 1(1953B), S.434-456.

GOODALL,D.W.: OBJECTIVE METHODS FOR THE CLASSIFICATION OF VEGETATION III: AN ESSAY IN THE USE OF FACTOR ANALYSIS. AUSTRALIAN JOURNAL OF BOTANY, 2(1954), S.304-324.

GOODALL,D.W.: A PROBABILISTIC SIMILARITY INDEX. NATURE, 203(1964), S.1098.

GOODALL,D.W.: CLASSIFICATION, PROBABILITY AND UTILITY. NATURE, 211(1966A), S.53-54.

GOODALL,D.W.: HYPOTHESIS TESTING IN CLASSIFICATION. NATURE, 211(1966B), S.329-330.

GOODALL,D.W.: A NEW SIMILARITY INDEX BASED ON PROBABILITY. BIOMETRICS, 22(1966C), S.882-907.

GOODALL,D.W.: NUMERICAL TAXONOMY OF BACTERIA - SOME PUBLISHED DATA RE-EXAMINED. JOURNAL GEN. MICROBIOL., 42(1966D), S.25-37.

GOODALL,D.W.: DEVIANT INDEX: A NEW TOOL FOR NUMERICAL TAXONOMY. NATURE, 210(1966E), S.216.

GOODALL,D.W.: THE DISTRIBUTION OF THE MATCHING COEFFICIENT. BIOMETRICS, 23(1967), S.647-656.

GOODALL,D.W.: AFFINITY BETWEEN AN INDIVIDUAL AND A CLUSTER IN NUMERICAL TAXONOMY. BIOMETRIE-PRAXIMETRIE, 9(1968), S.52-55.

GOODMAN,L.A./KRUSKAL,W.H.: MEASURES OF ASSOCIATION FOR CROSS CLASSIFICATIONS I. JOURN. AM. STAT. ASS., 49(1954), S.732-764.

GOODMAN,L.A./KRUSKAL,W.H.: MEASURES OF ASSOCIATION FOR CROSS CLASSIFICATIONS II. JOURN. AM. STAT. ASS., 54(1959), S.123-163.

GORDESCH,J./SINT,P.P.: CLUSTERING STRUCTURES. IN: COMPSTAT 1974, HRSG.: BRUCKMANN,G. U.A., WIEN 1974.

GORENSTEIN,S.: DATA BASE REORGANIZATION VIA CLUSTERING. IN: COMPSTAT 1974, HRSG.: BRUCKMANN,G. U.A., WIEN 1974.

GORONZY,F.: A NUMERICAL TAXONOMY OF BUSINESS ENTERPRISES. IN: NUMERICAL TAXONOMY,HRSG.: COLE,A.J., LONDON, NEW YORK 1969, S.42-52.

GOWER,J.C.: SOME DISTANCE PROPERTIES OF LATENT ROOT AND VECTOR METHODS USED IN MULTIVARIATE ANALYSIS. BIOMETRIKA, 53(1966), S.325-338.

GOWER,J.C.: MULTIVARIATE ANALYSIS AND MULTIDIMENSIONAL GEOMETRY. THE STATISTICIAN, 17(1967A), S.13-28.

GOWER,J.C.: A COMPARISON OF SOME METHODS OF CLUSTER ANALYSIS. BIOMETRICS, 23(1967B), S.623-637.

GOWER,J.C.: DISKUSSIONSBEITRAG ZU: MARSHAL,A.W./OLKIN,I., A GENERAL APPROACH TO SOME SCREENING AND CLASSIFICATION PROBLEMS. JOURNAL ROYAL STAT. SOC., SERIES B, 30(1968), S.438-439.

GOWER,J.C.: WHAT IS CLUSTER ANALYSIS ? (ABSTRACT), BIOMETRICS, 25(1969A), S.609.

GOWER,J.C.: A SURVEY OF NUMERICAL METHODS USEFUL IN TAXONOMY. ACARALOGIA, 11(1969B), S.357-375.

GOWER,J.C.: THE BASIS OF NUMERICAL METHODS OF CLASSIFICATION. IN: THE SOIL ECOSYSTEM, HRSG.: SHEALS,J.G., SYSTEMATICS ASSOCIATION, LONDON 1969C, S.19-30.

GOWER,J.C.: CLASSIFICATION AND GEOLOGY. REV. INT. STAT. INST., 38(1970), S.35-41.

GOWER,J.C.: A GENERAL COEFFICIENT OF SIMILARITY AND SOME OF ITS PROPERTIES. BIOMETRICS, 27(1971A), S.857-871.

GOWER,J.C.: DISKUSSIONSBEITRAG ZU: CORMACK,R.M., A REVIEW OF CLASSIFICATION, JOURNAL ROYAL STAT. SOC., 134(1971B), S.360-365.

GOWER,J.C.: BESPRECHUNG VON: LERMAN,I.C., LES BASES DE LA CLASSIFICATION AUTOMATIQUE, PARIS 1970. APPLIED STATISTICS, 20(1971C), S.195-197.

GOWER,J.C.: CLASSIFICATION PROBLEMS. CONTRIBUTED PAPERS, 39TH SESSION OF THE INT. STAT. INST., WIEN 1973, VOL.1, S.402-408.

GOWER,J.C./HILL,I.D.: INTERNAL DATA STRUCTURES. JOURNAL ROYAL STAT. SOC., SERIES C, 20(1971), S.32-44.

GOWER,J.C./ROSS,G.J.S.: MINIMUM SPANNING TREES AND SINGLE LINKAGE CLUSTER ANALYSIS. APPL. STAT., 8(1969), S.54-64.

GREEN,B.F.: LATENT STRUCTURE ANALYSIS AND ITS RELATION TO FACTOR ANALYSIS. JOURN. AM. STAT. ASS., 47(1952), S.71-76.

GREEN,P.E./FRANK,R.E./ROBINSON,P.S.: CLUSTER ANALYSIS IN TEST MARKET SELECTION. MANAGEMENT SCIENCE, SERIES B, 13(1967), S.B-387-B-400.

GREEN,P.E./CARMONE,F.J.: MULTIDIMENSIONAL SCALING AND RELATED TECHNIQUES IN MARKETING ANALYSIS. ROCKLEIGH, NEW JERSEY 1970.

GREEN,P.E./RAO,V.R.: A NOTE ON PROXIMITY MEASURES AND CLUSTER ANALYSIS. JOURN. MARKET. RES., 6(1969), S.359-364.

GRENANDER,U.: A FEATURE LOGIC FOR CLUSTERS. IBM-CAMBRIDGE SCIENTIFIC CENTER, CAMBRIDGE, MASSACHUSETTS 1968.

GRUVAEUS,G./WAINER,H.: TWO ADDITIONS TO HIERARCHICAL CLUSTER ANALYSIS. BRIT.JOURN.MATH.STAT.PSYCHOL.,25(1972), S.200-206

GUILFORD,J.P.: FUNDAMENTAL STATISTICS IN PSYCHOLOGY AND EDUCATION. NEW YORK, TORONTO, LONDON 1956.

HAGGARD,E.A.: INTRA-CLASS CORRELATION AND THE ANALYSIS OF VARIANCE. NEW YORK 1958.

HAGGARD,E.A./CHAPMAN,J.P./ISAACS,K.S./DICKMANN,K.W.: INTRA-CLASS CORRELATION VERSUS FACTOR ANALYTIC TECHNIQUES FOR DETERMING GROUPS OF PROFILES. PSYCHOLOGICAL BULLETIN, 56(1959), S.48-57.

HALL,A.V.: THE PECULIARITY INDEX, A NEW FUNCTION FOR USE IN NUMERICAL TAXONOMY. NATURE, 206(1965), S.952.

HALL,A.V.: METHODS FOR DEMONSTRATING RESEMBLANCE IN TAXONOMY AND ECOLOGY. NATURE, 214(1967A), S.830-831.

HALL,A.V.: STUDIES IN RECENTLY DEVELOPED GROUP-FORMING PROCEDURES IN TAXONOMY AND ECOLOGY. JOURN. SOUTH AFRIC. BOT., 33(1967B), S.185-196.

HALL,A.V.: METHODS FOR SHOWING DISTINCTNESS AND AIDING IDENTIFICATION OF CRITICAL GROUPS IN TAXONOMY AND ECOLOGY. NATURE, 218(1968), S.203-204.

HALL,A.V.: AVOIDING INFORMATIONAL DISTORTION IN AUTOMATIC GROUPING PROGRAMS. SYSTEMATIC ZOOLOGY, 18(1969), S.318-329.

HALL,A.V.: GROUP FORMING AND DISCRIMINATION WITH HOMOGENEITY FUNCTIONS. IN: NUMERICAL TAXONOMY, HRSG.: COLE,A. J., LONDON, NEW YORK 1969A, S.53-68.

HALL,D.J./BALL,G.H./WOLF,D.E./EUSEBIO,J.: PROMENADE: AN IMPROVED INTERACTIVE-GRAPHICS MAN/MACHINE SYSTEM FOR PATTERN RECOGNITION. REPORT NO. RADC-TR-68-572 (AD 692752), STANFORD RESEARCH INSTITUTE, MENLO PARK, CALIFORNIA 1969.

HALL,E.C./WATERS,G.D.: SOME APPLICATIONS OF CLUSTER ANALYSIS IN MICROBIOLOGY (ABSTRACT). BIOMETRICS, 26(1970), S.602.

HARBERD,D.J.: ASSOCIATIONS-ANALYSIS IN PLANT COMMUNITIES. NATURE, 185(1960), S.53-54.

HARDING,E.F.: THE NUMBER OF PARTITIONS OF A SET OF N POINTS IN K DIMENSIONS INDUCED BY HYPERPLANES. PROCEEDINGS EDINBURGH MATHEMATICAL SOCIETY, SERIES II, 15(1967), S.285-289.

HARMAN,H.H.: MODERN FACTOR ANALYSIS. CHICAGO, LONDON 1967.

HARRIS,C.W.: CHARACTERISTICS OF TWO MEASURES OF PROFILE SIMILARITY. PSYCHOMETRIKA, 20(1955), S.289-297.

HARRIS,C.W.: SEPARATION OF DATA AS A PRINCIPLE IN FACTOR ANALYSIS. PSYCHOMETRIKA, 20(1955), S.23-28.

HARRISON,I.: CLUSTER ANALYSIS. METRA, 7(1968), S.513-528.

HARRISON,P.J.: A METHOD OF CLUSTER ANALYSIS AND SOME APPLICATIONS. APPL. STAT., 17(1968), S.226-236.

HARTIGAN,J.A.: REPRESENTATION OF SIMILARITY MATRICES BY TREES. JOURN. AM. STAT. ASS., 62(1967), S.1140-1158.

HARTIGAN,J.A.: DIRECT CLUSTERING OF A DATA MATRIX. JOURN. AM. STAT. ASS., 67(1972), S.123-129.

HARVEY,D.: EXPLANATION IN GEOGRAPHY. LONDON 1969.

HAYHOE,F.G.J./QUAGLINO,D./DOLL,R.: THE CYTOLOGY AND CYTOCHEMISTRY OF ACUTE LEUKAEMIAS: A STUDY OF 140 CASES. MEDICAL RESEARCH COUNCIL SPECIAL REPORT SERIES NO.304, H. M. STATIONERY OFFICE, LONDON 1964.

HEERMANN,E.F.: COMMENTS ON OVERALL'S 'MULTIVARIATE METHODS FOR PROFILE ANALYSIS'. PSYCHOLOGICAL BULLETIN, 63(1965), S.128.

HENZE,E.: EINFUEHRUNG IN DIE INFORMATIONSTHEORIE. ELEKTRONISCHE DATENVERARBEITUNG, BEIHEFT 3, 2.VERB. AUFL., BRAUNSCHWEIG 1965.

HEYWOOD,V.A., (HRSG.): MODERN METHODS IN PLANT TAXONOMY. LONDON 1968.

HEYWOOD,V.H./MCNEILL,J., (HRSG.): PHENETIC AND PHYLOGENETIC CLASSIFICATION. SYST. ASSOC. PUBL. NO.6, LONDON 1964.

HILGENDORF,L./CLARK,A.W./IRVING,B.L.: THE COMBINED USE OF LINKAGE AND PATH ANALYSIS IN THE DEVELOPMENT OF CAUSAL MODELS. HUMAN RELATIONS, 20(1967), S.375-386

HILL,L.R./SILVESTRI,L.G./IHM,P./FARCHI,G./LANCIANI,P.: AUTOMATIC CLASSIFICATION OF STAPHYLOCOCCI BY PRINCIPAL COMPONENT ANALYSIS AND A GRADIENT METHOD. JOURNAL BACTERIOLOGY, 89(1965), S.1393-1401.

HILL,L.R./TURRI,M./GILARDI,E./SILVESTRI,L.G.: QUANTITATIVE METHODS IN THE SYSTEMATICS OF ACTINOMYCETALES II. GIORN. MICROBIOL., 9(1961), S.56-72.

HO,YU-CHI/AGRAWALA,A.K.: ON PATTERN CLASSIFICATION ALGORITHMS: INTRODUCTION AND SURVEY. PROCEEDINGS OF THE IEEE, 56(1968), S.2101-2114.

HODSON,F.R.: CLUSTER ANALYSES AND ARCHAEOLOGY: SOME NEW DEVELOPMENTS AND APPLICATIONS. WORLD ARCHAEOLOGY, 1(1970), S.299-320.

HODSON,F.R./SNEATH,P.H.A./DORAN,J.E.: SOME EXPERIMENTS IN THE NUMERICAL ANALYSIS OF ARCHAEOLOGICAL DATA. BIOMETRIKA, 53(1966), S.311-324.

HOLLOWAY,J.D./JARDINE,N.: TWO APPROACHES TO ZOOGEOGRAPHY. PROC. LINN. SOC. LONDON, 179(1968), S.153-188.

HOLMAN,E.W.: THE RELATION BETWEEN HIERARCHICAL AND EUCLIDEAN MODELS FOR PSYCHOLOGICAL DISTANCES. PSYCHOMETRIKA, 37(1972), S.417-423.

HOPE,K.: THE COMPLETE ANALYSIS OF A DATA MATRIX. BRIT. JOURN. PSYCHIAT., 115(1969), S.1069-1079.

HOPE,K.: THE COMPLETE ANALYSIS OF A DATA MATRIX: APPLICATION AND INTERPRETATION. BRIT. JOURN. PSYCHIAT., 116(1970), S.657-666.

HORN,J.L.: SIGNIFICANCE TESTS FOR USE WITH RP AND RELATED PROFILE STATISTICS. EDUCATIONAL AND PSYCHOLOGICAL MEASUREMENT, 21(1961), S.363-370

HOWD,F.H.: THE TAXONOMY PROGRAM - A COMPUTER TECHNIQUE FOR CLASSIFYING GEOLOGICAL DATA. COLORADO SCHO. MINES QUART., 59(1964), S.207-222.

HUBERT,L.: SOME EXTENSIONS OF JOHNSON'S HIERARCHICAL CLUSTERING ALGORITHMS. PSYCHOMETRIKA, 37(1972), S.261-274.

HUBERT,L.: MONOTONE INVARIANT CLUSTERING PROCEDURES. PSYCHOMETRIKA, 38(1973A), S.47-62.

HUBERT,L.: MIN AND MAX HIERARCHICAL CLUSTERING USING ASYMMETRIC SIMILARITY MEASURES. PSYCHOMETRIKA, 38(1973B), S.63-72.

HUIZINGA,J.: FROM DD TO D2 AND BACK. THE QUANTITATIVE EXPRESSION OF RESEMBLANCE. PROC. K. NED. AKAD. WET., SERIES C, 65(1962), S.380-391.

HUIZINGA,J.: SOME MORE REMARKS ON THE QUANTITATIVE EXPRESSION OF RESEMBLANCE. PROC. K. NED. AKAD. WET., SERIES C, 68(1965), S.69-80.

HYVARINEN,L.: CLASSIFICATION OF QUALITATIVE DATA. BRIT. INFO. THEORY JOURN., 2(1962), S.83-89.

IHM,P. METHODEN DER TAXOMETRIE. IN: INFORMATION RETRIEVAL, HRSG.: SERBANESUM,V.F., BLARICUM 1962.

IHM,P.: AUTOMATIC CLASSIFICATION IN ANTHROPOLOGY. IN: THE USE OF COMPUTERS IN ANTHROPOLOGY, HRSG.: DELL HYMES, THE HAGUE 1965.

IHM,P./TRAUTNER,R./WOLF,H.: LINEAR ALGEBRAISCHE METHODEN IN DER NUMERISCHEN TAXINOMIE. BIOMETRISCHE ZEITSCHRIFT, 13(1971), S.161-202.

IVANOVIC,B.: PROBLEME DE LA CLASSIFICATION ET DU CHOIX DES CHARACTERES STATISTIQUES. BULL. ISI, 37TH SESSION (1969), 43,2,279.

IVIMEY-COOK,R.B.: THE PHENETIC RELATIONSHIPS BETWEEN SPECIES ONONIS. IN: NUMERICAL TAXONOMY, HRSG.: COLE,A.J., LONDON, NEW YORK 1969, S.69-90.

JACCARD,P.: NOUVELLES RECHERCHES SUR LA DISTRIBUTION FLORALE. BULL.SOC.VAUD.SCI.NAT., 44(1908), S.223-270.

JACKSON,D.M.: COMPARISON OF CLASSIFICATIONS. IN: NUMERICAL TAXONOMY, HRSG.: COLE,A.J., LONDON, NEW YORK 1969, S.91-113.

JACKSON,D.M.: THE STABILITY OF CLASSIFICATIONS OF BINARY ATTRIBUTE DATA. CLASSIFICATION SOCIETY BULLETIN, 2(1970), S.40-46.

JACKSON,D.M.: COMBINATORIAL PROBLEMS IN NON-PARAMETRIC CLASSIFICATION THEORY. IN: COMPSTAT 1974, HRSG.: BRUCKMANN,G. U.A., WIEN 1974.

JACKSON,D.M./WHITE,L.J.: THE WEAKENING OF TAXONOMIC INFERENCES BY HOMOLOGICAL ERRORS. MATH. BIOSC., 10(1971), S.63-89.

JACKSON,D.M./WHITE,L.J.: STABILITY PROBLEMS IN NON-STATISTICAL CLASSIFICATION THEORY. COMP. JOURN., 15(1972), S.214-221.

JAGLOM,A.M./JAGLOM,I.M.: WAHRSCHEINLICHKEIT UND INFORMATION. 2.AUFL., BERLIN 1965

JAHN,T.L.: MAN VERSUS MACHINE: A FUTURE PROBLEM IN PROTOZOAN TAXONOMY. SYSTEMATIC ZOOLOGY, 10(1961), S.179-192.

JANCEY,R.C.: MULTIDIMENSIONAL GROUP ANALYSIS. AUSTRALIAN JOURNAL OF BOTANY, 14(1966), S.127-130.

JARDINE,N.: THE CONCEPT OF HOMOLOGY IN BIOLOGY. BRIT. JOURN. PHILOS. SCI., 18(1967), S.125-139.

JARDINE,N.: A LOGICAL BASIS FOR BIOLOGICAL CLASSIFICATION. SYSTEMATIC ZOOLOGY, 18(1969A), S.37-52.

JARDINE,N.: TOWARDS A GENERAL THEORY OF CLUSTERING (ABSTRACT). BIOMETRICS, 25(1969B), S.609-610.

JARDINE,N.: ALGORITHMS, METHODS AND MODELS IN THE SIMPLIFICATION OF COMPLEX DATA. COMPUTER JOURNAL, 13(1970), S.116-117.

JARDINE,C.S./JARDINE,N./SIBSON,R.: THE STRUCTURE AND CONSRUCTION OF TAXONOMIC HIERARCHIES. MATHEMATICAL BIOSCIENCES, 1(1967), S.173-179.

JARDINE,N./SIBSON,R.: A MODEL FOR TAXONOMY. MATHEMATICAL BIOSCIENCES, 2(1968A), S.465-482.

JARDINE,N./SIBSON,R.: THE CONSTRUCTION OF HIERARCHIC AND NON-HIERARCHIC CLASSIFICATIONS. COMPUTER JOURNAL, 11(1968B), S.177-184.

JARDINE,N./SIBSON,R.: MATHEMATICAL TAXONOMY. LONDON, NEW YORK, SYDNEY, TORONTO 1971.

JARDINE,N./SIBSON,R.: CHOICE OF METHODS FOR AUTOMATIC CLASSIFICATION. COMPUTER JOURNAL, 14(1971A), S.404-406.

JENSEN,R.E.: A CLUSTER ANALYSIS STUDY OF FINANCIAL PERFORMANCE OF SELECTED FIRMS. THE ACCOUNTING REVIEW, JAN. 1971, S.36-56.

JICIN,R./VASICEK,Z.: THE PROBLEM OF THE SIMILARITY OF OBJECTS IN NUMERICAL TAXONOMY. JOURN.GEN.MICROBIOL., 58(1969), S.135-139.

JOHNSON,L.A.S.: RAINBOW'S END: THE QUEST FOR AN OPTIMAL TAXONOMY. SYSTEMATIC ZOOLOGY. 19(1970), S.203-239.

JOHNSON,S.C.: HIERARCHICAL CLUSTERING SCHEMES. PSYCHOMETRIKA, 32(1967), S.241-254.

JOHNSON,M.P./HOLM,R.W.: NUMERICAL TAXONOMIC STUDIES IN THE GENUS SARCOSTEMMA, R.BR.(ASCLEPIADACEAE). IN: MODERN METHODS IN PLANT TAXONOMY, HRSG.: HEYWOOD, V.H., LONDON 1968, S.199-217.

JONES,K.J.: PROBLEMS OF GROUPING INDIVIDUALS AND THE METHOD OF MODALITY. BEHAVIORAL SCIENCES, 13(1968), S.496-511.

JONGH,B.H. DE: EGALISATION, DISPARITY AND ENTROPY. UTRECHT 1952.

KALIN,T.A.: SOME METRIC CONSIDERATIONS IN PATTERN RECOGNITION. RES. LAB. OF ELECTRONICS, M.I.T. CAMBRIDGE, MASS. 1960.

KALLINNA,H.: EINE OEKONOMISCHE MOEGLICHKEIT ZUR ERFORSCHUNG PERSOENLICHKEITSBEDINGTER TENDENZEN ZU UNFALLVERHUETUNGSMASSNAHMEN. ARCHIV FUER UNFALLFORSCHUNG, 1(1962-1964),S.61-67.

KARONSKI,M.: ON A DEFINITION OF CLUSTER AND PSEUDOCLUSTER FOR MULTIVARIATE NORMAL POPULATIONS. CONTRIBUTED PAPERS, 39TH SESSION OF THE INT. STAT. INST., WIEN 1973, VOL.1, S.523-528.

KASKEY,G./KRISHNAIAH,P.R./AZZARI,A.: CLUSTER FORMATION AND DIAGNOSTIC SIGNIFICANCE IN PSYCHIATRIC SYMPTOM EVALUATION. PROCEEDINGS FALL JOINT COMPUTER CONFERENCE, 22(1962), S.285-303.

KATZ,M.M./COLE,S.O./BARTON,W.E., (HRSG.): THE ROLE AND METHODOLOGY OF CLASSIFICATION IN PSYCHIATRY AND PSYCHOPATHOLOGY. CHEVY CHASE, MD.: U.S. DEPARTMENT OF HEALTH, EDUCATION AND WELFARE, 1968.

KAUFMAN,A.: INTRODUCTION A LA THEORIE DES SOUS-ENSEMBLES FLOUS. PARIS 1973.

KELLEY,S.L.: GENERAL TOPOLOGY. TORONTO, NEW YORK, LONDON 1965

KENDALL,M.G.: DISCRIMINATION AND CLASSIFICATION. IN: MULTIVARIATE ANALYSIS, HRSG.: KRISHNAIAH,P.R., NEW YORK, LONDON 1966, S.165-185.

KENDALL,M.G : CLUSTER ANALYSIS. UNVEROEFFENTLICHTES MANUSKRIPT, SCIENTIFIC CONTROL SYSTEMS LTD., LONDON 1968.

KENDRICK,W.B.: COMPLEXITY AND DEPENDENCE IN COMPUTER TAXONOMY. TAXON, 14(1965), S.141-154.

KENDRICK,W.B./PROCTOR,J.R.: COMPUTER TAXONOMY IN THE FUNGI IMPERFECTI. CANADIAN JOURNAL OF BOTANY, 42(1964), S.65-88.

KERSHAW,K.A.: ASSOCIATION AND CO-VARIANCE ANALYSIS OF PLANT COMMUNITIES. JOURNAL OF ECOLOGY, 49(1961), S.643-654.

KING,B.: STEP-WISE CLUSTERING PROCEDURES. JOURN. AM. STAT. ASS., 62(1967),S.86-101.

KOCHEN,M.: TECHNIQUES FOR INFORMATION RETRIEVAL RESEARCH: STATE OF THE ART. IN: INFORMATION RETRIEVAL, HRSG.: SERBANESUM,V.F., BLARICUM 1962.

KOSSACK,C.F.: STATISTICAL CLASSIFICATION TECHNIQUES. IBM SYSTEMS JOURNAL, 2(1963), S.136-151.

KRISHNAIAH,P.R. (HRSG.): MULTIVARIATE ANALYSIS. NEW YORK, LONDON 1966.

KRUSKAL,S.B.: MULTIDIMENSIONAL SCALING BY OPTIMISING GOODNESS OF FIT TO A NON-METRIC HYPOTHESES. PSYCHOMETRIKA, 29(1964), S.1-27 UND S.115-129.

KU,H.H./KULLBACK,S.: ANALYSIS OF MULTIDIMENSIONAL CONTINGENCY TABLES: AN INFORMATION THEORETIC APPROACH. PROC. INT. STAT. INST., 1969, S.146-148.

KUHNS,S.L.: THE CONTINUUM OF COEFFICIENTS OF ASSOCIATION. NATIONAL BUREAU OF STANDARDS MISCELLANEOUS PUBLICATION NO.269, 1964, S.33-39.

KUIPER,F.K./FISHER,L.: A MONTE CARLO COMPARISON OF SIX CLUSTERING PROCEDURES. MANUSCRIPT, WASHINGTON O.J. (BIOSTATISTICS SC-32, UNIVERSITY OF WASHINGTON, SEATTLE, WASHINGTON 98195).

KULLBACK,S.: INFORMATION THEORY AND STATISTICS. NEW YORK, LONDON 1959

KULLBACK,S.: AN APPLICATION OF INFORMATION THEORY TO MULTIVARIATE ANALYSIS. THE ANNALS OF MATHEMATICAL STATISTICS, 23(1965), S.88-102.

KULLBACK,S./KUPPERMAN,M./KU,H.H.: TESTS FOR CONTINGENCY TABLES AND MARKOV CHAINS. TECHNOMETRICS, 4(1962), S.573-608.

KULLBACK,S./LEIBLER,R.A.: ON INFORMATION AND SUFFICIENCY. THE ANNALS OF MATHEMATICAL STATISTICS, 22(1951), S.79-86.

KUPPERMAN,M.: A RAPID SIGNIFICANCE TEST FOR CONTINGENCY TABLES. BIOMETRICS, 15(1959), S.625-628.

KUPPERMAN,M.: ON COMPARING TWO OBSERVED FREQUENCY COUNTS. APPL. STAT., 9(1960), S.37-42.

KURCZYNSKI,T.W.: GENERALIZED DISTANCE AND DISCRETE VARIABLES. BIOMETRICS, 26(1970), S.525-534.

LAMBERT,J.M./DALE,M.B.: THE USE OF STATISTICS IN PHYTOSOCIOLOGY. ADV. ECOL. RES., 2(1964), S.59-99.

LAMBERT,J.M./WILLIAMS,W.T.: MULTIVARIATE METHODS IN PLANT ECOLOGY IV: NODAL ANALYSIS. JOURNAL OF ECOLOGY, 50(1962), S.775-802.

LAMBERT,J.M./WILLIAMS,W.T.: MULTIVARIATE METHODS IN PLANT ECOLOGY VI: COMPARISON OF INFORMATION ANALYSIS AND ASSOCIATION ANALYSIS. JOURNAL OF ECOLOGY, 54(1966), S.635-664.

LANCE,G.N./WILLIAMS,W.T.: COMPUTER PROGRAMS FOR MONOTHETIC CLASSIFICATION (ASSOCIATION ANALYSIS). COMPUTER JOURNAL, 8(1965), S.246-249.

LANCE,G.N./WILLIAMS,W.T.: A GENERALIZED SORTING STRATEGY FOR COMPUTER CLASSIFICATIONS. NATURE, 212(1966A), S.218.

LANCE,G.N./WILLIAMS,W.T.: COMPUTER PROGRAMS FOR HIERARCHICAL POLYTHETIC CLASSIFICATION (SIMILARITY ANALYSES). COMPUTER JOURNAL, 9(1966B), S.60-64.

LANCE,G.N./WILLIAMS,W.T.: COMPUTER PROGRAMS FOR CLASSIFICATION. PROC. THIRD AUSTRAL. COMPUTER CONFERENCE, 1966C, S.12/3/1-12/3/3.

LANCE,G.N./WILLIAMS,W.T.: A GENERAL THEORY OF CLASSIFICATORY SORTING STRATEGIES I: HIERARCHICAL SYSTEMS. COMPUTER JOURNAL, 9(1967A), S.373-380.

LANCE,G.N./WILLIAMS,W.T.: A GENERAL THEORY OF CLASSIFICATORY SORTING STRATEGIES II: CLUSTERING SYSTEMS. COMPUTER JOURNAL, 10(1967B), S.271-276.

LANCE,G.N./WILLIAMS,W.T.: MIXED-DATA CLASSIFICATORY PROGRAMS I: AGGLOMERATIVE SYSTEMS. AUSTRALIAN COMPUTER JOURNAL, 1(1967C), S.15-20.

LANCE,G.N./WILLIAMS,W.T.: NOTE ON THE CLASSIFICATION OF MULTI-LEVEL DATA. COMPUTER JOURNAL, 9(1967D), S.381.

LANCE,G.N./WILLIAMS,W.T.: MIXED-DATA CLASSIFICATORY PROGRAMS II: DIVISIVE SYSTEMS. AUSTRALIAN COMPUTER JOURNAL, 2(1968A), S.82-85.

LANCE,G.N./WILLIAMS,W.T.: NOTE ON A NEW INFORMATION-STATISTIC CLASSIFICATION PROGRAM. COMPUTER JOURNAL, 11(1968B), S.195.

LANCE,G.N./WILLIAMS,W.T.: SPECIFICATION OF PROGRAM MULTCLAS. MANUSKRIPT, CANBERRA 1970A.

LANCE,G.N./WILLIAMS,W.T.: SPECIFICATION OF PROGRAM MULTBET. MANUSKRIPT, CANBERRA 1970B.

LANCE,G.N./WILLIAMS,W.T.: SPECIFICATION OF PROGRAM CENTCLAS. MANUSKRIPT, CANBERRA 1970C.

LANCE,G.N./WILLIAMS,W.T.: A NOTE ON A NEW DIVISIVE CLASSIFICATORY PROGRAM FOR MIXED DATA. COMPUTER JOURNAL, 14(1971), S.154-155.

LANGE,R.T./STENHOUSE,N.S./OFFLER,C.E.: EXPERIMENTAL APPRAISAL OF CERTAIN PROCEDURES FOR THE CLASSIFICATION OF DATA. AUSTRALIAN JOURNAL OF BIOLOGICAL SCIENCES, 18(1965), S.1189-1205.

LEACH,E.R.: CLASSIFICATION IN SOCIAL ANTHROPOLOGY. ASLIB-PROCEEDINGS, 14(1962), S.239-242.

LEDLEY,R.S.: USING ELECTRONIC COMPUTERS IN MEDICAL DIAGNOSIS. INST. RADIO ENGINEERS, TRANS. MED. ELECTRONICS, 7(1960), S.274-280.

LE QUESNE,W.J.: A METHOD OF SELECTION OF CHARACTERS IN NUMERICAL TAXONOMY. SYSTEMATIC ZOOLOGY, 18(1969), S.201-205.

LERMAN,I.C.: ON TWO CRITERIA OF CLASSIFICATION. IN: NUMERICAL TAXONOMY, HRSG.: COLE,A.J., LONDON, NEW YORK 1969, S.114-128.

LERMAN,I.C.: LES BASES DE LA CLASSIFICATION AUTOMATIQUE. PARIS 1970.

LING,R.F.: CLUSTER ANALYSIS. NATIONAL TECHNICAL INFORMATION SERVICE REPORT NO. AD-717 333, SPRINGFIELD, VIRGINIA 1971.

LING,R.F.: ON THE THEORY AND CONSTRUCTION OF K-CLUSTERS. COMPUTER JOURNAL, 15(1972), S.326-332.

LINGOES,J.C.: MULTIPLE SCALOGRAM ANALYSIS. EDUCATIONAL AND PSYCHOLOGICAL MEASUREMENT, 23(1963), S.501-524.

LINGOES,J.C.: THE MULTIVARIATE ANALYSIS OF QUALITATIVE DATA. IN: LORR,M. U.A. (HRSG.), CONFERENCE ON CLUSTER ANALYSIS OF MULTIVARIATE DATA, NEW ORLEANS, LA., FINAL REPORT, WASHINGTON 1967, 28 S.

LINSCHEID,T.R./STONE,L.A.: AN IBM 360/30 FORTRAN IV PROGRAM FOR THE CALCULATION OF INTRACLASS CORRELATION COEFFICIENTS. BEHAVIORAL SCIENCE, 16(1971), S.413-414.

LOCKHART,W.R.: SCORING OF DATA AND GROUP-FORMATION IN QUANTITATIVE TAXONOMY. DEVELOPMENTS IN INDUSTRIAL MICROBIOLOGY, 5(1964), S.162-168.

LOCKHART,W.R.: FACTORS INFLUENCING REPRODUCIBILITY OF NUMERICAL CLASSIFICATIONS. JOURNAL OF BACTERIOLOGY, 94(1967), S.826-831.

LOCKHART,W.R./HARTMAN,P.A.: FORMATION OF MONOTHETIC GROUPS IN QUANTITATIVE BACTERIAL TAXONOMY. JOURNAL BACTERIOLOGY, 85(1963), S.68-77.

LONG,C.A.: DEPENDENCE IN TAXONOMY. TAXON, 15(1966), S.49-51,

LORD,F.M.: NOTES ON A PROBLEM OF MULTIPLE CLASSIFICATION. PSYCHOMETRIKA, 17(1952), S.297-304.

LORR,M.: METHODS OF CLUSTER OR TYPOLOGICAL ANALYSIS. IN: CONFERENCE ON CLUSTER ANALYSIS OF MULTIVARIATE DATA, HRSG,: LORR,M. U.A., WASHINGTON, D.C., 1967, S.2.01-2.15.

LORR,M./RADHAKRISHNAN,B.K.: A COMPARISON OF TWO METHODS OF CLUSTER ANALYSIS. EDUC. AND PSYCHOL. MEASUREMENT, 27(1967), S.47-53.

LORR,M. U.A.,(HRSG.): CONFERENCE ON CLUSTER ANALYSIS OF MULTIVARIATE DATA, NEW ORLEANS, LA., FINAL REPORT, WASHINGTON 1967 (CLEARINGHOUSE FOR FEDERAL SCIENTIFIC AND TECHNICAL INFORMATION, DEPARTMENT OF COMMERCE, SPRINGFIELD, VIRGINIA, DOCUMENT AD 653 722).

LYERLY,S.B.: SOME CRITICAL ISSUES AND PROBLEMS IN CLUSTER ANALYSIS. IN: CONFERENCE ON CLUSTER ANALYSIS OF MULTIVARIATE DATA, HRSG.: LORR,M. U.A., WASHINGTON, D.C., 1967, S.1.01-1.05.

LYSENKO,O./SNEATH,P.H.A.: THE USE OF MODELS IN BACTERIAL CLASSIFICATION. JOURNAL GEN. MICROBIOL., 20(1959), S.284-290.

MACCACARO,G.A.: LA MISURA DELLA INFORMATIONE CONTENUTA NEI CRITERI DI CLASSIFICAZIONE. ANNALI DI MICROBIOLOGIA ET ENZIMOLOGIA, 8(1958), S.231-239.

MACDONALD,D.K.C.: INFORMATION THEORY AND ITS APPLICATION TO TAXONOMY. JOURNAL OF APPLIED PHYSICS, 23(1952), S.529-531.

MACNAUGHTON-SMITH,P.: THE CLASSIFICATION OF INDIVIDUALS BY THE POSSESSION OF ATTRIBUTES ASSOCIATED WITH A CRITERION. BIOMETRICS,19(1963), S.364-366.

MACNAUGHTON-SMITH,P.: SOME STATISTICAL AND OTHER NUMERICAL TECHNIQUES FOR CLASSIFYING INDIVIDUALS. HOME OFFICE, STUDIES IN THE CAUSES OF DELINQUENCY AND THE TREATMENT OF OFFENDERS, A HOME OFFICE RESEARCH UNIT REPORT, NO.6, HER MAJESTY'S STATIONERY OFFICE, LONDON 1965.

MACNAUGHTON-SMITH,P./WILLIAMS,W.T./DALE,M.B./MOCKETT,L.G.: DISSIMILARITY ANALYSIS: A NEW TECHNIQUE OF HIERARCHICAL SUBDIVISION. NATURE, 202(1964), S.1034-1035.

MACQUEEN,J.: SOME METHODS FOR CLASSIFICATION AND ANALYSIS OF MULTIVARIATE OBSERVATIONS. PROCEEDINGS OF THE FIFTH BERKELEY SYMPOSIUM ON MATHEMATICAL STATISTICS AND PROBABILITY, 1(1967), S.281-297.

MAHALANOBIS,P.C.: ON THE GENERALIZED DISTANCE IN STATISTICS. PROCEEDINGS OF THE NATIONAL INSTITUTE OF SCIENCE (INDIA), 12(1936), S.49-55.

MAISEL,H./HILL,L.R.: A KWIC INDEX OF PUBLICATIONS IN NUMERICAL TAXONOMY IN THE PERIOD 1948-1968 (COMPILED FROM TAXOMETRICS NOS.1-12). TECHNICAL REPORT, GEORGETOWN UNIVERSITY COMPUTATION CENTER, WASHINGTON, D.C., 1969.

MAJONE,G.: DISTANCE-BASED CLUSTER ANALYSIS AND MEASUREMENT SCALES. QUALITY AND QUANTITY, 4(1970), S.153-164.

MAJONE,G./SANDAY,R.P.: ON THE NUMERICAL CLASSIFICATION OF NOMINAL DATA. IN: EXPLORATIONS IN MATHEMATICAL ANTHROPOLOGY, HRSG.: KAY,P., BOSTON 1971, S.226-241.

MANNETJE,L'T.: A COMPARISON OF EIGHT NUMERICAL PROCEDURES APPLIED TO THE CLASSIFICATION OF SOME AFRICAN TRIFOLOUM TAXA BASED ON RHIZOBIUM AFFINITIES. AUSTRALIAN JOURNAL OF BOTANY, 15(1967), S.521-528.

MARGALEF,D.R.: INFORMATION THEORY IN ECOLOGY. GEN. SYST., 3(1958), S.36-71.

MARONNA,R./JACOVKIS,P.M.: MULTIVARIATE CLUSTERING PROCEDURES WITH VARIABLE METRICS. BIOMETRICS, 30(1974), S.499-505.

MARRIOTT,F.H.C.: PRACTICAL PROBLEMS IN A METHOD OF CLUSTER ANALYSIS. BIOMETRICS, 27(1971), S.501-514.

MATTSON,R.L./DAMMANN,J.E.: A TECHNIQUE FOR DETERMING AND CODING SUBCLASSES IN PATTERN RECOGNITION PROBLEMS. IBM JOURNAL RES. DEVELOPMENT, 9(1965), S.294-302.

MAYER,L.S.: A NOTE ON TREATING ORDINAL DATA AS INTERVAL DATA. AMER. SOCIOL. REV., 36(1971A), S.518-519.

MAYER,L.S.: A METHOD OF CLUSTER ANALYSIS WHEN THERE EXIST MULTIPLE INDICATORS OF A THEORETIC CONCEPT. BIOMETRICS, 27(1971), S.143-155.

MAYER,L.S.: A METHOD OF CLUSTER ANALYSIS (ABSTRACT). BIOMETRICS, 28(1972), S.270.

MAYNE,A.J.: SOME MODERN APPROACHES TO THE CLASSIFICATION OF KNOWLEDGE. CLASSIFICATION SOCIETY BULLETIN, 1(1968), S.12-17.

MAYR,E.: NUMERICAL PHENETICS AND TAXONOMIC THEORY. SYSTEMATIC ZOOLOGY, 14(1965), S.73-97.

MAYR,E.: THEORY OF BIOLOGICAL CLASSIFICATION. NATURE, 220(1968), S.545-548.

MCCAMMON,R.B.: THE DENDROGRAPH: A NEW TOOL FOR CORRELATION. GEOL. SOC. AMER. BULL., 79(1968), S.1663-1670.

MCCAMMON,R.B./WENNINGER,G.: THE DENDROGRAPH. COMPUTER CONTRIBUTION 48, UNIVERSITY OF KANSAS, LAWRENCE 1970.

MCGILL,W.S.: MULTIVARIATE INFORMATION TRANSMISSION. PSYCHOMETRIKA, 19(1954), S.97-116.

MCINTOSH,R.P.: AN INDEX OF DIVERSITY AND THE RELATION OF CERTAIN CONCEPTS TO DIVERSITY. ECOLOGY, 48(1967), S. 392-404.

MCQUITTY,L.L.: PATTERN ANALYSIS ILLUSTRATED IN CLASSIFYING PATIENTS AND NORMALS. EDUCATIONAL AND PSYCHOLOGICAL MEASUREMENT, 14(1954), S.598-604.

MCQUITTY,L.L.: ELEMENTARY LINKAGE ANALYSIS FOR ISOLATING ORTHOGONAL AND OBLIQUE TYPES AND TYPAL RELEVANCIES. EDUCATIONAL AND PSYCHOLOGICAL MEASUREMENT, 17(1957), S.207-229.

MCQUITTY,L.L.: HIERARCHICAL LINKAGE ANALYSIS FOR THE ISOLATION OF TYPES. EDUCATIONAL AND PSYCHOLOGICAL MEASUREMENT, 20(1960), S.55-67.

MCQUITTY,L.L.: CAPABILITIES AND IMPROVEMENTS OF LINKAGE ANALYSIS AS A CLUSTERING METHOD. EDUCATIONAL AND PSYCHOLOGICAL MEASUREMENT, 24(1964), S.441-456.

MCQUITTY,L.L.: SINGLE AND MULTIPLE HIERARCHICAL CLASSIFICATION BY RECIPROCAL PAIRS AND RANK ORDER TYPES. EDUCATIONAL AND PSYCHOLOGICAL MEASUREMENT, 26(1966A), S.253-265.

MCQUITTY,L.L.: SIMILARITY ANALYSIS BY RECIPROCAL PAIRS FOR DISCRETE AND CONTINUOUS DATA. EDUCATIONAL AND PSYCHOLOGICAL MEASUREMENT, 26(1966B), S.825-831.

MCQUITTY,L.L.: EXPANSION OF SIMILARIYY ANALYSIS BY RECIPROCAL PAIRS FOR DISCRETE AND CONTINUOUS DATA. EDUCATIONAL AND PSYCHOLOGICAL MEASUREMENT, 27(1967), S.253-255.

MCQUITTY,L.L.: A NOVEL APPLICATION OF THE COEFFICIENT OF CORRELATION IN THE ISOLATION OF BOTH TYPAL AND DIMENSIONAL CONSTRUCTS. EDUC. AND PSYCHOL. MEASUREMENT, 27(1967A), S.591-599.

MCQUITTY,L.L.: IMPROVING THE VALIDITY OF CRUCIAL DECISIONS IN PATTERN ANALYTIC METHODS. EDUC. AND PSYCHOL. MEASUREMENT,28(1968A), S.9-21.

MCQUITTY,L.L.: MULTIPLE CLUSTERS, TYPES AND DIMENSIONS FROM ITERATIVE INTERCOLUMNAR CORRELATIONAL ANALYSIS. MULTIV. BEHAVIORAL RESEARCH, 3(1968B), S.465-477.

MCQUITTY,L.L.: HIERARCHICAL CLASSIFICATION BY MULTIPLE LINKAGES. EDUC. AND PSYCHOL. MEASUREMENT, 30(1970), S.3-19.

MCQUITTY,L.L.: A COMPARATIVE STUDY OF SOME SELECTED METHODS OF PATTERN ANALYSIS. EDUC. AND PSYCHOL. MEASUREMENT, 31(1971), S.607-626.

MCRAE,D.J.: MIKCA: A FORTRAN IV ITERATIVE K-MEANS CLUSTER ANALYSIS PROGRAM. MONTEREY, CALIFORNIA, SEPT.1970.

MEEUSE,A.D.J.: A CRITIQUE OF NUMERICAL TAXONOMY. IN: PHENETIC AND PHYLOGENETIC CLASSIFICATION, HRSG.: HEYWOOD,V.H./MCNEILL,J., LONDON 1964, S.115-121.

MELLO,J.F./BUZAS,M.A.: AN APPLICATION OF CLUSTER ANALYSIS AS A METHOD OF DETERMING BIOFACIES. JOURNAL PALEONTOLOGY, 42(1968), S.747-758.

MESCHKOWSKI,H.: WAHRSCHEINLICHKEITSRECHNUNG. B.I.-HOCHSCHULTASCHENBUECHER NR.285/285A, MANNHEIM 1968.

MEYER,E./JACOBI,E./STIEFEL,E.C.: TYPISCHE UNFALLURSACHEN IM DEUTSCHEN STRASSENVERKEHR - VERKEHRSGEFAEHRDUNGEN IM AMERIKANISCHEN STRAF- UND STRAFPROZESSRECHT. EINE VEROEFFENTLICHUNG DES KURATORIUMS 'WIR UND DIE STRASSE', BAD GODESBERG 1959 U.1961.

MICHENER,C.D./SOKAL,R.R.: A QUANTITATIVE APPROACH TO A PROBLEM IN CLASSIFICATION. EVOLUTION, 11(1957), S.130-162.

MILLER,F.A.: A COMPUTER STUDY INTO THE CAUSES OF 1965-66 TRAFFIC DEATHS IN JACKSONVILLE, FLORIDA. UNVEROEFFENTLICHTES MANUSKRIPT, JACKSONVILLE, FLORIDA 1966.

MILLIER,C./TOMASSONE,R.: METHODES D'ORDINATION ET DE CLASSIFICATION: LEUR EFFICACITE ET LEUR LIMITE. IN: COLL. INTERNAT. CNRS SUR L'EMPLOI DES CALCULATEURS EN ARCHEOLOGIE, MARSEILLE 1969, S.207-228.

MINKOFF,E.C.: THE EFFECTS ON CLASSIFICATION OF SLIGHT ALTERATIONS IN NUMERICAL TECHNIQUE. SYSTEMATIC ZOOLOGY, 14(1965), S.196-213.

MOELLER,F.: QUANTITATIVE METHODS IN THE SYSTEMATICS OF ACTINOMYCETALES. GIORN. MICROBIOL., 10(1962A), S.29-47.

MOELLER,F.: LA FORMAZIONE DEI GRUPPI IN BASE AL CONTENUTO DI INFORMAZIONE DEI CRITERI DI CLASSIFICAZIONE. BOLLETINO DEL CENTRO PER LA RICERCA OPERATIVA (SEZ. METODOLOGICA), 3(1962B), S.3-37.

MOELLER,F.: ULTERIORI CONTRIBUTI SULLA CLASSIFICAZIONE. BOLLETINO DEL CENTRO PER LA RICERCA OPERATIVA, (SEZ. METODOLOGICA), 2(1963).

MOELLER,F./CORRADO,P.: A CLASSIFICATION OF MARINE MICROORGANISMS BY NUMERICAL TAXONOMY. QUALITY AND QUANTITY, 2(1968), S.162-175.

MORGAN,J.N./SONQUIST,J.A.: PROBLEMS IN THE ANALYSIS OF SURVEY DATA. JOURN. AM. STAT. ASS., 58(1963), S.415-434.

MORISHIMA,H./OKA,H.-I.: THE PATTERN OF INTERSPECIFIC VARIATION IN THE GENUS ORYZA: ITS QUANTITATIVE REPRESENTATION BY STATISTICAL METHODS. EVOLUTION, 14(1960), S.153-165.

MORRISON,D.G.: MEASUREMENT PROBLEMS IN CLUSTER ANALYSIS. MANAGEMENT SCIENCE, 13(1967), S.B775-B780.

MUIR,J.W.: THE GENERAL PRINCIPLES OF CLASSIFICATION WITH REFERENCE TO SOILS. JOURNAL SOIL SCIENCES, 13(1962), S.22-30.

NAGY,G.: STATE OF THE ART IN PATTERN RECOGNITION. PROCEEDINGS OF THE IEEE, 56(1968), S.836-862.

NAGY,G.: FEATURE EXTRACTION ON BINARY PATTERNS. IEEE TRANS. SYST. SCI., SSC5(1969), S.273-278.

NEEDHAM,R.M.: THE THEORY OF CLUMPS II. REPORT M.L.139, CAMBRIDGE LANGUAGE RESEARCH UNIT, CAMBRIDGE 1961.

NEEDHAM,R.M.: AUTOMATIC CLASSIFICATION FOR INFORMATION RETRIEVAL. IN: INFORMATION RETRIEVAL, HRSG.: SERBANESUM,V.F., BLARICUM 1962.

NEEDHAM,R.M.: A METHOD FOR USING COMPUTERS IN INFORMATION CLASSIFICATION. PROCEEDINGS INTERNATIONAL FEDERATION OF INFORMATION PROCESSING (IFIP) CONGRESS, AMSTERDAM 1964, S.284-287.

NEEDHAM,R.M.: AUTOMATIC CLASSIFICATION: MODELS AND PROBLEMS. IN: MATHEMATICS AND COMPUTER SCIENCE IN BIOLOGY AND MEDICINE, PROCEEDINGS OF CONFERENCE HELD BY MEDICAL RESEARCH COUNCIL IN ASSOCIATION WITH THE HEALTH DEPARTMENTS, OXFORD, JULY 1964, LONDON 1965A, S.111-114.

NEEDHAM,R.M.: COMPUTER METHODS FOR CLASSIFICATION AND GROUPING. IN: THE USE OF COMPUTERS IN ANTHROPOLOGY, HRSG.: HYMES,D., DEN HAAG 1965B, S.345-356.

NEEDHAM,R.M.: AUTOMATIC CLASSIFICATION IN LINGUISTICS. THE STATISTICIAN, 17(1967), S.45-54.

NOWOTNY,H.: THE USES OF TYPOLOGICAL PROCEDURES IN QUALITATIVE MACROSOCIOLOGICAL STUDIES. QUALITY AND QUANTITY, 5(1971), S.3-38.

NYGREEN,G.T.: A DENSITY CLUSTERING APPROACH. PRINCETON UNIVERSITY, PRINCETON 1970.

OLSON,E.C.: MORPHOLOGICAL INTEGRATION AND THE MEANING OF CHARACTERS IN CLASSIFICATION SYSTEMS. IN: PHENETIC AND PHYLOGENETIC CLASSIFICATION, HRSG.: HEYWOOD, V.H./MCNEILL,J., LONDON 1964, S.123-156.

OPPENLANDER,J.C.: MULTIVARIATE ANALYSIS OF VEHICULAR SPEEDS. PH.D. THESIS, UNIVERSITY OF ILLINOIS 1962.

ORLOCI,L.: GEOMETRIC MODELS IN ECOLOGY I. JOURNAL OF ECOLOGY, 54(1966), S.193-215.

ORLOCI,L.: DATA CENTERING: A REVIEW AND EVALUATION WITH REFERENCE TO COMPONENT ANALYSIS. SYSTEMATIC ZOOLOGY, 16(1967A), S.208-212.

ORLOCI,L.: AN AGGLOMERATIVE METHOD FOR CLASSIFICATION OF PLANT COMMUNITIES. JOURNAL OF ECOLOGY, 55(1967B), S.193-206.

ORLOCI,L.: INFORMATION ANALYSIS IN PHYTOSOCIOLOGY: PARTITION, CLASSIFICATION AND PREDICTION. JOURNAL OF THEORETICAL BIOLOGY, 20(1968A), S.271-284.

ORLOCI,L.: DEFINITIONS OF STRUCTURE IN MULTIVARIATE PHYTOSOCIOLOGICAL SAMPLES. VEGETATIO, 15(1968B), S.281-291.

ORLOCI,L.: INFORMATION THEORY MODELS FOR HIERARCHIC AND NON-HIERARCHIC CLASSIFICATIONS. IN: NUMERICAL TAXONOMY, HRSG.: COLE,A.J., LONDON, NEW YORK 1969, S.148-164.

ORNSTEIN,L.: COMPUTER LEARNING AND THE SCIENTIFIC METHOD: A PROPOSED SOLUTION TO THE INFORMATION THEORETICAL PROBLEM OF MEANING. JOURNAL OF MOUNT SINAI HOSPITAL, 32(1965), S.437-494.

ORR,D.B.: A NEW METHOD FOR CLUSTERING JOBS. JOURN. APPLIED PSYCHOLOGY, 44(1960), S.44-49.

OVERALL,J.E./HOLLISTER,L.E.: COMPUTER PROCEDURES FOR PSYCHIATRIC CLASSIFICATION. JOURN. AM. MATH. ASS., 187(1964), S.583-588.

PANKHURST,R.J.: A COMPUTER PROGRAM FOR GENERATING DIAGNOSTIC KEYS. COMPUTER JOURNAL, 13(1970), S.145FF.

PARKER-R8ODES,A.F.: CONTRIBUTIONS TO THE THEORY OF CLUMPS. CAMBRIDGE LANGUAGE RESEARCH UNIT, CAMBRIDGE 1961.

PARKER-RHODES,A.F./JACKSON,D.M.: AUTOMATIC CLASSIFICATION IN THE ECOLOGY OF THE HIGHER FUNGI. IN: NUMERICAL TAXONOMY, HRSG.: COLE,A.J., LONDON, NEW YORK 1969, S.181-215.

PARKER-RHODES,A.F./NEEDHAM,R.M.: THE THEORY OF CLUMPS: A NEW CONCEPT OF CLASSIFICATION AND SELECTION. CAMBRIDGE LANGUAGE RESEARCH UNIT, CAMBRIDGE 1960.

PARKS,J.M.: CLUSTER ANALYSIS APPLIED TO MULTIVARIATE GEOLOGIC PROBLEMS. JOURNAL OF GEOLOGY, 74(1966), S.703-715.

PARKS,J.M.: CLASSIFICATION OF MIXED MODE DATA BY R-MODE FACTOR ANALYSIS AND Q-MODE CLUSTER ANALYSIS ON DISTANCE FUNCTION. IN: NUMERICAL TAXONOMY, HRSG.: COLE,A.J., LONDON, NEW YORK 1969, S.216-223.

PARKS,J.M.: FORTRAN IV PROGRAM FOR Q-MODE CLUSTER ANALYSIS ON DISTANCE FUNCTION WITH PRINTED DENDROGRAM. COMPUTER CONTRIBUTION 46, THE UNIVERITY OF KANSAS, LAWRENCE 1970.

PARKS,J.M.: CLUSTER AND FACTOR ANALYSIS IN CLASSIFICATION AND CORRELATION OF PALEO-ENVIRONMENTAL DATA. BULL. INT. STAT. INST., 44(1971), S.539-551.

PASSI,R.M.: CLASSIFICATION BY RESEMBLANCE. PH.D. THESIS, COLORADO STATE UNIVERSITY, FORT COLLINS, COLORADO MAY 1971.

PATRICK,E.A./FISCHER II,F.P.: CLUSTER MAPPING WITH EXPERIMENTAL COMPUTER GRAPHICS. IEEE TRANSACTIONS ON COMPUTERS, C-18(1969), S.987-991.

PATRICK,E.A./HANCOCK,J.C.: NONSUPERVISED SEQUENTIAL CLASSIFICATION AND RECOGNITION OF PATTERNS. IEEE TRANSACTIONS ON INFORMATION THEORY, IT-12(1966), S.362-372.

PAWLIK,K.: DIMENSIONEN DES VERHALTENS. BERN, STUTTGART 1968.

PEARSON,K.: ON THE COEFFICIENT OF RACIAL LIKENESS. BIOMETRIKA, 18(1926), S.105-117.

PEAY,E.R. JR.: NONMETRIC GROUPING: CLUSTERS AND CLIQUES. TECHNICAL REPORT NO.70-5, MICHIGAN MATHEMATICAL PSYCHOLOGICAL PROGRAM, UNIVERSITY OF MICHIGAN, ANN ARBOR 1970.

PENROSE,L.S.: DISTANCE, SIZE AND SHAPE. ANNALS OF EUGENICS, 18(1954), S.337-343.

PERGLER,P.: COMMENT ON THE PROBLEM OF INFORMATION AND TYPOLOGY. QUALITY AND QUANTITY, 2(1968), S.85-88.

PIELOU,E.C.: THE MEASUREMENT OF DIVERSITY IN DIFFERENT TYPES OF BIOLOGICAL COLLECTIONS. JOURNAL OF THEORETICAL BIOLOGY, 13(1966A), S.131-144.

PIELOU,E.C.: SHANNON'S FORMULA AS A MEASURE OF SPECIFIC DIVERSITY: ITS USE AND MISUSE. AMER. NATUR., 100(1966B), S.463-465.

PIELOU,E.C.: THE USE OF INFORMATION THEORY IN THE STUDY OF THE DIVERSITY OF BIOLOGICAL POPULATIONS. PROCEEDINGS FIFTH BERKELEY SYMPOSIUM ON MATHEMATICAL STATISTICS AND PROBABILITY, IV(1967), S.163-177.

PIELOU,E.C.: AN INTRODUCTION TO MATHEMATICAL ECOLOGY. NEW YORK, LONDON, SYDNEY, TORONTO 1969.

PIKE,M.C./PETO,R.: SOME CLUSTERING PROBLEMS IN MEDICAL RESEARCH. BIOMETRICS, 26(1970), S.356.

PIKE,M.C./SMITH,P.G.: DISEASE CLUSTERING: A GENERALIZATION OF KNOX'S APPROACH TO THE DETECTION OF SPACE-TIME INTERACTIONS. BIOMETRICS, 24(1968), S.541-556.

PIRIE,N.W.: THE PRINCIPLES OF CLASSIFICATION ILLUSTRATED BY THE PROBLEM OF VIRUS CLASSIFICATION. PERSPECTIVES IN BIOLOGY AND MEDICINE, 5(1962), S.446FF.

PROCTOR,J.R.: SOME PROCESSES OF NUMERICAL TAXONOMY IN TERMS OF DISTANCE. SYSTEMATIC ZOOLOGY, 15(1966), S.131-140.

PROCTOR,J.R./KENDRICK,W.B.: UNEQUAL WEIGHTING IN NUMERICAL TAXONOMY. NATURE, 197(1963), S.716-717.

QUALITY AND QUANTITY, 2(1968), (CLASSIFICATION AND TYPOLOGIES IN THE SOCIAL SCIENCES).

QUASTLER,H., (HRSG.): INFORMATION THEORY IN BIOLOGY. UNIVERSITY OF ILLINOIS PRESS, URBANA 1953.

RAJSKI,C.: ENTROPY AND METRIC SPACES. IN: INFORMATION THEORY, HRSG.: CHERRY,C., LONDON 1961, S.41-45.

RAND,W.M.: OBJECTIVE CRITERIA FOR THE EVALUATION OF CLUSTERING METHODS. JOURN. AM. STAT. ASS., 66(1971), S.846-850.

RAO,C.R.: THE UTILISATION OF MULTIPLE MEASUREMENTS IN PROBLEMS OF BIOLOGICAL CLASSIFICATION. JOURNAL ROYAL STATISTICAL SOCIETY, SERIES B, 10(1948), S.159-203.

RAO,C.R.: REPRESENTATION OF P-DIMENSIONAL DATA IN LOWER DIMENSIONS. SANKHYA, 9(1949), S.248-251.

RAO,C.R.: ADVANCED STATISTICAL METHODS IN BIOMETRIC RESEARCH. NEW YORK 1952.

RAO,C.R.: ON THE USE AND INTERPRETATION OF DISTANCE FUNCTIONS IN STATISTICS. BULL. INT. STAT. INST., 34(1954), S.3-10.

RAYNER,J.H.: CLASSIFICATION OF SOILS BY NUMERICAL METHODS. JOURN. SOIL SCI., 17(1966), S.79-92.

REGNIER,S.: SUR QUELQUES ASPECTS MATHEMATIQUES DES PROBLEMES DE LA CLASSIFICATION AUTOMATIQUE. INTERNATIONAL COMPUTATION CENTRE BULLETIN, 4(1965), S.175-191.

REISINGER,L.: ON FUZZI THESAURI. IN: COMPSTAT 1974, HRSG.: BRUCKMANN,G. U.A., WIEN 1974.

REMANE,A.: SYSTEM UND KLASSIFIKATION IN DER BIOLOGIE. IN: SYSTEM UND KLASSIFIKATION IN WISSENSCHAFT UND DOKUMENTATION, HRSG.: DIEMER,A., MEISENHEIM AM GLAN 1968, S.32-41.

REMMER,W.: AUTOMATISCHE KLASSIFIZIERUNG BEI GROSSER DIMENSIONSZAHL. BIOMETRISCHE ZEITSCHRIFT, 6(1964), S.44-45.

RENYI,A.: WAHRSCHEINLICHKEITSRECHNUNG. MIT EINEM ANHANG UEBER INFORMATIONSTHEORIE. 2.BER.AUFL., BERLIN 1966.

RESCIGNO,A./MACCACARO,G.A.: THE INFORMATION CONTENT OF BIOLOGICAL CLASSIFICATIONS. IN: INFORMATION THEORY, HRSG.: CHERRY,C., LONDON 1961, S.437-446.

RIJSBERGEN,C.J. VAN: A CLUSTERING ALGORITHM (NO.47). COMPUTER JOURNAL, 13(1970A), S.113-115.

RIJSBERGEN,C.J. VAN: A FAST HIERARCHICAL CLUSTERING ALGORITHM. COMPUTER JOURNAL, 13(1970B), S.324-326.

ROBERTS,F.D.K.: RANDOM MINIMAL TREES. BIOMETRIKA, 55(1968), S.255-258.

ROGERS,D.J.: RECENT ENDEAVORS WITH COMPUTERS IN TAXONOMY. GARDEN JOURNAL OF THE NEW YORK BOTANIC GARDEN, 1961, S.201-204.

ROGERS,D.J.:/FLEMING,H.: A COMPUTER PROGRAM FOR CLASSIFYING PLANTS II. A NUMERICAL HANDLING OF NON-NUMERICAL DATA. BIOSCIENCE, 14(1964), S.15-28.

ROGERS,D.J./TANIMOTO,T.T.: A COMPUTER PROGRAM FOR CLASSIFYING PLANTS. SCIENCE, 132(1960), S.1115-1118.

ROHLF,F.J.: A NUMERICAL TAXONOMIC STUDY OF THE GENUS AEDES (DIPTERA: CULICIDAE) WITH EMPHASIS ON THE CONGRUENCE OF THE LARVAL AND ADULT CLASSIFICATIONS. PH.D.THESIS, UNIVERSITY OF KANSAS 1962.

ROHLF,F.J.: MULTIVARIATE METHODS IN TAXONOMY. PROCEEDINGS OF THE IBM SCIENTIFIC COMPUTING SYMPOSIUM ON STATISTICS, OKT.1963, S.3-14.

ROHLF,F.J.: METHODS FOR CHECKING THE RESULTS OF A NUMERICAL TAXONOMIC STUDY. SYSTEMATIC ZOOLOGY, 13(1964), S.102-104.

ROHLF,F.J.: A RANDOMIZATION TEST OF THE NONSPECIFITY HYPOTHESIS IN NUMERICAL TAXONOMY. TAXON, 14(1965), S.262-267.

ROHLF,F.J.: CORRELATED CHARACTERS IN NUMERICAL TAXONOMY. SYSTEMATIC ZOOLOGY, 16(1967), S.109-126.

ROHLF,F.J.: ADAPTIVE HIERARCHICAL CLUSTERING SCHEMES. SYSTEMATIC ZOOLOGY, 19(1970), S.58-82.

ROHLF,F.J./FISHER,D.R.: TESTS FOR HIERARCHICAL STRUCTURE IN RANDOM DATA SETS. SYSTEMATIC ZOOLOGY, 17(1968), S.407-412.

ROHLF,F.J./SOKAL,R.R.: THE DESCRIPTION OF TAXONOMIC RELATIONSHIPS BY FACTOR ANALYSIS. SYSTEMATIC ZOOLOGY, 11(1962), S.1-16.

ROHLF,F.J./SOKAL,R.R.: COEFFICIENTS OF CORRELATION AND DISTANCE IN NUMERICAL TAXONOMY. UNIVERSITY OF KANSAS SCIENCE BULLETIN, 45(1965), S.3-27.

ROLLINS,R.C.: ON THE BASES OF BIOLOGICAL CLASSIFICATION. TAXON, 14(1965), S.1-6.

ROPOHL,G.: GRUNDLAGEN UND ANWENDUNGSMOEGLICHKEITEN DER MORPHOLOGISCHEN METHODE IN FORSCHUNG UND ENTWICKLUNG. WIRTSCHAFTSWISSENSCHAFTLICHES STUDIUM, 1(1972), S.495-499.

ROSE,M.J.: CLASSIFICATION OF A SET OF ELEMENTS. COMPUTER JOURNAL, 7(1964), S.208-211.

ROSS,G.J.S.: CLASSIFICATION TECHNIQUES FOR LARGE SETS OF DATA. IN: NUMERICAL TAXONOMY, HRSG.: COLE,A.J., LONDON, NEW YORK 1969, S.224-233.

ROSSNER,R.: HAUPTKOMPONENTENANALYSE. IN: STATISTISCHE METHODEN II, HRSG.: WALTER,E., BERLIN, HEIDELBERG, NEW YORK 1970, S.22-23.

ROUX,M.: AN ALGORITHM TO CONSTRUCT A PARTICULAR KIND OF HIERARCHY. IN: NUMERICAL TAXONOMY, HRSG.: COLE, A.J., LONDON, NEW YORK 1969, S.234-240.

ROUX,M.: DEUX ALGORITHMES RECENTS EN CLASSIFICATION AUTOMATIQUE. REV. STAT. APPL., 18(1970), S.35-40.

RUBIN,J.: OPTIMAL TAXONOMY PROGRAM (PROGRAM NO. 7090-G2-IBM-0026). IBM PROGRAM INFORMATION DEPARTMENT, HARWTHOME, NEW YORK 1965.

RUBIN,J.: AN APPROACH TO ORGANIZING DATA INTO HOMOGENEOUS GROUPS. SYSTEMATIC ZOOLOGY, 15(1966), S.169-182.

RUBIN,J.: OPTIMAL CLASSIFICATION INTO GROUPS: AN APPROACH FOR SOLVING THE TAXONOMY PROBLEM. JOURNAL OF THEORETICAL BIOLOGY, 15(1967), S.103-144.

RUSPINI,E.H.: NUMERICAL METHODS FOR FUZZY CLUSTERING. INFORMATION SCIENCES, 2(1970), S.319-350.

SACHS,H.: EINFUEHRUNG IN DIE THEORIE DER ENDLICHEN GRAPHEN. MUENCHEN 1971.

SALE,A.H.J.: AN IMPROVED CLUSTERING ALGORITHM. COMPUTER JOURNAL, 14(1971), S.104-106.

SANTIAGO,A.: COORDINATING, SYSTEMATISING AND NUMBERING DEVICES FOR INFORMATION RECORDING, STORAGE AND RETRIEVAL AND FOR ANALYSIS, SYNTHESIS AND INSIGHT OF VIEWS ON CLASSIFIED MATERIALS. TAXON, 14(1965), S.58-63.

SARKAR,P.K./BIDWELL,O.W./MARCUS,L.F.: SELECTION OF CHARACTERISTICS FOR NUMERICAL CLASSIFICATION OF SOILS. SOIL SCI. AMER. PROC., 30(1966), S.269-272.

SATTLER,R.: NUMERISCHE TAXONOMIE. ZEITSCHR.BOT., 51(1963), S.340-347.

SAWREY,W.L./KELLER,L./CONGER,J.J.: AN OBJECTIVE METHOD OF GROUPING PROFILES BY DISTANCE FUNCTIONS AND ITS RELATION TO FACTOR ANALYSIS. EDUCATIONAL AND PSYCHOLOGICAL MEASUREMENT, 20(1960), S.651-673.

SCLOVE,ST.L.: POPULATION MIXTURE MODELS AND CLUSTERING ALGORITHMS. PRELIMINARY REPORT, COLORADO STATE UNIVERSITY, FORT COLLINS, COLORADO AUG.1971.

SCOTT,A.J./KNOTT,M.: A CLUSTER ANALYSIS METHOD FOR GROUPING MEANS IN THE ANALYSIS OF VARIANCE. BIOMETRICS, 30(1974), S.507-512.

SCOTT,A.J./SYMONS,M.J.: ON THE EDWARDS AND CAVALLI-SFORZA METHOD OF CLUSTER ANALYSIS. BIOMETRICS, 27(1971A), S.217-219.

SCOTT,A.J./SYMONS,M.J.: CLUSTERING METHODS BASED ON LIKELIHOOD RATIO CRITERIA. BIOMETRICS, 27(1971B), S.387-397.

SEAL,H.L.: MULTIVARIATE STATISTICAL ANALYSIS FOR BIOLOGISTS. LONDON 1966.

SEBESTYEN,G.S.: RECOGNITION OF MEMBERSHIP IN CLASSES. IRE TRANSACTIONS ON INFORMATION THEORY, IT-7(1961), S.44-50.

SEBESTYEN,G.S.: DECISION-MAKING PROCESS IN PATTERN RECOGNITION. NEW YORK, LONDON 1962.

SEBESTYEN,G.S.: AUTOMATIC OFF-LINE MULTIVARIATE DATA ANALYSIS. AFIPS CONFERENCE PROCEEDINGS, 29(1966), S.685-694.

SERBANESUM,V.F., (HRSG.): INFORMATION RETRIEVAL. IBM SYMPOSIUM, BLARICUM 1962.

SHANNON,C.E.: A MATHEMATICAL THEORY OF COMMUNICATION. THE BELL SYSTEMS TECHNICAL JOURNAL, 27(1948), S.623-656.

SHEALS,J.G., (HRSG.): THE SOIL ECOSYSTEM. SYSTEMATIC ASPECTS OF THE ENVIRONMENT, ORGANISMS AND COMMUNITIES. A SYMPOSIUM. LONDON 1969.

SHEPARD,R.N.: METRIC STRUCTURES IN ORDINAL DATA. JOURNAL OF MATHEMATICAL PSYCHOLOGY, 3(1966), S.287-315.

SHEPARD,R.N./CARROLL,J.D.: PARAMETRIC REPRESENTATION OF NON-LINEAR DATA. IN: MULTIVARIATE ANALYSIS, HRSG.: KRISNAIAH,P.R., NEW YORK, LONDON 1966, S.561-592.

SHEPERD,M.J./WILLMOTT,A.J.: CLUSTER ANALYSIS ON THE ATLAS COMPUTER. COMPUTER JOURNAL, 11(1968), S.57-62.

SIBSON,R.: A MODEL FOR TAXONOMY II. MATHEMATICAL BIOSCIENCES, 6(1970), S.405-430.

SIBSON,R.: SOME OBSERVATIONS ON A PAPER BY LANCE AND WILLIAMS. COMPUTER JOURNAL, 14(1971), S.156-157.

SIEBEL,W.: SYSTEM, KLASSIFIZIERUNG UND MESSUNG. IN: SYSTEM UND KLASSIFIKATION IN WISSENSCHAFT UND DOKUMENTATION, HRSG.: DIEMER,A., MEISENHEIM AM GLAN 1968, S.120-131.

SILVESTRI,L./TURRI,M./HILL,L.R./GILARDI,E.: A QUANTITATIVE APPROACH TO THE SYSTEMATICS OF ACTINOMYCETES BASED ON OVERALL SIMILARITY. IN: MICROBIAL CLASSIFICATION, HRSG.: AINSWORTH,G.G./SNEATH,P.H.A., CAMBRIDGE 1962, S.333-360.

SIMPSON,G.G.: PRINCIPLES OF ANIMAL TAXONOMY. NEW YORK 1961.

SIMPSON,G.G.: NUMERICAL TAXONOMY AND BIOLOGICAL CLASSIFICATION. SCIENCE, 144(1964), S.712-713.

SINT,P.P.: KLASSIFIKATION UND INFORMATION. MITTEILUNGSBLATT DER OESTERREICHISCHEN GESELLSCHAFT FUER STATISTIK UND INFORMATIK, 4(1971), S.1-9.

SINT,P.P.: CONDITIONAL CLUSTERING. CONTRIBUTED PAPERS, 39TH SESSION OF THE INT. STAT. INST., WIEN 1973, VOL.2, S.940-947.

SJOBERG,L./HOLLEY,J.W.: A MEASURE OF SIMILARITY BETWEEN INDIVIDUALS WHEN SCORING DIRECTIONS OF VARIABLES ARE ARBITRARY. MULTIVARIATE BEHAVIORAL RESEARCH, 2(1967), S.377-384.

SKARABIS,H.: MATHEMATISCHE GRUNDLAGEN UND PRAKTISCHE ASPEKTE DER DISKRIMINATION UND KLASSIFIKATION. WUERZBURG 1970.

SMIRNOV,E.S.: TAXONOMIC ANALYSIS OF A GENUS. (RUSSISCH, ENGLISCHE ZUSAMMENFASSUNG). ZHURNAL OBSHENYE BIOLOGII, 21(1960), S.89-103.

SMITH,C.F.: PROPERTIES OF A CLASS OF OBJECTIVE FUNCTIONS IN CLUSTER ANALYSIS. TECHNICAL REPORT NO.20, PROJECT THEMIS, SYSTEMS RESEARCH CENTER, UNIVERSITY OF FLORIDA 1969.

SMITH,R.V.: SIMILARITY AND ENTROPY. PROCEEDINGS OF THE NATIONAL CONFERENCE OF THE ASSOCIATION OF COMPUTING MACHINERY, PHILADELPHIA, 7(1964), S.D2.1-1 - D2.1-7.

SNEATH,P.H.A.: SOME THOUGHTS ON BACTERIAL CLASSIFICATION. JOURNAL GEN. MICROBIOL., 17(1957A), S.184-200.

SNEATH,P.H.A.: THE APPLICATION OF COMPUTERS TO TAXONOMY. JOURNAL GEN. MICROBIOL., 17(1957B), S.201-227.

SNEATH,P.H.A.: SOME ASPECTS OF ADANSONIAN CLASSIFICATION AND OF THE TAXONOMIC THEORY OF CORRELATED FEATURES. ANN. MICROBIOL. ENZIMOL., 8(1958), S.261-268.

SNEATH,P.H.A.: RECENT DEVELOPMENTS IN THEORETICAL AND QUANTITATIVE TAXONOMY. SYSTEMATIC ZOOLOGY, 10(1961), S.118-139.

SNEATH,P.H.A.: THE CONSTRUCTION OF TAXONOMIC GROUPS. IN: MICROBIAL CLASSIFICATION, HRSG.: AINSWORTH,G.G./ SNEATH,P.H.A., CAMBRIDGE 1962A, S.289-332.

SNEATH,P.H.A.: THE USE OF MATHEMATICS. ASLIB-PROCEEDINGS, 14(1962B), S.248-251.

SNEATH,P.H.A.: THE APPLICATION OF NUMERICAL TAXONOMY TO MEDICAL PROBLEMS. IN: MATHEMATICS AND COMPUTER SCIENCE IN BIOLOGY AND MEDICINE, PROCEEDINGS OF CONFERENCE HELD BY MEDICAL RESEARCH COUNCIL IN ASSOCIATION WITH THE HEALTH DEPARTMENTS, OXFORD, JULY 1964, LONDON 1965, S.81-91.

SNEATH,P.H.A.: A COMPARISON OF DIFFERENT CLUSTERING METHODS AS APPLIED TO RANDOMLY-SPACED POINTS. CLASSIFICATION SOCIETY BULLETIN, 1(1966A), S.2-18.

SNEATH,P.H.A.: A METHOD FOR CURVE-SEEKING FROM SCATTERED POINTS. COMPUTER JOURNAL, 8(1966B), S.383-391.

SNEATH,P.H.A.: RELATIONS BETWEEN CHEMICAL STRUCTURE AND BIOLOGICAL ACTIVITY IN PEPTIDES. JOURNAL OF THEORETICAL BIOLOGY, 12(1966C), S.157-195.

SNEATH,P.H.A.: SOME STATISTICAL PROBLEMS IN NUMERICAL TAXONOMY. THE STATISTICIAN, 17(1967), S.1-12.

SNEATH,P.H.A.: VIGOUR AND PATTERN IN TAXONOMY. JOURNAL GEN. MICROBIOL., 54(1968A), S.1-11.

SNEATH,P.H.A.: NUMERICAL TAXONOMIC STUDY OF THE GRAFT CHIMAERA AND LABURNOCYTISUS ADAMII. PROC. LINN. SOC. LONDON, 179(1968B), S.83-96.

SNEATH,P.H.A.: EVALUATION OF CLUSTERING METHODS. IN: NUMERICAL TAXONOMY, HRSG.: COLE,A.J., LONDON, NEW YORK 1969A, S. 257-267.

SNEATH,P.H.A.: RECENT TRENDS IN NUMERICAL TAXONOMY. TAXON, 18(1969B), S.14-20.

SNEATH,P.H.A./COWAN,S.T.: AN ELECTRO-TAXONOMIC SURVEY OF BACTERIA. JOURNAL GEN. MICROBIOL., 19(1958), S.551-565.

SNEATH,P.H.A./SOKAL,R.R.: NUMERICAL TAXONOMY. NATURE, 193(1962), S.855-860.

SNEATH,P.H.A./SOKAL,R.R.: NUMERICAL TAXONOMY. SAN FRANCISCO 1973.

SODEUR,W.: EMPIRISCHE VERFAHREN ZUR KLASSIFIKATION. VORTRAG, GEHALTEN VOR DEM METHODENAUSSCHUSS DER DEUTSCHEN GESELLSCHAFT FUER SOZIOLOGIE, MANNHEIM OKT.1972.

SODEUR,W.: EMPIRISCHE VERFAHREN ZUR KLASSIFIKATION. STUTTGART 1974.

SOKAL,R.R.: QUANTIFICATION OF SYSTEMATIC RELATIONSHIPS AND OF PHYLOGENETIC TRENDS. PROC. INTERN. CONG. ENTOMOL., 1(1958), S.409-415.

SOKAL,R.R.: DIE GRUNDLAGEN DER NUMERISCHEN TAXONOMIE. IN: XI. INTERNATIONALER KONGRESS FUER ENTOMOLOGIE, BAND I, VERHANDLUNGEN, WIEN 1960, S.7-12.

SOKAL,R.R.: DISTANCE AS A MEASURE OF TAXONOMIC SIMILARITY. SYSTEMATIC ZOOLOGY, 10(1961), S.70-79.

SOKAL,R.R.: TYPOLOGY AND EMPIRICISM IN TAXONOMY. JOURNAL OF THEORETICAL BIOLOGY, 3(1962), S.230-267.

SOKAL,R.R.: STATISTICAL METHODS IN SYSTEMATICS. BIOLOGICAL REVIEW, 40(1965), S.337-391.

SOKAL,R.R.: NUMERICAL TAXONOMY. SCIENTIFIC AMERICAN, 215(1966), S.106-116.

SOKAL,R.R.: A REVIEW OF CLUSTERING METHODS IN BIOLOGICAL TAXONOMY. IN: LORR,M. U.A. (HRSG.), CONFERENCE ON CLUSTER ANALYSIS OF MULTIVARIATE DATA, NEW ORLEANS, LA., FINAL REPORT, WASHINGTON 1967, S.3.01-3.10.

SOKAL,R.R./CAMIN,J.H./ROHLF,F.J./SNEATH,P.H.A.: NUMERICAL TAXONOMY: SOME POINTS OF VIEW. SYSTEMATIC ZOOLOGY, 14(1965), S.237-243

SOKAL,R.R./MICHENER,C.D.: A STATISTICAL METHOD FOR EVALUATION SYSTEMATIC RELATIONSHIPS. THE UNIVERSITY OF KANSAS SCIENCE BULLETIN, 38(1958), S.1409-1438.

SOKAL,R.R./MICHENER,C.D.: THE EFFECTS OF DIFFERENT NUMERICAL TECHNIQUES ON THE PHENETIC CLASSIFICATION OF BEES OF THE HOPLITIS COMPLEX (MEGACHILIDAE). PROC. LINN. SOC. LONDON, 178(1967), S.59-74.

SOKAL,R.R./ROHLF,F.J.: THE COMPARISON OF DENDROGRAMS BY OBJECTIVE METHODS. TAXON, 11(1962), S.33-40.

SOKAL,R.R./SNEATH,P.H.A.: PRINCIPLES OF NUMERICAL TAXONOMY. SAN FRANCISCO 1963.

SOKAL,R.R./SNEATH,P.H.A.: EFFICIENCY IN TAXONOMY. TAXON, 15(1966), S.1-21.

SOLOMON,H.: CLASSIFICATION PROCEDURES BASED ON DICHOTOMOUS RESPONSE VECTORS. IN: OLKIN,J. U.A.(HRSG.), CONTRIBUTIONS TO PROBABILITY AND STATISTICS, STANFORD 1960, S.414-423.

SOLOMON,H.: NUMERICAL TAXONOMY. TECHNICAL REPORT NO.167, DEPARTMENT OF STATISTICS, STANFORD UNIVERSITY, STANFORD, CALIFORNIA 1970.

SOLOMON,H.: A NOTE ON A FIRST APPLICATION OF CLUSTERING PROCEDURES TO FLEET MATERIAL CONDITION MEASUREMENTS. NAVAL RESEARCH LOGISTICS QUARTERLY, 18(1971), S.415-421.

SORENSEN,T.: A METHOD OF ESTABLISHING GROUPS OF EQUAL AMPLITUDE IN PLANT SOCIOLOGY BASED ON SIMILARITY OF SPECIES CONTENT. DET KONGELIGE DANSKE VIDENSKABERNES SELSKAB, BIOLOGISKE SKRIFTER, 5(1948), S.1-34.

SPARCK JONES,K.: SOME THOUGHTS ON CLASSIFICATION FOR RETRIEVAL. JOURN. DOCUMENT., 26(1970), S.89-101.

SPARCK JONES,K./JACKSON,D.: CURRENT APPROACHES TO CLASSIFICATION AND CLUMP-FINDING AT THE CAMBRIDGE LANGUAGE RESEARCH UNIT. COMPUTER JOURNAL, 10(1967), S.29-37.

SPARCK JONES, K./NEEDHAM,R.M.: AUTOMATIC TERM CLASSIFICATION AND RETRIEVAL. INFORMATION STORAGE, 4(1968), S.91-100.

SPARKS,D.N.: EUCLIDEAN CLUSTER ANALYSIS (ALGORITHM AS 58). APPLIED STATISTICS, 22(1973), S.126-130.

SPILERMAN,S.: STRUCTURAL ANALYSIS AND THE GENERATION OF SOCIOGRAMS. BEHAVIORAL SCIENCE, 11(1966), S.312-318.

SWITZER,P.: STATISTICAL TECHNIQUES IN CLUSTERING AND PATTERN RECOGNITION. PROCEEDINGS OF THE SOCIAL STATISTICS SECTION, AMERICAN STATISTICAL ASSOCIATION, WASHINGTON, D.C. 1968, S.40-47.

SCHAEFFER,K.-A.: KLASSIERUNG VON VERWALTUNGSEINHEITEN MIT HILFE MULTIVARIATER STATISTISCHER METHODEN. MANUSKRIPT, KOELN 1968.

SCHAEFFER,K.-A.: KLASSIFIZIERUNG LANDWIRTSCHAFTLICHER BETRIEBE MIT HILFE MULTIVARIATER STATISTISCHER VERFAHREN. STATISTISCHES AMT DER EUROPAEISCHEN GEMEINSCHAFTEN, AGRARSTATISTISCHE STUDIEN, HEFT 10, LUXEMBURG 1972.

SCHEELE,M.: SYSTEM UND KLASSIFIKATION IN DER DOKUMENTATION. IN: SYSTEM UND KLASSIFIKATION IN WISSENSCHAFT UND DOKUMENTATION, HRSG.: DIEMER,A., MEISENHEIM AM GLAN 1968, S.132-137.

SCHNELL,P.: EINE METHODE ZUR AUFFINDUNG VON GRUPPEN. BIOMETRISCHE ZEITSCHRIFT, 6(1964), S.47-48.

STEARN,W.T.: OBSERVATIONS ON A COMPUTER-AIDED SURVEY OF THE JAMAICAN SPECIES OF COLUMNEA AND ALLOPLECTUS. IN: MODERN METHODS IN PLANT TAXONOMY, HRSG.: HEYWOOD, V.H., LONDON 1968, S.219-224.

STEVENS,S.S.: PSYCHOLOGY AND THE SCIENCE OF SCIENCE. PSYCHOLOGICAL BULLETIN, 36(1939), S.221-263.

STEVENS,S.S.: ON THE THEORY OF SCALES OF MEASUREMENT. SCIENCE, 103(1946), S.677-680.

STEVENS,S.S.: MATHEMATICS, MEASUREMENT AND PSYCHPHYSICS. IN: HANDBOOK OF EXPERIMENTAL PSYCHOLOGY, HRSG.: STEVENS,S.S., NEW YORK, LONDON 1951, S.1-49.

TANIMOTO,T.T.: AN ELEMENTARY MATHEMATICAL THEORY OF CLASSIFICATION AND PREDICTION. IBM CORPORATION, YORK TOWN HEIGHTS, NEW YORK 1958.

TANIMOTO,T.T.: A NON-LINEAR MODEL FOR A COMPUTER ASSISTED MEDICAL DIAGNOSTIC PROCEDURE. TRANSACTIONS NEW YORK ACADEMY SCIENCES, SERIES 2, 23(1961), S.576-578.

TANIMOTO,T.T./LOOMIS,R.G.: A TAXONOMY PROGRAM FOR THE IBM 704. IBM CORPORATION, DATA SYSTEMS DIVISION, MATHEMATICS AND APPLICATIONS DEPARTMENT, THE IBM TAXONOMY APPLICATION, NEW YORK 1960.

THARU,J./WILLIAMS,W.T.: CONCENTRATION OF ENTRIES IN BINARY ARRAYS. NATURE, 210(1966), S.549.

THEIL,H.: ECONOMICS AND INFORMATION THEORY. AMSTERDAM 1967.

THORNDIKE,R.L.: THE PROBLEM OF CLASSIFICATION OF PERSONNEL. PSYCHOMETRIKA, 15(1950), S.215-235.

THORNDIKE,R.L.: WHO BELONGS TO THE FAMILY? PSYCHOMETRIKA, 18(1953), S.267-276.

TOMASSONE,R.: ANALYSE MULTIDIMENSIONELLE ET CLASSIFICATION. REV. STAT. APPL., 18(1970), S.29-34.

TRYON,R.C.: COMPARATIVE CLUSTER ANALYSIS OF VARIABLES AND INDIVIDUALS: HOLZINGER ABILITIES AND THE MMPI. IN: CONFERENCE ON CLUSTER ANALYSIS OF MULTIVARIATE DATA, HRSG.: LORR,M. U.A., WASHINGTON, D.C., 1967, S.6.01-6.38.

TRYON,R.C./BAILEY,D.E.: CLUSTER ANALYSIS. NEW YORK, LONDON, SYDNEY, DUESSELDORF, TORONTO 1970.

TUCKER,L.R.: CLUSTER ANALYSIS AND THE SEARCH FOR STRUCTURE UNDERLYING INDIVIDUAL DIFFERENCES IN PSYCHOLOGICAL PHENOMENA. IN: LORR,M. U.A. (HRSG.), CONFERENCE ON CLUSTER ANALYSIS OF MULTIVARIATE DATA, NEW ORLEANS LA., FINAL REPORT, WASHINGTON 1967, S.10.01-10.17.

TUKEY,J.W.: THE FUTURE OF DATA ANALYSIS. ANNALS OF MATHEMATICAL STATISTICS, 33(1962), S.1-67.

TUKEY,J.W./WILK,M.B.: DATA ANALYSIS AND STATISTICS: AN EXPOSITORY OVERVIEW. AFIPS, CONFERENCE PROCEEDINGS, 29(1966), S.695-709.

UEBERLA,K.: FAKTORENANALYSE. BERLIN, HEIDELBERG, NEW YORK 1968.

VERSACE,J.: FACTOR ANALYSIS OF ROADWAY AND ACCIDENT DATA. HIGHWAY RESEARCH BOARD BULLETIN NO.240, WASHINGTON, D.C., 1960.

VICKERY,B.C.: CLASSIFICATION FOR DOCUMENTATION. ASLIB-PROCEEDINGS, 14(1962), S.243-247.

VINOD,H.D.: INTEGER PROGRAMMING AND THE THEORY OF GROUPING. JOURN. AM. STAT. ASS., 64(1969), S.506-519.

VOGEL,F.: GRUNDFRAGEN NICHTPARAMETRISCHER HYPOTHESEN EINIGER WICHTIGER TESTVERFAHREN. ALLGEMEINES STATISTISCHES

VOGEL,F.: ZUR KLASSIFIKATION VON EINHEITEN ANHAND BINAERER MERKMALE. ALLGEMEINES STATISTISCHES ARCHIV, 57(1973), S.295-332

VOGEL,F./FORST,H.-T.: YDIAG: EIN FORTRAN IV - PROGRAMM ZUR DIAGNOSE VON KLASSIFIKATIONSERGEBNISSEN. UNVEROEFFENTLICHTES MANUSKRIPT, KOELN SEPT. 1972.

VOTAW,D.F.JR.: METHODS OF SOLVING SOME PERSONNEL-CLASSIFICATION PROBLEMS. PSYCHOMETRIKA, 17(1952), S.255-266.

WADYCKI,W.J.: CLUSTERING OF CORRELATION MATRICES: A STEPWISE PROCEDURE. UNPUBLISHED MANUSCRIPT 1973 (QUANTITATIVE METHODS DEPARTMENT, UNIVERSITY OF ILLINOIS AT CHICAGO CIRCLE, BOX 4348, CHICAGO, ILL. 60680).

WAINER,H.: A CDC 6400 PROGRAM FOR THE CLUSTER ANALYSIS OF DISTANCES FROM ECKART-YOUNG DECOMPOSITION. ABSTRACT, BEHAVIORAL SCIENCE, 16(1971), S.415-416.

WALLACE,D.L.: CLUSTERING. INTERNATIONAL ENCYCLOPEDIA OF THE SOCIAL SCIENCES, CROMWELL COLLIER 1968, S.519-524.

WALLACE,C.S./BOULTON,D.M.: AN INFORMATION MEASURE FOR CLASSIFICATION. COMPUTER JOURNAL, 11(1968A), S.185-194.

WALLACE,C.S./BOULTON,D.M.: A PROGRAM FOR NUMERICAL CLASSIFICATION. TECHNICAL REPORT NO.48, PART II, BASSER COMPUTING DEPARTMENT, UNIVERSITY OF SYDNEY, SYDNEY 1968B.

WALTERS,S.M.: BOTANICAL CLASSIFICATION. ASLIB-PROCEEDINGS, 14(1962), S.231-233.

WARD,J.H.: HIERARCHICAL GROUPING TO OPTIMIZE AN OBJECTIVE FUNCTION. JOURN. AM. STAT. ASS., 58(1963), S.236-244.

WARD,J.H./HOOK,M.E.: APPLICATION OF A HIERARCHICAL GROUPING PROCEDURE TO A PROBLEM OF GROUPING PROFILES. EDUCATIONAL AND PSYCHOLOGICAL MEASUREMENT, 23(1963), S.69-82.

WARNER,H.R./TORONTO,A.F./VEASEY,L.G./STEPHENSON,R.: A MATHEMATICAL APPROACH TO MEDICAL DIAGNOSIS. JOURNAL OF THE AMERICAN MEDICAL ASSOCIATION, 177(1961), S.177-183.

WARWICK,K.M.: ELEKTRONISCHE DATENVERARBEITUNG ALS EIN PRAKTISCHES INSTRUMENT DER MARKETING-FORSCHUNG. HRSG.: KUEHNE,W.-H., ITEM INSTITUT GMBH FUER MARKT- MOTIV- UND WERBEFORSCHUNG, FRANKFURT/M., VERLAG H. MARCOTTY, DUESSELDORF 1971.

WATANABE,S.: UNE EXPLICATION MATHEMATIQUE DU CLASSEMENT D'OBJETS. IN: INFORMATION AND PREDICTION IN SCIENCE, HRSG.: DOCKX,S./BERNAYS,P., NEW YORK, LONDON 1965, S.39-76.

WATSON,L./WILLIAMS,W.T./LANCE,G.N.: ANGIOSPERM TAXONOMY: A COMPARATIVE STUDY OF SOME NOVEL NUMERICAL TECHNIQUES. JOURN. LINN. SOC. (BOT.), 59(1966), S.491-501.

WATSON,L./WILLIAMS,W.T./LANCE,G.N.: A MIXED-DATA NUMERICAL APPROACH TO ANGIOSPERM TAXONOMY: THE CLASSIFICATION OF ERICALES. PROC. LINN. SOC. LONDON, 178(1967), S.25-35.

WEBB,L.J./TRACEY,J.G./WILLIAMS,W.T./LANCE,G.N.: STUDIES IN THE NUMERICAL ANALYSIS OF COMPLEX RAIN-FOREST COMMUNITIES I. A COMPARISON OF METHODS APPLICABLE TO SITE/SPECIES DATA. JOURNAL OF ECOLOGY, 55(1967), S.171-191.

WEBB,L.J./TRACEY,J.G./WILLIAMS,W.T./LANCE,G.N.: STUDIES IN THE NUMERICAL ANALYSIS OF COMPLEX RAIN-FOREST COMMUNITIES II. THE PROBLEM OF SPECIES-SAMPLING. JOURNAL OF ECOLOGY, 55(1967A), S.525-538.

WEISS,J.-P.: INFORMATIONSTHEORETISCHE MASSZAHLEN ZUR CHARAKTERISIERUNG VON HAEUFIGKEITSVERTEILUNGEN QUALITATIVER MERKMALE. IN: ANWENDUNGEN STATISTISCHER UND MATHEMATISCHER METHODEN AUF SOZIALWISSENSCHAFTLICHE PROBLEME, HRSG.: ASSMUSS,H.H. U.A., WUERZBURG 1972, S.115-131.

WIENER,N.: CYBERNETICS. NEW YORK 1948.

WILK,M.B./GNANADESIKAN,R.: GRAPHICAL ANALYSIS OF MULTIPLE RESPONSE EXPERIMENTAL DATA USING ORDERED DISTANCES. PROC.NAT.ACAD.SCI.(USA),47(1961), S.1209-1212.

WILKS,S.: MATHEMATICAL STATISTICS. NEW YORK 1962.

WILLIAMS,W.T./CLIFFORD,H.T./LANCE,G.N.: GROUP-SIZE DEPENDENCE: A RATIONALE FOR CHOICE BETWEEN NUMERICAL CLASSIFICATIONS. COMPUTER JOURNAL, 14(1971), S.157-162.

WILLIAMS,W.T./DALE,M.B.: PARTITION CORRELATION MATRICES FOR HETEROGENEOUS QUANTITATIVE DATA. NATURE, 196(1962), S.602.

WILLIAMS,W.T./DALE,M.B.: FUNDAMENTAL PROBLEMS IN NUMERICAL TAXONOMY. ADVANCES IN BOTANICAL RESEARCH. 2(1965), S.35-68.

WILLIAMS,W.T./DALE,M.B./MACNAUGHTON-SMITH,P.: AN OBJECTIVE METHOD OF WEIGHTING IN SIMILARITY ANNALYSES. NATURE, 201(1964), S.426.

WILLIAMS,W.T./LAMBERT,J.M.: MULTIVARIATE METHODS IN PLANT ECOLOGY I. ASSOCIATION-ANALYSIS IN PLANT COMMUNITIES. JOURNAL OF ECOLOGY, 47(1959), S.83-101.

WILLIAMS,W.T./LAMBERT,J.M.: MULTIVARIATE METHODS IN PLANT ECOLOGY II. THE USE OF AN ELECTRONIC DIGITAL COMPUTER FOR ASSOCIATION-ANALYSIS. JOURNAL OF ECOLOGY, 48(1960), S.689-710.

WILLIAMS,W.T./LAMBERT,J.M.: MULTIVARIATE METHODS IN PLANT ECOLOGY III. INVERSE ASSOCIATION-ANALYSIS. JOURNAL OF ECOLOGY, 49(1961A), S.717-729.

WILLIAMS,W.T./LAMBERT,J.M.: MULTIVARIATE METHODS IN TAXONOMY. TAXON, 10(1961B), S.205-211.

WILLIAMS,W.T./LAMBERT,J.M./LANCE,G.N.: MULTIVARIATE METHODS IN PLANT ECOLOGY V. SIMILARITY ANALYSIS AND INFORMATION-ANALYSIS. JOURNAL OF ECOLOGY, 54(1966), S.427-445.

WILLIAMS,W.T./LANCE,G.N.: AUTOMATIC SUBDIVISION OF ASSOCIATED POPULATIONS. NATURE, 182(1958), S.1755.

WILLIAMS,W.T./LANCE,G.N.: LOGIC OF COMPUTER-BASED INTRINSIC CLASSIFICATIONS. NATURE, 207(1965), S.159-161.

WILLIAMS,W.T./LANCE,G.N./DALE,M.B./CLIFFORD,H.T.: CONTROVERSY CONCERNING THE CRITERIA FOR TAXONOMETRIC STRATEGIES. COMPUTER JOURNAL, 14(1971), S.162-165.

WILLIAMS,W.T./LANCE,G.N./WEBB,L.J./TRACEY,J.G./CONNELL,J.H.: STUDIES IN THE NUMERICAL ANALYSIS OF COMPLEX RAINFOREST COMMUNITIES IV. A METHOD FOR THE ELUCIDATION OF SMALL-SCALE FOREST PATTERN. JOURNAL OF ECOLOGY, 57(1969), S.635-654.

WILLIAMS,W.T./LANCE,G.N./WEBB,L.J./TRACEY,J.G./DALE,M.B.: STUDIES IN THE NUMERICAL ANALYSIS OF COMPLEX RAINFOREST COMMUNITIES III. THE ANALYSIS OF SUCCESSIONAL DATA. JOURNAL OF ECOLOGY, 57(1969), S.515-535.

WILLMOTT,A.J./GRIMSHAW,P.N.: CLUSTER ANALYSIS IN SOCIAL GEOGRAPHY. IN: NUMERICAL TAXONOMY, HRSG.: COLE,A.J., LONDON, NEW YORK 1969, S.272-278.

WIRTH,M./ESTABROOK,G.F./ROGERS,D.J.: A GRAPH THEORY MODEL FOR SYSTEMATIC BIOLOGY, WITH AN EXAMPLE FOR THE ONCIDIINAE. SYSTEMATIC ZOOLOGY, 15(1966), S.59-69.

WISHART,D.: MODE ANALYSIS: A GENERALIZATION OF NEAREST NEIGHBOUR WHICH REDUCES CHAINING EFFECTS. IN: NUMERICAL TAXONOMY, HRSG.: COLE,A.J., LONDON, NEW YORK 1969A, S.282-311.

WISHART,D.: NUMERICAL CLASSIFICATION METHOD FOR DERIVING NATURAL CLASSES. NATURE, 221(1969B), S.97-98.

WISHART,D.: AN ALGORITHM FOR HIERARCHICAL CLASSIFICATIONS. BIOMETRICS, 25(1969C), S.165-170.

WISHART,D.: FORTRAN II PROGRAMS FOR 8 METHODS OF CLUSTER ANALYSIS (CLUSTAN I). COMPUTER CONTRIBUTION 38, STATE GEOLOGICAL SURVEY, THE UNIVERSITY OF KANSAS, LAWRENCE 1969D.

WISHART,D.: THE USE OF CLUSTER ANALYSIS IN THE CLASSIFICATION OF DISEASES. PROCEEDINGS SCOTTISH SOCIETY FOR EXPERIMENTAL MEDICINE, SCOTTISH MEDICAL JOURNAL, 14(1969E), S.96.

WISHART,D.: CLUSTAN IA. USER MANUAL, ST. ANDREWS, SCOTLAND 1970A.

WISHART,D.: THE TREATMENT OF VARIOUS SIMILARITY CRITERIA IN RELATION TO CLUSTAN IA. ST. ANDREWS, SCOTLAND 1970B.

WISHART,D.: A GENERALIZED APPROACH TO CLUSTER ANALYSIS. ST. ANDREWS, SCOTTLAND 1971.

WISHART,D.: A GENERAL TRIPARTITE CLUSTERING METHOD AND SIMILARITY GENERATING FUNCTION. STATISTICS 1 DIVISION REPORT NO. R-31, CIVIL SERVICE DEPARTMENT, WHITEHALL, LONDON SW1, APRIL 1972.

WOLF,D.E.: PROMENADE: COMPLETE LISTING OF PROMENADE PROGRAMS. RADC-TR-68-572, APPENDIX 9D, STANFORD RESEARCH INSTITUTE, MENLO PARK, CALIFORNIA 1968, (AD 694114).

WOLFE,J.H.: PATTERN CLUSTERING BY MULTIVARIATE MIXTURE ANALYSIS. RESEARCH MEMORANDUM SRM 69-17, UNITED STATES NAVAL PERSONNEL RESEARCH ACTIVITY, SAN DIEGO, MARCH 1969.

WOLFE,J.H.: PATTERN CLUSTERING BY MULTIVARIATE MIXTURE ANALYSIS. MULTIVARIATE BEHAVIORAL RESEARCH, 5(1970), S.329-350.

WOLFE,J.H.: NORMIX 360 COMPUTER PROGRAM. RES.MEM. SRM 72-4, US NAVAL PERSONEL AND TRAINING RES. LAB., SAN DIEGO, CALIFORNIA 1971.

WORTMANN,R.H.: A MULTIVARIATE ANALYSIS OF VEHICULAR SPEEDS ON FOUR-LANE RURAL HIGHWAYS. HIGHWAY RESEARCH RECORD, 72(1965), S.1-18.

WULSTEN,A.-R.: KOMPONENTENANALYSE. DISS. MUENCHEN 1960.

ZAHN,C.T.: GRAPH-THEORETICAL METHODS FOR DETECTING AND DESCRIBING GESTALT-CLUSTERS. IEEE TRANS. COMPUT., C-20(1971), S.68-86

ZEMANEK,H.: ELEMENTARE INFORMATIONSTHEORIE. WIEN, MUENCHEN 1959.

ZIEGLER,R.: TYPOLOGIEN UND KLASSIFIKATIONEN. IN: SOZIOLOGIE, R.KOENIG ZUM 65.GEBURTSTAG, HRSG.: ALBRECHT,G./DAHEIM,H.,/SACK,F., OPLADEN 1973, S.11-47.

ZUBIN,S.: A TECHNIQUE FOR MEASURING LIKEMINDEDNESS. JOURNAL OF ABNORMAL AND SOCIAL PSYCHOLOGY, 33(1938) S.508-516.

ZURMUEHL,R.: MATRIZEN UND IHRE TECHNISCHEN ANWENDUNGEN. 4.AUFL., BERLIN, GOETTINGEN, HEIDELBERG 1964.

Stichwortverzeichnis

Hans Hermann Bock
Automatische Klassifikation
Theoretische und praktische Methoden zur Gruppierung und Strukturierung von Daten (Cluster-Analyse).
1974. 480 Seiten mit 54 Abbildungen im Text, Leinen
(Studia Mathematica/Mathematische Lehrbücher XXIV)

Inhalt: Ähnlichkeit und Distanz / Disjunkte Gruppierung: Entscheidungstheoretische Modelle / Optimale Gruppierungen / Numerische Verfahren / Analyse der Verteilungsdichte / Adaptive Verfahren („Lernen ohne Lehrer") / Graphentheoretische Methoden / Überschneidende Klassen-Hierarchische Gruppierung.

„Das Werk wendet sich vornehmlich an den mathematisch-statistisch interessierten Leser, der das reichhaltige Angebot an Verfahren und die mathematisch präzise Darstellung für die Lösung seiner Klassifikationsprobleme schätzen wird."
International Classification

Walburga Rödding
Aggregation of Individual Preferences
An Algorithm for constructing compromises.
1974. 188 Seiten, kartoniert
(Beiträge zur ökonomischen Forschung, Band 2)

Hans-Werner Gottinger
Subjektive Wahrscheinlichkeiten
1974. 104 Seiten, kartoniert

Erwin Kreyszig
Statistische Methoden und ihre Anwendungen
Neudruck 1974 der 4. durchgesehenen Auflage.
422 Seiten mit zahlr. Abbildungen, Leinen und kart. Studienausgabe

Vandenhoeck & Ruprecht
Göttingen und Zürich

Allgemeines Statistisches Archiv
Organ der Deutschen Statistischen Gesellschaft.
Herausgegeben von Hildegard Bartels, Gerhard Fürst, Gerd Hansen, Rolf Krengel, Karl-Heinz Raabe, Karl-August Schäffer, Hans Szameitat, Kurt Weichselberger und Wolfgang Wetzel.
Schriftleitung: Heinz Grohmann. – Der Jahrgang umfaßt 4 Hefte.

Sonderhefte zum „Allgemeinen Statistischen Archiv"

1. **Wolfgang Wetzel (Hrsg.) · Neuere Entwicklungen auf dem Gebiet der Zeitreihenanalyse**
   1970. 164 Seiten, kartoniert

2. **Gerhard Fürst (Hrsg.)**
   Zur Reform der amtlichen Industriestatistik
   1971. 176 Seiten, kartoniert

3. **Karl-Heinz Freitag (Hrsg.) · Zur Messung von Erträgen**
   1973. 61 Seiten, kartoniert

4. **Rolf Krengel (Hrsg.)**
   Neuere Methoden der Produktivitätsmessung
   1973. 102 Seiten, kartoniert

5. **Rolf Krengel (Hrsg.)**
   Aufstellung und Analyse von Input-Output-Tabellen
   1973. 104 Seiten, kartoniert

6. **Stand der Einkommensstatistik**
   Individual- und Haushaltseinkommen, Einkommensschichtung.
   Herausgegeben von Gerhard Fürst. 1974. 141 Seiten, kartoniert

7. **Gerhard Fürst (Hrsg.) · Konjunktur-Indikatoren**
   1975. 114 Seiten, kartoniert

8. **Karl-Heinz Freitag**
   Der Baumarkt im Wandel und seine statistische Messung
   1975. Etwa 100 Seiten, kartoniert

Vandenhoeck & Ruprecht

Göttingen und Zürich